微積分

朱紫媛　楊精松　莊紹容

第二版

東華書局

國家圖書館出版品預行編目資料

```
微積分 / 朱紫媛, 楊精松, 莊紹容編著. -- 二版. --
   臺北市：臺灣東華, 2011.09
   488 面；19x26 公分

   ISBN 978-957-483-669-7（平裝）

   1. 微積分

314.1                                100016752
```

微積分

編著者	朱紫媛・楊精松・莊紹容
發行人	陳錦煌
出版者	臺灣東華書局股份有限公司
地　址	臺北市重慶南路一段一四七號三樓
電　話	(02) 2311-4027
傳　真	(02) 2311-6615
劃撥帳號	00064813
網　址	www.tunghua.com.tw
讀者服務	service@tunghua.com.tw
門　市	臺北市重慶南路一段一四七號一樓
電　話	(02) 2371-9320
出版日期	2011 年 9 月 2 版 1 刷 2017 年 8 月 2 版 6 刷

ISBN　　978-957-483-669-7

版權所有 ・ 翻印必究

編輯大意

　　編者從事微積分教學工作多年，頗具教學心得，乃憑多年的教學經驗編著此書．

一、本書內容可供技術學院及科技大學等工業類科或相關科系學生作為初學微積分的教材．

二、本書以實用為主，先講完微分之後，再介紹積分．其中編排條理分明，循序漸進，易學易懂；取材豐富新穎，舉凡例題或習題皆是具有代表性者，並以圖形配合；俾使學生得能觸類旁通，而進一步瞭解理論的正確意義和應用．

三、本書各章末尾均附有該章重點摘要，以便學生複習之用．

四、本書第 0 章 (預備數學) 及全部習題參考答案 (證明題除外)，皆置於光碟中，以增加學習的效果．

　　編著本書雖然力求完美，但是謬誤之處在所難免，尚祈諸先進不吝指正．本書得以順利出版，編者要感謝東華書局董事長卓劉慶弟女士的鼓勵與支持，並承蒙編輯部全體同仁的鼎力相助，在此一併致謝．

目　次

第 1 章　函數的極限與連續　　1

　　1-1　極　限　　1
　　1-2　有關極限的一些定理　　8
　　1-3　單邊極限　　14
　　1-4　連續性　　19
　　1-5　函數圖形的漸近線　　32

第 2 章　代數函數的導函數　　55

　　2-1　導函數　　55
　　2-2　微分的法則　　65
　　2-3　視導函數為變化率　　79
　　2-4　連鎖法則　　83
　　2-5　隱微分法　　87
　　2-6　微　分　　92

第 3 章　超越函數的導函數　　　105

　　3-1　三角函數的導函數　　　105
　　3-2　反三角函數的導函數　　　116
　　3-3　對數函數的導函數　　　123
　　3-4　指數函數的導函數　　　130

第 4 章　微分的應用　　　137

　　4-1　函數的極值　　　137
　　4-2　均值定理　　　143
　　4-3　單調函數　　　148
　　4-4　凹　性　　　154
　　4-5　函數圖形的描繪　　　161
　　4-6　極值的應用問題　　　168
　　4-7　羅必達法則　　　176
　　4-8　相關變化率　　　186

第 5 章　積　分　　　195

　　5-1　定積分　　　195
　　5-2　定積分的性質　　　214
　　5-3　不定積分　　　221
　　5-4　微積分基本定理　　　232
　　5-5　利用代換求積分　　　238

第 6 章　積分的方法　　　251

　　6-1　不定積分的基本公式　　　251
　　6-2　分部積分法　　　255

6-3	三角函數乘冪積分法	262
6-4	三角代換法	269
6-5	部分分式法	275
6-6	近似積分法	284
6-7	瑕積分	289

第 7 章　積分的應用　　303

7-1	平面區域的面積	303
7-2	體　積	313
7-3	弧　長	327
7-4	平面區域的力矩與形心	332

第 8 章　無窮級數　　347

8-1	無窮數列	347
8-2	無窮級數	360
8-3	正項級數	365
8-4	交錯級數	370
8-5	冪級數	375
8-6	泰勒級數與麥克勞林級數	381

第 9 章　偏導函數　　393

9-1	三維直角坐標系	393
9-2	多變數函數的極限與連續	402
9-3	偏導函數	412
9-4	全微分	422
9-5	連鎖法則	428
9-6	極大值與極小值	436

微積分

第 10 章　二重積分　　449

　　10-1　二重積分　　449
　　10-2　二重積分的計算　　454
　　10-3　二重積分的應用　　469

函數的極限與連續

1-1 極限

　　函數極限的概念為學習微積分的基本觀念之一，但它並不是很容易就能熟悉的．的確，初學者必須由各種不同的角度，多次研習其定義，始可明瞭其意義．

　　首先，我們以直觀的方式來介紹極限的觀念．

　　設 $f(x)=x+2$，$x\in I\!R$ (實數系)．當 x 趨近 2 時，看看函數值 $f(x)$ 的變化如何？我們選取 x 為接近 2 的數值，作成下表：

　　　　　　　x 自 2 的左邊趨近 2　　　　　x 自 2 的右邊趨近 2

x	1.8	1.9	1.99	1.999		2.001	2.01	2.1	2.2
$f(x)$	3.8	3.9	3.99	3.999		4.001	4.01	4.1	4.2

　　　　　　　　　　$f(x)$ 趨近 4　　　　　　　$f(x)$ 趨近 4

2　微積分

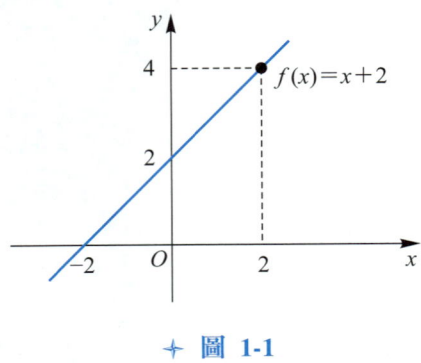

→ 圖 1-1

函數 f 的圖形如圖 1-1 所示.

由上表與圖 1-1 可以看出,若 x 愈接近 2,則函數值 $f(x)$ 愈接近 4. 此時,我們說,"當 x 趨近 2 時,$f(x)$ 的極限為 4",記為:

$$\text{當 } x \to 2 \text{ 時, } f(x) \to 4$$

或

$$\lim_{x \to 2} f(x) = 4.$$

其次,考慮函數 $g(x) = \dfrac{x^2-4}{x-2}$,$x \neq 2$. 因為 2 不在 g 的定義域內,所以 $g(2)$ 不存在,但 $g(x)$ 在 $x=2$ 之近旁的值皆存在. 若 $x \neq 2$,則

$$g(x) = \frac{x^2-4}{x-2} = \frac{(x+2)(x-2)}{x-2} = x+2$$

故 g 的圖形,除了在 $x=2$ 外,與 f 的圖形相同. g 的圖形如圖 1-2 所示.

當 x 趨近 2 ($x \neq 2$) 時,$g(x)$ 的極限為 4,即,

$$\lim_{x \to 2} g(x) = 4.$$

最後,定義函數 h 如下:

$$h(x) = \begin{cases} \dfrac{x^2-4}{x-2}, & x \neq 2 \\ 1, & x = 2 \end{cases}$$

函數 h 的圖形如圖 1-3 所示.

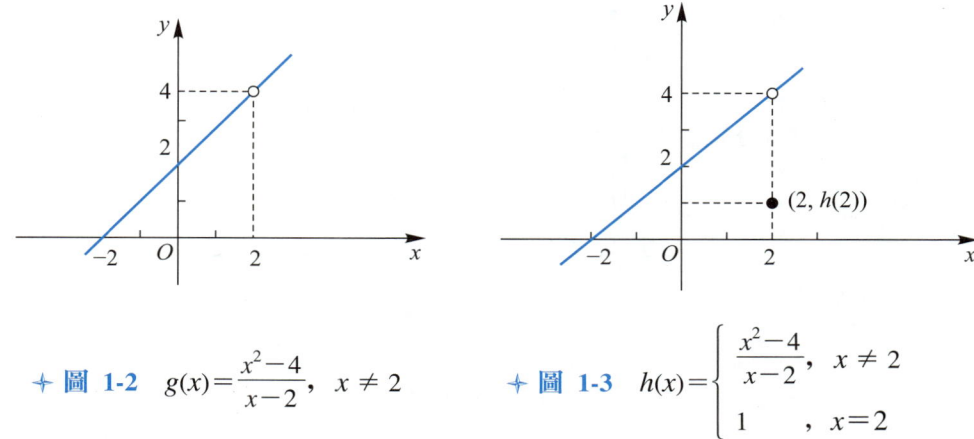

➤ 圖 1-2　$g(x)=\dfrac{x^2-4}{x-2},\ x\neq 2$　　➤ 圖 1-3　$h(x)=\begin{cases}\dfrac{x^2-4}{x-2},\ x\neq 2\\ 1\ \ \ \ \ \ \ ,\ x=2\end{cases}$

　　由上面的討論，$f(x)$、$g(x)$ 與 $h(x)$ 除了在 $x=2$ 處有所不同外，在其它地方皆完全相同，即，

$$f(x)=g(x)=h(x)=x+2,\ x\neq 2$$

當 x 趨近 2 時，這三個函數的極限皆為 4，因此，我們可以給出下面的結論：

　　當 x 趨近 2 時，函數的極限僅與函數在 $x=2$ 之近旁的定義有關，至於 2 是否屬於函數的定義域，或者其函數值為何，完全沒有關係.

　　在一般函數的極限裡，此結論依然成立，它是函數極限裡之一個非常重要的觀念.

定義 1-1　直觀的定義

設函數 f 定義在包含 a 的某開區間，但可能在 a 除外，L 為一實數. 當 x 趨近 a 時，$f(x)$ 的**極限** (或稱**雙邊極限**) 為 L，記為：

$$\lim_{x\to a} f(x)=L$$

其意義為：當 x 充分靠近 a (但不等於 a) 時，$f(x)$ 的值充分靠近 L.

　　定義 1-1 的直觀說明如圖 1-4 所示.

　　讀者應注意，若有一個定數 L 存在，使 $\lim\limits_{x\to a} f(x)=L$，則稱當 x 趨近 a 時，$f(x)$

4　微積分

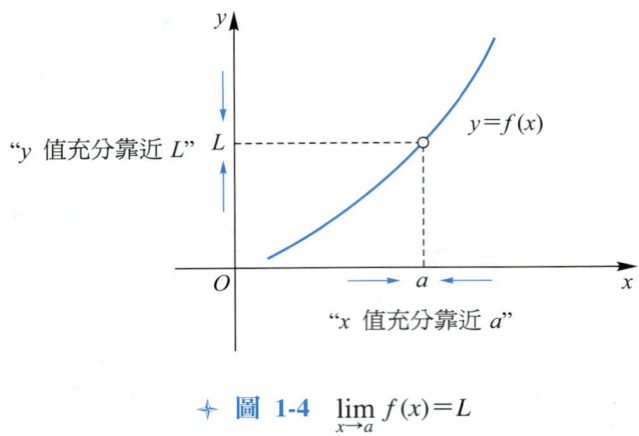

▲ 圖 1-4　$\lim_{x \to a} f(x) = L$

的極限存在，或稱 f 在 a 的極限為 L，或 $\lim_{x \to a} f(x)$ 存在.

現在，我們看看幾個以直觀的方式來計算函數極限的例子.

例題 1　設 $f(x) = \dfrac{2x^2 - x - 1}{x - 1}$，求 $\lim_{x \to 1} f(x)$.

解　若 $x \neq 1$，則

$$f(x) = \frac{2x^2 - x - 1}{x - 1} = \frac{(2x + 1)(x - 1)}{x - 1} = 2x + 1$$

在直觀上，當 $x \to 1$ 時，$2x + 1 \to 3$. 所以，

$$\lim_{x \to 1} f(x) = \lim_{x \to 1} (2x + 1) = 3.$$

例題 2　設 $f(x) = \dfrac{\dfrac{1}{x} - \dfrac{1}{3}}{x - 3}$，求 $\lim_{x \to 3} f(x)$.

解　若 $x \neq 3$，則

$$f(x) = \frac{\dfrac{1}{x} - \dfrac{1}{3}}{x - 3} = \frac{3 - x}{3x(x - 3)} = \frac{-1}{3x}$$

第一章 函數的極限與連續

在直觀上，當 $x \to 3$ 時，$3x \to 9$. 所以，
$$\lim_{x \to 3} f(x) = \lim_{x \to 3} \left(\frac{-1}{3x} \right) = -\frac{1}{9}.$$

例題 3 設 $f(x) = \frac{(1+x)^3 - 1}{x}$，求 $\lim_{x \to 0} f(x)$.

解 若 $x \neq 0$，則
$$f(x) = \frac{(1+x)^3 - 1}{x} = \frac{(1 + 3x + 3x^2 + x^3) - 1}{x}$$
$$= \frac{3x + 3x^2 + x^3}{x} = 3 + 3x + x^2$$

當 $x \to 0$ 時，$3x + x^2 \to 0$. 所以，
$$\lim_{x \to 0} f(x) = \lim_{x \to 0} (3 + 3x + x^2) = 3.$$

例題 4 設 $f(x) = \frac{\sqrt{x} - 3}{x - 9}$，求 $\lim_{x \to 9} f(x)$.

解 若 $x \neq 9$，則
$$f(x) = \frac{\sqrt{x} - 3}{x - 9} = \frac{\sqrt{x} - 3}{(\sqrt{x} + 3)(\sqrt{x} - 3)} = \frac{1}{\sqrt{x} + 3}$$

當 $x \to 9$ 時，$\sqrt{x} \to 3$. 所以，
$$\lim_{x \to 9} f(x) = \lim_{x \to 9} \left(\frac{1}{\sqrt{x} + 3} \right) = \frac{1}{6}.$$

例題 5 設 $f(x) = \frac{\sqrt{x+4} - 2}{x}$，求 $\lim_{x \to 0} f(x)$.

解 若 $x \neq 0$，則
$$f(x) = \frac{\sqrt{x+4} - 2}{x} = \frac{(\sqrt{x+4} - 2)(\sqrt{x+4} + 2)}{x(\sqrt{x+4} + 2)}$$

$$= \frac{(x+4)-4}{x(\sqrt{x+4}+2)} = \frac{x}{x(\sqrt{x+4}+2)} = \frac{1}{\sqrt{x+4}+2}$$

當 $x \to 0$ 時，$\sqrt{x+4} \to 2$．所以，

$$\lim_{x \to 0} f(x) = \lim_{x \to 0} \frac{1}{\sqrt{x+4}+2} = \frac{1}{2+2} = \frac{1}{4}.$$

以上對函數極限的討論，都是建立在直觀的基礎上．當然，這種直觀的極限顯然不夠嚴謹，所以，我們要用嚴密的數學方法來定義函數的極限．

定義 1-2　嚴密的定義

設函數 f 定義在包含 a 的某開區間，但可能在 a 除外，L 為一實數．當 x 趨近 a 時，$f(x)$ 的極限為 L，記為：

$$\lim_{x \to a} f(x) = L$$

其意義如下：對每一 $\varepsilon > 0$，存在一 $\delta > 0$ 使得若 $0 < |x-a| < \delta$，則 $|f(x)-L| < \varepsilon$ 恆成立．

若有一個定數 L 存在，使 $\lim_{x \to a} f(x) = L$，則稱當 x 趨近 a 時，函數 $f(x)$ 的極限存在，或 $\lim_{x \to a} f(x)$ 存在．極限的幾何意義如圖 1-5 所示．

$|f(x)-L|$ 表示 $f(x)$ 與 L 的接近程度，其大小由 ε 來決定，而 ε 是事先予以給定者．δ 表示 x 趨近 a 的程度，其值乃是根據我們事先給定的 ε 值，以確保 $|f(x)-L| < \varepsilon$ 而決定的．定義 1-2 說明了，若是對"每一"ε 值 (注意：不是"某些")，皆可找到對應的 δ 值，使得

$$\text{若 } 0 < |x-a| < \delta，\text{則 } |f(x)-L| < \varepsilon$$

恆成立的話，我們就說，當 x 趨近 a 時，$f(x)$ 的極限為 L．

第一章　函數的極限與連續

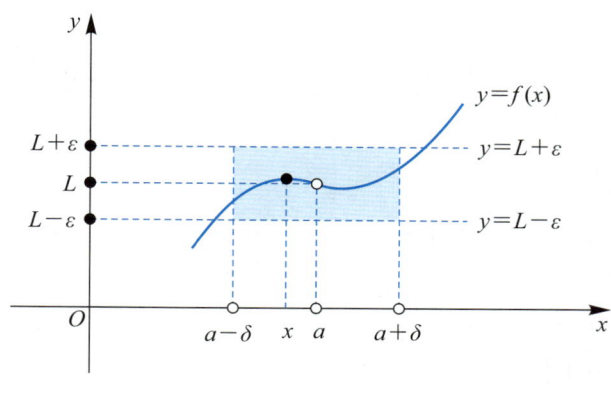

→ 圖 1-5

註：定義 1-2 中有三點須特別注意：
1. δ 可視為 ε 的函數.
2. 不考慮 a 是否在 f 的定義域內.
3. δ 不是唯一的.

例題 6　設 $f(x)=2x-1$，若我們希望 $f(x)$ 與 3 之差小於 0.004，試決定 x 的範圍.

解
$$\begin{aligned}
|f(x)-3|<0.004 &\Leftrightarrow |(2x-1)-3|<0.004 \\
&\Leftrightarrow |2x-4|<0.004 \\
&\Leftrightarrow |x-2|<0.002 \\
&\Leftrightarrow 2-0.002<x<2+0.002 \\
&\Leftrightarrow 1.998<x<2.002.
\end{aligned}$$

習題 1-1

利用直觀的方法求下列各極限.

1. $\lim\limits_{x\to -3}(x^3+2x^2+6)$
2. $\lim\limits_{x\to 2}\dfrac{x-2}{x^2+4x-12}$
3. $\lim\limits_{x\to -2}\dfrac{2x^2+3x-2}{x^2+3x+2}$

4. $\lim\limits_{x \to 1} \dfrac{1-x^3}{x-1}$
5. $\lim\limits_{x \to 2} \dfrac{\sqrt{x}-\sqrt{2}}{x-2}$
6. $\lim\limits_{x \to 0} \dfrac{(2+x)^3-8}{x}$

7. $\lim\limits_{h \to 0} \dfrac{\dfrac{1}{x+h}-\dfrac{1}{x}}{h}$
8. $\lim\limits_{x \to 0} \dfrac{x}{\sqrt{2-x}-\sqrt{2}}$
9. $\lim\limits_{x \to 0} \dfrac{x}{\sqrt{1+3x}-1}$

10. $\lim\limits_{x \to 1} \left(\dfrac{1}{x-1}-\dfrac{2}{x^2-1}\right)$

1-2 有關極限的一些定理

本節的目的在介紹一些定理，用來找出函數的極限.

定理 1-1 唯一性

若 $\lim\limits_{x \to a} f(x)=L_1$，$\lim\limits_{x \to a} f(x)=L_2$，$L_1$ 與 L_2 皆為實數，則 $L_1=L_2$.

定理 1-2

設 k 與 c 皆為常數，$\lim\limits_{x \to a} f(x)=L$，$\lim\limits_{x \to a} g(x)=M$，此處 L 與 M 皆為實數，則

(1) $\lim\limits_{x \to a} k=k$

(2) $\lim\limits_{x \to a} x=a$

(3) $\lim\limits_{x \to a} [cf(x)]=cL$

(4) $\lim\limits_{x \to a} [f(x)+g(x)]=L+M$

(5) $\lim\limits_{x \to a} [f(x)-g(x)]=L-M$

(6) $\lim\limits_{x \to a} [f(x)g(x)]=LM$

(7) $\lim\limits_{x \to a} \dfrac{f(x)}{g(x)}=\dfrac{L}{M}$ $(M \neq 0)$

定理 1-2 可以推廣為：若 $\lim_{x \to a} f_i(x)$ 存在，$i = 1, 2, \cdots, n$，則

1. $\lim_{x \to a} [c_1 f_1(x) + c_2 f_2(x) + \cdots + c_n f_n(x)] = c_1 \lim_{x \to a} f_1(x) + c_2 \lim_{x \to a} f_2(x) + \cdots + c_n \lim_{x \to a} f_n(x)$

   其中 $c_1, c_2, \cdots, c_n$ 皆為任意常數．

2. $\lim_{x \to a} [f_1(x) \cdot f_2(x) \cdot \cdots \cdot f_n(x)] = [\lim_{x \to a} f_1(x)][\lim_{x \to a} f_2(x)] \cdots [\lim_{x \to a} f_n(x)]$

   尤其，$\lim_{x \to a} [f(x)]^n = [\lim_{x \to a} f(x)]^n$．

定理 1-3

設 $P(x)$ 為 n 次多項式函數，則對任意實數 a，則 $\lim_{x \to a} P(x) = P(a)$．

證明 設 $P(x) = c_0 + c_1 x + c_2 x^2 + \cdots + c_n x^n$，$c_n \neq 0$，依定理 1-2 的推廣，可得

$$\lim_{x \to a} x^n = (\lim_{x \to a} x)^n = a^n$$

故
$$\lim_{x \to a} P(x) = \lim_{x \to a} (c_0 + c_1 x + c_2 x^2 + \cdots + c_n x^n)$$
$$= c_0 + c_1 \lim_{x \to a} x + c_2 \lim_{x \to a} x^2 + \cdots + c_n \lim_{x \to a} x^n$$
$$= c_0 + c_1 a + c_2 a^2 + \cdots + c_n a^n$$
$$= P(a).$$

例題 1 求 $\lim_{x \to 2} (2x^4 + 3x^3 + x^2 - 2x + 5)$．

解 因 $P(x) = 2x^4 + 3x^3 + x^2 - 2x + 5$ 為一多項式函數，故

$$\lim_{x \to 2} P(x) = P(2) = 32 + 24 + 4 - 4 + 5 = 61.$$

定理 1-4

設 $R(x)$ 為有理函數且 a 在 $R(x)$ 的定義域內，則 $\lim_{x \to a} R(x) = R(a)$．

例題 2 求 $\lim_{x \to -2} \dfrac{x^3+1}{x^2+2x-5}$.

解 因有理函數的分母不為零，故

$$\lim_{x \to -2} \dfrac{x^3+1}{x^2+2x-5} = \dfrac{-8+1}{4-4-5} = \dfrac{7}{5}.$$

例題 3 求 $\lim_{x \to 3} \dfrac{x^3-27}{x^2-2x-3}$.

解 因有理函數的分子與分母在 $x=3$ 皆為零，故不可直接代入.

但分子與分母有 $(x-3)$ 的公因式，故對所有 $x \neq 3$，我們可以消去此一因式，得

$$\lim_{x \to 3} \dfrac{x^3-27}{x^2-2x-3} = \lim_{x \to 3} \dfrac{(x-3)(x^2+3x+9)}{(x-3)(x+1)} = \lim_{x \to 3} \dfrac{\cancel{(x-3)}(x^2+3x+9)}{\cancel{(x-3)}(x+1)}$$

$$= \lim_{x \to 3} \dfrac{x^2+3x+9}{x+1} = \dfrac{9+9+9}{3+1}$$

$$= \dfrac{27}{4}.$$

定理 1-5

若兩函數 f 與 g 的合成函數 $f(g(x))$ 存在，且 (i) $\lim_{x \to a} g(x) = b$, (ii) $\lim_{y \to b} f(y) = f(b)$, 則

$$\lim_{x \to a} f(g(x)) = f(\lim_{x \to a} g(x)) = f(b).$$

例題 4 設 $g(x) = 2x-1$, $f(x) = \dfrac{1}{x-1}$, 求 $\lim_{x \to 3} f(g(x))$.

解 方法 1：因 $\lim_{x \to 3} g(x) = \lim_{x \to 3} (2x-1) = 5$,

故 $$\lim_{x\to 3} f(g(x)) = f(\lim_{x\to 3} g(x)) = f(5) = \frac{1}{5-1} = \frac{1}{4}.$$

方法 2：如果由 $g(x)$、$f(x)$ 先求 $f(g(x))$，再求 $\lim_{x\to 3} f(g(x))$ 的值，則得

$$f(g(x)) = \frac{1}{g(x)-1} = \frac{1}{(2x-1)-1} = \frac{1}{2x-2}$$

$$\lim_{x\to 3} f(g(x)) = \lim_{x\to 3} \frac{1}{2x-2} = \frac{1}{6-2} = \frac{1}{4}.$$

定理 1-6

(1) 若 n 為正奇數，則 $\lim_{x\to a} \sqrt[n]{x} = \sqrt[n]{a}$．

(2) 若 n 為正偶數，且 $a > 0$，則 $\lim_{x\to a} \sqrt[n]{x} = \sqrt[n]{a}$．

若 m 與 n 皆為正整數，且 $a > 0$，則可得

$$\lim_{x\to a} (\sqrt[n]{x})^m = (\lim_{x\to a} \sqrt[n]{x})^m = (\sqrt[n]{a})^m$$

利用分數指數，上式可表示成

$$\lim_{x\to a} x^{m/n} = a^{m/n}$$

定理 1-6 的結果可推廣到負指數．

例題 5 求 $\lim_{x\to 16} \dfrac{2\sqrt{x} - x^{3/2}}{\sqrt[4]{x} + 5}$．

解
$$\lim_{x\to 16} \frac{2\sqrt{x} - x^{3/2}}{\sqrt[4]{x} + 5} = \frac{\lim_{x\to 16}(2\sqrt{x} - x^{3/2})}{\lim_{x\to 16}(\sqrt[4]{x} + 5)} = \frac{\lim_{x\to 16} 2\sqrt{x} - \lim_{x\to 16} x^{3/2}}{\lim_{x\to 16} \sqrt[4]{x} + \lim_{x\to 16} 5}$$

$$= \frac{2\sqrt{16} - (16)^{3/2}}{\sqrt[4]{16} + 5} = \frac{-56}{7} = -8.$$

定理 1-7

設 $\lim\limits_{x \to a} f(x)$ 存在.

(1) 若 n 為正奇數，則 $\lim\limits_{x \to a} \sqrt[n]{f(x)} = \sqrt[n]{\lim\limits_{x \to a} f(x)}$.

(2) 若 n 為正偶數，且 $\lim\limits_{x \to a} f(x) > 0$，則 $\lim\limits_{x \to a} \sqrt[n]{f(x)} = \sqrt[n]{\lim\limits_{x \to a} f(x)}$.

例題 6 求 $\lim\limits_{x \to 2} \sqrt[3]{\dfrac{x^3 - 4x - 1}{3x + 2}}$.

解 $\lim\limits_{x \to 2} \sqrt[3]{\dfrac{x^3 - 4x - 1}{3x + 2}} = \sqrt[3]{\lim\limits_{x \to 2} \dfrac{x^3 - 4x - 1}{3x + 2}} = \sqrt[3]{\dfrac{8 - 8 - 1}{6 + 2}}$

$= -\dfrac{1}{2}.$

下面的定理稱為**夾擠定理**或**三明治定理**，是一個非常有用的定理.

定理 1-8　夾擠定理

設在一包含 a 的開區間中所有 x（可能在 a 除外）恆有 $f(x) \leq h(x) \leq g(x)$.

若　　　　　　　　$\lim\limits_{x \to a} f(x) = \lim\limits_{x \to a} g(x) = L$

則　　　　　　　　$\lim\limits_{x \to a} h(x) = L.$

例題 7 對任意實數 x，若 $x^2 - \dfrac{x^4}{3} \leq f(x) \leq x^2$，試求 $\lim\limits_{x \to 0} \dfrac{f(x)}{x^2}$.

解 因 $x^2 - \dfrac{x^4}{3} \leq f(x) \leq x^2$，可得

$$1 - \dfrac{x^2}{3} \leq \dfrac{f(x)}{x^2} \leq 1$$

而 $$\lim_{x \to 0}\left(1-\frac{x^2}{3}\right)=1=\lim_{x \to 0} 1$$

故由夾擠定理可得 $$\lim_{x \to 0}\frac{f(x)}{x^2}=1.$$

例題 8 試證：$\lim\limits_{x \to 0} x \sin \dfrac{1}{x}=0.$

解 首先特別注意，因為 $\lim\limits_{x \to 0} \sin \dfrac{1}{x}$ 不存在，所以我們不可寫成

$$\lim_{x \to 0} x \sin \frac{1}{x}=\left(\lim_{x \to 0} x\right)\left(\lim_{x \to 0} \sin \frac{1}{x}\right)$$

若 $x \neq 0$，則 $\left|\sin \dfrac{1}{x}\right| \leq 1$，可得

$$\left|x \sin \frac{1}{x}\right|=|x|\left|\sin \frac{1}{x}\right| \leq |x|$$

$$-|x| \leq x \sin \frac{1}{x} \leq |x|$$

因 $\lim\limits_{x \to 0}|x|=\lim\limits_{x \to 0}\sqrt{x^2}=\sqrt{\lim\limits_{x \to 0} x^2}=0$，故由夾擠定理可知

$$\lim_{x \to 0} x \sin \frac{1}{x}=0.$$

習題 1-2

求 1～13 題中的極限.

1. $\lim\limits_{x \to 2}[(x^2+1)(x^2+4x)]$
2. $\lim\limits_{x \to -2}(x^2+x+1)^5$
3. $\lim\limits_{x \to 1}\dfrac{x+2}{x^2+4x+3}$

4. $\lim_{x \to 64} (\sqrt[3]{x} + 3\sqrt{x})$

5. $\lim_{x \to -2} \sqrt[3]{\dfrac{4x + 3x^3}{3x + 10}}$

6. $\lim_{x \to 9} \dfrac{x^2 - 81}{\sqrt{x} - 3}$

7. $\lim_{x \to 8} \dfrac{x - 8}{\sqrt[3]{x} - 2}$

8. $\lim_{x \to 1} \dfrac{x^3 + x^2 - 5x + 3}{x^3 - 3x + 2}$

9. $\lim_{x \to 0} \dfrac{x}{1 - \sqrt[3]{x + 1}}$

10. $\lim_{x \to 0} \left(\dfrac{1}{x\sqrt{1+x}} - \dfrac{1}{x} \right)$

11. $\lim_{x \to 27} \dfrac{\sqrt{1 + \sqrt[3]{x}} - 2}{x - 27}$

12.  $\lim_{h \to 0} \dfrac{(1+h)^n - 1}{h}$

13. $\lim_{x \to 1} \dfrac{\sqrt{x} - x^2}{1 - \sqrt{x}}$

14. 利用夾擠定理證明：$\lim_{x \to 0} x^2 \sin \dfrac{1}{x} = 0$.

1-3 單邊極限

當我們在定義函數 f 在 a 的極限時，我們很謹慎地將 x 限制在包含 a 的開區間內（a 可能除外），但是函數 f 在點 a 的極限存在與否，與函數 f 在點 a 兩旁的定義有關，而與函數 f 在點 a 的值無關.

如果我們找不到一個定數 L 為 $f(x)$ 所趨近者，那麼我們就稱 f 在點 a 的極限不存在，或者說當 x 趨近 a 時，$f(x)$ 沒有極限.

例題 1 已知 $f(x) = \dfrac{|x|}{x}$，求 $\lim_{x \to 0} f(x)$.

解 因 (1) 若 $x > 0$，則 $|x| = x$.
　　　(2) 若 $x < 0$，則 $|x| = -x$.

故
$$f(x) = \dfrac{|x|}{x} = \begin{cases} 1, & \text{若 } x > 0 \\ -1, & \text{若 } x < 0 \end{cases}$$

f 的圖形如圖 1-6 所示. 因此，當 x 分別自 0 的右邊及 0 的左邊趨近於 0 時，$f(x)$ 不能趨近某一定數，所以 $\lim_{x \to 0} f(x)$ 不存在.

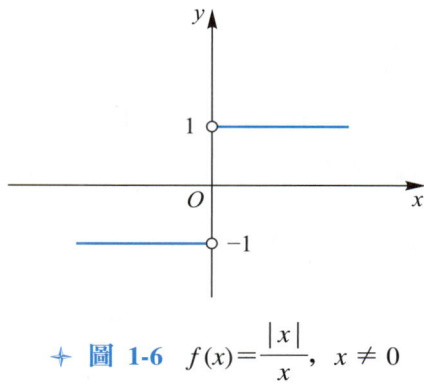

▲ 圖 1-6　$f(x) = \dfrac{|x|}{x}$，$x \neq 0$

由上面的例題，我們引進了單邊極限的觀念.

定義 1-3　直觀的定義

(1) 當 x 自 a 的右邊趨近 a 時，$f(x)$ 的右極限為 L，即，f 在 a 的右極限為 L，記為：

$$\lim_{x \to a^+} f(x) = L$$

其意義為：當 x 自 a 的右邊充分靠近 a 時，$f(x)$ 的值充分靠近 L.

(2) 當 x 自 a 的左邊趨近 a 時，$f(x)$ 的左極限為 L，即，f 在 a 的左極限為 L，記為：

$$\lim_{x \to a^-} f(x) = L$$

其意義為：當 x 自 a 的左邊充分靠近 a 時，$f(x)$ 的值充分靠近 L. 右極限與左極限皆稱為單邊極限.

如圖 1-6 所示，$\lim\limits_{x \to 0^+} f(x) = 1$，$\lim\limits_{x \to 0^-} f(x) = -1$，在定義 1-3 中，符號 $x \to a^+$ 用來表示 x 的值恆比 a 大，而符號 $x \to a^-$ 用來表示 x 的值恆比 a 小.

定義 1-4　嚴密的定義

(1) 設函數 f 定義在開區間 (a, b)，L 為一實數．當 x 自 a 的右邊趨近 a 時，$f(x)$ 的**右極限**為 L，記為：

$$\lim_{x \to a^+} f(x) = L$$

其意義為對每一 $\varepsilon > 0$，存在一 $\delta > 0$，使得若 $a < x < a + \delta$，則 $|f(x) - L| < \varepsilon$．

(2) 設函數 f 定義在開區間 (b, a)，L 為一實數，當 x 自 a 的左邊趨近 a 時，$f(x)$ 的**左極限**為 L，記為：

$$\lim_{x \to a^-} f(x) = L$$

其意義為對每一 $\varepsilon > 0$，存在一 $\delta > 0$，使得若 $a - \delta < x < a$，則 $|f(x) - L| < \varepsilon$．

依極限的定義可知，若 $\lim\limits_{x \to a} f(x)$ 存在，則右極限與左極限皆存在，且

$$\lim_{x \to a^+} f(x) = \lim_{x \to a^-} f(x) = \lim_{x \to a} f(x)$$

反之，若右極限與左極限皆存在，並不能保證極限存在．

下面定理談到單邊極限與 (雙邊) 極限之間的關係．且單邊極限同樣滿足 1-2 節所有定理列出的性質．

定理 1-9

$$\lim_{x \to a} f(x) = L \Leftrightarrow \lim_{x \to a^+} f(x) = \lim_{x \to a^-} f(x) = L.$$

例題 2　求 $\lim\limits_{t \to 1^+} \dfrac{t^4 - 1}{t - 1}$．

第一章　函數的極限與連續

解 $\lim\limits_{t \to 1^+} \dfrac{t^4-1}{t-1} = \lim\limits_{t \to 1^+} \dfrac{(t-1)(t+1)(t^2+1)}{t-1} = \lim\limits_{t \to 1^+} [(t+1)(t^2+1)] = 4.$

例題 3 試證：$\lim\limits_{x \to n} [\![x]\!]$ 不存在，此處 n 為任意整數.

解 因 $\lim\limits_{x \to n^+} [\![x]\!] = n$，$\lim\limits_{x \to n^-} [\![x]\!] = n-1$，可得 $\lim\limits_{x \to n^+} [\![x]\!] \neq \lim\limits_{x \to n^-} [\![x]\!]$，

故 $\lim\limits_{x \to n} [\![x]\!]$ 不存在.

例題 4 求 $\lim\limits_{x \to 2^+} \dfrac{x - [\![x]\!]}{x-2}$.

解 當 $x \to 2^+$ 時，$[\![x]\!] = 2$，故

$$\lim\limits_{x \to 2^+} \dfrac{x - [\![x]\!]}{x-2} = \lim\limits_{x \to 2^+} \dfrac{x-2}{x-2} = \lim\limits_{x \to 2^+} 1 = 1.$$

例題 5 求 $\lim\limits_{x \to 0^+} x \left[\!\!\left[\dfrac{1}{x} \right]\!\!\right]$.

解 若 $x \neq 0$，則 $\dfrac{1}{x} - 1 < \left[\!\!\left[\dfrac{1}{x} \right]\!\!\right] \leq \dfrac{1}{x}$ 　　(高斯函數的定義)

當 $x \to 0^+$ 時，$x\left(\dfrac{1}{x} - 1\right) < x \left[\!\!\left[\dfrac{1}{x} \right]\!\!\right] \leq \dfrac{x}{x}$ 　　($x > 0$)

即，$1 - x < x \left[\!\!\left[\dfrac{1}{x} \right]\!\!\right] \leq 1$

因 $\lim\limits_{x \to 0^+} (1-x) = 1$，故依夾擠定理可得

$$\lim\limits_{x \to 0^+} x \left[\!\!\left[\dfrac{1}{x} \right]\!\!\right] = 1.$$

例題 6 求 $\lim\limits_{x \to 2} \dfrac{|x-2|}{x-2}$.

解 (1) 當 $x \to 2^+$ 時，$|x-2| = x-2$，故

$$\lim_{x \to 2^+} \frac{|x-2|}{x-2} = \lim_{x \to 2^+} \frac{x-2}{x-2} = 1$$

(2) 當 $x \to 2^-$ 時，$|x-2|=2-x$，故

$$\lim_{x \to 2^-} \frac{|x-2|}{x-2} = \lim_{x \to 2^-} \frac{2-x}{x-2} = -1$$

故 $\lim_{x \to 2} \dfrac{|x-2|}{x-2}$ 不存在.

例題 7 令 $f(x) = \begin{cases} x^2 - 2x + 2, & \text{若 } x < 1. \\ 3 - x, & \text{若 } x \geq 1. \end{cases}$

(1) 求 $\lim\limits_{x \to 1^+} f(x)$ 與 $\lim\limits_{x \to 1^-} f(x)$.

(2) $\lim\limits_{x \to 1} f(x)$ 為何？

(3) 繪 f 的圖形.

解 (1) $\lim\limits_{x \to 1^+} f(x) = \lim\limits_{x \to 1^+} (3-x) = 3-1 = 2$

$\lim\limits_{x \to 1^-} f(x) = \lim\limits_{x \to 1^-} (x^2 - 2x + 2) = 1 - 2 + 2 = 1.$

(2) 因 $\lim\limits_{x \to 1^+} f(x) \neq \lim\limits_{x \to 1^-} f(x)$，故 $\lim\limits_{x \to 1} f(x)$ 不存在.

(3) f 的圖形如圖 1-7 所示.

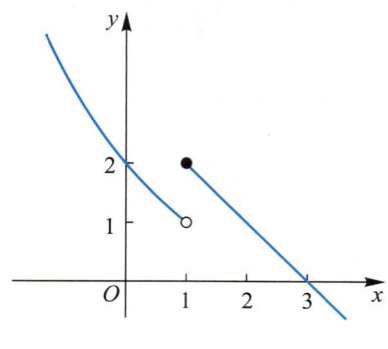

◆ 圖 1-7

第一章　函數的極限與連續

習題 1-3

求 1～9 題中的極限.

1. $\lim\limits_{x \to 3^-} \dfrac{|x-3|}{x-3}$

2. $\lim\limits_{x \to -4^+} \dfrac{2x^2+5x-12}{x^2+3x-4}$

3. $\lim\limits_{x \to 3^+} \dfrac{x-3}{\sqrt{x^2-9}}$

4. $\lim\limits_{x \to 0} \dfrac{x}{x^2+|x|}$

5. $\lim\limits_{x \to -10^+} \dfrac{x+10}{\sqrt{(x+10)^2}}$

6. $\lim\limits_{x \to \frac{3}{2}} \dfrac{2x^2-3x}{|2x-3|}$

7. $\lim\limits_{x \to 2^+} \dfrac{\sqrt{x}-\sqrt{2}+\sqrt{x-2}}{\sqrt{x^2-4}}$

8. $\lim\limits_{x \to 1^+} \dfrac{[\![x^2]\!]-[\![x]\!]^2}{x^2-1}$

9. $\lim\limits_{x \to 0^+} x^2 \left[\!\left[\dfrac{1}{x}\right]\!\right]$

10. 設 $f(x)=\begin{cases} x^2-2x, & \text{若 } x<2 \\ 1, & \text{若 } x=2 \\ x^2-6x+8, & \text{若 } x>2 \end{cases}$，求 $\lim\limits_{x \to 2} f(x)$，並繪 f 的圖形.

11. 若 $f(x)=\begin{cases} \dfrac{[\![x]\!]}{2}, & 0 \leq x < 5 \\ \sqrt{x-1}, & x \geq 5 \end{cases}$，求 $\lim\limits_{x \to 5} f(x)$，並繪 f 的圖形.

12. 若 $f(x)=[\![x-[\![x]\!]]\!]$，求 $\lim\limits_{x \to n} f(x)$.

  1-4　連續性

在介紹極限 $\lim\limits_{x \to a} f(x)$ 定義的時候，我們強調 $x \neq a$ 的限制，而並不考慮 a 是否在 f 的定義域內；縱使 f 在 a 沒有定義，$\lim\limits_{x \to a} f(x)$ 仍可能存在. 若 f 在 a 有定義，且 $\lim\limits_{x \to a} f(x)$ 存在，則此極限可能等於，也可能不等於 $f(a)$.

現在，我們用極限的方法來定義函數的連續.

定義 1-5

若下列條件：

(1) $f(a)$ 有定義　　(2) $\lim_{x \to a} f(x)$ 存在　　(3) $\lim_{x \to a} f(x) = f(a)$

皆滿足，則稱函數 f 在 a 為連續．

定義 1-5 中的三項通常又歸納成一項，即，

$$\lim_{x \to a} f(x) = f(a)$$

或

$$\lim_{h \to 0} f(a+h) = f(a)$$

函數 f 在 a 為連續的意思也就是

$$\lim_{x \to a} f(x) = f(\lim_{x \to a} x) = f(a).$$

若在此定義中有任何條件不成立，則稱 f 在 a 為不連續，a 稱為 f 的不連續點，如圖 1-8 所示．

圖 1-8 給出三種具有代表性的不連續型：(i) 與 (ii) 中的不連續稱為可除去的不連續 (因為重新定義 $f(a) = L$ 可除去不連續的情形)；(iii) 中的不連續稱為跳躍不連續 (因為 $\lim_{x \to a^+} f(x) \neq \lim_{x \to a^-} f(x)$)；(iv)、(v) 與 (vi) 中的不連續稱為無窮不連續 (因為 $f(x)$ 的值在 $x \to a^+$ 與 $x \to a^-$ 當中的一個情形時變成任意的大或任意的小)．

如果函數 f 在開區間 (a, b) 中各處皆連續，則稱 f 在 (a, b) 為連續，在 $(-\infty, \infty)$ 為連續的函數稱為處處連續．

例題 1　常數函數為 $f(x) = k$，$x \in \mathbb{R}$．對任意實數 a，恆有

$$\lim_{x \to a} f(x) = \lim_{x \to a} k = k = f(a)$$

故常數函數為處處連續．

第一章　函數的極限與連續

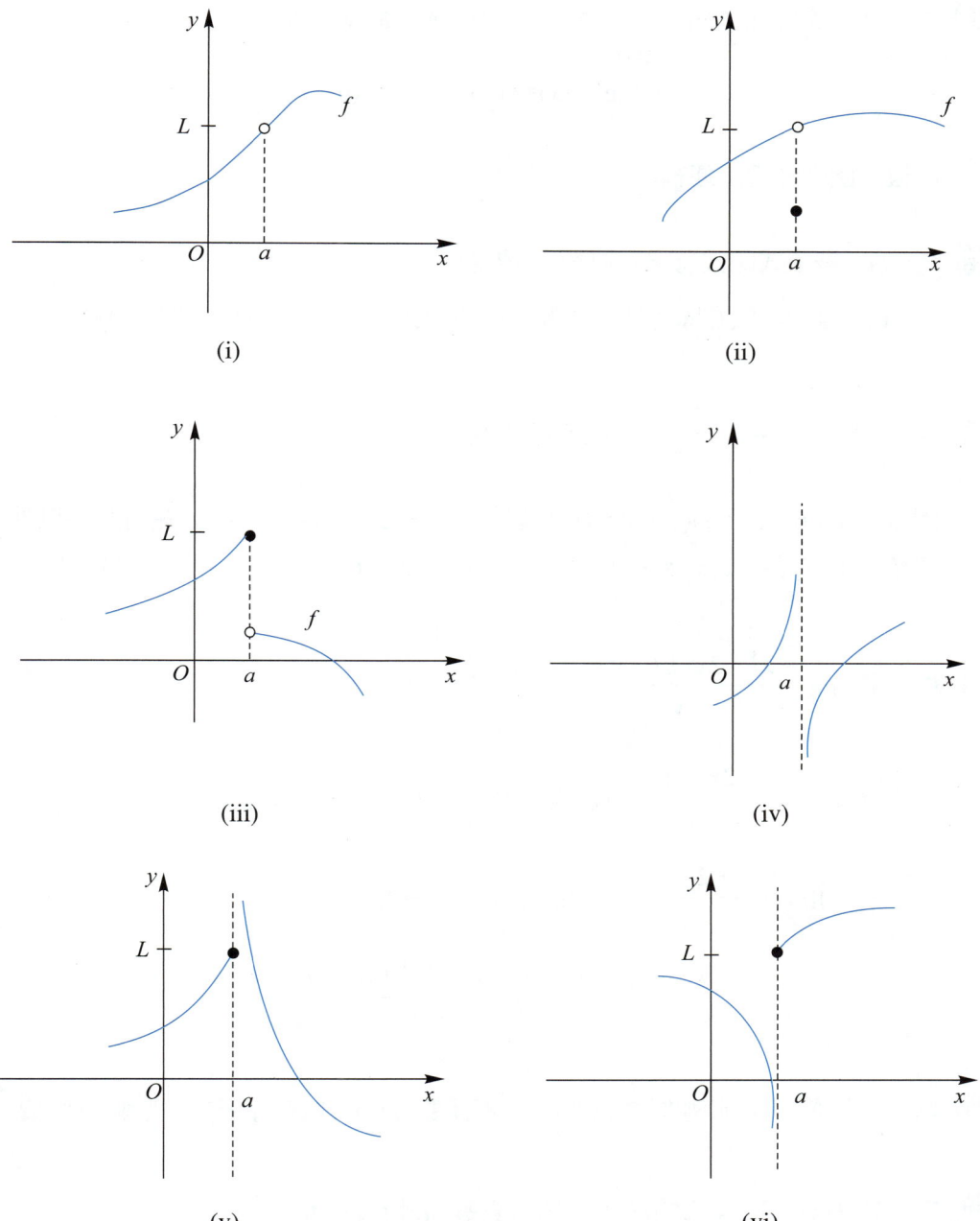

(i)　(ii)　(iii)　(iv)　(v)　(vi)

◆ 圖 1-8

例題 2 恆等函數為 $f(x)=x$, $x \in \mathbb{R}$. 對任意實數 a, 恆有

$$\lim_{x \to a} f(x) = \lim_{x \to a} x = a = f(a)$$

故恆等函數為處處連續.

例題 3 (1) 多項式函數為處處連續. (依定理 1-3)

(2) 有理函數在除了使分母為零的點以外皆為連續. (依定理 1-4)

例題 4 函數 $f(x)=\dfrac{x^2-9}{x^2-x-6}$ 在何處連續？

解 因 $x^2-x-6=(x+2)(x-3)=0$ 的解為 $x=-2$ 與 $x=3$, 故 f 在這些點以外皆為連續, 即 f 在 $\{x \mid x \neq -2, 3\} = (-\infty, -2) \cup (-2, 3) \cup (3, \infty)$ 為連續.

例題 5 求 $\lim\limits_{x \to -2} \dfrac{x^3+2x^2+6}{5-3x}$.

解 函數 $f(x)=\dfrac{x^3+2x^2+6}{5-3x}$ 為有理函數, 它在 $x=-2$ 為連續, 故

$$\lim_{x \to -2} \frac{x^3+2x^2+6}{5-3x} = \lim_{x \to -2} f(x) = f(-2)$$

$$= \frac{(-2)^3+2(-2)^2+6}{5-3(-2)} = \frac{6}{11}.$$

例題 6 我們從 1-3 節例題 3 可知, 高斯函數 $f(x) = [\![x]\!]$ 在所有整數點不連續.

例題 7 設 $f(x)=|x|$, 試證：f 在所有實數 a 皆為連續.

解
$$\lim_{x \to a} f(x) = \lim_{x \to a} |x| = \lim_{x \to a} \sqrt{x^2} \qquad (\sqrt{x^2}=|x|)$$

$$= \sqrt{\lim_{x \to a} x^2} = \sqrt{a^2}$$

$$= |a| = f(a)$$

故 f 在 a 為連續.

我們可將例題 7 推廣如下：

若函數 f 在 a 為連續，則 $|f|$ 在 a 為連續，即，

$$\lim_{x \to a} |f(x)| = |\lim_{x \to a} f(x)| = |f(a)|.$$

註：若 $|f|$ 在 a 為連續，則 f 在 a 不一定連續．例如，設

$$f(x) = \begin{cases} \dfrac{|x|}{x}, & x \neq 0 \\ 1, & x = 0 \end{cases},$$

則 $|f(x)| = 1$，可知 $|f|$ 在 0 為連續．然而，$\lim_{x \to 0} f(x) = \lim_{x \to 0} \dfrac{|x|}{x}$ 不存在 (見 1-3 節例題 1)，所以 f 在 0 為不連續．

例題 8 (1) $\lim_{x \to 3} |5 - x^2| = |\lim_{x \to 3} (5 - x^2)| = |5 - 9| = |-4| = 4.$

(2) $\lim_{x \to 2} \dfrac{x}{|x| - 3} = \dfrac{\lim_{x \to 2} x}{\lim_{x \to 2} (|x| - 3)} = \dfrac{2}{|2| - 3} = \dfrac{2}{-1} = -2.$

定理 1-2 可用來建立下面的基本結果．

定理 1-10

若兩函數 f 與 g 在 a 皆為連續，則 cf、$f+g$、$f-g$、fg 與 $\dfrac{f}{g}$ ($g(a) \neq 0$) 在 a 也為連續.

證明　$\lim_{x \to a} (f + g)(x) = \lim_{x \to a} [f(x) + g(x)] = \lim_{x \to a} f(x) + \lim_{x \to a} g(x)$

$= f(a) + g(a) = (f + g)(a)$

故 $f+g$ 在 a 為連續.

其餘部分的證明也可類推.

上面的定理可以推廣為：若 $f_1, f_2, \cdots, f_n$ 在 a 為連續，則

1. $c_1 f_1 + c_2 f_2 + \cdots + c_n f_n$ 在 a 也為連續，其中 $c_1, c_2, \cdots, c_n$ 皆為任意常數.
2. $f_1 \cdot f_2 \cdot \cdots \cdot f_n$ 在 a 也為連續.

定理 1-11

若函數 g 在 a 為連續，且函數 f 在 $g(a)$ 為連續，則合成函數 $f \circ g$ 在 a 也為連續，即，

$$\lim_{x \to a} f(g(x)) = f(\lim_{x \to a} g(x)) = f(g(a)).$$

例題 9 若 $f(x) = |x|$ 且 $g(x) = 5 - x^2$，則 $f(g(x)) = |g(x)| = |5 - x^2|$.

因 g 在 $x = 3$ 為連續，且 f 在 $x = g(3) = -4$ 為連續，故 $f \circ g$ 在 $x = 3$ 為連續，即，

$$\lim_{x \to 3} f(g(x)) = \lim_{x \to 3} |5 - x^2| = |\lim_{x \to 3} (5 - x^2)| = |-4| = 4 = f(g(3)).$$

定義 1-6

若下列條件：

(1) $f(a)$ 有定義　　(2) $\lim_{x \to a^+} f(x)$ 存在　　(3) $\lim_{x \to a^+} f(x) = f(a)$

皆滿足，則稱函數 f 在 a 為右連續.

若下列條件：

(1) $f(a)$ 有定義　　(2) $\lim_{x \to a^-} f(x)$ 存在　　(3) $\lim_{x \to a^-} f(x) = f(a)$

皆滿足，則稱函數 f 在 a 為左連續.

右連續與左連續皆稱為單邊連續.

設 $f(x)=\sqrt{x}$，由定義可知，函數 f 在 0 為右連續，因

$$\lim_{x \to 0^+} \sqrt{x} = 0$$

另外，我們也可得知，高斯函數 $f(x)=[\![x]\!]$ 在所有整數點為右連續．

如同定理 1-9，我們可得到下面的定理．

定理 1-12

函數 f 在 a 為連續 $\Leftrightarrow \lim_{x \to a^+} f(x) = \lim_{x \to a^-} f(x) = f(a)$．

例題 10 討論函數 $f(x) = \begin{cases} x^2, & \text{若 } x < 2 \\ 5, & \text{若 } x = 2 \\ -x+6, & \text{若 } x > 2 \end{cases}$ 在 $x=2$ 的連續性．

解 $f(2)=5$，又因 $\quad \lim_{x \to 2^-} f(x) = \lim_{x \to 2^-} x^2 = 4$

且 $\quad \lim_{x \to 2^+} f(x) = \lim_{x \to 2^+} (-x+6) = 4$

所以， $\quad \lim_{x \to 2} f(x) = 4$．

因 $\lim_{x \to 2} f(x) \neq f(2) = 5$，故 f 在 $x=2$ 為不連續，其圖形如圖 1-9 所示．

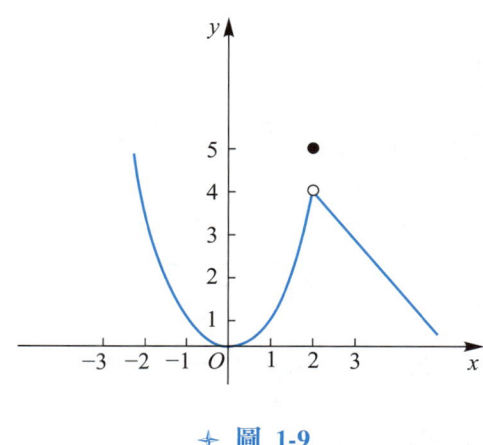

✈ 圖 1-9

例題 11 求常數 k 的值使得函數

$$f(x) = \begin{cases} 7x-2, & x \leq 1 \\ kx^2, & x > 1 \end{cases}$$

在 $x=1$ 為連續.

解 依題意，f 在 $x=1$ 之兩邊的定義不同，若欲使 f 在 $x=1$ 為連續，則必須使 f 在該處的極限存在，並等於 $f(1)$.

$$\lim_{x \to 1^+} f(x) = \lim_{x \to 1^+} kx^2 = k$$

$$\lim_{x \to 1^-} f(x) = \lim_{x \to 1^-} (7x-2) = 5$$

$$f(1) = 5$$

所以，若 $k=5$，則依定理 1-12 可知 f 在 $x=1$ 為連續.

定義 1-7

若下列條件：

(1) f 在開區間 (a, b) 為連續，(2) f 在 a 為右連續，(3) f 在 b 為左連續皆滿足，則稱函數 f 在閉區間 $[a, b]$ 為連續.

例題 12 試證：$f(x) = \sqrt{9-x^2}$ 在閉區間 $[-3, 3]$ 為連續.

解 若 $-3 < c < 3$，則

$$\lim_{x \to c} f(x) = \lim_{x \to c} \sqrt{9-x^2} = \sqrt{9-c^2} = f(c)$$

故 f 在 $(-3, 3)$ 為連續. 又

$$\lim_{x \to -3^+} f(x) = \lim_{x \to -3^+} \sqrt{9-x^2} = 0 = f(-3)$$

且

$$\lim_{x \to 3^-} f(x) = \lim_{x \to 3^-} \sqrt{9-x^2} = 0 = f(3)$$

故 f 在 $[-3, 3]$ 為連續.

若函數在其定義域（可能是開區間或閉區間或半開區間）內各處皆為連續，則稱該函數為**連續函數**. 連續函數不一定在每一個區間是連續. 例如，函數 $f(x)=\dfrac{1}{x}$ 是連續函數（因它在定義域內各處皆為連續），但它在 $[-1, 1]$ 為不連續（因它在 $x=0$ 無定義）.

許多我們所熟悉的函數在它們的定義域內各處皆為連續. 例如，前面所提到的多項式函數、有理函數與根式函數即是.

在幾何上，$y=\sin x$ 與 $y=\cos x$ 的圖形為連續的曲線. 我們現在要說明 $\sin x$ 與 $\cos x$ 的確為處處連續. 為了此目的，考慮圖 1-10，它指出點 P 的坐標為 $(\cos\theta, \sin\theta)$. 顯然，當 $\theta\to 0$ 時，P 趨近點 $(1, 0)$.（雖然所畫的 θ 是正角，但是對負角 θ 有相同的結論.）所以，$\cos\theta\to 1$ 且 $\sin\theta\to 0$，即，

$$\lim_{\theta\to 0}\cos\theta=1$$

$$\lim_{\theta\to 0}\sin\theta=0$$

因 $\cos 0=1$，$\sin 0=0$，故 $\cos x$ 與 $\sin x$ 在 0 皆為連續. $\sin x$ 的加法公式與 $\cos x$ 的加法公式可分別用來推導出它們是處處連續. 我們證明 $\sin x$ 是處處連續，如下：

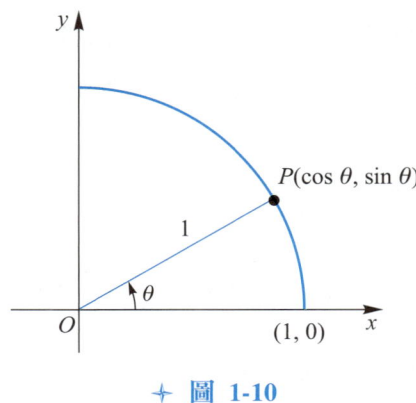

◆ 圖 1-10

證明 對任意實數 a，

$$\lim_{h\to 0}\sin(a+h)=\lim_{h\to 0}(\sin a\cos h+\cos a\sin h)$$

$$=\lim_{h\to 0}(\sin a\cos h)+\lim_{h\to 0}(\cos a\sin h)$$

因 $\sin a$ 與 $\cos a$ 皆不含 h，故它們在 $h \to 0$ 時保持一定．這允許我們將它們移到極限外面，而寫成

$$\lim_{h \to 0} \sin(a+h) = \sin a \lim_{h \to 0} \cos h + \cos a \lim_{h \to 0} \sin h$$

$$= (\sin a)(1) + (\cos a)(0) = \sin a$$

$\cos x$ 是處處連續的證明類似．

用 $\sin x$ 與 $\cos x$ 來表示 $\tan x$、$\cot x$、$\sec x$ 與 $\csc x$ 等函數，可推導出這四種函數的連續性質．例如，$\tan x = \dfrac{\sin x}{\cos x}$ 在除了使 $\cos x = 0$ 的點以外皆為連續，其中不連續點為 $x = \pm \dfrac{\pi}{2}, \pm \dfrac{3\pi}{2}, \pm \dfrac{5\pi}{2}, \cdots$．

若函數 f 在其定義域為連續，且 f^{-1} 存在，則 f^{-1} 為連續（f^{-1} 的圖形是藉由 f 的圖形對直線 $y = x$ 作鏡射而獲得．）因此，反三角函數在其定義域為連續．

指數函數 $y = a^x$ 為處處連續，所以它的反函數（即，對數函數）$y = \log_a x$ 在定義域 $(0, \infty)$ 為連續．

下列的函數類型在它們的定義域內各處皆為連續：

1. 多項式函數　　2. 有理函數　　3. 根式函數　　4. 三角函數
5. 反三角函數　　6. 指數函數　　7. 對數函數

例題 13　下列各函數在何處為連續？

(1) $f(x) = \dfrac{3x}{2x + \sqrt{x}}$　　(2) $f(x) = \sin\left(\dfrac{x}{x-\pi}\right)$　　(3) $f(x) = \dfrac{\tan^{-1} x}{x^2 - 1}$

解　(1) 函數 $y = 2x$ 在 $\mathbb{R} = (-\infty, \infty)$ 為連續，而 $y = \sqrt{x}$ 在 $[0, \infty)$ 為連續，於是，$y = 2x + \sqrt{x}$ 在 $[0, \infty)$ 為連續．又，$y = 3x$ 在 $\mathbb{R} = (-\infty, \infty)$ 為連續，故依定理 1-10，f 在 $(0, \infty)$ 為連續．

(2) f 在 $\{x \mid x \neq \pi\} = (-\infty, \pi) \cup (\pi, \infty)$ 為連續．

(3) $y = \tan^{-1} x$ 在 $(-\infty, \infty)$ 為連續，$y = x^2 - 1$ 在 $(-\infty, \infty)$ 為連續，所以 f 在 $\{x \mid x \neq \pm 1\} = (-\infty, -1) \cup (-1, 1) \cup (1, \infty)$ 為連續．

例題 14 (1) $\lim\limits_{x\to\pi}\left[\cos\left(\dfrac{x^2}{x+\pi}\right)\right]=\cos\left[\lim\limits_{x\to\pi}\left(\dfrac{x^2}{x+\pi}\right)\right]$

$$=\cos\dfrac{\pi^2}{2\pi}=\cos\dfrac{\pi}{2}=0.$$

(2) $\lim\limits_{x\to 1}\sin^{-1}\left(\dfrac{1-\sqrt{x}}{1-x}\right)=\sin^{-1}\left(\lim\limits_{x\to 1}\dfrac{1-\sqrt{x}}{1-x}\right)$

$$=\sin^{-1}\left[\lim\limits_{x\to 1}\dfrac{1-\sqrt{x}}{(1-\sqrt{x})(1+\sqrt{x})}\right]$$

$$=\sin^{-1}\left(\lim\limits_{x\to 1}\dfrac{1}{1+\sqrt{x}}\right)$$

$$=\sin^{-1}\dfrac{1}{2}=\dfrac{\pi}{6}.$$

在閉區間連續的函數有一個重要的性質，如下面定理所述.

定理 1-13 介值定理

若函數 f 在閉區間 $[a, b]$ 為連續，k 為介於 $f(a)$ 與 $f(b)$ 之間的一數，則在開區間 (a, b) 中至少存在一數 c 使得 $f(c)=k$.

此定理雖然直觀上很顯然，但是不太容易證明，其證明可在高等微積分書本中找到.

設函數 f 在閉區間 $[a, b]$ 為連續，即，f 的圖形在 $[a, b]$ 中沒有斷點. 若 $f(a) < f(b)$，則定理 1-13 告訴我們，在 $f(a)$ 與 $f(b)$ 之間任取一數 k，應有一條 y-截距為 k 的水平線，它與 f 的圖形至少相交於一點 P，而 P 點的 x-坐標就是使 $f(c)=k$ 的實數，如圖 1-11 所示.

例題 15 試證：若 $f(x)=x^3-x^2-x$，則必存在一數 c 使得 $f(c)=10$.

解 我們可知 $f(x)=x^3-x^2-x$ 在 $[2, 3]$ 為連續，$f(2)=2$，$f(3)=15$. 因 $2 < 10 < 15$，故依介值定理，在 $(2, 3)$ 中存在一數 c 使得 $f(c)=10$.

◆ 圖 1-11

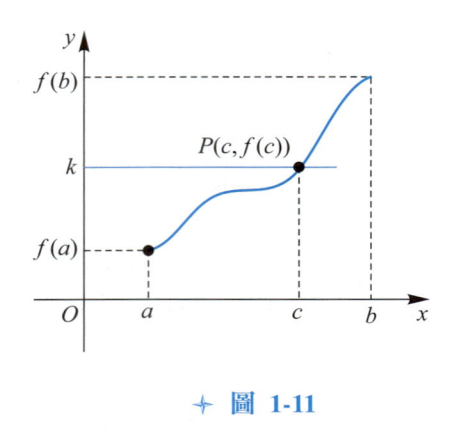

下面的定理很有用，它是介值定理的直接結果．

定理 1-14　勘根定理

若函數 f 在閉區間 $[a, b]$ 為連續且 $f(a)f(b) < 0$，則方程式 $f(x) = 0$ 在開區間 (a, b) 中至少有一解．

例題 16　試證：方程式 $x^3 - x - 2 = 0$ 在開區間 $(1, 2)$ 中有解．

解　設 $f(x) = x^3 - x - 2$，則 f 在閉區間 $[1, 2]$ 為連續．又

$$f(1)f(2) = -8 < 0$$

故依勘根定理，方程式 $f(x) = 0$ 在開區間 $(1, 2)$ 中至少有一解，即，方程式 $x^3 - x - 1 = 0$ 在 $(1, 2)$ 中有解．

習題 1-4

1～6 題中的函數在何處不連續？

1. $f(x) = \dfrac{x^2 - 1}{x + 1}$

2. $f(x) = \dfrac{x - 2}{3x^2 - 5x - 2}$

3. $f(x) = \begin{cases} \dfrac{x^2-1}{x+1}, & \text{若 } x \neq -1 \\ 6, & \text{若 } x = -1 \end{cases}$

4. $f(x) = \sin\left(\dfrac{\pi x}{2-3x}\right)$

5. $f(x) = \dfrac{1}{1-\cos x}$

6. $f(x) = x - [\![x]\!]$

7. 設 $f(x) = \begin{cases} \dfrac{x-2}{\sqrt{x+2}-2}, & x \neq 2 \\ 6, & x = 2 \end{cases}$ 若 $f(x)$ 在 $x=2$ 為連續，試求 k 的值.

求 8～11 題中的極限.

8. $\lim\limits_{x \to 1} |x^3 - 2x^2|$

9. $\lim\limits_{x \to \pi} \sin(x + \sin x)$

10. $\lim\limits_{x \to 1} \cos\left(\dfrac{\pi x^2}{x^2+3}\right)$

11. $\lim\limits_{x \to 2} \tan^{-1}\left(\dfrac{x^2-4}{x^2-2x}\right)$

12. 設函數 f 定義為 $f(x) = \dfrac{9x^2-4}{3x+2}$, $x \neq -\dfrac{2}{3}$，若要使 $f(x)$ 在 $x = -\dfrac{2}{3}$ 為連續，則 $f\left(-\dfrac{2}{3}\right)$ 應為何值？

13. 試決定 c 的值使得函數

$$f(x) = \begin{cases} c^2 x, & x < 1 \\ 3cx - 2, & x \geq 1 \end{cases}$$

在 $x = 1$ 為連續.

14. 試決定 a 與 b 的值使得函數

$$f(x) = \begin{cases} 4x, & x \leq -1 \\ ax + b, & -1 < x \leq 2 \\ -5x, & x \geq 2 \end{cases}$$

為處處連續.

15. 試決定兩常數 a 與 b 的值使得函數

$$f(x) = \begin{cases} ax-b, & x<1 \\ 5, & x=1 \\ 2ax+b, & x>1 \end{cases}$$

在 $x=1$ 為連續.

16. 試證：若 $f(x)=x^3-8x+10$，則存在一數 c 使得 $f(c)=\pi$.

17. 試證：方程式 $x^3+3x-1=0$ 在開區間 $(0, 1)$ 中有解.

18. 試證：方程式 $x+\sin x=1$ 在開區間 $\left(0, \dfrac{\pi}{6}\right)$ 中有解.

1-5　函數圖形的漸近線

在微積分中，除了所涉及的數是實數之外，常採用兩個符號 ∞ 與 $-\infty$，分別讀作 (正) 無限大與負無限大，但它們並不是數.

首先，我們考慮函數 $f(x)=\dfrac{1}{(x-1)^2}$. 若 x 趨近 1 (但 $x \ne 1$)，則分母 $(x-1)^2$ 趨近 0，故 $f(x)$ 會變得非常大. 的確，藉選取充分接近 1 的 x，可使 $f(x)$ 大到所需的程度，$f(x)$ 的這種變化以符號記為

$$\lim_{x\to 1} \dfrac{1}{(x-1)^2} = \infty.$$

一、無窮極限

定義 1-8　直觀的定義

設函數 f 定義在包含 a 的某開區間，但可能在 a 除外.

$\lim_{x\to a} f(x) = \infty$ 的意義為：當 x 充分靠近 a 時，$f(x)$ 的值變成任意大.

$\lim_{x \to a} f(x) = \infty$ 常讀作：

"當 x 趨近 a 時，$f(x)$ 的極限為無限大".

或"當 x 趨近 a 時，$f(x)$ 的值變成無限大".

或"當 x 趨近 a 時，$f(x)$ 的值無限遞增".

此定義的幾何說明如圖 1-12 所示.

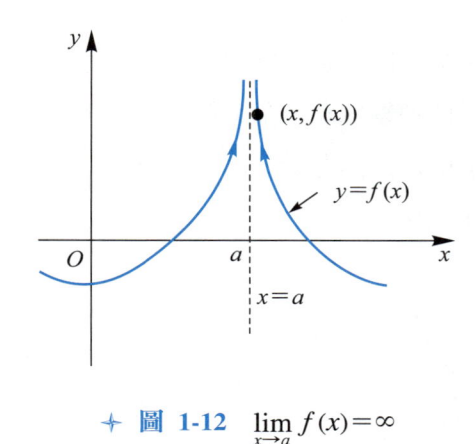

✦ 圖 1-12　$\lim_{x \to a} f(x) = \infty$

定義 1-9　嚴密的定義

設函數 f 定義在包含 a 的開區間，但可能在 a 除外. $\lim_{x \to a} f(x) = \infty$ 的意義如下：對每一 $M > 0$，存在一 $\delta > 0$ 使得若 $0 < |x-a| < \delta$，則 $f(x) > M$.

此定義的幾何說明如圖 1-13 所示.

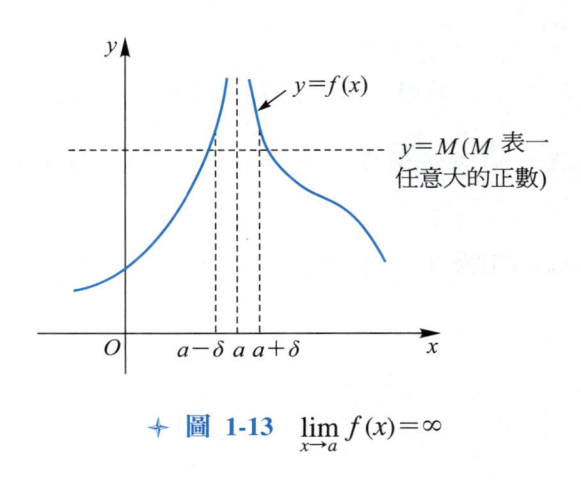

✦ 圖 1-13　$\lim_{x \to a} f(x) = \infty$

定義 1-10　直觀的定義

設函數 f 定義在包含 a 的某開區間，但可能在 a 除外。
$\lim_{x \to a} f(x) = -\infty$ 的意義為：當 x 充分靠近 a 時，$f(x)$ 的值變成任意小。

$\lim_{x \to a} f(x) = -\infty$ 常讀作：

"當 x 趨近 a 時，$f(x)$ 的極限為負無限大"。
或 "當 x 趨近 a 時，$f(x)$ 的值變成負無限大"。
或 "當 x 趨近 a 時，$f(x)$ 的值無限遞減"。
此定義的幾何說明如圖 1-14 所示。

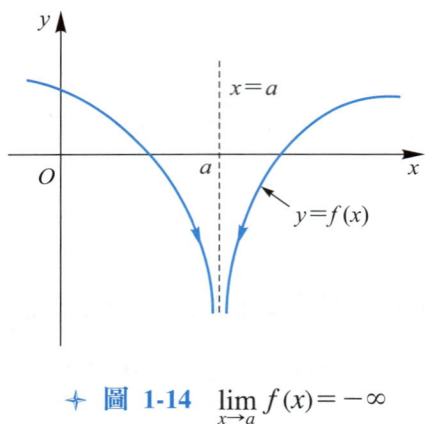

✦ 圖 1-14　$\lim_{x \to a} f(x) = -\infty$

定義 1-11　嚴密的定義

設函數 f 定義在包含 a 的開區間，但可能在 a 除外。$\lim_{x \to a} f(x) = -\infty$ 的意義如下：
對每一 $M < 0$，存在一 $\delta > 0$ 使得若 $0 < |x - a| < \delta$，則 $f(x) < M$。

定義 1-11 的幾何說明如圖 1-15 所示。

第一章　函數的極限與連續

▲ 圖 1-15　$\lim\limits_{x \to a} f(x) = -\infty$

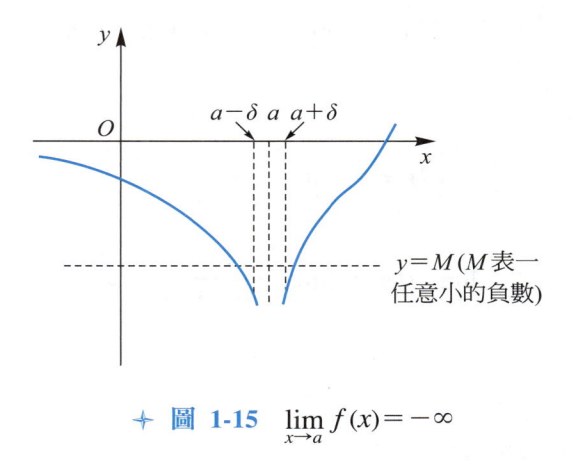

依照單邊極限的意義，讀者不難了解下列單邊極限的意義.

$$\lim_{x \to a^+} f(x) = \infty, \quad \lim_{x \to a^+} f(x) = -\infty,$$

$$\lim_{x \to a^-} f(x) = \infty, \quad \lim_{x \to a^-} f(x) = -\infty.$$

下面定理在求某些極限時相當好用，我們僅敘述而不加以證明.

定理 1-15

(1) 若 n 為正偶數，則

$$\lim_{x \to a} \frac{1}{(x-a)^n} = \infty.$$

(2) 若 n 為正奇數，則

$$\lim_{x \to a^+} \frac{1}{(x-a)^n} = \infty, \quad \lim_{x \to a^-} \frac{1}{(x-a)^n} = -\infty.$$

讀者應特別注意，由於 ∞ 與 $-\infty$ 並非是數，因此，當 $\lim\limits_{x \to a} f(x) = \infty$ 或 $\lim\limits_{x \to a} f(x) = -\infty$ 時，我們稱 $\lim\limits_{x \to a} f(x)$ 不存在.

例題 1 設 $f(x)=\dfrac{1}{(x-1)^3}$，試討論 $\lim\limits_{x\to 1^+} f(x)$ 與 $\lim\limits_{x\to 1^-} f(x)$．

解 依定理 1-15(2)，

$$\lim_{x\to 1^+} f(x) = \lim_{x\to 1^+} \frac{1}{(x-1)^3} = \infty$$

$$\lim_{x\to 1^-} f(x) = \lim_{x\to 1^-} \frac{1}{(x-1)^3} = -\infty.$$

定理 1-16

若 $\lim\limits_{x\to a} f(x)=\infty$，$\lim\limits_{x\to a} g(x)=M$，則

(1) $\lim\limits_{x\to a}[f(x)\pm g(x)]=\infty$

(2) $\lim\limits_{x\to a}[f(x)\,g(x)]=\infty$，$\lim\limits_{x\to a}\dfrac{f(x)}{g(x)}=\infty$ （若 $M>0$）

(3) $\lim\limits_{x\to a}[f(x)\,g(x)]=-\infty$，$\lim\limits_{x\to a}\dfrac{f(x)}{g(x)}=-\infty$ （若 $M<0$）

(4) $\lim\limits_{x\to a}\dfrac{g(x)}{f(x)}=0$．

上面定理中的 $x\to a$ 改成 $x\to a^+$ 或 $x\to a^-$ 時，仍可成立．對於 $\lim\limits_{x\to a} f(x)=-\infty$，也可得出類似的定理．

例題 2 設 $f(x)=\dfrac{2x+3}{x^2-4}$，試討論 $\lim\limits_{x\to 2^+} f(x)$ 與 $\lim\limits_{x\to 2^-} f(x)$．

解 首先將 $f(x)$ 寫成

$$f(x)=\frac{2x+3}{(x-2)(x+2)}=\frac{1}{x-2}\cdot\frac{2x+3}{x+2}$$

因

$$\lim_{x\to 2^+}\frac{1}{x-2}=\infty,\ \lim_{x\to 2^+}\frac{2x+3}{x+2}=\frac{7}{4}$$

第一章　函數的極限與連續

故由定理 1-16(2) 可知

$$\lim_{x \to 2^+} f(x) = \lim_{x \to 2^+} \left(\frac{1}{x-2} \cdot \frac{2x+3}{x+2} \right) = \infty$$

因

$$\lim_{x \to 2^-} \frac{1}{x-2} = -\infty, \quad \lim_{x \to 2^-} \frac{2x+3}{x+2} = \frac{7}{4}$$

故

$$\lim_{x \to 2^-} f(x) = \lim_{x \to 2^-} \left(\frac{1}{x-2} \cdot \frac{x+3}{x+2} \right) = -\infty.$$

定義 1-12　函數圖形的垂直漸近線

若

(1) $\lim\limits_{x \to a^+} f(x) = \infty$ 　　(2) $\lim\limits_{x \to a^-} f(x) = \infty$

(3) $\lim\limits_{x \to a^+} f(x) = -\infty$ 　　(4) $\lim\limits_{x \to a^-} f(x) = -\infty$

中有一者成立，則稱直線 $x = a$ 為函數 f 之圖形的**垂直漸近線**。

例題 3　求函數 $f(x) = \dfrac{2x^2}{x^2+x-2}$ 之圖形的垂直漸近線.

解　$f(x) = \dfrac{2x^2}{x^2+x-2} = \dfrac{2x^2}{(x-1)(x+2)}$

因 $\lim\limits_{x \to 1^+} f(x) = \infty$，故 $x = 1$ 為垂直漸近線.

又因 $\lim\limits_{x \to -2^+} f(x) = -\infty$，故 $x = -2$ 為垂直漸近線.

我們從函數 $y = \tan x$ 的圖形可知，當 $x \to \left(\dfrac{\pi}{2} \right)^-$ 時，$\tan x \to \infty$；即，

$$\lim_{x \to \left(\frac{\pi}{2} \right)^-} \tan x = \infty$$

或當 $x \to \left(\frac{\pi}{2}\right)^+$ 時，$\tan x \to -\infty$；即，

$$\lim_{x \to \left(\frac{\pi}{2}\right)^+} \tan x = -\infty$$

這說明了直線 $x = \frac{\pi}{2}$ 是一條垂直漸近線．同理，直線 $x = \frac{(2n+1)\pi}{2}$ (n 為整數) 是所有的垂直漸近線．

另外，自然對數函數 $y = \ln x$ 有一條垂直漸近線，我們可從其圖形得知

$$\lim_{x \to 0^+} \ln x = -\infty$$

故直線 $x = 0$ (即，y-軸) 是一條垂直漸近線．事實上，一般對數函數 $y = \log_a x$ ($a > 1$) 的圖形有一條垂直漸近線 $x = 0$ (即，y-軸)．

例題 4 求 $\displaystyle\lim_{x \to 0^+} \frac{\ln x}{2 + (\ln x)^2}$．

解

$$\lim_{x \to 0^+} \frac{\ln x}{2 + (\ln x)^2} = \lim_{x \to 0^+} \frac{\dfrac{1}{\ln x}}{\dfrac{2}{(\ln x)^2} + 1} \quad \text{(以 } (\ln x) \text{ 同除分子與分母)}$$

$$= \frac{\displaystyle\lim_{x \to 0^+} \frac{1}{\ln x}}{\displaystyle\lim_{x \to 0^+} \left[\frac{2}{(\ln x)^2} + 1\right]} = 0.$$

二、在正或負無限大處的極限

現在，考慮 $f(x) = 1 + \dfrac{1}{x}$，可知

$$f(100) = 1.01$$
$$f(1000) = 1.001$$

$$f(10000) = 1.0001$$
$$f(100000) = 1.00001$$
$$\vdots \qquad \vdots$$

換句話說，當 x 為正且夠大時，$f(x)$ 趨近 1，記為

$$\lim_{x \to \infty} \left(1 + \frac{1}{x}\right) = 1$$

同理，

$$f(-100) = 0.99$$
$$f(-1000) = 0.999$$
$$f(-10000) = 0.9999$$
$$f(-100000) = 0.99999$$
$$\vdots \qquad \vdots$$

當 x 為負且 $|x|$ 夠大時，$f(x)$ 趨近 1，記為

$$\lim_{x \to -\infty} \left(1 + \frac{1}{x}\right) = 1.$$

定義 1-13　直觀的定義

設函數 f 定義在開區間 (a, ∞) 且 L 為一實數.

$\lim\limits_{x \to \infty} f(x) = L$ 的意義為：當 x 充分大時，$f(x)$ 的值可任意靠近於 L.

$\lim\limits_{x \to \infty} f(x) = L$ 常讀作：

"當 x 趨近無限大時，$f(x)$ 的極限為 L".
或 "當 x 變成無限大時，$f(x)$ 的極限為 L".
或 "當 x 無限遞增時，$f(x)$ 的極限為 L".
此定義的幾何說明如圖 1-16 所示.

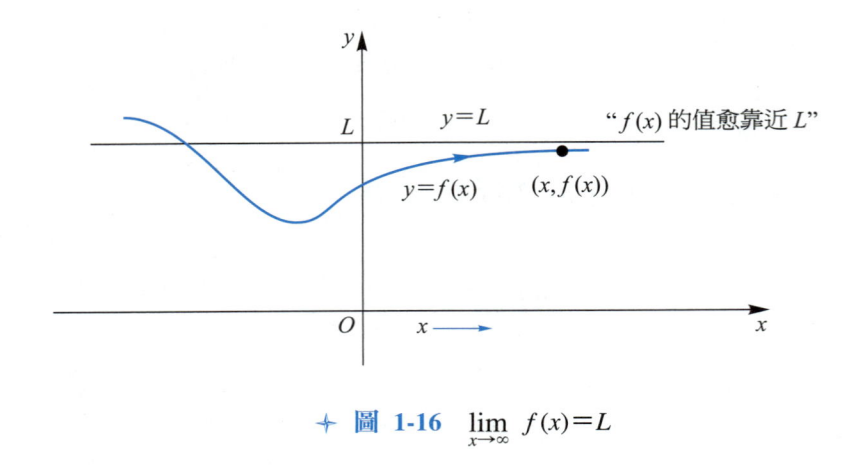

➕ 圖 1-16 $\lim\limits_{x \to \infty} f(x) = L$

定義 1-14　嚴密的定義

設函數 f 定義在開區間 (a, ∞) 且 L 為一實數． $\lim\limits_{x \to \infty} f(x) = L$ 的意義為對每一 $\varepsilon > 0$，存在一 $N > 0$ 使得若 $x > N$，則 $|f(x) - L| < \varepsilon$．

此定義的幾何說明如圖 1-17 所示．

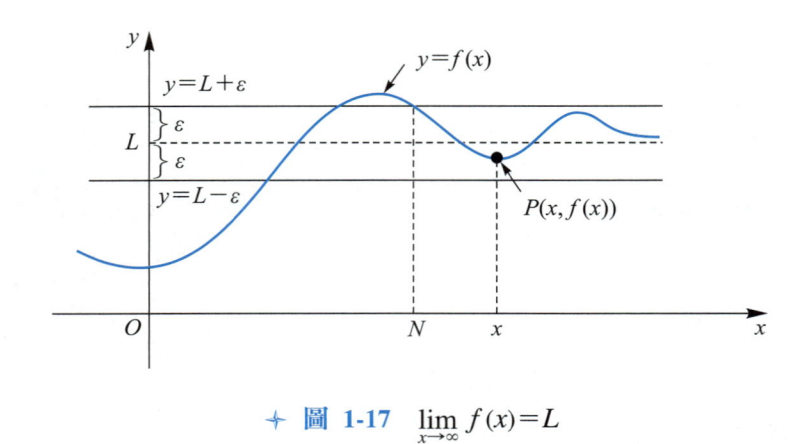

➕ 圖 1-17 $\lim\limits_{x \to \infty} f(x) = L$

定義 1-15　直觀的定義

設函數 f 定義在開區間 $(-\infty, a)$ 且 L 為一實數.

$\lim\limits_{x \to -\infty} f(x) = L$ 的意義為：當 x 充分小時，$f(x)$ 的值可任意趨近 L.

$\lim\limits_{x \to -\infty} f(x) = L$ 常讀作：

"當 x 趨近負無限大時，$f(x)$ 的極限為 L".
或 "當 x 變成負無限大時，$f(x)$ 的極限為 L".
或 "當 x 無限遞減時，$f(x)$ 的極限為 L".
此定義的幾何說明如圖 1-18 所示.

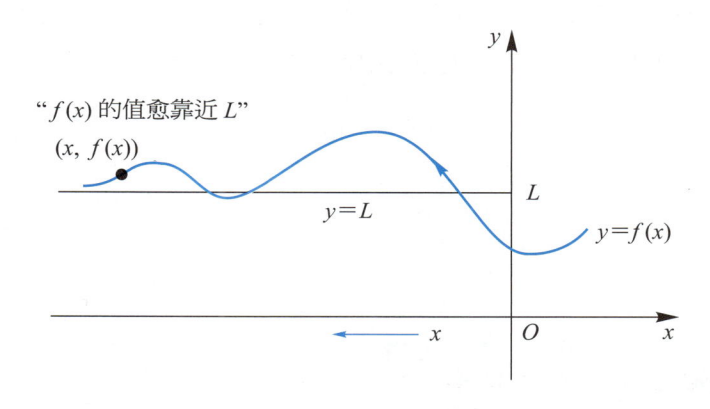

➔ 圖 1-18　$\lim\limits_{x \to -\infty} f(x) = L$

定義 1-16　嚴密的定義

設函數 f 定義在開區間 $(-\infty, a)$ 且 L 為一實數. 當 x 變成負無限大 (或無限遞減) 時，$f(x)$ 的極限為 L，記為 $\lim\limits_{x \to -\infty} f(x) = L$，其意義為對每一 $\varepsilon > 0$，存在一 $N < 0$ 使得若 $x < N$，則 $|f(x) - L| < \varepsilon$.

此定義的幾何說明如圖 1-19 所示.

圖 1-19 $\lim_{x \to -\infty} f(x) = L$

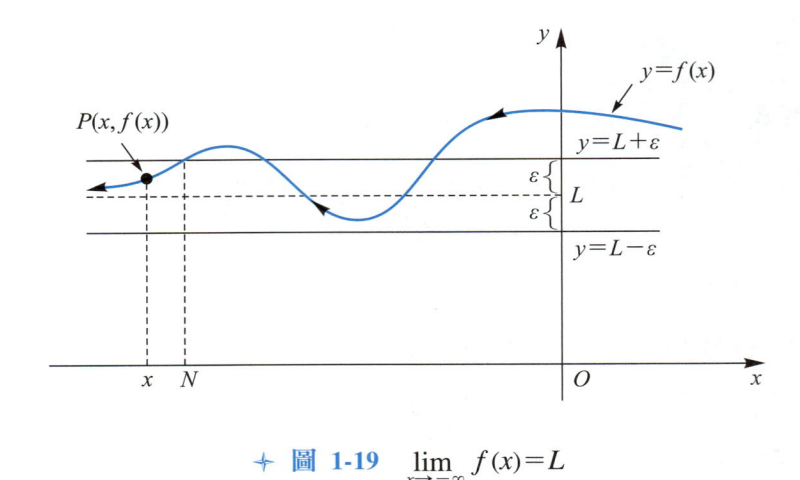

定理 1-2 對 $x \to \infty$ 或 $x \to -\infty$ 的情形仍然成立．同理，定理 1-7 與夾擠定理對 $x \to \infty$ 或 $x \to -\infty$ 的情形也成立．我們不用證明也可得知

$$\lim_{x \to \infty} c = c, \quad \lim_{x \to -\infty} c = c$$

此處 c 為常數．

定理 1-17

若 r 為正有理數，c 為任意實數，則

(1) $\lim\limits_{x \to \infty} \dfrac{c}{x^r} = 0$ (2) $\lim\limits_{x \to -\infty} \dfrac{c}{x^r} = 0$

此處假設 x^r 有定義．

例題 5 求 $\lim\limits_{x \to \infty} \dfrac{x^2 + x + 6}{3x^2 - 4x + 5}$．

解 $\lim\limits_{x \to \infty} \dfrac{x^2 + x + 6}{3x^2 - 4x + 5} = \lim\limits_{x \to \infty} \dfrac{1 + \dfrac{1}{x} + \dfrac{6}{x^2}}{3 - \dfrac{4}{x} + \dfrac{5}{x^2}}$ (以 x^2 同除分子與分母)

$$= \frac{\lim\limits_{x \to \infty}\left(1+\dfrac{1}{x}+\dfrac{6}{x^2}\right)}{\lim\limits_{x \to \infty}\left(3-\dfrac{4}{x}+\dfrac{5}{x^2}\right)}$$

$$= \frac{\lim\limits_{x \to \infty} 1 + \lim\limits_{x \to \infty} \dfrac{1}{x} + \lim\limits_{x \to \infty} \dfrac{6}{x^2}}{\lim\limits_{x \to \infty} 3 - \lim\limits_{x \to \infty} \dfrac{4}{x} + \lim\limits_{x \to \infty} \dfrac{5}{x^2}}$$

$$= \frac{1}{3}.$$

(利用定理 1-17)

例題 6 求 $\lim\limits_{x \to \infty} \dfrac{1-\sqrt{x}}{1+\sqrt{x}}$.

解 $\lim\limits_{x \to \infty} \dfrac{1-\sqrt{x}}{1+\sqrt{x}} = \lim\limits_{x \to \infty} \dfrac{\dfrac{1}{\sqrt{x}}-1}{\dfrac{1}{\sqrt{x}}+1}$

(以 $\sqrt{x}$ 同除分子與分母)

$$= \frac{\lim\limits_{x \to \infty}\left(\dfrac{1}{\sqrt{x}}-1\right)}{\lim\limits_{x \to \infty}\left(\dfrac{1}{\sqrt{x}}+1\right)} = -1.$$

例題 7 求 $\lim\limits_{x \to \infty}(\sqrt{x^2+x}-x)$.

解 $\lim\limits_{x \to \infty}(\sqrt{x^2+x}-x) = \lim\limits_{x \to \infty} \dfrac{(\sqrt{x^2+x}-x)(\sqrt{x^2+x}+x)}{\sqrt{x^2+x}+x}$

$$= \lim\limits_{x \to \infty} \frac{(x^2+x)-x^2}{\sqrt{x^2+x}+x} = \lim\limits_{x \to \infty} \frac{x}{\sqrt{x^2+x}+x}$$

$$= \lim_{x \to \infty} \frac{1}{\sqrt{1+\frac{1}{x}}+1}$$

[以 $x = \sqrt{x^2}$ （因 $x > 0$） 同除分子與分母]

$$= \frac{1}{2}.$$

例題 8 求 $\displaystyle\lim_{x \to \infty} \frac{\sqrt{x^2+2}}{3x-5}$.

解 我們以 x 同除分子與分母。在分子中，我們將 x 寫成 $x = \sqrt{x^2}$（因為 x 正值，故 $\sqrt{x^2} = |x| = x$），於是，

$$\lim_{x \to \infty} \frac{\sqrt{x^2+2}}{3x-5} = \lim_{x \to \infty} \frac{\frac{\sqrt{x^2+2}}{\sqrt{x^2}}}{\frac{(3x-5)}{x}} = \lim_{x \to \infty} \frac{\sqrt{1+2/x^2}}{(3-5/x)}$$

$$= \frac{\lim_{x \to \infty} \sqrt{1+2/x^2}}{\lim_{x \to \infty}(3-5/x)} = \frac{\sqrt{\lim_{x \to \infty}(1+2/x^2)}}{\lim_{x \to \infty}(3-5/x)}$$

$$= \frac{1}{3}.$$

例題 9 求 $\displaystyle\lim_{x \to -\infty} \frac{\sqrt{x^2+2}}{3x-5}$.

解 我們以 x 同除分子與分母。但在分子中，我們將 x 寫成 $x = -\sqrt{x^2}$（因 x 負值，故 $\sqrt{x^2} = |x| = -x$），於是，

$$\lim_{x \to -\infty} \frac{\sqrt{x^2+2}}{3x-5} = \lim_{x \to -\infty} \frac{\frac{\sqrt{x^2+2}}{-\sqrt{x^2}}}{(3-5/x)} = \lim_{x \to -\infty} \frac{-\sqrt{1+2/x^2}}{(3-5/x)} = -\frac{1}{3}.$$

例題 10 求 (1) $\lim\limits_{x \to \infty} \dfrac{[\![x]\!]}{x}$ (2) $\lim\limits_{x \to \infty} \dfrac{\sin x}{x}$.

解 (1) 依高斯函數的定義，可知 $x - 1 < [\![x]\!] \leq x$，故

$$\dfrac{x-1}{x} < \dfrac{[\![x]\!]}{x} \leq \dfrac{x}{x} = 1 \ (因\ x > 0)$$

又 $\lim\limits_{x \to \infty} \dfrac{x-1}{x} = 1$，故依夾擠定理可得 $\lim\limits_{x \to \infty} \dfrac{[\![x]\!]}{x} = 1$.

(2) 因 $-1 \leq \sin x \leq 1$，可知 $-\dfrac{1}{x} \leq \dfrac{\sin x}{x} \leq \dfrac{1}{x}\ (x > 0)$，又 $\lim\limits_{x \to \infty} \dfrac{1}{x} = 0$，故

依夾擠定理可得 $\lim\limits_{x \to \infty} \dfrac{\sin x}{x} = 0$.

例題 11 求 $\lim\limits_{x \to \infty} \cos\left(\dfrac{\pi x}{2 - 3x}\right)$.

解 令 $t = \dfrac{1}{x}$，則

$$\lim_{x \to \infty} \cos\left(\dfrac{\pi x}{2 - 3x}\right) = \lim_{t \to 0^+} \cos\left(\dfrac{\dfrac{\pi}{t}}{2 - \dfrac{3}{t}}\right) = \lim_{t \to 0^+} \cos\left(\dfrac{\pi}{2t - 3}\right)$$

$$= \cos\left(\lim_{t \to 0^+} \dfrac{\pi}{2t - 3}\right) = \cos\left(-\dfrac{\pi}{3}\right) = \dfrac{1}{2}.$$

定理 1-18

若
$$f(x) = a_n x^n + a_{n-1} x^{n-1} + a_{n-2} x^{n-2} + \cdots + a_1 x + a_0 \ (a_n \neq 0)$$
$$g(x) = b_m x^m + b_{m-1} x^{m-1} + b_{m-2} x^{m-2} + \cdots + b_1 x + b_0 \ (b_m \neq 0)$$

則 $\displaystyle\lim_{x\to\infty}\frac{f(x)}{g(x)}=\begin{cases}\infty & \left(\text{若 } n>m \text{ 且 } \dfrac{a_n}{b_m}>0\right)\\ -\infty & \left(\text{若 } n>m \text{ 且 } \dfrac{a_n}{b_m}<0\right)\\ \dfrac{a_n}{b_m} & (\text{若 } n=m)\\ 0 & (\text{若 } n<m)\end{cases}$

例題 12 (1) $\displaystyle\lim_{x\to\infty}\frac{2x^3+3x^2-5}{5x^3-x^2+2x+1}=\frac{2}{5}$.

(2) $\displaystyle\lim_{x\to\infty}\frac{x^3-6x^2+7}{3x^4+x^3-2x-2}=0.$

定義 1-17　函數圖形的水平漸近線

若 (1) $\displaystyle\lim_{x\to\infty}f(x)=L$　　(2) $\displaystyle\lim_{x\to-\infty}f(x)=L$

中有一者成立，則稱直線 $y=L$ 為函數 f 之圖形的水平漸近線.

例題 13　求 $f(x)=\dfrac{2x^2}{x^2+1}$ 之圖形的水平漸近線.

解　因 $\displaystyle\lim_{x\to\infty}f(x)=\lim_{x\to\infty}\frac{2x^2}{x^2+1}=\lim_{x\to\infty}\frac{2}{1+\dfrac{1}{x^2}}=2$

故直線 $y=2$ 為 f 之圖形的水平漸近線，如圖 1-20 所示.

第一章　函數的極限與連續

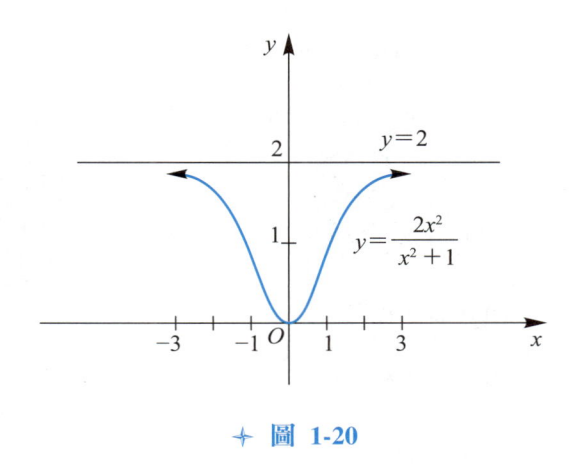

<図 1-20>

例題 14 求 $f(x) = \dfrac{2x}{\sqrt{x^2-5}}$ 之圖形的水平漸近線.

解 (1) 因 $\displaystyle\lim_{x\to\infty} f(x) = \lim_{x\to\infty} \dfrac{2x}{\sqrt{x^2-5}} = \lim_{x\to\infty} \dfrac{2}{\sqrt{1-\dfrac{5}{x^2}}} = 2$,

故直線 $y=2$ 為 f 之圖形的水平漸近線.

(2) 因 $\displaystyle\lim_{x\to-\infty} f(x) = \lim_{x\to-\infty} \dfrac{2x}{\sqrt{x^2-5}} = \lim_{x\to-\infty} \dfrac{2}{-\sqrt{1-\dfrac{5}{x^2}}} = -2$

故直線 $y=-2$ 為 f 之圖形的水平漸近線.

我們從自然指數函數 $y=e^x$ 的圖形可知 $\displaystyle\lim_{x\to-\infty} e^x = 0$, 故其圖形有一條水平漸近線 $y=0$ (即, x-軸). 事實上, 一般指數函數 $y=a^x\,(a>0)$ 的圖形有一條水平漸近線 $y=0$ (即, x-軸).

例題 15 求 (1) $\displaystyle\lim_{x\to\infty} e^{-x}$　(2) $\displaystyle\lim_{x\to\infty} \dfrac{e^x+e^{-x}}{e^x-e^{-x}}$.

解 (1) 令 $t=-x$，則當 $x \to \infty$ 時，$t \to -\infty$，故
$$\lim_{x \to \infty} e^{-x} = \lim_{t \to -\infty} e^t = 0.$$

(2) $\displaystyle\lim_{x \to \infty} \frac{e^x + e^{-x}}{e^x - e^{-x}} = \lim_{x \to \infty} \frac{1 + e^{-2x}}{1 - e^{-2x}}$ （以 e^{-x} 同乘分子與分母）

$$= \frac{\lim_{x \to \infty}(1 + e^{-2x})}{\lim_{x \to \infty}(1 - e^{-2x})} = 1.$$

定義 1-18　函數圖形的斜漸近線

若 $\displaystyle\lim_{x \to \infty}[f(x)-(ax+b)]=0$ 或 $\displaystyle\lim_{x \to -\infty}[f(x)-(ax+b)]=0$ $(a \neq 0)$ 成立，則稱直線 $y=ax+b$ 為 f 之圖形的<u>斜漸近線</u>．

此定義的幾何意義，即，當 $x \to \infty$ 或 $x \to -\infty$ 時，介於圖形上點 $(x, f(x))$ 與直線上點 $(x, ax+b)$ 之間的垂直距離趨近於零．

若 $f(x) = \dfrac{P(x)}{Q(x)}$ 為一有理函數，且 $P(x)$ 的次數較 $Q(x)$ 的次數多 1，則 f 之圖形有一條斜漸近線．欲知理由，我們可利用長除法，得到

$$f(x) = \frac{P(x)}{Q(x)} = ax + b + \frac{G(x)}{Q(x)}$$

此處餘式 $G(x)$ 的次數小於 $Q(x)$ 的次數．又 $\displaystyle\lim_{x \to \infty} \frac{G(x)}{Q(x)} = 0$，$\displaystyle\lim_{x \to -\infty} \frac{G(x)}{Q(x)} = 0$，此告訴我們，當 $x \to \infty$ 或 $x \to -\infty$ 時，$f(x) = \dfrac{P(x)}{Q(x)}$ 的圖形接近斜漸近線 $y = ax+b$．

例題 16 求 $f(x) = \dfrac{x^2 + x - 3}{x - 1}$ 之圖形的斜漸近線．

解 首先將 $f(x)$ 化成

$$f(x) = x + 2 - \frac{1}{x-1}$$

則
$$\lim_{x \to \infty} [f(x) - (x+2)] = \lim_{x \to \infty} \frac{-1}{x-1} = 0$$

故直線 $y = x + 2$ 為斜漸近線.

三、在正或負無限大處的無窮極限

符號 $\lim\limits_{x \to \infty} f(x) = \infty$ 的意義為：當 x 充分大時，$f(x)$ 的值變成任意大. 其它的符號還有：

$$\lim_{x \to -\infty} f(x) = \infty, \quad \lim_{x \to \infty} f(x) = -\infty, \quad \lim_{x \to -\infty} f(x) = -\infty$$

例如：$\lim\limits_{x \to \infty} x^3 = \infty$, $\quad \lim\limits_{x \to -\infty} x^3 = -\infty$, $\quad \lim\limits_{x \to \infty} \sqrt{x} = \infty$, $\quad \lim\limits_{x \to \infty} (x + \sqrt{x}) = \infty$,

$\lim\limits_{x \to -\infty} \sqrt[3]{x} = -\infty$, $\quad \lim\limits_{x \to \infty} e^x = \infty$, $\quad \lim\limits_{x \to \infty} \ln x = \infty$.

例題 17 求 (1) $\lim\limits_{x \to \infty} (x^2 - x)$ (2) $\lim\limits_{x \to \infty} (x - \sqrt{x})$.

解 (1) 注意，我們不可寫成

$$\lim_{x \to \infty} (x^2 - x) = \lim_{x \to \infty} x^2 - \lim_{x \to \infty} x = \infty - \infty$$

極限定理無法適用於無窮極限，因為 ∞ 不是一個數 ($\infty - \infty$ 無法定義). 但是，我們可以寫成

$$\lim_{x \to \infty} (x^2 - x) = \lim_{x \to \infty} x(x-1) = \infty.$$

(2) $\lim\limits_{x \to \infty} (x - \sqrt{x}) = \lim\limits_{x \to \infty} \sqrt{x}(\sqrt{x} - 1) = \infty.$

例題 18 求 $\lim\limits_{x \to \infty} \dfrac{\ln x}{2 + (\ln x)^2}$.

解
$$\lim_{x\to\infty}\frac{\ln x}{2+(\ln x)^2}=\lim_{x\to\infty}\frac{\dfrac{1}{\ln x}}{\dfrac{2}{(\ln x)^2}+1} \quad (以\ (\ln x)^2\ 同除分子與分母)$$

$$=\frac{\lim\limits_{x\to\infty}\dfrac{1}{\ln x}}{\lim\limits_{x\to\infty}\left[\dfrac{2}{(\ln x)^2}+1\right]}=0.$$

例題 19 求 $\lim\limits_{x\to\infty}\tan^{-1}(x-x^2)$.

解 $\lim\limits_{x\to\infty}\tan^{-1}(x-x^2)=\lim\limits_{x\to\infty}\tan^{-1}[x(1-x)]$

令 $t=x(1-x)$，則當 $x\to\infty$ 時，$1-x\to-\infty$，因而 $t\to-\infty$.

所以，$\lim\limits_{x\to\infty}\tan^{-1}(x-x^2)=\lim\limits_{t\to-\infty}\tan^{-1}t=-\dfrac{\pi}{2}$.

習題 1-5

求 1～16 題中的極限.

1. $\lim\limits_{x\to\infty}\dfrac{3x^3-x+1}{6x^3+2x^2-7}$

2. $\lim\limits_{x\to\infty}\dfrac{2x^2-x+3}{x^3+1}$

3. $\lim\limits_{x\to-\infty}\dfrac{4x-3}{\sqrt{x^2+1}}$

4. $\lim\limits_{x\to\infty}(x-\sqrt{x^2-3x})$

5. $\lim\limits_{x\to-\infty}\dfrac{1+\sqrt[5]{x}}{1-\sqrt[5]{x}}$

6. $\lim\limits_{x\to-\infty}\dfrac{(2x-5)(3x+1)}{(x+7)(4x-9)}$

7. $\lim\limits_{x\to-\infty}\dfrac{5x^2-6x-3}{\sqrt{x^4+x^2+1}}$

8. $\lim\limits_{x\to\infty}\dfrac{5x^2-6x-3}{\sqrt{x^4+x^2+1}}$

9. $\lim\limits_{x\to\infty}(\sqrt{x^2+1}-\sqrt{x^2-1})$

10. $\lim\limits_{x\to\infty}(\sqrt{x^2+2x}-\sqrt{x^2+x})$

11. $\lim\limits_{x\to\infty}\dfrac{2x+\sin 2x}{x}$

12. $\lim\limits_{x\to-\infty}\dfrac{2-x}{x+\cos x}$

13. $\lim\limits_{x\to-\infty}\cos\left(\dfrac{\pi x^2}{3+2x^2}\right)$

14. $\lim\limits_{x\to\infty}\tan^{-1}(x^2-x^4)$

15. $\lim\limits_{x\to\infty}\dfrac{\sin^2 x}{x^2}$

16. $\lim\limits_{x\to-\infty}\dfrac{e^x+e^{-x}}{e^x-e^{-x}}$

求 17～21 題中各函數圖形的所有漸近線.

17. $f(x)=\dfrac{2x}{(x+2)^2}$

18. $f(x)=\dfrac{2x^2}{9-x^2}$

19. $f(x)=\dfrac{x^2+3x+2}{x^2+2x-3}$

20. $f(x)=\dfrac{x}{\sqrt{x^2-4}}$

21. $f(x)=\dfrac{8-x^3}{2x^2}$

22. (1) 試解釋下列的計算為何不正確.

$$\lim\limits_{x\to 0^+}\left(\dfrac{1}{x}-\dfrac{1}{x^2}\right)=\lim\limits_{x\to 0^+}\dfrac{1}{x}-\lim\limits_{x\to 0^+}\dfrac{1}{x^2}=\infty-\infty=0.$$

(2) 試證：$\lim\limits_{x\to 0^+}\left(\dfrac{1}{x}-\dfrac{1}{x^2}\right)=-\infty.$

本章摘要

1. **極限定理**

    設 k 與 c 皆為常數，$\lim_{x \to a} f(x) = L$，$\lim_{x \to a} g(x) = M$，則

    (1) $\lim_{x \to a} k = k$

    (2) $\lim_{x \to a} x = a$

    (3) $\lim_{x \to a} [cf(x)] = cL$

    (4) $\lim_{x \to a} [f(x) + g(x)] = L + M$

    (5) $\lim_{x \to a} [f(x) - g(x)] = L - M$

    (6) $\lim_{x \to a} [f(x)g(x)] = LM$

    (7) $\lim_{x \to a} \dfrac{f(x)}{g(x)} = \dfrac{L}{M}$，$M \neq 0$

2. **夾擠定理**

    設在一包含 a 的開區間中所有 x（可能在 a 除外）恆有 $f(x) \leq h(x) \leq g(x)$，

    若 $\lim_{x \to a} f(x) = \lim_{x \to a} g(x) = L$，則 $\lim_{x \to a} h(x) = L$。

3. $\lim_{x \to a} f(x) = L \Leftrightarrow \lim_{x \to a^+} f(x) = \lim_{x \to a^-} f(x) = L$

4. 若 $\lim_{x \to a^+} f(x) \neq \lim_{x \to a^-} f(x)$，則 $\lim_{x \to a} f(x)$ 不存在。

5. f 在 a 處為**連續** $\Leftrightarrow$ $\begin{cases} (1)\ f(a)\ 存在 \\ (2)\ \lim_{x \to a} f(x)\ 存在 \\ (3)\ \lim_{x \to a} f(x) = f(a) \end{cases}$

6. 若 r 為正有理數，c 為任意實數，則

    (1) $\lim_{x \to \infty} \dfrac{c}{x^r} = 0$

    (2) $\lim_{x \to -\infty} \dfrac{c}{x^r} = 0$，此處假設 x^r 有定義。

7. 若 $\lim_{x \to a^+} f(x) = \pm\infty$ 或 $\lim_{x \to a^-} f(x) = \pm\infty$，則直線 $x = a$ 為 f 之圖形的**垂直漸近線**。

第一章　函數的極限與連續

8. 若 $\lim\limits_{x\to\infty} f(x)=L$ 或 $\lim\limits_{x\to-\infty} f(x)=L$，則直線 $y=L$ 為 f 之圖形的水平漸近線．

9. 若 $\lim\limits_{x\to\infty}[f(x)-(ax+b)]=0$ 或 $\lim\limits_{x\to-\infty}[f(x)-(ax+b)]=0$ $(a\neq 0)$ 成立，則直線 $y=ax+b$ 為 f 之圖形的斜漸近線．

2 代數函數的導函數

2-1 導函數

在介紹過極限與連續的觀念之後，從本章開始，正式進入微分學的範疇. 在本章中，我們將詳述導函數——它是研究變化率的基本數學工具——的觀念.

我們複習一下前面所遇到過的觀念. 若 $P(a, f(a))$ 與 $Q(x, f(x))$ 為函數 f 之圖形上的相異兩點，則連接 P 與 Q 之割線的斜率為

$$m_{\overleftrightarrow{PQ}} = \frac{f(x) - f(a)}{x - a} \tag{2-1}$$

(見圖 2-1(i)). 若令 x 趨近 a，則 Q 將沿著 f 的圖形趨近 P，而通過 P 與 Q 的割線將趨近在 P 的切線 L. 於是，當 x 趨近 a 時，割線的斜率將趨近切線的斜率 m，所以，由 (2-1) 式，

$$m = \lim_{x \to a} \frac{f(x) - f(a)}{x - a} \tag{2-2}$$

56　微積分

（i）$m_{\overleftrightarrow{PQ}} = \dfrac{f(x)-f(a)}{x-a}$　　　（ii）$m_{\overleftrightarrow{PQ}} = \dfrac{f(a+h)-f(a)}{h}$

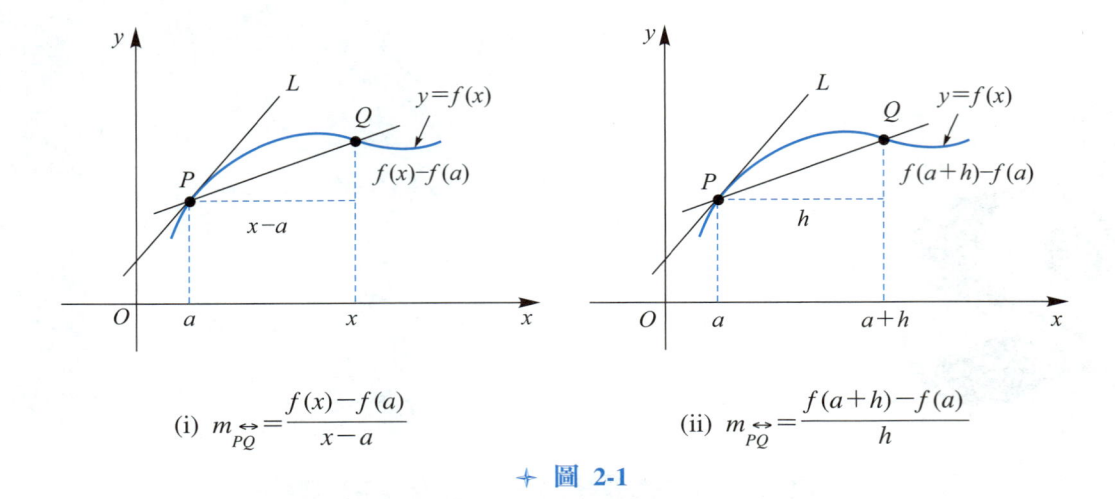

✦ 圖 2-1

另外，若令 $h=x-a$，則 $x=a+h$，而當 $x \to a$ 時，$h \to 0$。於是，(2-2) 式又可寫成

$$m = \lim_{h \to 0} \frac{f(a+h)-f(a)}{h} \tag{2-3}$$

（見圖 2-1(ii)）。

定義 2-1

若 $P(a, f(a))$ 為函數 f 的圖形上一點，則在點 P 之切線的斜率為

$$m = \lim_{h \to 0} \frac{f(a+h)-f(a)}{h}$$

倘若上面的極限存在。

例題 1　求拋物線 $y=x^2$ 在點 $(2, 4)$ 之切線的斜率與切線方程式。

解　利用定義 2-1 可得

$$m = \lim_{h \to 0} \frac{f(2+h)-f(2)}{h} = \lim_{h \to 0} \frac{(2+h)^2 - 2^2}{h}$$

$$= \lim_{h \to 0} \frac{4+4h+h^2-4}{h} = \lim_{h \to 0} \frac{4h+h^2}{h}$$

$$=\lim_{h\to 0}\frac{h(4+h)}{h}=\lim_{h\to 0}(4+h)=4$$

故利用點斜式可得切線方程式為

$$y-4=4(x-2)$$

即，
$$4x-y-4=0.$$

定義 2-2

函數 f 在 a 的導數，記為 $f'(a)$，定義如下：

$$f'(a)=\lim_{h\to 0}\frac{f(a+h)-f(a)}{h}$$

或
$$f'(a)=\lim_{x\to a}\frac{f(x)-f(a)}{x-a}$$

倘若極限存在.

若 $f'(a)$ 存在，則稱函數 f 在 a 為可微分或有導數. 若在開區間 (a, b) [或 (a, ∞) 或 $(-\infty, a)$ 或 $(-\infty, \infty)$] 中各處皆為可微分，則稱在該區間為可微分.

特別注意，若函數 f 在 a 為可微分，則由定義 2-1 與定義 2-2 可知

$$f'(a)=\lim_{h\to 0}\frac{f(a+h)-f(a)}{h}=m$$

換句話說，$f'(a)$ 為曲線 $y=f(x)$ 在點 $(a, f(a))$ 之切線的斜率.

例題 2 若 $f(x)=\dfrac{x(1+x)(2+x)(3+x)}{(1-x)(2-x)(3-x)}$，求 $f'(0)$.

解 利用定義 2-2，

$$f'(0)=\lim_{x\to 0}\frac{f(x)-f(0)}{x-0}=\lim_{x\to 0}\frac{\frac{x(1+x)(2+x)(3+x)}{(1-x)(2-x)(3-x)}}{x}$$

$$=\lim_{x\to 0}\frac{(1+x)(2+x)(3+x)}{(1-x)(2-x)(3-x)}=\frac{1\cdot 2\cdot 3}{1\cdot 2\cdot 3}$$
$$=1.$$

例題 3 若 $f'(a)$ 存在，求

(1) $\lim\limits_{h\to 0}\dfrac{f(a+2h)-f(a)}{h}$ (2) $\lim\limits_{h\to 0}\dfrac{f(a-h)-f(a)}{h}$.

解 (1) $\lim\limits_{h\to 0}\dfrac{f(a+2h)-f(a)}{h}=2\lim\limits_{h\to 0}\dfrac{f(a+2h)-f(a)}{2h}$

$$=2\lim_{t\to 0}\frac{f(a+t)-f(a)}{t} \quad (令\ t=2h)$$

$$=2f'(a).$$

(2) $\lim\limits_{h\to 0}\dfrac{f(a-h)-f(a)}{h}=-\lim\limits_{h\to 0}\dfrac{f(a-h)-f(a)}{-h}$

$$=-\lim_{t\to 0}\frac{f(a+t)-f(a)}{t} \quad (令\ t=-h)$$

$$=-f'(a).$$

例題 4 求曲線 $y=\dfrac{1}{x^2}$ 在點 $(1, 1)$ 之切線與法線的方程式.

解 令 $f(x)=\dfrac{1}{x^2}$，則

$$f'(1)=\lim_{h\to 0}\frac{f(1+h)-f(1)}{h}=\lim_{h\to 0}\frac{\frac{1}{(1+h)^2}-1}{h}=\lim_{h\to 0}\frac{1-(1+h)^2}{h(1+h)^2}$$

$$=\lim_{h\to 0}\frac{-2h-h^2}{h(1+h)^2}=\lim_{h\to 0}\frac{-2-h}{(1+h)^2}$$

$$=-2$$

故切線方程式為 $y-1=-2(x-1)$，即，$2x+y-3=0$.

第二章　代數函數的導函數

法線方程式為 $y-1=\dfrac{1}{2}(x-1)$，即，$x-2y+1=0$.

定義 2-3

函數 f' 稱為函數 f 的導函數，定義如下：

$$f'(x)=\lim_{h\to 0}\dfrac{f(x+h)-f(x)}{h}$$

倘若上面的極限存在.

在定義 2-3 中，f' 的定義域是由使得該極限存在之所有 x 組成的集合，但與 f 的定義域不一定相同.

例題 5 若 $f(x)=\sqrt{x}$，求 $f'(x)$，並比較 f 與 f' 的定義域.

解
$$f'(x)=\lim_{h\to 0}\dfrac{f(x+h)-f(x)}{h}=\lim_{h\to 0}\dfrac{\sqrt{x+h}-\sqrt{x}}{h} \quad \left(乘以\ \dfrac{\sqrt{x+h}+\sqrt{x}}{\sqrt{x+h}+\sqrt{x}}\right)$$

$$=\lim_{h\to 0}\dfrac{x+h-x}{h(\sqrt{x+h}+\sqrt{x})}=\lim_{h\to 0}\dfrac{h}{h(\sqrt{x+h}+\sqrt{x})}$$

$$=\lim_{h\to 0}\dfrac{1}{\sqrt{x+h}+\sqrt{x}}$$

$$=\dfrac{1}{2\sqrt{x}}$$

f' 的定義域為 $(0, \infty)$，而 f 的定義域為 $[0, \infty)$，兩者顯然不同.

例題 6 我們從幾何觀點顯然可知，在直線 $y=mx+b$ 上每一點的切線與該直線本身一致，因而斜率為 m. 所以，若 $f(x)=mx+b$，則

$$f'(x)=\lim_{h\to 0}\dfrac{f(x+h)-f(x)}{h}$$

$$= \lim_{h \to 0} \frac{[m(x+h)+b]-(mx+b)}{h}$$

$$= \lim_{h \to 0} \frac{mh}{h} = m.$$

求導函數的過程稱為微分，其方法稱為微分法。通常，在自變數為 x 的情形下，常用的微分算子有 D_x 與 $\dfrac{d}{dx}$，當它作用到函數 $f(x)$ 上時，就產生了新函數 $f'(x)$。因而常用的導函數符號如下：

$$f'(x) = \frac{d}{dx}f(x) = \frac{df(x)}{dx} = D_x f(x)$$

$D_x f(x)$ 或 $\dfrac{d}{dx} f(x)$ 唸成 "f 對 x 的導函數" 或 "f 對 x 微分"。

若 $y=f(x)$，則 $f'(x)$ 又可寫成 y' 或 $\dfrac{dy}{dx}$ 或 $D_x y$。

註：符號 $\dfrac{dy}{dx}$ 是由萊布尼茲所提出。

又，我們對函數 f 在 a 的導數 $f'(a)$ 常常寫成如下：

$$f'(a) = f'(x)|_{x=a} = D_x f(x)|_{x=a} = \frac{d}{dx}f(x)|_{x=a}.$$

例題 7 若 $y = 4x^2 - 3$，求 $\left.\dfrac{dy}{dx}\right|_{x=1}$。

解
$$\frac{dy}{dx} = \lim_{h \to 0} \frac{[4(x+h)^2 - 3] - (4x^2 - 3)}{h}$$

$$= \lim_{h \to 0} \frac{4x^2 + 8xh + 4h^2 - 3 - 4x^2 + 3}{h}$$

$$= \lim_{h \to 0} \frac{8xh + 4h^2}{h} = \lim_{h \to 0} (8x + 4h) = 8x$$

故 $$\left.\frac{dy}{dx}\right|_{x=1}=8.$$

我們在前面曾討論到，若 $\lim\limits_{h\to 0}\frac{f(a+h)-f(a)}{h}$ 存在，則定義此極限為 $f'(a)$. 如果我們只限制 $h\to 0^+$ 或 $h\to 0^-$，此時就產生單邊導數的觀念了.

定義 2-4

(1) 若 $\lim\limits_{h\to 0^+}\frac{f(a+h)-f(a)}{h}$ 或 $\lim\limits_{x\to a^+}\frac{f(x)-f(a)}{x-a}$ 存在，則稱此極限為 f 在 a 的右導數，記為：

$$f'_+(a)=\lim_{h\to 0^+}\frac{f(a+h)-f(a)}{h} \quad \text{或} \quad f'_+(a)=\lim_{x\to a^+}\frac{f(x)-f(a)}{x-a}.$$

(2) 若 $\lim\limits_{h\to 0^-}\frac{f(a+h)-f(a)}{h}$ 或 $\lim\limits_{x\to a^-}\frac{f(x)-f(a)}{x-a}$ 存在，則稱此極限為 f 在 a 的左導數，記為：

$$f'_-(a)=\lim_{h\to 0^-}\frac{f(a+h)-f(a)}{h} \quad \text{或} \quad f'_-(a)=\lim_{x\to a^-}\frac{f(x)-f(a)}{x-a}.$$

由定義 2-4，讀者應注意到，若函數 f 在 (a,∞) 為可微分且 $f'_+(a)$ 存在，則稱函數 f 在 $[a,\infty)$ 為可微分. 同理，函數 f 在 $(-\infty,a)$ 為可微分且 $f'_-(a)$ 存在，則稱函數 f 在 $(-\infty,a]$ 為可微分. 又，若函數 f 在 (a,b) 為可微分且 $f'_+(a)$ 與 $f'_-(b)$ 皆存在，則稱 f 在 $[a,b]$ 為可微分. 很明顯地，

$$f'(c) \text{ 存在} \Leftrightarrow f'_+(c) \text{ 與 } f'_-(c) \text{ 皆存在且 } f'_+(c)=f'_-(c)$$

若函數在其定義域內各處皆為可微分，則稱該函數為可微分函數.

例題 8 絕對值函數 $f(x)=|x|$ 在 $x=0$ 是否可微分？並說明理由.

解 $f'_+(0) = \lim\limits_{x \to 0^+} \dfrac{f(x)-f(0)}{x-0} = \lim\limits_{x \to 0^+} \dfrac{|x|}{x}$

$\qquad\qquad\qquad\quad = \lim\limits_{x \to 0^+} \dfrac{x}{x}$ （絕對值的定義）

$\qquad\qquad\qquad\quad = 1$

又 $\quad f'_-(0) = \lim\limits_{x \to 0^-} \dfrac{f(x)-f(0)}{x-0} = \lim\limits_{x \to 0^-} \dfrac{|x|}{x}$

$\qquad\qquad\qquad\quad = \lim\limits_{x \to 0^-} \dfrac{-x}{x}$ （絕對值的定義）

$\qquad\qquad\qquad\quad = -1$

由於 $f'_-(0) \neq f'_+(0)$，故 $f'(0)$ 不存在，亦即，$f(x)$ 在 $x=0$ 為不可微分．

例題 9 若 $f(x) = \begin{cases} x^2+1, & x \leq 1 \\ 2x, & x > 1 \end{cases}$，則 $f(x)$ 在 $x=1$ 是否可微分？

解 $f'_+(1) = \lim\limits_{x \to 1^+} \dfrac{f(x)-f(1)}{x-1} = \lim\limits_{x \to 1^+} \dfrac{2x-2}{x-1} = 2$

$f'_-(1) = \lim\limits_{x \to 1^-} \dfrac{f(x)-f(1)}{x-1} = \lim\limits_{x \to 1^-} \dfrac{(x^2+1)-2}{x-1} = \lim\limits_{x \to 1^-} \dfrac{x^2-1}{x-1}$

$\qquad\quad = \lim\limits_{x \to 1^-} (x+1) = 2$

因 $f'_+(1) = f'_-(1) = 2$，故 $f'(1) = 2$，故 $f(x)$ 在 $x=1$ 為可微分．

定理 2-1

若函數 f 在 a 為可微分，則 f 在 a 為連續．

定理 2-1 的逆敘述不一定成立，即，雖然函數 f 在 a 為連續，但不能保證 f 在 a 為可微分．例如，函數 $f(x)=|x|$ 在 $x=0$ 為連續但不可微分．

讀者應注意下列的性質：

第二章　代數函數的導函數

$$函數\ f\ 在\ a\ 為可微分 \Rightarrow f\ 在\ a\ 為連續 \Rightarrow \lim_{x \to a} f(x)\ 存在.$$

定義 2-5

若函數 f 在 a 為連續且 $\lim_{x \to a} f'(x) = \infty$（或 $-\infty$），則曲線 $y = f(x)$ 在點 $(a, f(a))$ 具有一條**垂直切線**。

例題 10　試證 $f(x) = x^{1/3}$ 在 $x = 0$ 不可微分，並說明其幾何意義.

解　依定義，

$$f'(0) = \lim_{h \to 0} \frac{h^{1/3}}{h} = \lim_{h \to 0} h^{-2/3} = \infty$$

因為 $f'(0)$ 不存在，所以 $f(x) = x^{1/3}$ 在 $x = 0$ 不可微分. 其幾何意義說明 $f(x) = x^{1/3}$ 的圖形在 $x = 0$ 處之切線的斜率為無限大，因此，曲線在原點有一條垂直切線 $x = 0$（即 y-軸），如圖 2-2 所示.

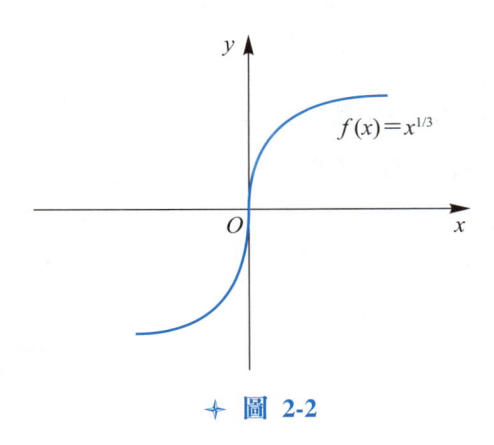

◆ 圖 2-2

一般，我們所遇到函數 f 的不可微分之處 a 所對應的點 $(a, f(a))$ 可以分類成：

1. 折點（含尖點）
2. 具有垂直切線的點
3. 斷點

圖 2-3 的四個函數在 a 的導數皆不存在，所以它們在 a 當然不可微分.

(i) 折點

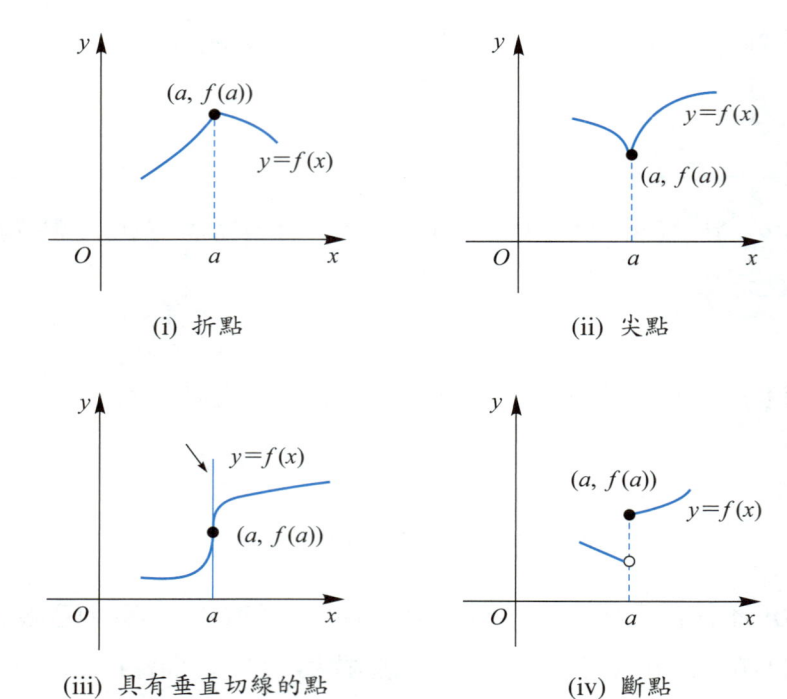

(ii) 尖點

(iii) 具有垂直切線的點

(iv) 斷點

➤ 圖 2-3

函數 $f(x)=|x|$ 在 $x=0$ 不可微分，此結果在幾何上很顯然，因為它的圖形在原點有一個折點 (圖 2-4)。

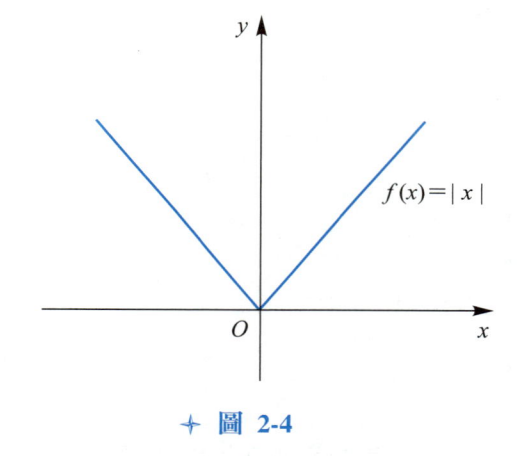

➤ 圖 2-4

習題 2-1

1. 求拋物線 $y=2x^2-3x$ 在點 $(2, 2)$ 之切線與法線的方程式.

2. 求 $f(x) = \dfrac{2}{x-2}$ 的圖形在點 $(0, -1)$ 之切線與法線的方程式.

3. 求曲線 $y = \sqrt{x-1}$ 上切線斜角為 $\dfrac{\pi}{4}$ 之點的坐標.

4. 在曲線 $y = x^2 - 2x + 5$ 上哪一點的切線垂直於直線 $y = x$？

5. 若 $f(x) = \dfrac{(x-1)(x-2)(x-3)(x-5)}{x-4}$，求 $f'(1)$.

6. 若 $f'(a)$ 存在，求 $\lim\limits_{h \to 0} \dfrac{f(a+2h) - f(a-h)}{h}$.

在 7～9 題中求各函數的導函數，並確定其定義域.

7. $f(x) = 7x^2 - 5$ 8. $f(x) = \dfrac{1}{x-2}$ 9. $f(x) = \dfrac{7}{\sqrt{x}}$

10. 函數 $f(x) = |x^2 - 4|$ 在 $x = 2$ 是否可微分？

11. 函數 $f(x) = x|x|$ 在 $x = 0$ 是否可微分？

12. 函數 $f(x) = \begin{cases} -2x^2 + 4, & x < 1 \\ x^2 + 1, & x \geq 1 \end{cases}$ 在 $x = 1$ 是否可微分？

2-2 微分的法則

在求一個函數的導函數時，若依導函數的定義去做，則相當繁雜. 在本節中，我們要導出一些法則，而利用這些法則，可以很容易地將導函數求出來.

定理 2-2

若 f 為常數函數，即，$f(x) = k$，則 $\dfrac{d}{dx} f(x) = \dfrac{d}{dx} k = 0$.

證明 依導函數的定義，

$$\frac{d}{dx}k = \lim_{h \to 0}\frac{k-k}{h} = \lim_{h \to 0} 0 = 0.$$

定理 2-3　冪法則

若 n 為正整數，則 $\dfrac{d}{dx}x^n = nx^{n-1}$.

證明 依定義 2-3，

$$\frac{d}{dx}x^n = \lim_{h \to 0}\frac{(x+h)^n - x^n}{h}$$

利用公式 $a^n - b^n = (a-b)(a^{n-1} + a^{n-2}b + \cdots + ab^{n-2} + b^{n-1})$

故 $\dfrac{d}{dx}x^n = \lim\limits_{h \to 0}\dfrac{h[(x+h)^{n-1} + (x+h)^{n-2}x + \cdots + (x+h)x^{n-2} + x^{n-1}]}{h}$

$$= \lim_{h \to 0}[(x+h)^{n-1} + (x+h)^{n-2}x + \cdots + (x+h)x^{n-2} + x^{n-1}]$$

$$= nx^{n-1}.$$

在定理 2-3 中，若 n 為任意實數時，結論仍可成立，即，

$$\frac{d}{dx}x^n = nx^{n-1},\ n \in \mathbb{R}.$$

例題 1　$\dfrac{d}{dx}x^3 = 3x^2,\ \dfrac{d}{dx}x^{-3} = -3x^{-4},$

$\dfrac{d}{dx}\sqrt{x} = \dfrac{d}{dx}(x^{1/2}) = \dfrac{1}{2}x^{-1/2} = \dfrac{1}{2\sqrt{x}}.$

第二章　代數函數的導函數

定理 2-4　常數倍的導函數

若 f 為可微分函數，c 為常數，則 cf 也為可微分函數，且

$$\frac{d}{dx}[cf(x)] = c\frac{d}{dx}f(x)$$

或

$$(cf)' = cf'.$$

證明　$\dfrac{d}{dx}[cf(x)] = \lim_{h \to 0} \dfrac{cf(x+h) - cf(x)}{h} = c\lim_{h \to 0} \dfrac{f(x+h) - f(x)}{h}$

$= c\dfrac{d}{dx}f(x).$

例題 2　$\dfrac{d}{dx}(3x^4) = 3\dfrac{d}{dx}(x^4) = 3(4x^3) = 12x^3.$

定理 2-5　兩函數和的導函數

若 f 與 g 皆為可微分函數，則 $f+g$ 也為可微分函數，且

$$\frac{d}{dx}[f(x) + g(x)] = \frac{d}{dx}f(x) + \frac{d}{dx}g(x)$$

或

$$(f+g)' = f' + g'.$$

證明　$\dfrac{d}{dx}[f(x) + g(x)] = \lim_{h \to 0} \dfrac{[f(x+h) + g(x+h)] - [f(x) + g(x)]}{h}$

$= \lim_{h \to 0} \dfrac{[f(x+h) - f(x)] + [g(x+h) - g(x)]}{h}$

$= \lim_{h \to 0} \dfrac{f(x+h) - f(x)}{h} + \lim_{h \to 0} \dfrac{g(x+h) - g(x)}{h}$

$= \dfrac{d}{dx}f(x) + \dfrac{d}{dx}g(x).$

利用定理 2-4 與定理 2-5 可得下列的結果：

1. 若 f 與 g 皆為可微分函數，則 $f-g$ 也為可微分函數，且

$$\frac{d}{dx}[f(x)-g(x)] = \frac{d}{dx}f(x) - \frac{d}{dx}g(x).$$

2. 若 $f_1, f_2, \cdots, f_n$ 皆為可微分函數，$c_1, c_2, \cdots, c_n$ 皆為常數，則 $c_1 f_1 + c_2 f_2 + \cdots + c_n f_n$ 也為可微分函數，且

$$\frac{d}{dx}[c_1 f_1(x) + c_2 f_2(x) + \cdots + c_n f_n(x)]$$

$$= c_1 \frac{d}{dx}f_1(x) + c_2 \frac{d}{dx}f_2(x) + \cdots + c_n \frac{d}{dx}f_n(x).$$

例題 3 若 $f(x) = |x^3|$，求 $f'(x)$.

解 (1) 當 $x > 0$ 時，$f(x) = |x^3| = x^3$，$f'(x) = 3x^2$.

(2) 當 $x < 0$ 時，$f(x) = |x^3| = -x^3$，$f'(x) = -3x^2$.

(3) 當 $x = 0$ 時，依定義，

$$\lim_{x \to 0^+} \frac{f(x) - f(0)}{x - 0} = \lim_{x \to 0^+} \frac{x^3}{x} = \lim_{x \to 0^+} x^2 = 0$$

$$\lim_{x \to 0^-} \frac{f(x) - f(0)}{x - 0} = \lim_{x \to 0^-} \frac{-x^3}{x} = \lim_{x \to 0^-} (-x^2) = 0$$

可得 $f'(0) = 0$.

所以，
$$f'(x) = \begin{cases} -3x^2, & \text{若 } x < 0 \\ 0, & \text{若 } x = 0 \\ 3x^2, & \text{若 } x > 0 \end{cases}.$$

例題 4 若 $f(x) = |x-1| + |x+2|$，求 $f'(x)$.

解 若 $x \geq 1$，則

$$f(x) = |x-1| + |x+2| = (x-1) + (x+2) = 2x+1$$

若 $-2 < x < 1$，則
$$f(x) = |x-1| + |x+2| = -(x-1) + x + 2 = 3$$
若 $x \leq -2$，則
$$f(x) = |x-1| + |x+2| = -(x-1) - (x+2) = -2x-1$$
綜上討論，
$$f(x) = \begin{cases} -2x-1, & \text{若 } x \leq -2 \\ 3, & \text{若 } -2 < x < 1 \\ 2x+1, & \text{若 } x \geq 1 \end{cases}$$

所以，
$$f'(x) = \begin{cases} -2, & \text{若 } x < -2 \\ 0, & \text{若 } -2 < x < 1 \\ 2, & \text{若 } x > 1 \end{cases}$$

$f'(1)$ 與 $f'(-2)$ 皆不存在．（何故？）

例題 5 若拋物線 $y = ax^2 + bx$ 在點 $(1, 5)$ 的切線斜率為 8，求 a 與 b 的值．

解 $\dfrac{dy}{dx} = 2ax + b$．當 $x = 1$ 時，$2a + b = 8$．

又點 $(1, 5)$ 在拋物線上，所以 $a + b = 5$．解方程組
$$\begin{cases} 2a + b = 8 \\ a + b = 5 \end{cases}, \text{可得 } a = 3, b = 2.$$

例題 6 曲線 $y = x^4 - 2x^2 + 2$ 於何處有水平切線？

解 $\dfrac{dy}{dx} = \dfrac{d}{dx}(x^4 - 2x^2 + 2) = 4x^3 - 4x = 4x(x^2 - 1)$

令 $\dfrac{dy}{dx} = 0$，即，$4x(x^2 - 1) = 0$，可得 $x = 0, 1, -1$．

當 $x = 0$ 時，$y = 2$．

當 $x=1$ 時，$y=1-2+2=1$.

當 $x=-1$ 時，$y=(-1)^4-2(-1)^2+2=1$.

故曲線在點 $(0,2)$、$(1,1)$ 與 $(-1,1)$ 有水平切線，其圖形如圖 2-5 所示.

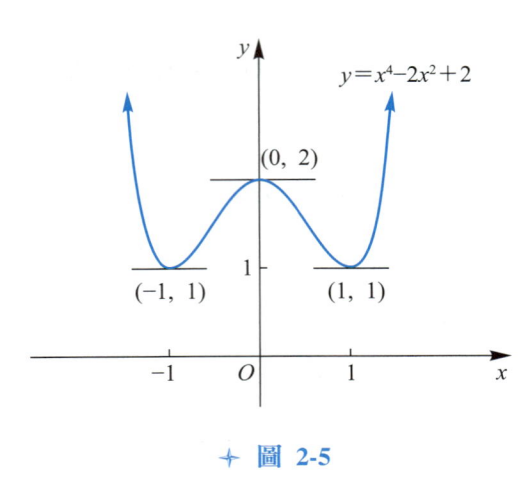

◆ 圖 2-5

定理 2-6　兩函數乘積的導函數

若 f 與 g 皆為可微分函數，則 fg 也為可微分函數，且

$$\frac{d}{dx}[f(x)\,g(x)] = f(x)\frac{d}{dx}g(x) + g(x)\frac{d}{dx}f(x)$$

或
$$(fg)' = fg' + gf'.$$

證明
$$\frac{d}{dx}[f(x)\,g(x)] = \lim_{h\to 0}\frac{f(x+h)\,g(x+h) - f(x)\,g(x)}{h}$$

$$= \lim_{h\to 0}\frac{f(x+h)\,g(x+h) - f(x+h)\,g(x) + f(x+h)\,g(x) - f(x)\,g(x)}{h}$$

$$= \lim_{h\to 0}\left[f(x+h)\,\frac{g(x+h)-g(x)}{h} + g(x)\,\frac{f(x+h)-f(x)}{h}\right]$$

$$= \left[\lim_{h\to 0}f(x+h)\right]\left[\lim_{h\to 0}\frac{g(x+h)-g(x)}{h}\right] + \left[\lim_{h\to 0}g(x)\right]\left[\lim_{h\to 0}\frac{f(x+h)-f(x)}{h}\right]$$

$$= f(x)\,\frac{d}{dx}g(x) + g(x)\,\frac{d}{dx}f(x).$$

第二章　代數函數的導函數

定理 2-6 可以推廣到 n 個函數之乘積的微分．若 $f_1, f_2, \cdots, f_n$ 皆為可微分函數，則 $f_1 f_2 \cdots f_n$ 也為可微分函數，且

$$\frac{d}{dx}(f_1 f_2 \cdots f_n) = \left(\frac{d}{dx} f_1\right) f_2 \cdots f_n + f_1 \left(\frac{d}{dx} f_2\right) f_3 \cdots f_n + f_1 f_2 \cdots \left(\frac{d}{dx} f_n\right)$$

$$= f_1 f_2 \cdots f_n \left(\frac{\frac{d}{dx} f_1}{f_1} + \frac{\frac{d}{dx} f_2}{f_2} + \cdots + \frac{\frac{d}{dx} f_n}{f_n}\right)$$

$$= f_1 f_2 \cdots f_n \left(\frac{f_1'}{f_1} + \frac{f_2'}{f_2} + \cdots + \frac{f_n'}{f_n}\right). \tag{2-4}$$

例題 7　若 $f(x) = (5x+6)(4x^3 - 3x + 2)$，求 $f'(x)$．

解　$f'(x) = \dfrac{d}{dx}[(5x+6)(4x^3 - 3x + 2)]$

$= (5x+6) \dfrac{d}{dx}(4x^3 - 3x + 2) + (4x^3 - 3x + 2) \dfrac{d}{dx}(5x+6)$

$= (5x+6)(12x^2 - 3) + 5(4x^3 - 3x + 2)$

$= 80x^3 + 72x^2 - 30x - 8.$

例題 8　若 $f(x) = (x+2)(2x-3)(3x-4)(4x+5)$，求 $f'(x)$．

解　$f'(x) = \dfrac{d}{dx}[(x+2)(2x-3)(3x-4)(4x+5)]$

$= (x+2)(2x-3)(3x-4)(4x+5)\left(\dfrac{1}{x+2} + \dfrac{2}{2x-3} + \dfrac{3}{3x-4} + \dfrac{4}{4x+5}\right).$

定理 2-7　一般冪法則

若 f 為可微分函數，n 為正整數，則 f^n 也為可微分函數，且

$$\frac{d}{dx}[f(x)]^n = n[f(x)]^{n-1} \frac{d}{dx} f(x)$$

或

$$(f^n)' = n f^{n-1} f'.$$

本定理在 n 為實數時仍可成立.

證明 $\dfrac{d}{dx}[f(x)]^n = \dfrac{d}{dx}[\overbrace{f(x) \cdot f(x) \cdot \cdots \cdot f(x)}^{n \text{ 個}}]$

$= (\overbrace{f(x) \cdot f(x) \cdot \cdots \cdot f(x)}^{n \text{ 個}}) \cdot \left(\overbrace{\dfrac{f'(x)}{f(x)} + \dfrac{f'(x)}{f(x)} + \cdots + \dfrac{f'(x)}{f(x)}}^{n \text{ 個}} \right)$

由 (2-4) 式

$= [f(x)]^n \left(n \cdot \dfrac{f'(x)}{f(x)} \right) = n[f(x)]^{n-1} f'(x).$

例題 9　若 $f(x) = (x^2 - 2x + 5)^{20}$，求 $f'(x)$.

解　$f'(x) = \dfrac{d}{dx}(x^2 - 2x + 5)^{20} = 20(x^2 - 2x + 5)^{19} \dfrac{d}{dx}(x^2 - 2x + 5)$

$= 40(x^2 - 2x + 5)^{19}(x - 1).$

例題 10　試證：$\dfrac{d}{dx}|x| = \dfrac{x}{|x|} = \dfrac{|x|}{x}$ $(x \neq 0)$.

解　$\dfrac{d}{dx}|x| = \dfrac{d}{dx}\sqrt{x^2} = \dfrac{1}{2}(x^2)^{-1/2}(2x)$

$= \dfrac{x}{\sqrt{x^2}} = \dfrac{x}{|x|} = \dfrac{|x|}{x}$ $(x \neq 0)$.

例題 11　若 $y = x^2\sqrt{1-x^2}$，求 $\dfrac{dy}{dx}$.

解　$\dfrac{dy}{dx} = \dfrac{d}{dx}(x^2\sqrt{1-x^2})$

$= x^2 \dfrac{d}{dx}[(1-x^2)^{1/2}] + (1-x^2)^{1/2} \dfrac{d}{dx}x^2$

$$= x^2 \left[\frac{1}{2}(1-x^2)^{-1/2}(-2x) \right] + (1-x^2)^{1/2}(2x)$$

$$= -x^3(1-x^2)^{-1/2} + 2x(1-x^2)^{1/2}$$

$$= x(1-x^2)^{-1/2}[-x^2 + 2(1-x^2)]$$

$$= x(1-x^2)^{-1/2}(2-3x^2)$$

$$= \frac{x(2-3x^2)}{\sqrt{1-x^2}}.$$

例題 12 若 $y = \sqrt{x + \sqrt{x}}$，求 $\dfrac{dy}{dx}$。

解
$$\frac{dy}{dx} = \frac{d}{dx}\sqrt{x+\sqrt{x}} = \frac{1}{2}(x+\sqrt{x})^{-1/2}\frac{d}{dx}(x+\sqrt{x})$$

$$= \frac{1}{2\sqrt{x+\sqrt{x}}}\left(1 + \frac{d}{dx}\sqrt{x}\right) = \frac{1}{2\sqrt{x+\sqrt{x}}}\left(1 + \frac{1}{2\sqrt{x}}\right)$$

$$= \frac{2\sqrt{x}+1}{4\sqrt{x}\sqrt{x+\sqrt{x}}}.$$

定理 2-8

若 g 為可微分函數，則 $\dfrac{1}{g}$ 也為可微分函數，且

$$\frac{d}{dx}\left[\frac{1}{g(x)}\right] = \frac{-\dfrac{d}{dx}g(x)}{[g(x)]^2}$$

或

$$\left(\frac{1}{g}\right)' = \frac{-g'}{g^2}.$$

證明 $\dfrac{d}{dx}\left[\dfrac{1}{g(x)}\right] = \lim\limits_{h\to 0} \dfrac{\dfrac{1}{g(x+h)} - \dfrac{1}{g(x)}}{h} = \lim\limits_{h\to 0} \dfrac{\dfrac{g(x)-g(x+h)}{g(x+h)g(x)}}{h}$

$= \lim\limits_{h\to 0} \left[\dfrac{1}{g(x+h)g(x)}\right]\left[-\dfrac{g(x+h)-g(x)}{h}\right]$

$= \dfrac{1}{[g(x)]^2}\left[-\lim\limits_{h\to 0}\dfrac{g(x+h)-g(x)}{h}\right]$

$= \dfrac{-\dfrac{d}{dx}g(x)}{[g(x)]^2}.$

例題 13 若 $y = \dfrac{6}{x^3}$,求 $\dfrac{dy}{dx}$.

解 $\dfrac{dy}{dx} = \dfrac{d}{dx}\left(\dfrac{6}{x^3}\right) = 6\cdot\dfrac{d}{dx}\left(\dfrac{1}{x^3}\right) = 6\cdot\dfrac{-\dfrac{d}{dx}(x^3)}{(x^3)^2} = -\dfrac{18}{x^4}.$

定理 2-9　兩函數商的導函數

若 f 與 g 皆為可微分函數,且 $g(x) \neq 0$,則 $\dfrac{f}{g}$ 也為可微分函數,且

$$\dfrac{d}{dx}\left[\dfrac{f(x)}{g(x)}\right] = \dfrac{g(x)\dfrac{d}{dx}f(x) - f(x)\dfrac{d}{dx}g(x)}{[g(x)]^2}$$

或

$$\left(\dfrac{f}{g}\right)' = \dfrac{gf' - fg'}{g^2}.$$

證明 $\dfrac{d}{dx}\left[\dfrac{f(x)}{g(x)}\right] = \dfrac{d}{dx}\left[f(x)\cdot\dfrac{1}{g(x)}\right]$

$$= f(x)\frac{d}{dx}\left[\frac{1}{g(x)}\right] + \frac{1}{g(x)}\frac{d}{dx}f(x)$$

$$= f(x)\left(\frac{-\frac{d}{dx}g(x)}{[g(x)]^2}\right) + \frac{\frac{d}{dx}f(x)}{g(x)}$$

$$= \frac{-f(x)\frac{d}{dx}g(x) + g(x)\frac{d}{dx}f(x)}{[g(x)]^2}$$

$$= \frac{g(x)\frac{d}{dx}f(x) - f(x)\frac{d}{dx}g(x)}{[g(x)]^2}.$$

例題 14 若 $y = \dfrac{1-x}{1+x^2}$，求 $\dfrac{dy}{dx}$.

解
$$\frac{dy}{dx} = \frac{d}{dx}\left(\frac{1-x}{1+x^2}\right) = \frac{(1+x^2)\dfrac{d}{dx}(1-x) - (1-x)\dfrac{d}{dx}(1+x^2)}{(1+x^2)^2}$$

$$= \frac{(1+x^2)(-1) - (1-x)(2x)}{(1+x^2)^2} = \frac{-1-x^2-2x+2x^2}{(1+x^2)^2}$$

$$= \frac{x^2-2x-1}{(1+x^2)^2}.$$

利用定理 2-9 可證明，若 n 為負整數且 $x \neq 0$，則

$$\frac{d}{dx}(x^n) = nx^{n-1}.$$

證明 令 $n = -m$，此處 m 為正整數。因此 $x^n = x^{-m} = \dfrac{1}{x^m}$，且

$$\frac{d}{dx}(x^n) = \frac{d}{dx}\left(\frac{1}{x^m}\right) = \frac{-\dfrac{d}{dx}(x^m)}{(x^m)^2}$$

$$= \frac{-mx^{m-1}}{x^{2m}}$$
$$= -mx^{-m-1}$$
$$= nx^{n-1}.$$

（對 $m > 0$，$\dfrac{d}{dx} x^m = mx^{m-1}$）

若函數 f 的導函數 f' 為可微分，則 f' 的導函數記為 f''，稱為 f 的二階導函數. 只要有可微分性，我們就可以將導函數的微分過程繼續下去而求得 f 的三、四、五，甚至更高階的導函數. f 之依次的導函數記為

$$\begin{aligned}
&f' && (f \text{ 的一階導函數}) \\
&f'' = (f')' && (f \text{ 的二階導函數}) \\
&f''' = (f'')' && (f \text{ 的三階導函數}) \\
&f^{(4)} = (f''')' && (f \text{ 的四階導函數}) \\
&f^{(5)} = (f^{(4)})' && (f \text{ 的五階導函數}) \\
&\quad\vdots && \quad\vdots \\
&f^{(n)} = (f^{(n-1)})' && (f \text{ 的 } n \text{ 階導函數})
\end{aligned}$$

在 f 為 x 之函數的情形下，若利用算子 D_x 與 $\dfrac{d}{dx}$ 來表示，則

$$f'(x) = D_x f(x) = \frac{d}{dx} f(x)$$

$$f''(x) = D_x (D_x f(x)) = D_x^2 f(x) = \frac{d}{dx}\left(\frac{d}{dx} f(x)\right) = \frac{d^2}{dx^2} f(x) = \frac{d^2 f(x)}{dx^2}$$

$$f'''(x) = D_x (D_x^2 f(x)) = D_x^3 f(x) = \frac{d}{dx}\left(\frac{d^2}{dx^2} f(x)\right) = \frac{d^3}{dx^3} f(x) = \frac{d^3 f(x)}{dx^3}$$

$$\vdots \qquad \vdots$$

$$f^{(n)}(x) = D_x^n f(x) = \frac{d^n}{dx^n} f(x) = \frac{d^n f(x)}{dx^n}，\text{此唸成 "} f \text{ 對 } x \text{ 的 } n \text{ 階導函數"} .$$

在論及函數 f 的高階導函數時，為方便起見，通常規定 $f^{(0)} = f$，即，f 的零階導函數為其本身．

例題 15 若 $f(x) = 4x^3 + 2x^2 - 6x + 5$

則 $f'(x) = 12x^2 + 4x - 6$

$f''(x) = 24x + 4$

$f'''(x) = 24$

$f^{(4)}(x) = 0$

$\vdots$

$f^{(n)}(x) = 0 \ (n \geq 4)$.

例題 16 若 $f(x) = \dfrac{1}{x}$，求 $f^{(n)}(x)$.

解 $f'(x) = (-1)x^{-2}$

$f''(x) = (-1)(-2)x^{-3}$

$f'''(x) = (-1)(-2)(-3)x^{-4}$

$\vdots$

$f^{(n)}(x) = (-1)(-2)(-3)\cdots(-n)x^{-n-1} = (-1)^n n! \, x^{-n-1}$.

習題 2-2

在 1～8 題中求 $\dfrac{dy}{dx}$.

1. $y = \left(x + \dfrac{1}{x}\right)\left(x - \dfrac{1}{x} + 1\right)$

2. $y = (x^2 + 1)(x - 1)(x + 5)$

3. $y = \dfrac{1 - x^3}{2 + x}$

4. $y = (x^2 - 3)^3 (3x^4 + 1)^2$

5. $y = \left(\dfrac{x^3 + 4}{x^2 - 1}\right)^3$

6. $y = \sqrt[3]{x^4 + x^2 + 5}$

7. $y = \sqrt{x + \sqrt{x + \sqrt{x}}}$

8. $y = |x + 1| + |x - 5|$

9. 若 $f(3)=4$，$g(3)=2$，$f'(3)=-6$，$g'(3)=5$，試求下列各值.

   (1) $(fg)'(3)$　　　(2) $\left(\dfrac{f}{g}\right)'(3)$　　　(3) $\left(\dfrac{f}{f-g}\right)'(3)$

10. 已知 $s=\dfrac{t}{t^3+7}$，求 $\left.\dfrac{ds}{dt}\right|_{t=-1}$.

11. 若直線 $y=2x$ 與拋物線 $y=x^2+k$ 相切，求 k.

12. 在 $y=\dfrac{1}{3}x^3-\dfrac{3}{2}x^2+2x$ 的圖形上何處有水平切線？

13. 求切於拋物線 $y=4x-x^2$ 且通過點 $(2,5)$ 之切線的方程式.

14. 求切於曲線 $y=3x^2+4x-6$ 且平行於直線 $5x-2y-1=0$ 之切線的方程式.

15. 已知直線 $y=x$ 切拋物線 $y=ax^2+bx+c$ 於原點，且該拋物線通過點 $(1,2)$，求 a、b 與 c.

16. 兩拋物線 $y=x^2+ax+b$ 與 $y=cx-x^2$ 在點 $(1,0)$ 有一條公切線，求 a、b 與 c.

在 17～18 題中求 $\dfrac{d^2y}{dx^2}$.

17. $y=\dfrac{x}{1+x^2}$　　　　　18. $y=\sqrt{x^2+1}$

19. 令 $f(x)=x^5-2x+3$，求 $\lim\limits_{h\to 0}\dfrac{f'(2+h)-f'(2)}{h}$.

20. 求一個二次函數 $f(x)$，使得 $f(1)=5$，$f'(1)=3$，$f''(1)=-4$.

21. 若 $y=4x^4+2x^3+3x-5$，求 $y'''(0)$.

22. 若 $y=\dfrac{3}{x^4}$，求 $\left.\dfrac{d^4y}{dx^4}\right|_{x=1}$.

23. 若 $f(x)=\dfrac{1-x}{1+x}$，求 $f^{(n)}(x)$，n 為正整數.

24. 設 n 與 k 皆為正整數.

   (1) 若 $f(x)=x^n$，求 $f^{(n)}(x)$.

   (2) 若 $f(x)=x^k$，$n>k$，求 $f^{(n)}(x)$.

(3) 若 $f(x)=a^n x^n + \cdots + a_1 x + a_0$，求 $f^{(n)}(x)$.

25. 試證：對不同的 a 與 b，拋物線 $y=x^2$ 在 $x=\dfrac{1}{2}(a+b)$ 處的切線斜率恆等於通過兩點 (a, a^2) 與 (b, b^2) 的割線斜率.

2-3　視導函數為變化率

　　大部分在日常生活中遇到的量皆隨時間而改變，特別是在科學研究的領域中．舉例來說，化學家或許會對某物在水中的溶解速率感到興趣，電子工程師或許希望知道電路中電流的變化率，生物學家可能正在研究培養基中細菌增加或減少的速率，除此，尚有許多其它自然科學領域以外的例子．

　　若某變數由一值變到另一值，則它的最後值減去最初值稱為該變數的增量．在微積分中，我們習慣以符號 Δx (delta x) 表示變數 x 的增量，在此記號中，"Δx" 不是 "Δ" 與 "x" 的乘積，Δx 只是代表 x 值之改變的單一符號. 同理，Δy、Δt 與 $\Delta \theta$ 等等，分別表示變數 y、t 與 θ 等的增量．

定義 2-6

設 $w=f(t)$ 為可微分函數，且 t 代表時間.

(1) $w=f(t)$ 在時間區間 $[t, t+h]$ 上的平均變化率為

$$\frac{\Delta w}{\Delta t} = \frac{f(t+h)-f(t)}{h}$$

(2) $w=f(t)$ 對 t 的 (瞬時) 變化率為

$$\frac{dw}{dt} = \lim_{\Delta t \to 0} \frac{\Delta w}{\Delta t} = \lim_{h \to 0} \frac{f(t+h)-f(t)}{h} = f'(t).$$

例題 1 一科學家發現某物質被加熱 t 分鐘後的攝氏溫度為 $f(t)=30t+6\sqrt{t}+8$, 其中 $0 \leq t \leq 5$.

(1) 求 $f(t)$ 在時間區間 $[4, 4.41]$ 上的平均變化率.

(2) 求 $f(t)$ 在 $t=4$ 的變化率.

解 (1) f 在 $[4, 4.41]$ 上的平均變化率為

$$\frac{f(4.41)-f(4)}{0.41} = \frac{30(4.41)+6\sqrt{4.41}+8-(120+12+8)}{0.41}$$

$$= \frac{12.9}{0.41} \approx 31.46 \ (°C/分).$$

(2) 因 f 在 t 的變化率為 $f'(t)=30+\dfrac{3}{\sqrt{t}}$, 故

$$f'(4)=30+\frac{3}{2}=31.5 \ (°C/分).$$

利用變化率的觀念, 我們可以研究質點的直線運動. 如圖 2-6 所示, L 表坐標線 (即, x-軸), O 表原點, 若質點 P 在時間 t 的坐標為 $s(t)$, 則稱 $s(t)$ 為 P 的位置函數.

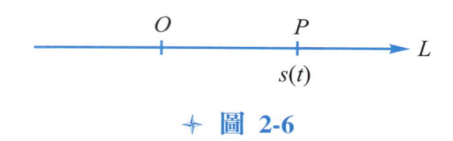

↑ 圖 2-6

定義 2-7

令坐標線 L 上一質點 P 在時間 t 的位置為 $s(t)$.

(1) P 的速度函數為 $v(t)=s'(t)$.

(2) P 在時間 t 的速率為 $|v(t)|$.

(3) P 的加速度函數為 $a(t)=v'(t)$.

例題 2 若沿著直線運動的質點的位置 (以呎計) 為 $s(t)=4t^2-3t+1$, 其中 t 是以秒計, 求它在 $t=2$ 的位置、速度與加速度.

解 (1) 在 $t=2$ 的位置為 $s(2)=16-6+1=11$ (呎).

(2) $v(t) = s'(t) = 8t - 3$，在 $t = 2$ 的速度為 $v(2) = 16 - 3 = 13$ (呎／秒).

(3) $a(t) = v'(t) = 8$，在 $t = 2$ 的加速度為 $a(2) = 8$ (呎／秒^2).

例題 3 某砲彈以 400 呎／秒的速度垂直向上發射，在 t 秒後離地面的高度 (以呎計) 為 $s(t) = -16t^2 + 400t$，求該砲彈撞擊地面的時間與速度．它達到的最大高度為何？在任何時間 t 的加速度為何？

解 設砲彈的路徑在垂直坐標線上，原點在地上，而向上為正．
由 $-16t^2 + 400t = 0$ 可得 $t = 25$，因此，砲彈在 25 秒末撞擊地面．在時間 t 的速度為

$$v(t) = s'(t) = -32t + 400$$

故 $v(25) = -400$ (呎／秒).

最大高度發生在 $s'(t) = 0$ 之時，即，$-32t + 400 = 0$，

解得 $t = \dfrac{25}{2}$. 所以，最大高度為

$$s\left(\dfrac{25}{2}\right) = -16\left(\dfrac{25}{2}\right)^2 + 400\left(\dfrac{25}{2}\right) = 2500 \text{ (呎)}$$

最後，在任何時間的加速度為 $a(t) = v'(t) = -32$ (呎／秒^2).

我們可以研究對於除了時間以外的其它變數的變化率，如下面定義所述.

定義 2-8

設 $y = f(x)$ 為可微分函數．

(1) y 在區間 $[x, x+h]$ 上對 x 的平均變化率為

$$\dfrac{\Delta y}{\Delta x} = \dfrac{f(x+h) - f(x)}{h}.$$

(2) y 對 x 的變化率為

$$\dfrac{dy}{dx} = \lim_{\Delta x \to 0} \dfrac{\Delta y}{\Delta x} = \lim_{h \to 0} \dfrac{f(x+h) - f(x)}{h} = f'(x).$$

例題 4 設 $y = \dfrac{1}{x^2+1}$，求

(1) y 在區間 $[-1, 2]$ 上對 x 的平均變化率.

(2) y 在點 $x = -1$ 對 x 的變化率.

解 (1) $\dfrac{\Delta y}{\Delta x} = \dfrac{\dfrac{1}{5} - \dfrac{1}{2}}{2-(-1)} = \dfrac{-\dfrac{3}{10}}{3} = -\dfrac{1}{10}$.

(2) $\dfrac{dy}{dx}\bigg|_{x=-1} = -\dfrac{2x}{(x^2+1)^2}\bigg|_{x=-1} = \dfrac{1}{2}$.

例題 5 在某一電路中，電流 (以安培計) 為 $I = \dfrac{100}{R}$，其中 R 為電阻 (以歐姆計). 當電阻為 20 歐姆時，求 $\dfrac{dI}{dR}$.

解 因 $\dfrac{dI}{dR} = -\dfrac{100}{R^2}$，故當 $R = 20$ 時，

$$\dfrac{dI}{dR} = -\dfrac{100}{400} = -\dfrac{1}{4} \text{ (安培／歐姆)}.$$

習題 2-3

1. 當一圓球形氣球充氣時，其半徑 (以厘米計) 在時間 t (以分計) 時為 $r(t) = 3\sqrt[3]{t+8}$，$0 \leq t \leq 10$. 試問在 $t = 8$ 時，
   (1) $r(t)$ (2) 氣球的體積   (3) 表面積
   對時間 t 的變化率為何？

2. 氣體的波義耳定律為 $PV = k$，其中 P 表壓力，V 表體積，k 為常數. 假設在時間 t (以分計) 時，壓力為 $20 + 2t$ 克／平方厘米，其中 $0 \leq t \leq 10$，而在 $t = 0$ 時，體積為 60 立方厘米. 試問在 $t = 5$ 時，體積對 t 的變化率為何？

3. 一砲彈以 144 呎／秒的速度垂直向上發射，在 t 秒末的高度（以呎計）為 $s(t)=144t-16t^2$，試問 t 秒末的速度與加速度為何？3 秒末的速度與加速度為何？最大高度為何？何時撞擊地面？

4. 一球沿斜面滾下，在 t 秒內滾動的距離（以吋計）為 $s(t)=5t^2+2$．試問 1 秒末、2 秒末的速度為何？何時速度可達 28 吋／秒？

5. 作直線運動之質點的位置函數為 $s(t)=2t^3-15t^2+48t-10$，其中 t 是以秒計，$s(t)$ 是以米計，求它在速度為 12 米／秒時的加速度，並求加速度為 10 米／秒^2 時的速度．

6. 試證：球體積對其半徑的變化率為其表面積．

7. 令 V 與 S 分別表示正立方體的體積與表面積，求 V 對 S 的變化率．

8. 在光學中，$\dfrac{1}{f}=\dfrac{1}{p}+\dfrac{1}{q}$，其中 f 為凸透鏡的焦距，p 與 q 分別為物距與像距．若 f 固定，求 q 對 p 的變化率．

9. 已知華氏溫度 F 與攝氏溫度 C 的關係為 $C=\dfrac{5}{9}(F-32)$，求 F 對 C 的變化率．

10. 在電路中，某一點的瞬時電流 $I=\dfrac{dq}{dt}$，其中 q 為電量（庫侖），t 為時間（秒），求 $q=1000t^3+50t$ 在 $t=0.01$ 秒時的 I（安培）．

11. 假設在 t 秒內流過一電線的電荷為 $\dfrac{1}{3}t^3+4t$，求 2 秒末電流的安培數．一條 20 安培的保險絲於何時燒斷？

2-4 連鎖法則

我們已討論了有關函數之和、差、積與商的導函數．在本節中，我們要利用**連鎖法則**來討論如何求得兩個（或兩個以上）可微分函數之合成函數的導函數．

定理 2-10　連鎖法則

若 $y=f(u)$ 與 $u=g(x)$ 皆為可微分函數，則合成函數 $y=(f\circ g)(x)=f(g(x))$ 為可微分，且

$$\frac{d}{dx}f(g(x))=f'(g(x))g'(x) \tag{2-5}$$

上式亦可用萊布尼茲符號表成

$$\frac{dy}{dx}=\frac{dy}{du}\frac{du}{dx}. \tag{2-6}$$

在 (2-5) 式中，我們稱 f 為"外函數"而 g 為"內函數"．因此，$f(g(x))$ 的導函數為外函數在內函數的導函數乘以內函數的導函數．

公式 (2-6) 很容易記憶，因為，若我們"消去"右邊的 du，則恰好得到左邊的結果．當使用 x、y 與 u 以外的變數時，此"消去"方式提供一個很好的方法去記憶．

例題 1　求 $\dfrac{d}{dx}[(2x^2+3x+1)^5]$．

解　令 $f(x)=x^5$ 且 $g(x)=2x^2+3x+1$ $(f(g(x))=(2x^2+3x+1)^5)$，
則 $f'(x)=5x^4$，$g(x)=4x+3$，故由公式 (2-5) 可得

$$\frac{d}{dx}[(2x^2+3x+1)^5]=\frac{d}{dx}[f(g(x))]=f'(g(x))\,g'(x)$$

$$=5[g(x)]^4\,g'(x)$$

$$=5(2x^2+3x+1)^4(4x+3).$$

例題 2　若 $y=u^3+1$，$u=\dfrac{2}{x^2}$，求 $\dfrac{dy}{dx}$．

解　$\dfrac{dy}{dx}=\dfrac{dy}{du}\dfrac{du}{dx}=\dfrac{d}{du}(u^3+1)\dfrac{d}{dx}\left(\dfrac{2}{x^2}\right)$

$$=(3u^2)\left(-\frac{4}{x^3}\right)=3\left(\frac{1}{x^2}\right)^2\left(-\frac{4}{x^3}\right)$$

$$= -\frac{12}{x^7}.$$

例題 3 已知 $h(t)=f(g(x))$, $g(2)=2$, $f'(2)=3$ 與 $g'(2)=5$, 求 $h'(2)$.

解 $h(x)=f(g(x)) \Rightarrow h'(x)=f'(g(x))\,g'(x)$,

故 $h'(2)=f'(g(2))\,g'(2)=f'(2)\,g'(2)=(3)(5)=15$.

例題 4 設 $f(x)=x^5-3$, $g(x)=\sqrt{x}$, 求 $(f\circ g)'(1)$.

解 $g(x)=\sqrt{x} \Rightarrow g(1)=1$

$g(x)=\sqrt{x} \Rightarrow g'(x)=\dfrac{1}{2\sqrt{x}} \Rightarrow g'(1)=\dfrac{1}{2}$

$f(x)=x^5-3 \Rightarrow f'(x)=5x^4 \Rightarrow f'(1)=5$

故 $(f\circ g)'(1)=f'(g(1))\,g'(1)=f'(1)\,g'(1)=(5)\left(\dfrac{1}{2}\right)=\dfrac{5}{2}$.

例題 5 若 f 為可微分函數且 $f\left(\dfrac{x-1}{x+1}\right)=x$, 求 $f'(0)$.

解 $f\left(\dfrac{x-1}{x+1}\right)=x \Rightarrow f'\left(\dfrac{x-1}{x+1}\right)\dfrac{d}{dx}\left(\dfrac{x-1}{x+1}\right)=1$

$\Rightarrow f'\left(\dfrac{x-1}{x+1}\right)\dfrac{2}{(x+1)^2}=1$

$\Rightarrow f'\left(\dfrac{x-1}{x+1}\right)=\dfrac{(x+1)^2}{2}.$

欲求 $f'(0)$, 必須使 $\dfrac{x-1}{x+1}=0$, 由此可得 $x=1$.

故 $f'(0)=\dfrac{(1+1)^2}{2}=2$.

例題 6 (1) 若 u 為 x 的可微分函數, 試證: $\dfrac{d}{dx}|u|=\dfrac{u}{|u|}\dfrac{du}{dx}$, $u\neq 0$.

(2) 利用 (1) 的結果求 $\dfrac{d}{dx}|x^2-4|$.

解 (1) $\dfrac{d}{dx}|u| = \dfrac{d|u|}{du}\dfrac{du}{dx}$

$= \dfrac{u}{|u|}\dfrac{du}{dx},\ u \neq 0.$ （由 2-2 節例題 10)

(2) $\dfrac{d}{dx}|x^2-4| = \dfrac{x^2-4}{|x^2-4|}\dfrac{d}{dx}(x^2-4)$

$= \dfrac{2x(x^2-4)}{|x^2-4|},\ x \neq \pm 2.$

連鎖法則可以推廣如下：

若 y 為 u 的可微分函數，u 為 v 的可微分函數，v 為 x 的可微分函數，則 y 為 x 的可微分函數，且

$$\dfrac{dy}{dx} = \dfrac{dy}{du}\dfrac{du}{dv}\dfrac{dv}{dx}. \tag{2-7}$$

例題 7 若 $y = u^3 - 5,\ u = -\dfrac{2}{v},\ v = x^3$，求 $\dfrac{dy}{dx}$.

解 $\dfrac{dy}{dx} = \dfrac{dy}{du}\dfrac{du}{dv}\dfrac{dv}{dx} = (3u^2)(2v^{-2})(3x^2)$

$= 3\left(-\dfrac{2}{v}\right)^2(2)(x^3)^{-2}(3x^2) = 3\left(-\dfrac{2}{x^3}\right)^2(6x^{-4}) = 72x^{-10}.$

習題 2-4

1. 若質量 m 的一物體以速度 v 作直線運動，則其動能 K 為 $K = \dfrac{1}{2}mv^2$. 若 v 為時間 t 的函數，試利用連鎖法則求 $\dfrac{dK}{dt}$ 的公式.

2. 若 $y=(u^2+4)^4$, $u=x^{-2}$, 求 $\dfrac{dy}{dx}$.

3. 若 f 為可微分函數且 $f\left(\dfrac{x^2-1}{x^2+1}\right)=x^2$, 求 $f'(0)$.

4. 已知 $y=x|2x-1|$, 求 $\dfrac{dy}{dx}$.

5. 若 $g(x)=f(a+nx)+f(a-nx)$, 此處 f 在 a 為可微分, 求 $g'(0)$.

6. 已知 $h(x)=f(g(x))$, $g(3)=6$, $g'(3)=4$, $f'(6)=7$, 求 $h'(3)$.

7. 若 $f(x)=1-\dfrac{1}{x}$, $g(x)=\dfrac{1}{1-x}$, 求 $(f\circ g)'(-1)$.

8. 設 $f(x)=x^5+1$, $g(x)=\sqrt{x}$, 求 $(f\circ g)'(1)$.

9. 已知 $f(0)=0$, $f'(0)=2$, 求 $f(f(f(x)))$ 在 $x=0$ 的導數.

10. 已知一個電阻器的電阻為 $R=6000+0.002T^2$ (單位為歐姆), 其中 T 為溫度 (°C), 若其溫度以 0.2 °C／秒增加, 試求當 $T=120$ °C 時, 電阻的變化率為若干？

11. 若 $\dfrac{d}{dx}f(x^2)=x^2$, 求 $f'(x^2)$.

12. 設 f 為可微分函數, 試利用連鎖法則證明：
    (1) 若 f 為偶函數, 則 f' 為奇函數.
    (2) 若 f 為奇函數, 則 f' 為偶函數.

2-5　隱微分法

前面所討論的函數皆由 $y=f(x)$ 的形式來定義. f 稱為<u>顯函數</u>, 即, f 是完完全全僅用 x 表出者. 例如, 方程式 $y=x^2+x+1$ 定義 $f(x)=x^2+x+1$, 這種函數的導函數可以很容易求出. 但是, 並非所有的函數皆是如此定義的. 試看下面方程式：

$$x^2+y^2=1 \tag{2-8}$$

x 與 y 之間顯然不是函數關係，但是對函數 $f(x)=\sqrt{1-x^2}$，$x\in[-1, 1]$，其定義域內所有 x 皆可滿足 (2-8) 式，即，

$$x^2+(\sqrt{1-x^2})^2=1$$

此時，我們說 f 為方程式 (2-8) 所定義的隱函數。一般而言，由方程式所定義的函數並非唯一。例如，$g(x)=-\sqrt{1-x^2}$，$x\in[-1, 1]$，也為方程式 (2-8) 所定義的隱函數。

同理，考慮下面方程式：

$$x^2-2xy+y^2=x \tag{2-9}$$

若令 $y=f(x)$，則 $f(x)=x+\sqrt{x}$，$x\in[0, \infty)$，滿足 (2-9) 式，故 f 為方程式 (2-9) 所定義的隱函數。

若我們要求 f 的導函數，依前面學過的微分方法，勢必要先求出 f 來，但是，有時候要自所給的方程式解出 f 並不是一件很容易的事。因此，我們不必自方程式解出 f，只要對原方程式直接微分就可求出 f 的導函數，這種求隱函數的導函數的方法，稱為隱微分法。

例題 1 若 $x^2+y^2=xy^2$ 定義 $y=f(x)$ 為可微分函數。求 $\dfrac{dy}{dx}$。

解
$$\frac{d}{dx}(x^2+y^2)=\frac{d}{dx}(xy^2)$$

$$(2x+2y)\frac{dy}{dx}=x\left(2y\frac{dy}{dx}\right)+y^2\frac{d}{dx}x$$

$$(2y-2xy)\frac{dy}{dx}=y^2-2x$$

$$\frac{dy}{dx}=\frac{y^2-2x}{2y-2xy}=\frac{y^2-2x}{2y(1-x)}，\text{ 若 } y(1-x)\neq 0。$$

例題 2 設 $\sqrt{x}+\sqrt{y}=8$ 定義 y 為 x 的可微分函數。

(1) 利用隱微分法求 $\dfrac{dy}{dx}$。

(2) 先解 y 而用 x 表之，然後求 $\dfrac{dy}{dx}$.

(3) 驗證 (1) 與 (2) 的解是一致的.

解 (1) $\sqrt{x}+\sqrt{y}=8 \Rightarrow \dfrac{d}{dx}(\sqrt{x}+\sqrt{y})=0$

$$\Rightarrow \dfrac{1}{2\sqrt{x}}+\dfrac{1}{2\sqrt{y}}\dfrac{dy}{dx}=0$$

$$\Rightarrow \dfrac{dy}{dx}=-\dfrac{\sqrt{y}}{\sqrt{x}}\ (x>0).$$

(2) $\sqrt{x}+\sqrt{y}=8 \Rightarrow \sqrt{y}=8-\sqrt{x}$

$$\Rightarrow y=(8-\sqrt{x})^2=64-16\sqrt{x}+x$$

$$\Rightarrow \dfrac{dy}{dx}=-\dfrac{8}{\sqrt{x}}+1.$$

(3) $\dfrac{dy}{dx}=-\dfrac{\sqrt{y}}{\sqrt{x}}=-\dfrac{8-\sqrt{x}}{\sqrt{x}}=-\dfrac{8}{\sqrt{x}}+1.$

例題 3 求曲線 $y^2-x+1=0$ 在點 $(2,-1)$ 的切線方程式.

解 利用隱微分法，

$$\dfrac{d}{dx}(y^2-x+1)=0$$

可得 $2y\dfrac{dy}{dx}-1=0$，即，$\dfrac{dy}{dx}=\dfrac{1}{2y}$.

在點 $(2,-1)$ 的切線斜率為

$$m=\dfrac{dy}{dx}\bigg|_{(2,-1)}=-\dfrac{1}{2},$$

故在該處的切線方程式為

$$y-(-1)=-\frac{1}{2}(x-2)$$

即，$x+2y=0$. 圖形如圖 2-7 所示.

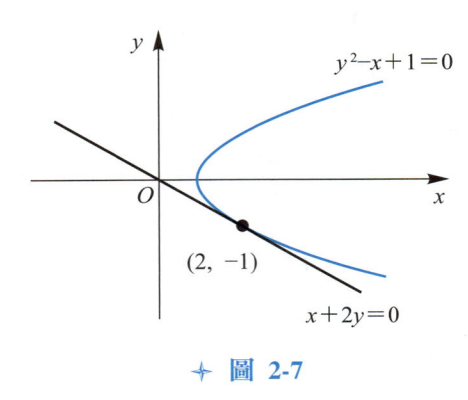

圖 2-7

例題 4 若 $s^2t+t^3=2$，求 $\dfrac{ds}{dt}$ 與 $\dfrac{dt}{ds}$.

解 $s^2t+t^3=2 \Rightarrow \dfrac{d}{dt}(s^2t+t^3)=0 \Rightarrow s^2+2st\dfrac{ds}{dt}+3t^2=0$

$\Rightarrow 2st\dfrac{ds}{dt}=-(s^2+3t^2) \Rightarrow \dfrac{ds}{dt}=-\dfrac{s^2+3t^2}{2st}\ (st\neq 0)$

$s^2t+t^3=2 \Rightarrow \dfrac{d}{ds}(s^2t+t^3)=0 \Rightarrow s^2\dfrac{dt}{ds}+2st+3t^2\dfrac{dt}{ds}=0$

$\Rightarrow (s^2+3t^2)\dfrac{dt}{ds}=-2st \Rightarrow \dfrac{dt}{ds}=-\dfrac{2st}{s^2+3t^2}$.

例題 5 若 $4x^2-2y^2=9$，求 $\dfrac{d^2y}{dx^2}$.

解 先對方程式等號兩邊作隱微分，可得

$$8x-4y\dfrac{dy}{dx}=0$$

$$\dfrac{dy}{dx}=\dfrac{2x}{y}$$

再對上式等號兩邊作微分，可得

$$\frac{d^2y}{dx^2} = \frac{(y)(2) - 2x\dfrac{dy}{dx}}{y^2} = \frac{2y - (2x)\left(\dfrac{2x}{y}\right)}{y^2} \qquad \left(\text{以 } \frac{dy}{dx} = \frac{2x}{y} \text{ 代入}\right)$$

$$= \frac{2y^2 - 4x^2}{y^3} = \frac{-9}{y^3} \qquad \text{(利用原方程式)}$$

$$= -\frac{9}{y^3}.$$

習題 2-5

在 1～3 題中求 $\dfrac{dy}{dx}$.

1. $x^2y + 2xy^3 - x = 3$
2. $x^2 = \dfrac{x+y}{x-y}$
3. $\dfrac{\sqrt{x}+1}{\sqrt{y}+1} = y$

4. 求曲線 $x + x^2y^2 - y = 1$ 在點 $(1, 1)$ 的切線與法線方程式.

5. 求通過原點且切於圓 $x^2 - 4x + y^2 + 3 = 0$ 的切線方程式.

6. 試證：在拋物線 $y^2 = cx$ 上點 (x_0, y_0) 的切線方程式為 $y_0 y = \dfrac{c}{2}(x_0 + x)$.

7. 試證：在橢圓 $\dfrac{x^2}{a^2} + \dfrac{y^2}{b^2} = 1$ 上點 (x_0, y_0) 的切線方程式為 $\dfrac{x_0 x}{a^2} + \dfrac{y_0 y}{b^2} = 1$.

8. 試證：在雙曲線 $\dfrac{x^2}{a^2} - \dfrac{y^2}{b^2} = 1$ 上點 (x_0, y_0) 的切線方程式為 $\dfrac{x_0 x}{a^2} - \dfrac{y_0 y}{b^2} = 1$.

在 9～10 題中利用兩種方法：(1) 先解 y 而用 x 表之，(2) 隱微分法，求 $\dfrac{dy}{dx}$ 在指定點的值.

9. $y^2 - x + 1 = 0$ ； $(5, 2)$　　**10.** $x^2 + y^2 = 1$ ； $\left(\dfrac{\sqrt{2}}{2}, -\dfrac{\sqrt{2}}{2}\right)$

在 11～13 題中求 $\dfrac{d^2y}{dx^2}$.

11. $2xy - y^2 = 3$　　**12.** $x^3 + y^3 = 1$　　**13.** $x^3 y^3 = 2$

14. 若 $xy + y^2 = 1$，求 $\left.\dfrac{d^2y}{dx^2}\right|_{(0, -1)}$.　　**15.** 若 $x^2 + xy = 1$，求 $\left.\dfrac{d^2x}{dy^2}\right|_{(-1, 0)}$.

2-6　微　分

若 $y = f(x)$，則

$$\Delta y = f(x + \Delta x) - f(x)$$

增量記號可以用在導函數的定義中，我們僅需將定義 2-3 中的 h 以 Δx 取代即可，即，

$$f'(x) = \lim_{\Delta x \to 0} \frac{f(x + \Delta x) - f(x)}{\Delta x} = \lim_{\Delta x \to 0} \frac{\Delta y}{\Delta x} \tag{2-10}$$

(2-10) 式可以敘述如下：f 的導函數為因變數的增量 Δy 與自變數的增量 Δx 的比值在 Δx 趨近零時的極限. 注意，在圖 2-8 中，$\dfrac{\Delta y}{\Delta x}$ 為通過 P 與 Q 之割線的斜率. 由 (2-10) 式可知，若 $f'(x)$ 存在，則 $\dfrac{\Delta y}{\Delta x} \approx f'(x)$，當 $\Delta x \approx 0$.

就圖形上而言，若 $\Delta x \to 0$，則通過 P 與 Q 之割線的斜率 $\dfrac{\Delta y}{\Delta x}$ 趨近在點 P 之切線 L_T 的斜率 $f'(x)$，也可寫成 $\Delta y \approx f'(x) \Delta x$，當 $\Delta x \approx 0$.

在下面定義中，我們給 $f'(x) \Delta x$ 一個特別的名稱.

第二章　代數函數的導函數

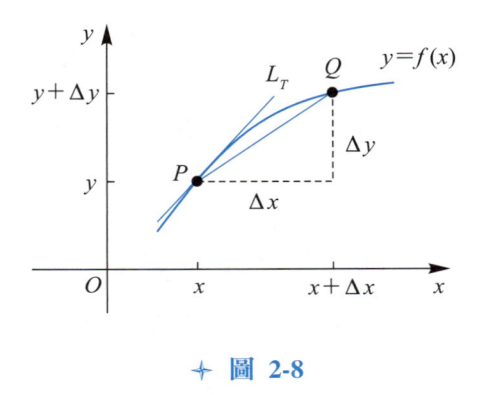

+ 圖 2-8

定義 2-9

若 $y=f(x)$ 為可微分函數，Δx 為 x 的增量，則
(1) 自變數 x 的微分 dx 為 $dx=\Delta x$.
(2) 因變數 y 的微分 dy 為 $dy=f'(x)\Delta x=f'(x)\,dx$.

注意，dy 的值與 x 及 Δx 兩者有關．由定義 2-9(1) 可看出，只要涉及自變數 x，則增量 Δx 與微分 dx 沒有差別．

例題 1　令 $y=f(x)=\sqrt{x}$，若 $x=4$ 且 $dx=\Delta x=3$，求 Δy 與 dy．

解　$\Delta y=f(x+\Delta x)-f(x)=\sqrt{x+\Delta x}-\sqrt{x}$

當 $x=4$，$\Delta x=3$ 時，
$$\Delta y=\sqrt{4+3}-\sqrt{4}=\sqrt{7}-2\approx 0.65$$

$$dy=f'(x)\,dx=\frac{1}{2\sqrt{x}}\,dx$$

當 $x=4$，$dx=3$ 時，
$$dy=\frac{3}{4}=0.75.$$

由前面的討論與定義 2-9(2) 可以得出，若 $\Delta x\to 0$，則
$$\Delta y\approx dy=f'(x)\,dx$$

➕ 圖 2-9

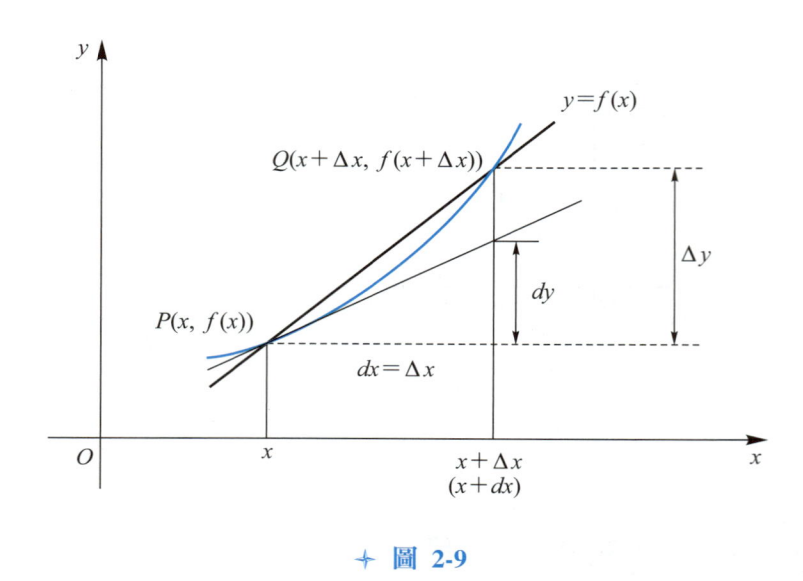

因此，若 $y=f(x)$，則對微小的變化量 Δx 而言，因變數的真正變化量 Δy 可以用 dy 來近似。因 $\dfrac{dy}{dx}=f'(x)$ 為曲線 $y=f(x)$ 在點 $(x, f(x))$ 之切線的斜率，故微分 dy 與 dx 可解釋為該切線的對應縱差與橫差。由圖 2-9 可以了解增量 Δy 與微分 dy 的區別。假設我們給予 dx 與 Δx 同樣的值，即，$dx=\Delta x$。當我們由 x 開始沿著曲線 $y=f(x)$ 直到在 x-方向移動 $\Delta x\,(=dx)$ 單位時，Δy 代表 y 的變化量；而若我們由 x 開始沿著切線直到在 x-方向移動 $dx\,(=\Delta x)$ 單位，則 dy 代表 y 的變化量。

圖 2-10 指出，若 f 在 a 為可微分，則在點 $(a, f(a))$ 附近，切線相當近似曲線。因切線通過點 $(a, f(a))$ 且斜率為 $f'(a)$，故切線的方程式為

$$y-f(a)=f'(a)(x-a)$$

或

$$y=f(a)+f'(a)(x-a)$$

線性函數

$$L(x)=f(a)+f'(a)(x-a) \qquad (2\text{-}11)$$

稱為 f 在 a 的線性化。對於靠近 a 的 x 值而言，切線的高度 y 將與曲線的高度 $f(x)$ 很接近，所以，

$$f(x) \approx f(a)+f'(a)(x-a) \qquad (2\text{-}12)$$

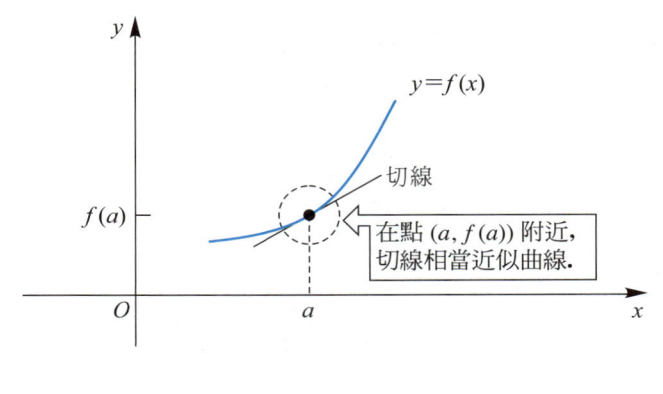

圖 2-10

若令 $\Delta x = x - a$，即，$x = a + \Delta x$，則 (2-12) 式可寫成另外的形式：

$$f(a + \Delta x) \approx f(a) + f'(a)\, \Delta x \qquad (2\text{-}13)$$

當 $\Delta x \to 0$ 時，其為最佳近似值，此結果稱為 **f 在 a 附近的線性近似**或**切線近似**．

例題 2 設 $y = f(x) = x^3 - 3x^2 + 2x - 7$，若 x 由 4 變到 3.95，試利用 dy 去近似 Δy．

解 $dy = f'(x)\, dx = (3x^2 - 6x + 2)\, dx$．因 x 由 4 變到 3.95，故

$$dx = \Delta x = 3.95 - 4 = -0.05$$

當 $x = 4$，$dx = -0.05$ 時，

$$dy = f'(4)\, dx = (48 - 24 + 2)(-0.05) = (26)(-0.05) = -1.3.$$

所以，$\Delta y \approx -1.3$．

例題 3 求函數 $f(x) = \sqrt{x+3}$ 在 $x = 1$ 的線性化，並利用它計算 $\sqrt{4.02}$ 的近似值．

解 $f(x) = \sqrt{x+3}$ 的導函數為

$$f'(x) = \frac{1}{2}(x+3)^{-1/2} = \frac{1}{2\sqrt{x+3}}$$

可得 $f(1) = 2$，$f'(1) = \dfrac{1}{4}$，代入 (2-11) 式，故線性化為

$$L(x)=f(1)+f'(1)(x-1)=2+\frac{1}{4}(x-1)=\frac{7}{4}+\frac{x}{4}$$

(見圖 2-11)．線性近似為

$$\sqrt{x+3} \approx \frac{7}{4}+\frac{x}{4}$$

故

$$\sqrt{4.02} \approx \frac{7}{4}+\frac{1.02}{4}=2.005.$$

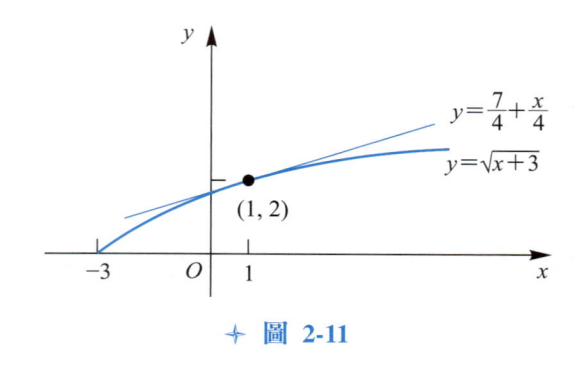

+ 圖 2-11

例題 4 試證：函數 $f(x)=(1+x)^k$ 在 $x=0$ 的線性化為 $L(x)=1+kx$，此處 k 為任意實數．

解 $f'(x)=k(1+x)^{k-1}$，可得 $f'(0)=k$，故線性化為

$$L(x)=f(0)+f'(0)(x-0)=1+kx.$$

例題 5 從例題 4 得知，當 $x \to 0$ 時，$(1+x)^k \approx 1+kx$．所以，當 $x \to 0$ 時，

$$\sqrt{1+x} \approx 1+\frac{x}{2} \qquad \left(k=\frac{1}{2}\right)$$

$$\frac{1}{1-x}=(1-x)^{-1} \approx 1+(-1)(-x)=1+x \qquad (k=-1；以 -x 代 x)$$

$$\frac{1}{\sqrt{1-x^2}}=(1-x^2)^{-1/2} \approx 1+\left(-\frac{1}{2}\right)(-x^2)=1+\frac{x^2}{2} \qquad (k=-1/2；以 -x^2 代 x)$$

$$\sqrt{2+x^2} = \sqrt{2}\left(1+\frac{x^2}{2}\right)^{1/2} \approx \sqrt{2}\left[1+\frac{1}{2}\left(\frac{x^2}{2}\right)\right] = \sqrt{2}\left(1+\frac{x^2}{4}\right) \qquad (k=\frac{1}{2}\text{；以 }\frac{x^2}{2}\text{ 代 }x)$$

例題 6 利用微分求 $\sqrt[3]{1000.06}$ 的近似值到小數第四位.

解 令 $f(x)=\sqrt[3]{x}$，則 $f'(x)=\frac{1}{3}x^{-2/3}$.

取 $a=1000$，則 $\Delta x=1000.06-1000=0.06$，將這些值代入公式 (2-13)，可得

$$f(1000.06) \approx f(1000)+f'(1000)(0.06)$$

故

$$\sqrt[3]{1000.06} \approx 10+\frac{0.06}{300}=10.0002.$$

例題 7 設邊長為 10 厘米的正方體鐵塊的表面鍍上 0.05 厘米厚的銅，利用微分估計該表層銅的體積.

解 設正方體鐵塊的邊長為 x，則其體積為 $V=x^3$. 我們以 dV 近似銅的體積 ΔV. 令 $x=10$，$dx=\Delta x=0.05$，則

$$dV=3x^2\,dx=3(100)(0.1)=30$$

故銅的體積約為 30 立方厘米.

我們在前面提過，若 $y=f(x)$ 為可微分函數，當 $\Delta x \approx 0$ 時，$dy \approx \Delta y$，此結果在誤差傳遞的研究裡有很多的應用. 例如，在測量某物理量時，由於儀器的限制與其它因素，通常無法得到正確值 x，但會得到 $x+\Delta x$，此處 Δx 為測量誤差. 這種記錄值可用來計算其它的量 y. 以此方法，測量誤差 Δx 傳遞到在 y 的計算值中所產生的誤差 Δy.

例題 8 若測得某球的半徑為 50 厘米，可能的測量誤差為 ± 0.01 厘米，試估計球體積的計算值的可能誤差.

解 若球的半徑為 r，則其體積為 $V=\frac{4}{3}\pi r^3$. 已知半徑的誤差為 ± 0.01，我們希望求 V 的誤差 ΔV，因 $\Delta V \approx 0$，故 ΔV 可由 dV 去近似. 於是，

$$\Delta V \approx dV = 4\pi r^2 \, dr$$

以 $r=50$ 與 $dr=\Delta r=\pm 0.01$ 代入上式，可得

$$\Delta V \approx 4\pi(2500)(\pm 0.01) \approx \pm 314.16$$

所以，體積的可能誤差約為 ± 314.16 立方厘米.

註：在例題 8 中，r 代表半徑的正確值. 因 r 的正確值未知，故我們代以測量值 $r=50$ 得到 ΔV. 又因為 $\Delta r \approx 0$，所以這個結果是合理的.

若某量的正確值是 q 而測量或計算的誤差是 Δq，則 $\dfrac{\Delta q}{q}$ 稱為測量或計算的相對誤差；當它表成百分比時，$\dfrac{\Delta q}{q}$ 稱為百分誤差. 實際上，正確值通常是未知的，以致於使用 q 的測量值或計算值，而以 $\dfrac{dq}{q}$ 去近似相對誤差. 在例題 8 中，半徑 r 的相對誤差 $\approx \dfrac{dr}{r} = \dfrac{\pm 0.01}{50} = \pm 0.0002$，而百分誤差約為 $\pm 0.02\%$；體積 V 的相對誤差 $\approx \dfrac{dV}{V} = 3\dfrac{dr}{r} = \pm 0.0006$，而百分誤差約為 $\pm 0.06\%$.

在表 2-1 中，當以 $dx \neq 0$ 來乘遍左欄的導函數公式時，可得右欄的微分公式.

例題 9 若 $y = \dfrac{x^2}{x+1}$，求 dy.

解
$$dy = d\left(\dfrac{x^2}{x+1}\right) = \dfrac{(x+1)d(x^2) - x^2 d(x+1)}{(x+1)^2}$$

$$= \dfrac{(x+1)(2x\,dx) - x^2\,dx}{(x+1)^2} = \dfrac{2x^2 + 2x - x^2}{(x+1)^2}\,dx$$

$$= \dfrac{x^2 + 2x}{(x+1)^2}\,dx.$$

表 2-1

導函數公式	微分公式
$\dfrac{dk}{dx}=0$	$dk=0$
$\dfrac{d}{dx}x^n=nx^{n-1}$	$d(x^n)=nx^{n-1}\,dx$
$\dfrac{d}{dx}(cf)=c\dfrac{df}{dx}$	$d(cf)=c\,df$
$\dfrac{d}{dx}(f\pm g)=\dfrac{df}{dx}\pm\dfrac{dg}{dx}$	$d(f\pm g)=df\pm dg$
$\dfrac{d}{dx}(fg)=f\dfrac{dg}{dx}+g\dfrac{df}{dx}$	$d(fg)=f\,dg+g\,df$
$\dfrac{d}{dx}\left(\dfrac{f}{g}\right)=\dfrac{g\dfrac{df}{dx}-f\dfrac{dg}{dx}}{g^2}$	$d\left(\dfrac{f}{g}\right)=\dfrac{g\,df-f\,dg}{g^2}$
$\dfrac{d}{dx}(f^n)=nf^{n-1}\dfrac{df}{dx}$	$d(f^n)=nf^{n-1}\,df$

習題 2-6

1. 若 $y=5x^2+4x+1$，
   (1) 求 Δy 與 dy．
   (2) 當 $x=6$，$\Delta x=dx=0.02$ 時，比較 Δy 與 dy 的值．

2. 設 $s=\dfrac{1}{2-t^2}$，若 t 由 1 變到 1.02，利用 ds 去近似 Δs．

3. 求函數 $f(x)=x^3-2x+3x$ 在 $x=2$ 的線性化．

4. 求 $f(x)=\sqrt{x^2+9}$ 在 $x=-4$ 的線性化.

5. 利用 $(1+x)^k \approx 1+kx$，計算下列的近似值.

    (1) $(1.0002)^{50}$ (2) $\sqrt[3]{1.009}$

在 6~10 題中利用微分求近似值.

6. $(3.99)^4$ 7. $(1.97)^6$ 8. $\sqrt[3]{26.91}$

9. $\sqrt[6]{64.05}$ 10. $\sqrt[3]{1.02}+\sqrt[4]{1.02}$

11. 設圓球形的氣球充以氣體而膨脹，若直徑由 2 呎增為 2.02 呎，利用微分近似求表面積的增量.

12. 若測得正方形邊長的可能百分誤差為 $\pm 5\%$，試利用微分去估計正方形面積的可能百分誤差.

13. 已知測得正方體的邊長為 25 厘米，可能誤差為 ± 1 厘米.

    (1) 利用微分估計所計算體積的誤差.

    (2) 估計邊長與體積的百分誤差.

14. 若長為 15 厘米且直徑為 5 厘米的金屬管覆以 0.001 厘米厚的絕緣體（兩端除外），試利用微分估計絕緣體的體積.

15. 設某電線的電阻為 $R=\dfrac{k}{r^2}$，此處 k 為常數，r 為電線的半徑．若半徑 r 的可能誤差為 $\pm 5\%$，利用微分估計 R 的百分誤差.

16. 波義耳定律為：密閉容器中的氣體壓力 P 與體積 V 的關係式為 $PV=k$，其中 k 為常數．試證：
$$P\,dV+V\,dP=0.$$

17. 若鐘擺的長度為 L（以米計）且週期為 T（以秒計），則 $T=2\pi\sqrt{\dfrac{L}{g}}$，此處 g 為常數．利用微分證明 T 的百分誤差約為 L 的百分誤差的一半.

18. 若 $x^2+y^2=xy$，求 dy 與 $\dfrac{dy}{dx}$.

第二章　代數函數的導函數

本章摘要

1. 若 $P(a, f(a))$ 為函數 f 的圖形上一點，則在點 P 之切線的斜率為

$$m = \lim_{x \to a} \frac{f(x) - f(a)}{x - a}$$

或

$$m = \lim_{h \to 0} \frac{f(a+h) - f(a)}{h}$$

倘若上面的極限存在.

2. 函數 f 在 a 的導數，記為 $f'(a)$，定義為

$$f'(a) = \lim_{h \to 0} \frac{f(a+h) - f(a)}{h}$$

或

$$f'(a) = \lim_{x \to a} \frac{f(x) - f(a)}{x - a}$$

倘若上面的極限存在.

3. 若 $f'(a)$ 存在，我們稱函數 f 在 a 為可微分，或 f 在 a 有導數.

4. 若曲線 $y = f(x)$ 在 $x = a$ 處可微分，則曲線 $y = f(x)$ 在點 $P(a, f(a))$ 之切線方程式為

$$y - f(a) = f'(a)(x - a)$$

法線方程式為

$$y - f(a) = \frac{-1}{f'(a)}(x - a), \quad f'(a) \neq 0.$$

5. 函數 f 的導函數定義為：$f'(x) = \lim_{h \to 0} \dfrac{f(x+h) - f(x)}{h}$，倘若此極限存在.

6. 若 $\lim_{h \to 0^+} \dfrac{f(a+h) - f(a)}{h}$ 或 $\lim_{x \to a^+} \dfrac{f(x) - f(a)}{x - a}$ 存在，則稱此極限為 f 在 a 的右導數，記為：

$$f'_+(a)=\lim_{h\to 0^+}\frac{f(a+h)-f(a)}{h} \quad 或 \quad f'_+(a)=\lim_{x\to a^+}\frac{f(x)-f(a)}{x-a}.$$

7. 若 $\lim_{h\to 0^-}\frac{f(a+h)-f(a)}{h}$ 或 $\lim_{x\to a^-}\frac{f(x)-f(a)}{x-a}$ 存在，則稱此極限為 f 在 a 的左導數，記為：

$$f'_-(a)=\lim_{h\to 0^-}\frac{f(a+h)-f(a)}{h} \quad 或 \quad f'_-(a)=\lim_{x\to a^-}\frac{f(x)-f(a)}{x-a}.$$

8. $f'(a)$ 存在 $\Rightarrow f'_+(a)$ 與 $f'_-(a)$ 皆存在且 $f'_+(a)=f'_-(a)$.

9. 函數 f 在 a 為可微分 $\Rightarrow f$ 在 a 為連續 $\Rightarrow \lim_{x\to a}f(x)$ 存在.

10. $\lim_{\Delta x\to 0}\frac{\Delta y}{\Delta x}=\lim_{\Delta x\to 0}\frac{f(x+\Delta x)-f(x)}{\Delta x}$ 定義為函數 $f(x)$ 之瞬時變化率，此一瞬時變化率顯然為導數 $f'(x)$，故 $y=f(x)$ 之瞬時變化率為 $\frac{dy}{dx}=f'(x)$.

11. 若函數 $y=f(u)$ 為可微分，函數 $u=g(x)$ 為可微分，則

$$\frac{dy}{dx}=\frac{dy}{du}\frac{du}{dx}\left(或 \frac{d}{dx}f(g(x))=f'(g(x))g'(x)\right).$$

12. 若函數 $y=f(u)$ 為可微分，函數 $u=g(v)$ 為可微分，函數 $v=h(x)$ 為可微分，則

$$\frac{dy}{dx}=\frac{dy}{du}\frac{du}{dv}\frac{dv}{dx}\left(或 \frac{d}{dx}f(g(h(x)))=f'(g(h(x)))\,g'(h(x))\,h'(x)\right).$$

13. 若 $f(x)$ 為可微分函數，則 $\frac{d}{dx}[f(x)]^n=n[f(x)]^{n-1}\frac{d}{dx}f(x)$, $n\in\mathbb{R}$.

14. 若 $f(x)$ 具有 n 階導函數，則

$$f'(x)=\frac{d}{dx}f(x),\ f''(x)=\frac{d}{dx}\left[\frac{d}{dx}f(x)\right]=\frac{d^2}{dx^2}[f(x)]=D_x^2\,y$$

$$f'''(x)=\frac{d}{dx}\left[\frac{d}{dx}\left[\frac{d}{dx}f(x)\right]\right]=\frac{d^3}{dx^3}f(x)=D_x^3\,y,\ \cdots,$$

$$f^{(n)}(x)=\frac{d^n}{dx^n}[f(x)]=D_x^n\,y.$$

15. 若 f 為可微分函數，Δx 為 x 的增量．

    (1) 自變數 x 的微分 dx 為 $dx=\Delta x$.

    (2) 因變數 y 的微分 dx 為 $dy=f'(x)\,\Delta x=f'(x)\,dx$.

16. 設 $dx\neq 0$，則 $dy=f'(x)\,dx \Leftrightarrow \dfrac{dy}{dx}=f'(x)$.

17. 若 f 在 a 為可微分，則函數 $L(x)=f(a)+f'(a)(x-a)$ 稱為 f 在 a 的線性化．

18. 若 f 為可微分函數，當 $\Delta x\approx 0$ 時，$dy\approx \Delta y$，線性近似公式為：

    $$f(a+\Delta x)\approx f(a)+dy=f(a)+f'(a)\,dx.$$

19. 微分公式：

    (1) $d(c)=0$，c 為常數

    (2) $d(x)=dx$

    (3) $d(x^n)=nx^{n-1}\,dx$

    (4) $d(f\pm g)=df\pm dg$

    (5) $d(kf)=k\,df$，k 為常數

    (6) $d(fg)=f\,dg\pm g\,df$

    (7) $d(f^n)=nf^{n-1}\,df$

    (8) $d\left(\dfrac{f}{g}\right)=\dfrac{g\,df-f\,dg}{g^2}$

3

超越函數的導函數

三角函數、反三角函數、指數函數與對數函數皆屬超越函數，這些函數的導函數在工程應用上非常重要．首先，我們先介紹三角函數的導函數．

3-1 三角函數的導函數

在求三角函數的導函數之前，先討論下面的結果，它對未來的發展很重要．

定理 3-1

對任意實數 θ (以弧度計)，
$$\lim_{\theta \to 0} \frac{\sin \theta}{\theta} = 1.$$

證明 若 $0 < \theta < \dfrac{\pi}{2}$，則圖形如圖 3-1 所示，其中 U 為單位圓．我們從該圖可知

$\triangle OAP$ 的面積 $<$ 扇形 OAP 的面積 $< \triangle OAQ$ 的面積

105

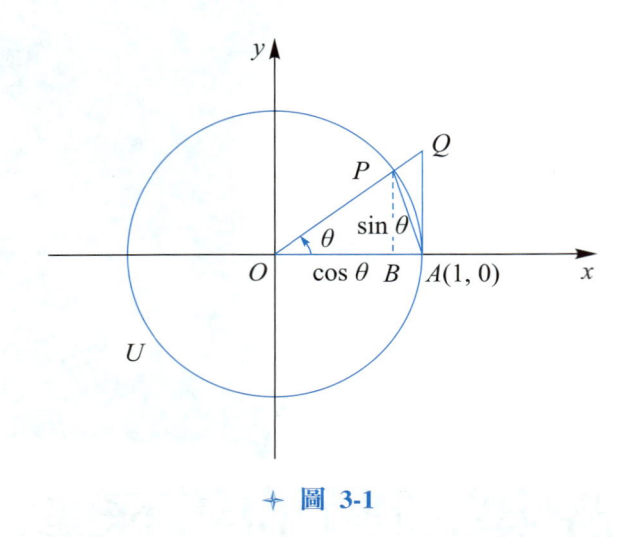

圖 3-1

但 △OAP 的面積 $=\left(\dfrac{1}{2}\right)(1)(\sin\theta)=\dfrac{1}{2}\sin\theta$

扇形 OAP 的面積 $=\left(\dfrac{1}{2}\right)(1^2)(\theta)=\dfrac{1}{2}\theta$

△OAQ 的面積 $=\left(\dfrac{1}{2}\right)(1)(\tan\theta)=\dfrac{1}{2}\tan\theta$

所以，
$$\dfrac{1}{2}\sin\theta < \dfrac{1}{2}\theta < \dfrac{1}{2}\tan\theta$$

以 $\dfrac{2}{\sin\theta}$ 乘之，得到

$$1 < \dfrac{\theta}{\sin\theta} < \dfrac{1}{\cos\theta}$$

即，
$$\cos\theta < \dfrac{\sin\theta}{\theta} < 1$$

我們知道 $\lim\limits_{\theta \to 0^+} \cos\theta = 1$，故依夾擠定理可得

$$\lim\limits_{\theta \to 0^+} \dfrac{\sin\theta}{\theta} = 1$$

但函數 $\dfrac{\sin\theta}{\theta}$ 為偶函數，其圖形對稱於 y-軸，可得 $\lim\limits_{\theta\to 0^-}\dfrac{\sin\theta}{\theta}=1$，

故 $$\lim_{\theta\to 0}\dfrac{\sin\theta}{\theta}=1.$$

大略說來，定理 3-1 說明了，若 θ 趨近 0，則 $\dfrac{\sin\theta}{\theta}$ 趨近 1，即，當 $\theta\approx 0$ 時，$\sin\theta\approx\theta$. 為了說明起見，給出下列幾個三角函數值的近似值：

$\sin(0.1)\approx 0.09983342$	$\sin(-0.1)\approx -0.09983342$
$\sin(0.05)\approx 0.04997917$	$\sin(-0.05)\approx -0.04997917$
$\sin(0.01)\approx 0.00999983$	$\sin(-0.01)\approx -0.00999983$
$\sin(0.005)\approx 0.00499998$	$\sin(-0.005)\approx -0.00499998$
$\sin(0.001)\approx 0.00100000$	$\sin(-0.001)\approx -0.00100000$

在直觀上，我們給出定理 3-1 的一個簡單的幾何論證如下：

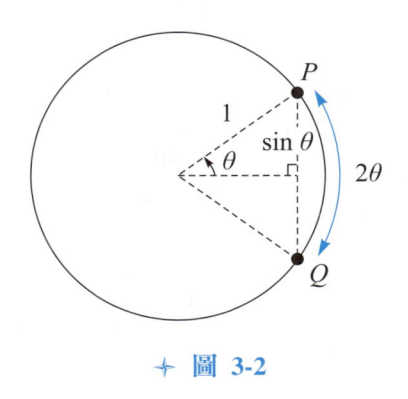

令 P 與 Q 為單位圓上相鄰的兩個點，如圖 3-2 所示，$\overline{PQ}$ 與 $\overparen{PQ}$ 分別表示連接這兩個點的弦長與弧長. 當 $\overparen{PQ}\to 0$ 時，$\dfrac{弦長\ \overline{PQ}}{弧長\ \overparen{PQ}}\to 1$，此同義於當 $2\theta\to 0$ 或 $\theta\to 0$ 時，$\dfrac{2\sin\theta}{2\theta}=\dfrac{\sin\theta}{\theta}\to 1.$

↳ 圖 3-2

例題 1 求 $\lim\limits_{\theta\to 0}\dfrac{1-\cos\theta}{\theta}$.

[解]
$$\lim_{\theta \to 0} \frac{1-\cos\theta}{\theta} = \lim_{\theta \to 0}\left(\frac{1-\cos\theta}{\theta} \cdot \frac{1+\cos\theta}{1+\cos\theta}\right) = \lim_{\theta \to 0} \frac{1-\cos^2\theta}{\theta(1+\cos\theta)}$$
$$= \lim_{\theta \to 0} \frac{\sin^2\theta}{\theta(1+\cos\theta)} = \left(\lim_{\theta \to 0}\frac{\sin\theta}{\theta}\right)\left(\lim_{\theta \to 0}\frac{\sin\theta}{1+\cos\theta}\right)$$
$$= 0.$$

例題 2 求 $\displaystyle\lim_{x \to 0} \frac{\tan x}{x}$.

[解] $\displaystyle\lim_{x \to 0} \frac{\tan x}{x} = \lim_{x \to 0}\left(\frac{1}{x} \cdot \frac{\sin x}{\cos x}\right) = \left(\lim_{x \to 0}\frac{\sin x}{x}\right)\left(\lim_{x \to 0}\frac{1}{\cos x}\right) = 1.$

例題 3 求 $\displaystyle\lim_{x \to 0} \frac{\sin 2x}{3x}$.

[解] 方法 1：作代換 $\theta = 2x$. 因當 $x \to 0$ 時，$\theta \to 0$，故

$$\lim_{x \to 0} \frac{\sin 2x}{3x} = \frac{2}{3} \lim_{\theta \to 0} \frac{\sin\theta}{\theta} = \frac{2}{3}.$$

方法 2：分子與分母同乘以 2，因而

$$\frac{\sin 2x}{3x} = \frac{2}{3}\left(\frac{\sin 2x}{2x}\right)$$

當 $x \to 0$ 時，$2x \to 0$，可得

$$\lim_{x \to 0} \frac{\sin 2x}{2x} = \lim_{2x \to 0} \frac{\sin 2x}{2x} = 1 \quad \text{(以 } 2x \text{ 代定理 3-1 的 } \theta\text{)}$$

故

$$\lim_{x \to 0} \frac{\sin 2x}{3x} = \frac{2}{3} \lim_{x \to 0} \frac{\sin 2x}{2x} = \frac{2}{3}.$$

例題 4 求 $\displaystyle\lim_{x \to \infty} x \sin \frac{1}{x}$.

[解] 令 $t = \dfrac{1}{x}$，則 $x = \dfrac{1}{t}$. 當 $x \to \infty$ 時，$t \to 0^+$.

所以，$\displaystyle\lim_{x\to\infty} x\sin\frac{1}{x} = \lim_{t\to 0^+}\frac{\sin t}{t} = 1.$

例題 5 求 $\displaystyle\lim_{x\to 0}\frac{\sin(\sin x)}{x}$.

解 令 $y = \sin x$，則當 $x\to 0$ 時，$y\to 0$.

所以，
$$\lim_{x\to 0}\frac{\sin(\sin x)}{x} = \lim_{x\to 0}\frac{\sin y}{x} = \lim_{x\to 0}\left(\frac{\sin y}{y}\cdot\frac{y}{x}\right)$$
$$= \left(\lim_{x\to 0}\frac{\sin y}{y}\right)\left(\lim_{x\to 0}\frac{y}{x}\right)$$
$$= \left(\lim_{y\to 0}\frac{\sin y}{y}\right)\left(\lim_{x\to 0}\frac{\sin x}{x}\right)$$
$$= 1.$$

有了三角函數的極限觀念之後，我們就可利用導函數之定義證明下面的定理.

定理 3-2

若 x 為弧度度量，則

(1) $\dfrac{d}{dx}\sin x = \cos x$　　　(2) $\dfrac{d}{dx}\cos x = -\sin x$

(3) $\dfrac{d}{dx}\tan x = \sec^2 x$　　　(4) $\dfrac{d}{dx}\cot x = -\csc^2 x$

(5) $\dfrac{d}{dx}\sec x = \sec x\,\tan x$　　　(6) $\dfrac{d}{dx}\csc x = -\csc x\,\cot x$

證明 (1) 依導函數的定義得知

$$\frac{d}{dx}\sin x = \lim_{h\to 0}\frac{\sin(x+h)-\sin x}{h} = \lim_{h\to 0}\frac{\sin(h/2)\cos(x+h/2)}{h/2}$$

因餘弦函數為處處連續，故

$$\lim_{h \to 0} \cos(x+h/2) = \cos x.$$

又，依定理 3-1 可得

$$\lim_{h \to 0} \frac{\sin(h/2)}{h/2} = 1$$

所以，
$$\frac{d}{dx}\sin x = \cos x.$$

(2) $\dfrac{d}{dx}\cos x = \dfrac{d}{dx}\sin\left(\dfrac{\pi}{2} - x\right) = \cos\left(\dfrac{\pi}{2} - x\right)\dfrac{d}{dx}\left(\dfrac{\pi}{2} - x\right)$

$\qquad\qquad = (\sin x)(-1) = -\sin x$

$$\frac{d}{dx}\tan x = \frac{d}{dx}\left(\frac{\sin x}{\cos x}\right) = \frac{\cos x \dfrac{d}{dx}\sin x - \sin x \dfrac{d}{dx}\cos x}{\cos^2 x}$$

$$= \frac{\cos^2 x + \sin^2 x}{\cos^2 x} = \frac{1}{\cos^2 x} = \sec^2 x$$

$\cot x$、$\sec x$ 與 $\csc x$ 的導函數求法皆類似，留作習題。

若 $u = u(x)$ 為可微分函數，則由連鎖法則可得

$$\frac{d}{dx}\sin u = \cos u \frac{du}{dx} \qquad\qquad \frac{d}{dx}\cos u = -\sin u \frac{du}{dx}$$

$$\frac{d}{dx}\tan u = \sec^2 u \frac{du}{dx} \qquad\qquad \frac{d}{dx}\cot u = -\csc^2 u \frac{du}{dx}$$

$$\frac{d}{dx}\sec u = \sec u \tan u \frac{du}{dx} \qquad\qquad \frac{d}{dx}\csc u = -\csc u \cot u \frac{du}{dx}.$$

第三章　超越函數的導函數

例題 6 求 $\dfrac{d}{dx}(\sin x - x^2 \cos x)$.

解　$\dfrac{d}{dx}(\sin x - x^2 \cos x) = \dfrac{d}{dx}\sin x - \dfrac{d}{dx}(x^2 \cos x)$

$\qquad\qquad = \cos x - x^2 \dfrac{d}{dx}\cos x - \cos x \dfrac{d}{dx}x^2$

$\qquad\qquad = \cos x + x^2 \sin x - 2x \cos x.$

例題 7 若 $y = \dfrac{\sin x}{1 + \cos x}$, 求 $\dfrac{dy}{dx}$.

解　$\dfrac{dy}{dx} = \dfrac{d}{dx}\left(\dfrac{\sin x}{1 + \cos x}\right)$

$\qquad = \dfrac{(1+\cos x)\dfrac{d}{dx}\sin x - \sin x \dfrac{d}{dx}(1+\cos x)}{(1+\cos x)^2}$

$\qquad = \dfrac{(1+\cos x)\cos x - \sin x(-\sin x)}{(1+\cos x)^2}$

$\qquad = \dfrac{\cos x + \cos^2 x + \sin^2 x}{(1+\cos x)^2}$

$\qquad = \dfrac{1+\cos x}{(1+\cos x)^2} = \dfrac{1}{1+\cos x}.$

例題 8 若 $y = \sin\sqrt{x} + \sqrt{\sin x}$, 求 $\dfrac{dy}{dx}$.

解　$\dfrac{dy}{dx} = \dfrac{d}{dx}\sin\sqrt{x} + \dfrac{d}{dx}\sqrt{\sin x}$

$\qquad = \cos\sqrt{x}\,\dfrac{d}{dx}\sqrt{x} + \dfrac{1}{2}(\sin x)^{-1/2}\dfrac{d}{dx}\sin x$

$\qquad = (\cos\sqrt{x})\left(\dfrac{1}{2\sqrt{x}}\right) + \dfrac{\cos x}{2\sqrt{\sin x}}$

$$= \frac{1}{2}\left(\frac{\cos\sqrt{x}}{\sqrt{x}} + \frac{\cos x}{\sqrt{\sin x}}\right).$$

例題 9 若 $y = \sin^2(\cos 3x)$，求 $\dfrac{dy}{dx}$。

解
$$\frac{dy}{dx} = \frac{d}{dx}[\sin^2(\cos 3x)] = 2\sin(\cos 3x)\frac{d}{dx}[\sin(\cos 3x)]$$

$$= 2\sin(\cos 3x)\cos(\cos 3x)\frac{d}{dx}\cos 3x$$

$$= 2\sin(\cos 3x)\cos(\cos 3x)(-\sin 3x)(3)$$

$$= -3\sin 3x \sin(2\cos 3x).$$

例題 10 若 $f(x) = \dfrac{\sec x}{2 + \tan x}$，求 $f'(x)$。

解
$$f'(x) = \frac{(2+\tan x)\dfrac{d}{dx}\sec x - \sec x \dfrac{d}{dx}(2+\tan x)}{(2+\tan x)^2}$$

$$= \frac{(2+\tan x)(\sec x \tan x) - \sec^3 x}{(2+\tan x)^2}$$

$$= \frac{2\sec x \tan x + \sec x \tan^2 x - \sec^3 x}{(2+\tan x)^2}$$

$$= \frac{2\sec x \tan x - \sec x(\sec^2 x - \tan^2 x)}{(2+\tan x)^2}$$

$$= \frac{2\sec x \tan x - \sec x}{(2+\tan x)^2}$$

$$= \frac{\sec x(2\tan x - 1)}{(2+\tan x)^2}.$$

例題 11 求曲線 $y = \sin x + \cos 2x$ 在點 $\left(\dfrac{\pi}{6}, 1\right)$ 的切線方程式。

解 $\dfrac{dy}{dx} = \cos x - 2\sin 2x \Rightarrow \dfrac{dy}{dx}\bigg|_{x=\frac{\pi}{6}} = \cos\dfrac{\pi}{6} - 2\sin\dfrac{\pi}{3}$

$$= \dfrac{\sqrt{3}}{2} - \sqrt{3} = -\dfrac{\sqrt{3}}{2}$$

所以，在點 $\left(\dfrac{\pi}{6},\ 1\right)$ 的切線方程式為

$$y - 1 = -\dfrac{\sqrt{3}}{2}\left(x - \dfrac{\pi}{6}\right)$$

即， $$\sqrt{3}\,x + 2y = 2 + \dfrac{\sqrt{3}}{6}\pi.$$

例題 12 若 $\cos x - \sin y = x + y$ 定義 $y = f(x)$ 為可微分函數，求 $\dfrac{dy}{dx}$.

解 利用隱微分法，

$$\dfrac{d}{dx}(\cos x - \sin y) = \dfrac{d}{dx}(x + y)$$

$$-\sin x - \cos y \dfrac{dy}{dx} = 1 + \dfrac{dy}{dx}$$

$$(-1 - \cos y)\dfrac{dy}{dx} = 1 + \sin x$$

故 $$\dfrac{dy}{dx} = -\dfrac{1 + \sin x}{1 + \cos y}.$$

例題 13 利用微分求 $\sin 44°$ 的近似值.

解 設 $f(x) = \sin x$，則 $f'(x) = \cos x$.

令 $a = 45° = \dfrac{\pi}{4}$，則 $\Delta x = 44° - 45° = -1° = -\dfrac{\pi}{180}$.

將這些值代入 (2-13) 式中可得

$$f\left(\dfrac{\pi}{4} - \dfrac{\pi}{180}\right) \approx f\left(\dfrac{\pi}{4}\right) + f'\left(\dfrac{\pi}{4}\right)\left(-\dfrac{\pi}{180}\right)$$

即，$f\left(\dfrac{11\pi}{45}\right) \approx \sin\dfrac{\pi}{4} + \left(\cos\dfrac{\pi}{4}\right)\left(-\dfrac{\pi}{180}\right)$

故 $\sin 44° \approx \dfrac{\sqrt{2}}{2} + \dfrac{\sqrt{2}}{2}\left(-\dfrac{\pi}{180}\right) \approx 0.6948$。

例題 14 試證：若 x 為度度量，則 $\dfrac{d}{dx}\sin x° = \dfrac{\pi}{180}\cos x°$。

解 因 $1° = \dfrac{\pi}{180}$ 弧度，可得 $x° = \dfrac{\pi x}{180}$ 弧度，故 $\sin x° = \sin\dfrac{\pi x}{180}$。

$$\dfrac{d}{dx}\sin x° = \dfrac{d}{dx}\sin\dfrac{\pi x}{180} = \cos\dfrac{\pi x}{180}\cdot\dfrac{d}{dx}\dfrac{\pi x}{180}$$

$$= \dfrac{\pi}{180}\cos\dfrac{\pi x}{180} = \dfrac{\pi}{180}\cos x°。$$

習題 3-1

求 1～11 題中的極限。

1. $\lim\limits_{\theta\to 0}\dfrac{\sin\theta}{\theta + \tan\theta}$

2. $\lim\limits_{x\to 0}\dfrac{\sin 6x}{\sin 8x}$

3. $\lim\limits_{x\to 0}\dfrac{\tan 7x}{\sin 3x}$

4. $\lim\limits_{x\to 0^+}\sqrt{x}\csc\sqrt{x}$

5. $\lim\limits_{x\to 1}\dfrac{\tan(x-1)}{x^2 + x - 2}$

6. $\lim\limits_{x\to 0}\dfrac{\sin^2 2x}{x^2}$

7. $\lim\limits_{\theta\to 0}\dfrac{\sin^2\theta}{2\theta}$

8. $\lim\limits_{\theta\to 0}\dfrac{\theta^2}{1-\cos\theta}$

9. $\lim\limits_{x\to 1}\dfrac{\sin(x-1)}{x^2 + x - 2}$

10. $\lim\limits_{x\to\pi}\dfrac{\sin x}{x-\pi}$

11. $\lim\limits_{x\to 2}\dfrac{\cos\left(\dfrac{\pi}{x}\right)}{x-2}$ （提示：令 $\theta = \dfrac{\pi}{2} - \dfrac{\pi}{x}$）

在 12～22 題中求 $f'(x)$.

12. $f(x) = 2x \sin 2x + \cos 2x$

13. $f(x) = \dfrac{1 - \cos x}{1 - \sin x}$

14. $f(x) = \sin\left(\dfrac{1}{x^2}\right)$

15. $f(x) = \sqrt{1 + \cos^2 x}$

16. $f(x) = \dfrac{\cos x}{x \sin x}$

17. $f(x) = \cos(\cos x)$

18. $f(x) = \sqrt{\cos \sqrt{x}}$

19. $f(x) = \dfrac{\tan x}{1 + \sec x}$

20. $f(x) = \csc \sqrt{x} \cot \sqrt{x}$

21. $f(x) = \tan(\cos x^2)$

22. $f(x) = \tan^3(x^2 + x + 5)$

在 23～24 題中利用隱微分法求 $\dfrac{dy}{dx}$.

23. $\cos(x - y) = y \sin x$

24. $xy = \tan(xy)$

25. 求曲線 $y = x \sin \dfrac{1}{x}$ 在點 $\left(\dfrac{2}{\pi}, \dfrac{2}{\pi}\right)$ 的切線與法線方程式.

26. 求曲線 $y = 2\sin(\pi x - y)$ 在點 $(1, 0)$ 的切線與法線方程式.

27. 求曲線 $y = \sin(\sin x)$ 在點 $(\pi, 0)$ 的切線方程式.

28. 求曲線 $y + \sin y = x$ 在點 $(0, 0)$ 的切線方程式.

29. 求曲線 $\sin(xy) = y$ 在點 $\left(\dfrac{\pi}{2}, -1\right)$ 的切線方程式.

30. 利用微分求 $\sin 59°$ 的近似值.

31. 利用微分求 $\cos 31°$ 的近似值.

32. 若 $y = \sin x \cos x$, 求 $\dfrac{d^2 y}{dx^2}$.

33. 計算 (1) $\dfrac{d^{99}}{dx^{99}} \sin x$, (2) $\dfrac{d^{50}}{dx^{50}} \cos 2x$.

34. 試證：對任意常數 A 與 B 而言, $y = A \sin x + B \cos x$ 恆為方程式 $y'' + y = 0$ 的解.

35. 假設 $f'(x)=\dfrac{1}{x}$ 對所有 $x \neq 0$ 皆成立.

   (1) 試證：對任意常數 $a \neq 0$，恆有 $\dfrac{d}{dx}f(ax)=\dfrac{d}{dx}f(x)$.

   (2) 若 $y=f(\sin x)$ 且 $v=f\left(\dfrac{1}{x}\right)$，求 $\dfrac{dy}{dx}$ 與 $\dfrac{dv}{dx}$.

3-2　反三角函數的導函數

為了要介紹反三角函數的導函數公式，我們先探討代數函數的反函數之導函數. 已知 $f(x)=\dfrac{1}{3}x+1$，則其反函數為 $f^{-1}(x)=3x-3$，可得

$$\frac{d}{dx}f(x)=\frac{d}{dx}\left(\frac{1}{3}x+1\right)=\frac{1}{3}$$

$$\frac{d}{dx}f^{-1}(x)=\frac{d}{dx}(3x-3)=3$$

這兩個導函數互為倒數. f 的圖形為直線 $y=\dfrac{1}{3}x+1$，而 f^{-1} 的圖形為直線 $y=3x-3$（圖 3-3），它們的斜率互為倒數.

這並非特殊的情形，事實上，將任一條非水平線或非垂直線關於直線 $y=x$ 作鏡射，一定會顛倒斜率. 若原直線的斜率為 m，則經由鏡射所得對稱直線的斜率為 $\dfrac{1}{m}$（圖 3-4）.

上面所述的倒數關係對其它函數而言也成立. 若 $y=f(x)$ 的圖形在點 $(a, f(a))$ 的切線斜率為 $f'(a) \neq 0$，則 $y=f^{-1}(x)$ 的圖形在對稱點 $(f(a), a)$ 的切線斜率為 $\dfrac{1}{f'(a)}$. 於是，f^{-1} 在 $f(a)$ 的導數等於 f 在 a 的導數之倒數.

第三章　超越函數的導函數

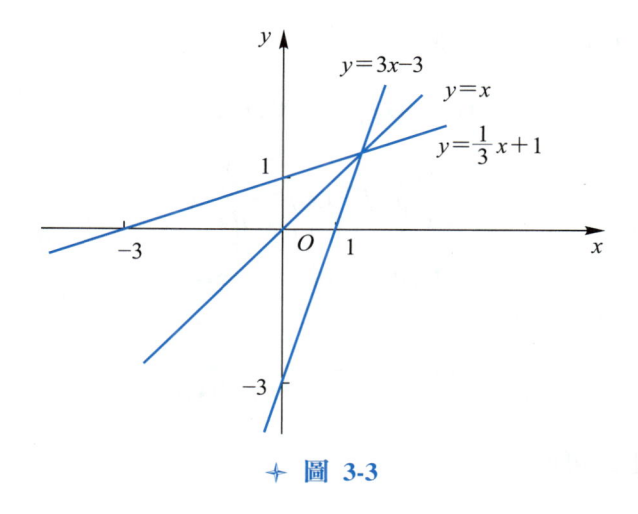

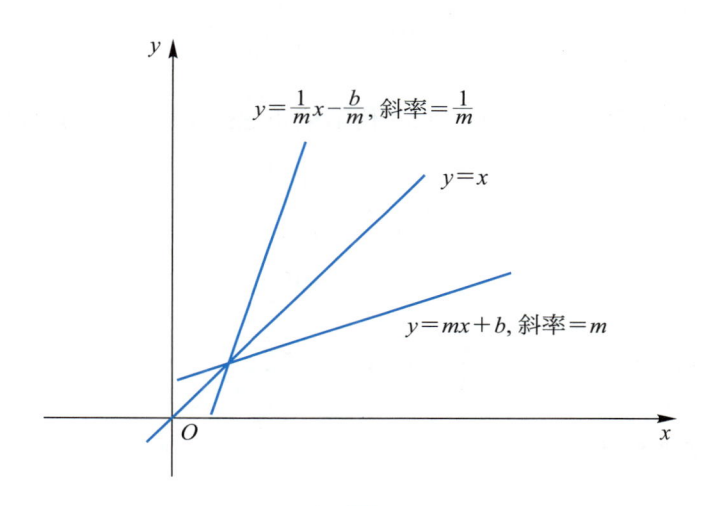

▲ 圖 3-3

▲ 圖 3-4

定理 3-3

若一對一的可微分函數 f 的反函數為 f^{-1} 且 $f'(f^{-1}(a)) \neq 0$，則 f^{-1} 在 a 為可微分，且

$$(f^{-1})'(a) = \frac{1}{f'(f^{-1}(a))}.$$

證明 因 f^{-1} 為 f 的反函數，故

$$f(f^{-1}(x)) = x \quad \forall x \in D_{f^{-1}} \qquad \text{(反函數的定義)}$$

$$\frac{d}{dx} f(f^{-1}(x)) = \frac{d}{dx} x$$

$$f'(f^{-1}(x))(f^{-1})'(x) = 1 \qquad \text{(連鎖法則)}$$

故

$$(f^{-1})'(x) = \frac{1}{f'(f^{-1}(x))} \qquad (3\text{-}1)$$

以 $x = a$ 代入上式可得

$$(f^{-1})'(a) = \frac{1}{f'(f^{-1}(a))}$$

若我們寫成 $y = f^{-1}(x)$，則 $f(y) = x$，利用萊布尼茲符號，(3-1) 式可變成：

$$\frac{dy}{dx} = \frac{1}{\frac{dx}{dy}}. \qquad (3\text{-}2)$$

例題 1 若 $f(4) = 5$ 且 $f'(4) = \dfrac{2}{3}$，求 $(f^{-1})'(5)$.

解 $f(4) = 5 \Rightarrow f^{-1}(5) = 4$.

$$(f^{-1})'(5) = \frac{1}{f'(f^{-1}(5))} = \frac{1}{f'(4)} = \frac{1}{\frac{2}{3}} = \frac{3}{2}.$$

例題 2 對 $f(x) = x^2$, $x \geq 0$, 其反函數為 $f^{-1}(x) = \sqrt{x}$，我們可有

$$f'(x) = 2x, \quad (f^{-1})'(x) = \frac{1}{2\sqrt{x}}, \quad x > 0.$$

點 $(4, 2)$ 與點 $(2, 4)$ 對稱於直線 $y = x$.

在點 $(2, 4)$：$f'(2) = 4$

在點 $(4, 2)$：$(f^{-1})'(4) = \dfrac{1}{2\sqrt{4}} = \dfrac{1}{4} = \dfrac{1}{f'(2)}$.

例題 3 設 $f(x) = x^3 - 2$，求 $(f^{-1})'(6)$.

解 方法 1：$f(x) = x^3 - 2 \Rightarrow f'(x) = 3x^2$

令 $f^{-1}(6) = k$，則 $f(k) = 6$，即，

$$k^3 - 2 = 6$$
$$k^3 = 8$$

可得
$$k = 2.$$

所以，
$$(f^{-1})'(6) = \dfrac{1}{f'(f^{-1}(6))} = \dfrac{1}{f'(2)} = \dfrac{1}{12}.$$

方法 2：先求得 $f(x) = x^3 - 2$ 的反函數 $f^{-1}(x) = \sqrt[3]{x+2}$，

所以，
$$(f^{-1})'(x) = \dfrac{1}{3}(x+2)^{-2/3}$$

$$(f^{-1})'(6) = \dfrac{1}{3}(6+2)^{-2/3} = \dfrac{1}{12}.$$

例題 4 設 $f(x) = x^3 + 2x + 2$，求 f^{-1} 的圖形在點 $(2, 0)$ 的切線方程式.

解 因 $f'(x) = 3x^3 + 2$，可得

$$(f^{-1})'(2) = \dfrac{1}{f'(f^{-1}(2))} = \dfrac{1}{f'(0)} = \dfrac{1}{2}$$

即，f^{-1} 的圖形在點 $(2, 0)$ 的切線斜率為 $\dfrac{1}{2}$，故切線方程式為

$$y - 0 = \dfrac{1}{2}(x - 2)$$

即，
$$x - 2y - 2 = 0.$$

現在，我們列出六個反三角函數的導函數公式.

定理 3-4

(1) $\dfrac{d}{dx}\sin^{-1}x = \dfrac{1}{\sqrt{1-x^2}}$, $|x|<1$.

(2) $\dfrac{d}{dx}\cos^{-1}x = \dfrac{-1}{\sqrt{1-x^2}}$, $|x|<1$.

(3) $\dfrac{d}{dx}\tan^{-1}x = \dfrac{1}{1+x^2}$, $-\infty < x < \infty$.

(4) $\dfrac{d}{dx}\cot^{-1}x = \dfrac{-1}{1+x^2}$, $-\infty < x < \infty$.

(5) $\dfrac{d}{dx}\sec^{-1}x = \dfrac{1}{x\sqrt{x^2-1}}$, $|x|>1$.

(6) $\dfrac{d}{dx}\csc^{-1}x = \dfrac{-1}{x\sqrt{x^2-1}}$, $|x|>1$.

證明 我們僅對 $\sin^{-1}x$、$\tan^{-1}x$ 與 $\sec^{-1}x$ 等的導函數公式予以證明，其餘留給讀者去證明.

(1) 令 $y=\sin^{-1}x$，則 $\sin y = x$，可得 $\cos y \dfrac{dy}{dx}=1$，故 $\dfrac{dy}{dx}=\dfrac{1}{\cos y}$.

因 $-\dfrac{\pi}{2} < y < \dfrac{\pi}{2}$，可知 $\cos y > 0$，所以，$\cos y = \sqrt{1-\sin^2 y} = \sqrt{1-x^2}$.

於是，$\dfrac{d}{dx}\sin^{-1}x = \dfrac{1}{\sqrt{1-x^2}}$, $|x|<1$.

(3) 令 $y=\tan^{-1}x$，則 $\tan y = x$，可得 $\sec^2 y \dfrac{dy}{dx}=1$，

故 $\dfrac{dy}{dx}=\dfrac{d}{dx}\tan^{-1}x = \dfrac{1}{\sec^2 y} = \dfrac{1}{1+\tan^2 y} = \dfrac{1}{1+x^2}$, $-\infty < x < \infty$.

(5) 令 $y = \sec^{-1} x$，則 $\sec y = x$，可得 $\sec y \tan y \dfrac{dy}{dx} = 1$，

故 $\dfrac{dy}{dx} = \dfrac{d}{dx} \sec^{-1} x = \dfrac{1}{\sec y \tan y} = \dfrac{1}{x\sqrt{x^2-1}}$，$|x| > 1$.

若 $u = u(x)$ 為可微分函數，則由連鎖法則可得

$$\dfrac{d}{dx} \sin^{-1} u = \dfrac{1}{\sqrt{1-u^2}} \dfrac{du}{dx}, \quad |u| < 1$$

$$\dfrac{d}{dx} \cos^{-1} u = \dfrac{-1}{\sqrt{1-u^2}} \dfrac{du}{dx}, \quad |u| < 1$$

$$\dfrac{d}{dx} \tan^{-1} u = \dfrac{1}{1+u^2} \dfrac{du}{dx}, \quad -\infty < u < \infty \tag{3-3}$$

$$\dfrac{d}{dx} \cot^{-1} u = \dfrac{-1}{1+u^2} \dfrac{du}{dx}, \quad -\infty < u < \infty$$

$$\dfrac{d}{dx} \sec^{-1} u = \dfrac{1}{u\sqrt{u^2-1}} \dfrac{du}{dx}, \quad |u| > 1$$

$$\dfrac{d}{dx} \csc^{-1} u = \dfrac{-1}{u\sqrt{u^2-1}} \dfrac{du}{dx}, \quad |u| > 1$$

例題 5 若 $y = \dfrac{1}{\sin^{-1} x}$，求 $\dfrac{dy}{dx}$.

解 $\dfrac{dy}{dx} = \dfrac{d}{dx} (\sin^{-1} x)^{-1} = -(\sin^{-1} x)^{-2} \dfrac{d}{dx} \sin^{-1} x$

$= -\dfrac{1}{(\sin^{-1} x)^2 \sqrt{1-x^2}}$.

例題 6 若 $y = \sin^{-1} 2x^3$，求 $\dfrac{dy}{dx}$.

解 $\dfrac{dy}{dx} = \dfrac{d}{dx} \sin^{-1} 2x^3 = \dfrac{1}{\sqrt{1-(2x^3)^2}} \dfrac{d}{dx} (2x^3) = \dfrac{6x^2}{\sqrt{1-4x^6}}$.

例題 7 若 $y = \tan^{-1}\left(\dfrac{x+1}{x-1}\right)$，求 $\dfrac{dy}{dx}$.

解 $\dfrac{dy}{dx} = \dfrac{d}{dx}\tan^{-1}\left(\dfrac{x+1}{x-1}\right) = \dfrac{1}{1+\left(\dfrac{x+1}{x-1}\right)^2}\dfrac{d}{dx}\left(\dfrac{x+1}{x-1}\right)$

$= \dfrac{(x-1)^2}{2(x^2+1)}\left[-\dfrac{2}{(x-1)^2}\right] = -\dfrac{1}{x^2+1}.$

習題 3-2

1. 已知 $f(x) = \sqrt{2x-3}$，求 $(f^{-1})'(1)$.
2. 若 $f(x) = \sqrt{x^3+x^2+x+1}$ 的反函數為 f^{-1}，求 $(f^{-1})'(1)$.
3. 已知 $f(x) = 2x + \cos x$ 有反函數 f^{-1}，求 $(f^{-1})'(1)$.
4. 求 $f(x) = x^3 - 5$ 的反函數 f^{-1} 的圖形在點 $(3, 2)$ 的切線方程式.

在 5～11 題中求 $\dfrac{dy}{dx}$.

5. $y = \sin^{-1}\dfrac{1}{x}$
6. $y = x\tan^{-1}\sqrt{x}$
7. $y = x^2(\sin^{-1}x)^2$
8. $y = \tan^{-1}\left(\dfrac{1-x}{1+x}\right)$
9. $y = \sec^{-1}\sqrt{x^2-1}$
10. $y = \tan^{-1}(x+y) = 2+y$
11. $y = \tan^{-1}(\cos x)$
12. 若 x 由 0.25 變到 0.26，利用微分求 $\sin^{-1}x$ 的變化量的近似值.

3-3　對數函數的導函數

首先，我們給出自然對數函數 $\ln x$ 的導函數，如下：

定理 3-5

$$\frac{d}{dx}\ln x = \frac{1}{x},\ x > 0$$

證明　$\displaystyle\frac{d}{dx}\ln x = \lim_{h\to 0}\frac{\ln(x+h)-\ln x}{h} = \lim_{h\to 0}\frac{1}{h}\ln\left(\frac{x+h}{x}\right)$

$\displaystyle\qquad = \lim_{h\to 0}\left[\frac{1}{x}\cdot\frac{x}{h}\ln\left(\frac{x+h}{x}\right)\right] = \frac{1}{x}\lim_{h\to 0}\ln\left(1+\frac{h}{x}\right)^{x/h}$

$\displaystyle\qquad = \frac{1}{x}\ln\left[\lim_{h\to 0}\left(1+\frac{h}{x}\right)^{x/h}\right]$ 　　　(依對數函數的連續性)

$\displaystyle\qquad = \frac{1}{x}\ln\left[\lim_{t\to 0}(1+t)^{1/t}\right]$ 　　　$\left(\text{令 }t=\frac{h}{x}\right)$

$\displaystyle\qquad = \frac{1}{x}\ln e = \frac{1}{x}.$

若 $u = u(x)$ 為可微分函數，則由連鎖法則可得

$$\frac{d}{dx}\ln u = \frac{1}{u}\frac{du}{dx},\ u > 0. \tag{3-4}$$

定理 3-6

若 $u = u(x)$ 為可微分函數，則

$$\frac{d}{dx}\ln |u| = \frac{1}{u}\frac{du}{dx}.$$

證明 若 $u > 0$，則 $\ln|u| = \ln u$，故

$$\frac{d}{dx}\ln|u| = \frac{d}{dx}\ln u = \frac{1}{u}\frac{du}{dx}$$

若 $u < 0$，則 $\ln|u| = \ln(-u)$，故

$$\frac{d}{dx}\ln|u| = \frac{d}{dx}\ln(-u) = \frac{1}{-u}\frac{d}{dx}(-u) = \frac{1}{u}\frac{du}{dx}.$$

例題 1 求 $\dfrac{d}{dx}\ln(x^3+2)$.

解 $\dfrac{d}{dx}\ln(x^3+2) = \dfrac{1}{x^3+2}\dfrac{d}{dx}(x^3+2)$ （令 $u = x^3+2$）

$$= \frac{3x^2}{x^3+2}.$$

例題 2 求 $\dfrac{d}{dx}\sqrt{\ln x}$.

解 $\dfrac{d}{dx}\sqrt{\ln x} = \dfrac{d}{dx}(\ln x)^{1/2} = \dfrac{1}{2}(\ln x)^{-1/2}\dfrac{d}{dx}\ln x$

$$= \frac{1}{2\sqrt{\ln x}} \cdot \frac{1}{x} = \frac{1}{2x\sqrt{\ln x}}.$$

例題 3 求 $\dfrac{d}{dx}\ln\left(\dfrac{x+1}{\sqrt{x-3}}\right)$.

解 方法 1：

$$\frac{d}{dx}\ln\left(\frac{x+1}{\sqrt{x-3}}\right) = \frac{1}{\frac{x+1}{\sqrt{x-3}}}\frac{d}{dx}\left(\frac{x+1}{\sqrt{x-3}}\right) \qquad \left(\text{令 } u = \frac{x+1}{\sqrt{x-3}}\right)$$

$$= \frac{\sqrt{x-3}}{x+1} \cdot \frac{\sqrt{x-3} - (x+1)\left(\dfrac{1}{2}\right)(x-3)^{-1/2}}{x-3}$$

第三章　超越函數的導函數

$$= \frac{x-3-\frac{1}{2}(x+1)}{(x+1)(x-3)} = \frac{x-7}{2(x+1)(x-3)}.$$

方法 2：

$$\frac{d}{dx}\ln\left(\frac{x+1}{\sqrt{x-3}}\right) = \frac{d}{dx}\left[\ln(x+1) - \frac{1}{2}\ln(x-3)\right] \quad \text{(利用對數的性質)}$$

$$= \frac{1}{x+1} - \frac{1}{2(x-3)}$$

$$= \frac{x-7}{2(x+1)(x-3)}.$$

例題 4　求 $\dfrac{d}{dx}\ln(\sin x)$.

解　$\dfrac{d}{dx}\ln(\sin x) = \dfrac{1}{\sin x}\dfrac{d}{dx}\sin x$ 　　(令 $u=\sin x$)

$$= \frac{\cos x}{\sin x} = \cot x.$$

例題 5　求 $\dfrac{d}{dx}\ln(\ln x)$.

解　$\dfrac{d}{dx}\ln(\ln x) = \dfrac{1}{\ln x}\dfrac{d}{dx}\ln x$ 　　(令 $u=\ln x$)

$$= \frac{1}{\ln x} \cdot \frac{1}{x} = \frac{1}{x\ln x}.$$

例題 6　求 $\dfrac{d}{dx}\ln|\sec x+\tan x|$.

解　$\dfrac{d}{dx}\ln|\sec x+\tan x| = \dfrac{1}{\sec x+\tan x}\dfrac{d}{dx}(\sec x+\tan x)$ 　　(令 $u=\sec x+\tan x$)

$$= \frac{1}{\sec x+\tan x}(\sec x\tan x+\sec^2 x)$$

$$= \sec x.$$

定理 3-7

$$\frac{d}{dx}\log_a x = \frac{1}{x\ln a}$$

證明 $\dfrac{d}{dx}\log_a x = \dfrac{d}{dx}\left(\dfrac{\ln x}{\ln a}\right) = \dfrac{1}{\ln a}\dfrac{d}{dx}\ln x = \dfrac{1}{x\ln a}$

若 $u = u(x)$ 為可微分函數，則由連鎖法則可得

$$\frac{d}{dx}\log_a u = \frac{1}{u\ln a}\frac{du}{dx}. \tag{3-5}$$

定理 3-8

若 $u = u(x)$ 為可微分函數，則

$$\frac{d}{dx}\log_a |u| = \frac{1}{u\ln a}\frac{du}{dx}.$$

例題 7 求 $\dfrac{d}{dx}\log_2 \sqrt{\dfrac{x^2+1}{x^2-1}}$.

解

$$\begin{aligned}
\frac{d}{dx}\log_2\sqrt{\frac{x^2+1}{x^2-1}} &= \frac{d}{dx}\left(\frac{1}{2}\log_2\left|\frac{x^2+1}{x^2-1}\right|\right) \\
&= \frac{1}{2}\left(\frac{d}{dx}\log_2|x^2+1| - \frac{d}{dx}\log_2|x^2-1|\right) \\
&= \frac{1}{2}\left(\frac{2x}{x^2+1} - \frac{2x}{x^2-1}\right)\frac{1}{\ln 2} \\
&= \frac{2x}{(\ln 2)(1-x^4)}.
\end{aligned}$$

例題 8 化學家利用 pH 值描述溶液的酸鹼度．依定義，pH$=-\log$ [H$^+$]，此處 [H$^+$] 為每升中氫離子的濃度 (以莫耳計)．若對某廠牌的醋，估計 (百分誤差為 $\pm 0.5\%$) 出 [H$^+$] $\approx 6.3 \times 10^{-3}$，試計算 pH 值，並利用微分估計計算中的百分誤差．

解 pH $=-\log$ [H$^+$] $=-\log(6.3 \times 10^{-3}) \approx 2.2$

$$f([H^+]) = -\log [H^+] \Rightarrow df = \left(\frac{-1}{[H^+] \ln 10}\right) d[H^+]$$

當 $\dfrac{d[H^+]}{[H^+]} \approx \pm 0.005$ 時，利用 df 近似 Δf，可得

$$df = \frac{\pm 0.005}{\ln 10} \approx \pm 0.0028 = \pm 0.28\%.$$

例題 9 求曲線 $3y - x^2 + \ln(xy) = 2$ 在點 $(1, 1)$ 的切線方程式．

解 $3y - x^2 + \ln(xy) = 2 \Rightarrow 3\dfrac{dy}{dx} - 2x + \dfrac{1}{xy}\left(x\dfrac{dy}{dx} + y\right) = 0$

$$\Rightarrow \frac{dy}{dx} = \frac{2x - \dfrac{1}{x}}{3 + \dfrac{1}{y}}$$

可得 $\left.\dfrac{dy}{dx}\right|_{(1,1)} = \dfrac{2-1}{3+1} = \dfrac{1}{4}$

所以，在點 $(1, 1)$ 的切線方程式為

$$y - 1 = \frac{1}{4}(x - 1)$$

即， $x - 4y + 3 = 0.$

已知 $y = f(x)$，有時我們利用所謂的對數微分法求 $\dfrac{dy}{dx}$ 是很方便的．若 $f(x)$ 牽涉到複雜的積、商或乘冪，則此方法特別有用．

對數微分法的步驟：

1. $\ln|y| = \ln|f(x)|$ **2.** $\dfrac{d}{dx}\ln|y| = \dfrac{d}{dx}\ln|f(x)|$

3. $\dfrac{1}{y}\dfrac{dy}{dx} = \dfrac{d}{dx}\ln|f(x)|$ **4.** $\dfrac{dy}{dx} = f(x)\dfrac{d}{dx}\ln|f(x)|$

例題 10 若 $y = x(x-1)(x^2+1)^3$，求 $\dfrac{dy}{dx}$.

解 我們首先寫成

$$\ln|y| = \ln|x(x-1)(x^2+1)^3|$$
$$= \ln|x| + \ln|x-1| + 3\ln|x^2+1|$$

將上式等號兩邊對 x 微分，可得

$$\dfrac{d}{dx}\ln|y| = \dfrac{d}{dx}\ln|x| + \dfrac{d}{dx}\ln|x-1| + 3\dfrac{d}{dx}\ln|x^2+1|$$

$$\dfrac{1}{y}\dfrac{dy}{dx} = \dfrac{1}{x} + \dfrac{1}{x-1} + \dfrac{6x}{x^2+1}$$

$$= \dfrac{(x-1)(x^2+1) + x(x^2+1) + 6x^2(x-1)}{x(x-1)(x^2+1)}$$

$$= \dfrac{8x^3 - 7x^2 + 2x - 1}{x(x-1)(x^2+1)}$$

故

$$\dfrac{dy}{dx} = y \cdot \dfrac{8x^3 - 7x^2 + 2x - 1}{x(x-1)(x^2+1)}$$
$$= x(x-1)(x^2+1)^3 \cdot \dfrac{8x^3 - 7x^2 + 2x - 1}{x(x-1)(x^2+1)}$$
$$= (x^2+1)^2(8x^3 - 7x^2 + 2x - 1).$$

例題 11 若 $y = \dfrac{x\sqrt[3]{x-5}}{1+\sin^3 x}$，求 $\dfrac{dy}{dx}$.

解 $\ln|y| = \ln\left|\dfrac{x\sqrt[3]{x-5}}{1+\sin^3 x}\right| = \ln|x| + \dfrac{1}{3}\ln|x-5| - \ln|1+\sin^3 x|$

$\dfrac{d}{dx}\ln|y| = \dfrac{d}{dx}\ln|x| + \dfrac{1}{3}\dfrac{d}{dx}\ln|x-5| - \dfrac{d}{dx}\ln|1+\sin^3 x|$

可得 $\dfrac{1}{y}\dfrac{dy}{dx} = \dfrac{1}{x} + \dfrac{1}{3x-15} - \dfrac{3\sin^2 x \cos x}{1+\sin^3 x}$

故 $\dfrac{dy}{dx} = y\left(\dfrac{1}{x} + \dfrac{1}{3x-15} - \dfrac{3\sin^2 x \cos x}{1+\sin^3 x}\right)$

$= \dfrac{x\sqrt[3]{x-5}}{1+\sin^3 x}\left(\dfrac{1}{x} + \dfrac{1}{3x-15} - \dfrac{3\sin^2 x \cos x}{1+\sin^3 x}\right).$

對數微分法也可證明

$$\dfrac{d}{dx}u^n = nu^{n-1}\dfrac{du}{dx}$$

其中 n 為實數，$u = u(x)$ 為可微分函數.

證明如下：令 $y = u^n$，則 $\ln y = \ln u^n = n\ln u$，可得

$$\dfrac{d}{dx}\ln y = \dfrac{d}{dx}(n\ln u)$$

$$\dfrac{1}{y}\dfrac{dy}{dx} = \dfrac{n}{u}\dfrac{du}{dx}$$

故 $\dfrac{dy}{dx} = u^n \cdot \dfrac{n}{u}\dfrac{du}{dx} = nu^{n-1}\dfrac{du}{dx}.$

習題 3-3

在 1～10 題中求 $\dfrac{dy}{dx}$.

1. $y = \ln(5x^2+1)^3$

2. $y = \ln(\cos x)$

3. $y = \dfrac{\ln x}{2 + \ln x}$

4. $y = x \ln |2 - x^2|$

5. $y = \ln(x + \sqrt{x^2 - 1})$

6. $y = \ln \sqrt{x^2 + 2x}$

7. $y = \ln \sqrt{\dfrac{1 + x^2}{1 - x^2}}$

8. $y = \ln |\csc x - \cot x|$

9. $y = \log_5 |x^3 - x|$

10. $y = \sqrt{\ln \sqrt{x}}$

在 11～13 題中利用隱微分法求 $\dfrac{dy}{dx}$.

11. $x \sin y = 1 + y \ln x$

12. $\ln(x^2 + y^2) = x + y$

13. $y + \ln(xy) = 1$

14. 求 $x^3 - x \ln y + y^3 = 2x + 5$ 的圖形在點 $(2, 1)$ 的切線方程式.

15. 若 $\ln(2.00) \approx 0.6932$，利用微分求 $\ln(2.01)$.

16. 若 $y = \dfrac{(x^2 + 1)\sqrt{x + 5}}{x - 2}$，求 $\dfrac{dy}{dx}$.

17. 若 $y = \sqrt{\dfrac{(2x + 1)(3x + 2)}{4x + 3}}$，利用對數微分法求 $\dfrac{dy}{dx}$.

18. 若 $y = \dfrac{1 + 2\cos x}{x^3(2x + 1)^7}$，利用對數微分法求 $\dfrac{dy}{dx}$.

3-4　指數函數的導函數

因指數函數與對數函數互為反函數，故可以利用對數函數的導函數公式去求指數函數的導函數公式. 首先，我們考慮以 e 為底的自然指數函數.

定理 3-9

$$\dfrac{d}{dx} e^x = e^x$$

證明 設 $y=e^x$，則 $\ln y=x$，可得

$$\frac{d}{dx}\ln y=\frac{d}{dx}x$$

$$\frac{1}{y}\frac{dy}{dx}=1$$

故

$$\frac{dy}{dx}=y$$

即，

$$\frac{d}{dx}e^x=e^x.$$

若 $u=u(x)$ 為可微分函數，則由連鎖法則可得

$$\frac{d}{dx}e^u=e^u\frac{du}{dx}. \tag{3-6}$$

例題 1

(1) $\dfrac{d}{dx}e^{-2x}=e^{-2x}\dfrac{d}{dx}(-2x)$ (令 $u=-2x$)

$=-2e^{-2x}$

(2) $\dfrac{d}{dx}e^{\sin x}=e^{\sin x}\dfrac{d}{dx}\sin x$ (令 $u=\sin x$)

$=e^{\sin x}\cos x$

(3) $\dfrac{d}{dx}e^{\sqrt{x+1}}=e^{\sqrt{x+1}}\dfrac{d}{dx}\sqrt{x+1}=\dfrac{e^{\sqrt{x+1}}}{2\sqrt{x+1}}$ (令 $u=\sqrt{x+1}$)

(4) $\dfrac{d}{dx}\sqrt{1+e^x}=\dfrac{1}{2}(1+e^x)^{-1/2}\dfrac{d}{dx}(1+e^x)=\dfrac{e^x}{2\sqrt{1+e^x}}.$

例題 2 已達平衡之化學反應的平衡常數 k 是根據定律

$$k=k_0\exp\left[-\frac{q(T-T_0)}{2T_0T}\right]$$

隨著絕對溫度 T 而改變，此處 k_0、q 與 T_0 皆為常數，求 k 對 T 的變化率.

解 $\dfrac{dk}{dT} = k_0 \exp\left[-\dfrac{q(T-T_0)}{2T_0 T}\right] \dfrac{d}{dT}\left[-\dfrac{q(T-T_0)}{2T_0 T}\right]$

$= k_0 \exp\left[-\dfrac{q(T-T_0)}{2T_0 T}\right]\left(-\dfrac{q}{2T^2}\right)$

$= -\dfrac{k_0 q}{2T^2} \exp\left[-\dfrac{q(T-T_0)}{2T_0 T}\right].$

對以正數 a $(0 < a \neq 1)$ 為底的指數函數 a^x 微分時，可先予以換底，即，

$$a^x = e^{\ln a^x} = e^{x \ln a}$$

再將它微分，可得到下面的定理.

定理 3-10

$$\dfrac{d}{dx} a^x = a^x \ln a$$

若 $u = u(x)$ 為可微分函數，則由連鎖法則可得

$$\dfrac{d}{dx} a^u = a^u (\ln a) \dfrac{du}{dx}. \tag{3-7}$$

例題 3 (1) $\dfrac{d}{dx} 2^x = 2^x \ln 2$

(2) $\dfrac{d}{dx} 2^{-x} = 2^{-x} (\ln 2) \dfrac{d}{dx}(-x) = -2^{-x} \ln 2$

(3) $\dfrac{d}{dx} 2^{\sin x} = 2^{\sin x} (\ln 2) \dfrac{d}{dx} \sin x = 2^{\sin x} (\ln 2) \cos x$

(4) $\dfrac{d}{dx} 2^{\sqrt{x+3}} = 2^{\sqrt{x+3}} (\ln 2) \dfrac{d}{dx} \sqrt{x+3} = \dfrac{2^{\sqrt{x+3}} (\ln 2)}{2\sqrt{x+3}}.$

例題 4 若 $xe^y + x^2 - \ln y = 5$ 定義 y 為 x 的可微分函數，求 $\dfrac{dy}{dx}$.

解
$$\frac{d}{dx}(xe^y+x^2-\ln y)=0$$

可得
$$xe^y\frac{dy}{dx}+e^y+2x-\frac{1}{y}\frac{dy}{dx}=0$$

$$\left(xe^y-\frac{1}{y}\right)\frac{dy}{dx}=-(2x+e^y)$$

所以，
$$\frac{dy}{dx}=-\frac{2x+e^y}{xe^y-\frac{1}{y}}=\frac{y(2x+e^y)}{1-xye^y}.$$

例題 5 若 $y=x^x\ (x>0)$，求 $\dfrac{dy}{dx}$.

解 因 x^x 的指數是變數，故無法利用冪法則；同理，因底數不是常數，故不能利用 (3-7) 式.

方法 1：$y=x^x=e^{\ln x^x}=e^{x\ln x}$

$$\Rightarrow \frac{dy}{dx}=\frac{d}{dx}(e^{x\ln x})=e^{x\ln x}\frac{d}{dx}(x\ln x)$$

$$=e^{x\ln x}\left(x\frac{d}{dx}\ln x+\ln x\frac{d}{dx}x\right)$$

$$=x^x(1+\ln x).$$

方法 2：$y=x^x \Rightarrow \ln y=\ln x^x=x\ln x$

$$\Rightarrow \frac{d}{dx}\ln y=\frac{d}{dx}(x\ln x)$$

$$\Rightarrow \frac{1}{y}\frac{dy}{dx}=1+\ln x$$

$$\Rightarrow \frac{dy}{dx}=y(1+\ln x)=x^x(1+\ln x).$$

例題 6 若 $y=x^{\sin x}\ (x>0)$，求 $\dfrac{dy}{dx}$.

解 $\ln y = \ln x^{\sin x} = \sin x \ln x$

$\Rightarrow \dfrac{d}{dx} \ln y = \dfrac{d}{dx} (\sin x \ln x)$

$\Rightarrow \dfrac{1}{y} \dfrac{dy}{dx} = \dfrac{\sin x}{x} + \cos x \ln x$

$\Rightarrow \dfrac{dy}{dx} = x^{\sin x} \left(\dfrac{\sin x}{x} + \cos x \ln x \right).$

註：若 $u = u(x)$ 與 $v = v(x)$ 皆為可微分函數，則

$$\dfrac{d}{dx} u^v = v u^{v-1} \dfrac{du}{dx} + u^v (\ln u) \dfrac{dv}{dx}.$$

例題 7 若 $x^y = y^x$ 定義 y 為 x 的可微分函數，求 $\dfrac{dy}{dx}$。

解 $x^y = y^x \Rightarrow \ln x^y = \ln y^x \Rightarrow y \ln x = x \ln y$

$\Rightarrow \dfrac{d}{dx}(y \ln x) = \dfrac{d}{dx}(x \ln y) \Rightarrow \dfrac{y}{x} + \ln x \dfrac{dy}{dx} = \dfrac{x}{y} \dfrac{dy}{dx} + \ln y$

$\Rightarrow \left(\ln x - \dfrac{x}{y} \right) \dfrac{dy}{dx} = \ln y - \dfrac{y}{x}$

$\Rightarrow \dfrac{dy}{dx} = \dfrac{\ln y - \dfrac{y}{x}}{\ln x - \dfrac{x}{y}}.$

習題 3-4

在 1～12 題中求 $\dfrac{dy}{dx}$。

1. $y = \dfrac{3}{1+2e^{-x}}$ 2. $y = \dfrac{e^x}{\ln x}$ 3. $y = \ln(1-xe^{-x})$

4. $y = \ln\sqrt{e^{2x}+e^{-2x}}$ 5. $y = \dfrac{e^x - e^{-x}}{e^x + e^{-x}}$ 6. $y = x^\pi \pi^x$

7. $y = \dfrac{x}{6^x + x^6}$ 8. $y = x^{\sqrt{x}}$ 9. $y = (\sin x)^x$

10. $y = x^{\ln x}$ 11. $y = (\ln x)^x$ 12. $2^y = xy$

13. 令 $f(x) = e^{ax}$，$g(x) = e^{-ax}$，其中 a 為常數，求 (1) $f^{(n)}(x)$，(2) $g^{(n)}(x)$。

14. 若 $f(x) = \dfrac{1}{\sqrt{2\pi}\,\sigma} \exp\left[-\dfrac{1}{2}\left(\dfrac{x-\mu}{\sigma}\right)^2\right]$，其中 μ 與 σ 皆為常數，求 $f'(x)$。

15. 令 $f(x) = e^{|x|}$。

    (1) $f(x)$ 在 $x=0$ 為連續嗎？

    (2) $f(x)$ 在 $x=0$ 為可微分嗎？

    (3) 作 f 的圖形。

16. 設 $f(x) = xe^{x^2}$，若 x 由 1.00 變到 1.01，利用微分求 f 的變化量的近似值。$f(1.01)$ 的近似值為何？

17. 某電路中的電流在時間 t 為 $I(t) = I_0 e^{-Rt/L}$，其中 R 為電阻，L 為電感，I_0 為在 $t=0$ 的電流，試證：電流在任何時間 t 的變化率與 $I(t)$ 成比例。

18. 求切曲線 $y = (x-1)e^x + 3\ln x + 2$ 於點 $(1, 2)$ 之切線的方程式。

19. 求曲線 $e^y - e^{-y} = x$ 在點 $(0, 0)$ 的切線方程式。

20. 求曲線 $\ln y = e^y \sin x$ 在點 $(0, 1)$ 的切線方程式。

21. 試證：對任意常數 A 與 B 而言，$y = Ae^{2x} + Be^{-4x}$ 恆為方程式 $y'' + 2y' - 8y = 0$。

22. 試證：若 $y = 2^{3x} 5^{6x}$，則 $\dfrac{dy}{dx}$ 與 y 成比例。

23. (1) 假設 u 與 v 皆為 x 的可微分函數，利用對數微分法證明公式：

$$\dfrac{d}{dx} u^v = v u^{v-1} \dfrac{du}{dx} + u^v (\ln u) \dfrac{dv}{dx}$$

(2) 當 u 為常數時，(1) 的公式為何？

(3) 當 v 為常數時，(1) 的公式為何？

本章摘要

1. 若 θ 表一實數，或一角的弧度度量，則 $\displaystyle\lim_{\theta \to 0} \frac{\sin \theta}{\theta} = 1$.

2. $\dfrac{d}{dx} \sin u = \cos u \, \dfrac{du}{dx}$

3. $\dfrac{d}{dx} \cos u = -\sin u \, \dfrac{du}{dx}$

4. $\dfrac{d}{dx} \tan u = \sec^2 u \, \dfrac{du}{dx}$

5. $\dfrac{d}{dx} \cot u = -\csc^2 u \, \dfrac{du}{dx}$

6. $\dfrac{d}{dx} \sec u = \sec u \, \tan u \, \dfrac{du}{dx}$

7. $\dfrac{d}{dx} \csc u = -\csc u \, \cot u \, \dfrac{du}{dx}$

8. 若可微分函數 f 的反函數為 f^{-1}，且 $f'(g(a)) \neq 0$，則 f^{-1} 在 a 為可微分，且

$$(f^{-1})'(a) = \frac{1}{f'(f^{-1}(a))}.$$

9. $\dfrac{d}{dx} \sin^{-1} u = \dfrac{1}{\sqrt{1-u^2}} \, \dfrac{du}{dx}$, $|u| < 1$.

10. $\dfrac{d}{dx} \tan^{-1} u = \dfrac{1}{1+u^2} \, \dfrac{du}{dx}$, $u \in \mathbb{R}$.

11. $\dfrac{d}{dx} \sec^{-1} u = \dfrac{1}{u\sqrt{u^2-1}} \, \dfrac{du}{dx}$, $|u| > 1$.

12. $\dfrac{d}{dx} \ln |u| = \dfrac{1}{u} \, \dfrac{du}{dx}$

13. $\dfrac{d}{dx} \log_a |u| = \dfrac{1}{u \ln a} \, \dfrac{du}{dx}$

14. $\dfrac{d}{dx} e^u = e^u \, \dfrac{du}{dx}$

15. $\dfrac{d}{dx} a^u = a^u \ln a \, \dfrac{du}{dx}$

4 微分的應用

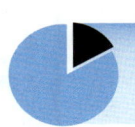

4-1 函數的極值

  在日常生活中，我們對一些問題必須以尋求最佳決策的方法處理之．例如，某人開一家成衣工廠，希望工資愈低而產品價格愈高，以便獲得更多利潤．但這是行不通的，因為工資低，工人可以怠工，而產品價格過高，則產品會賣不出去，造成庫存過多．如何在可能的狀況下，使工資與價格恰到好處，而又達到利潤最多的目標，這些都是最佳化問題．

  最佳化問題可簡化為求函數的最大值與最小值並判斷此值發生於何處．在本節中，我們將對求解這種問題的某些數學觀念作詳細說明．往後，我們將使用這些觀念去求解一些應用問題．

定義 4-1

設函數 f 定義在區間 I 且 $c \in I$.
(1) 若對 I 中所有 x 恆有 $f(c) \geq f(x)$，則稱 f 在 c 處有絕對極大值 [或全域極大值]，$f(c)$ 為 f 在 I 上的絕對極大值 (或全域極大值).
(2) 若對 I 中所有 x 恆有 $f(c) \leq f(x)$，則稱 f 在 c 處有絕對極小值 [或全域極小值]，$f(c)$ 為 f 在 I 上的絕對極小值 (或全域極小值).
上述的 $f(c)$ 稱為 f 的絕對極值 (或全域極值).

絕對極大值又稱為最大值，絕對極小值又稱為最小值.

例題 (1) 函數 $f(x) = \sin x$ 的絕對極大值為 1，絕對極小值為 -1.
(2) 函數 $f(x) = x^2$ 的絕對極小值為 $f(0) = 0$，這表示原點為拋物線 $y = x^2$ 上的最低點. 然而，在此拋物線上無最高點，故此函數無絕對極大值.
(3) 若 $f(x) = x^3$，則此函數無絕對極大值也無絕對極小值.

我們已看出有些函數有極值，而有些則沒有. 下面定理給出保證函數的絕對極大值與絕對極小值存在的條件.

定理 4-1 極值定理

若函數 f 在閉區間 $[a, b]$ 為連續，則 f 在 $[a, b]$ 上不但有絕對極大值 (即，最大值) 而且有絕對極小值 (即，最小值).

此定理的結果在直觀上是很明顯的. 若我們想像成質點沿著包含兩端點的連續圖形上移動，則在整個歷程當中，一定會通過最高點與最低點.

在極值絕對定理中，f 為連續與閉區間的假設是絕對必要的. 若任一假設不滿足，則不能保證絕對極大值或絕對極小值存在.

例題 2 若函數 $f(x)=\begin{cases} 2x, & 0 \le x < 1 \\ 1, & 1 \le x \le 2 \end{cases}$

定義在閉區間 $[0, 2]$，則它有絕對極小值 0，但無絕對極大值．

定義 4-2

設函數 f 定義在區間 I 且 $c \in I$．
(1) 若 I 內存在包含 c 的開區間使得 $f(c) \ge f(x)$ 對該開區間中所有 x 皆成立，則稱 f 在 c 處有**相對極大值**（或**局部極大值**），$f(c)$ 為 f 的**相對極大值**（或**局部極大值**）．
(2) 若 I 內存在包含 c 的開區間使得 $f(c) \le f(x)$ 對該開區間中所有 x 皆成立，則稱 f 在 c 處有**相對極小值**（或**局部極小值**），$f(c)$ 為 f 的**相對極小值**（或**局部極小值**）．
上述的 $f(c)$ 稱為 f 的**相對極值**（或**局部極值**）．
若 c 為 I 的端點，則只考慮在 I 內包含 c 的半開區間．

絕對極大值也是相對極大值，絕對極小值也是相對極小值．

如圖 4-1 所示，$f(c)$ 為相對極大值，$f'(c)=0$；$f(d)$ 為相對極小值，$f'(d)=0$；$f(e)$ 為相對極大值，但 $f'(e)$ 不存在．這些事實可從下面定理獲知．

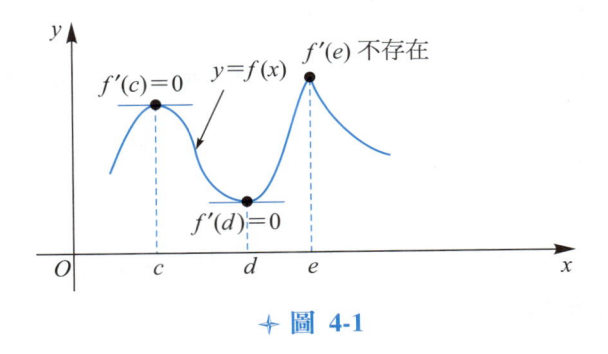

圖 4-1

定理 4-2

若函數 f 在 c 處有相對極值，則 $f'(c)=0$ 抑或 $f'(c)$ 不存在．

例題 3 函數 $f(x)=|x-1|$ 在 $x=1$ 處有 (相對且絕對) 極小值，但 $f'(1)$ 不存在．

例題 4 若 $f(x)=x^3$，則 $f'(x)=3x^2$，故 $f'(0)=0$．但是，$f(x)$ 在 $x=0$ 處無相對極大值或相對極小值．$f'(0)=0$ 僅表示曲線 $y=x^3$ 在點 $(0, 0)$ 有一條水平切線．

定義 4-3

設 c 為函數 f 之定義域中的一數，若 $f'(c)=0$ 抑或 $f'(c)$ 不存在，則稱 c 為 f 的臨界數 (或稱臨界點)．

依定理 4-2，若函數有相對極值，則相對極值發生於臨界數處；但是，並非在每一個臨界數處皆有相對極值，如例題 4 所示．

若函數 f 在閉區間 $[a, b]$ 為連續，則求其絕對極值的步驟如下：

1. 在 (a, b) 中，求 f 的所有臨界數，並計算 f 在這些臨界數的值．
2. 計算 $f(a)$ 與 $f(b)$．
3. 從步驟 1 與步驟 2 中所計算的最大值即為絕對極大值，最小值即為絕對極小值．

在步驟 2 中，若 $f(a)$ 與 $f(b)$ 為絕對極大值或絕對極小值，則稱為端點極值．

例題 5 求函數 $f(x)=x^3-3x^2+2$ 在區間 $[-2, 3]$ 上的絕對極大值與絕對極小值．

解 $f'(x)=3x^2-6x=3x(x-2)$．於是，在 $(-2, 3)$ 中，f 的臨界數為 0 與 2．f 在這些臨界數的值為

$$f(0)=2, \ f(2)=-2$$

而在兩端點的值為

$$f(-2)=-18, \ f(3)=2$$

所以，絕對極大值為 2，絕對極小值為 -18.

例題 6 求函數 $f(x)=(x-2)\sqrt{x}$ 在 $[0, 4]$ 上的絕對極大值與絕對極小值.

解 $f'(x)=\sqrt{x}+(x-2)\dfrac{1}{2\sqrt{x}}=\dfrac{3x-2}{2\sqrt{x}}$. 於是，在 $(0, 4)$ 中，f 的臨界數為 $\dfrac{2}{3}$.

因 $f(0)=0$, $f\left(\dfrac{2}{3}\right)=-\dfrac{4\sqrt{6}}{9}$, $f(4)=4$, 故 $f(4)>f(0)>f\left(\dfrac{2}{3}\right)$.

所以，絕對極大值為 4，絕對極小值為 $-\dfrac{4\sqrt{6}}{9}$.

若函數 f 在開區間 (a, b) 為連續使得

$$\lim_{x\to a^+} f(x)=\infty \;(\text{或} -\infty) \;\text{且}\; \lim_{x\to b^-} f(x)=\infty \;(\text{或} -\infty),$$

則表 4-1 指出 f 在 (a, b) 上有（或無）絕對極值的情形.

表 4-1

$\lim\limits_{x\to a^+} f(x)$	$\lim\limits_{x\to b^-} f(x)$	結論（若 f 在 (a, b) 為連續）
∞	∞	有絕對極小值但無絕對極大值
$-\infty$	$-\infty$	有絕對極大值但無絕對極小值
$-\infty$	∞	既無絕對極大值也無絕對極小值
∞	$-\infty$	既無絕對極大值也無絕對極小值

例題 7 求函數 $f(x)=\dfrac{3}{x^2-x}$ 在區間 $(0, 1)$ 上的絕對極值.

解 因 $\lim\limits_{x\to 0^+} f(x)=\lim\limits_{x\to 0^+}\dfrac{3}{x^2-x}=\lim\limits_{x\to 0^+}\dfrac{3}{x(x-1)}=-\infty$ 且

$$\lim_{x\to 1^-} f(x)=\lim_{x\to 1^-}\dfrac{3}{x^2-x}=\lim_{x\to 1^-}\dfrac{3}{x(x-1)}=-\infty$$

故 f 在 $(0, 1)$ 上有絕對極大值但無絕對極小值.

又 $f'(x) = -\dfrac{3(2x-1)}{(x^2-x)^2}$，可知 f 的臨界數為 $\dfrac{1}{2}$，故 f 的絕對極大值為

$$f\left(\dfrac{1}{2}\right) = -12.$$

若函數 f 為處處連續使得

$$\lim_{x\to\infty} f(x) = \infty \text{ (或 } -\infty\text{)} \text{ 且 } \lim_{x\to-\infty} f(x) = \infty \text{ (或 } -\infty\text{)},$$

則表 4-2 指出 f 在 $(-\infty, \infty)$ 上有（或無）絕對極值的情形.

表 4-2

$\lim\limits_{x\to-\infty} f(x)$	$\lim\limits_{x\to\infty} f(x)$	結論（若 f 為處處連續）
∞	∞	有絕對極小值但無絕對極大值
$-\infty$	$-\infty$	有絕對極大值但無絕對極小值
$-\infty$	∞	既無絕對極大值也無絕對極小值
∞	$-\infty$	既無絕對極大值也無絕對極小值

例題 8 求函數 $f(x) = x^4 + 2x^3 - 2$ 在區間 $(-\infty, \infty)$ 上的絕對極值.

解 因 f 為多項式函數，故它在 $(-\infty, \infty)$ 為連續. 此外，

$$\lim_{x\to\infty} f(x) = \lim_{x\to\infty}(x^4 + 2x^3 - 2) = \lim_{x\to\infty} x^4\left(1 + \dfrac{2}{x} - \dfrac{2}{x^4}\right) = \infty,$$

$$\lim_{x\to-\infty} f(x) = \lim_{x\to-\infty}(x^4 + 2x^3 - 2) = \lim_{x\to-\infty} x^4\left(1 + \dfrac{2}{x} - \dfrac{2}{x^4}\right) = \infty$$

所以，f 在 $(-\infty, \infty)$ 上有絕對極小值但無絕對極大值.

又 $f'(x) = 4x^3 + 6x^2 = 2x^2(2x+3)$，可知 f 的臨界數為 0 與 $-\dfrac{3}{2}$.

$$f(0) = -2,\ f\left(-\dfrac{3}{2}\right) = -\dfrac{59}{16}.$$

所以，f 的絕對極小值為 $-\dfrac{59}{16}$.

習題 4-1

求 1～12 題中 f 在所予區間上的絕對極值.

1. $f(x) = 4x^2 - 4x + 3$; $[0, 1]$
2. $f(x) = (x-1)^3$; $[0, 2]$
3. $f(x) = x^3 - 6x^2 + 9x + 2$; $[0, 2]$
4. $f(x) = \dfrac{x}{x^2 + 2}$; $[-1, 4]$
5. $f(x) = 1 + |9 - x^2|$; $[-5, 1]$
6. $f(x) = \sin x - \cos x$; $[0, \pi]$
7. $f(x) = 2 \sec x - \tan x$; $\left[0, \dfrac{\pi}{4}\right]$
8. $f(x) = x^{2/3}(20 - x)$; $[-1, 20]$
9. $f(x) = \dfrac{x^2}{x + 1}$; $(-5, -1)$
10. $f(x) = \dfrac{x}{x^2 + 1}$; $[0, \infty)$
11. $f(x) = x^4 + 4x$; $(-\infty, \infty)$
12. $f(x) = 4x^3 - 3x^4$; $(-\infty, \infty)$
13. 設 $f(x) = x^2 + ax + b$，求 a 與 b 的值使得 $f(1) = 3$ 為 f 在 $[0, 2]$ 上的絕對極值. 它是絕對極大值或絕對極小值？

4-2 均值定理

求一個函數的臨界數有時相當困難，事實上，甚至不能保證臨界數一定存在．下面的定理稱為洛爾定理，是由法國大數學家洛爾 (1652～1719) 所提出，它提供了臨界數存在的充分條件．此定理是對在閉區間 $[a, b]$ 為連續，在開區間 (a, b) 為可微分且 $f(a) = f(b)$ 的函數 f 來討論的．這種函數的一些代表性的圖形如圖 4-2 所示.

參照圖 4-2 中的圖形，可知至少存在一數 c 介於 a 與 b 之間，使得在點 $(c, f(c))$ 處的切線為水平，或者說，$f'(c) = 0$.

◆ 圖 4-2

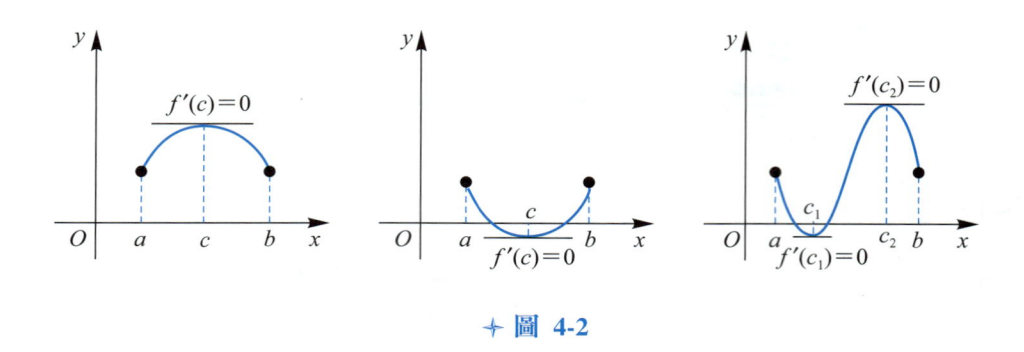

定理 4-3　洛爾定理

若
(1) f 在 $[a, b]$ 為連續
(2) f 在 (a, b) 為可微分
(3) $f(a)=f(b)$
則在 (a, b) 中存在一數 c 使得 $f'(c)=0$.

讀者應特別注意，定理 4-3 中的三個條件缺一不可．若 (2) 不滿足，在 (a, b) 中沒有水平切線，如圖 4-3 所示．

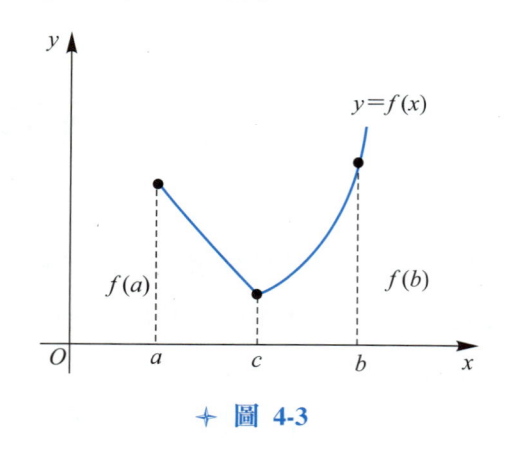

f 在 $[a, b]$ 為連續
f 在 c 處不可微分
$f(a)=f(b)$
在 (a, b) 中，$f'(x) \neq 0$

◆ 圖 4-3

例題 1　設 $f(x)=x^4-2x^2-8$，求區間 $(-2, 2)$ 中的所有 c 值使得 $f'(c)=0$.

解　因 f 在 $[-2, 2]$ 為連續，在 $(-2, 2)$ 為可微分，$f(-2)=0=f(2)$，故滿足洛爾定理的三個條件．所以，至少存在一數 c，$-2<c<2$，使得 $f'(c)=0$.

$$f'(x) = 4x^3 - 4x$$
$$f'(c) = 4c^3 - 4c = 0$$

解得
$$c = 0,\ 1,\ -1$$

因此，在 $(-2, 2)$ 中的所有 c 值為 -1、0 與 1，如圖 4-4 所示．

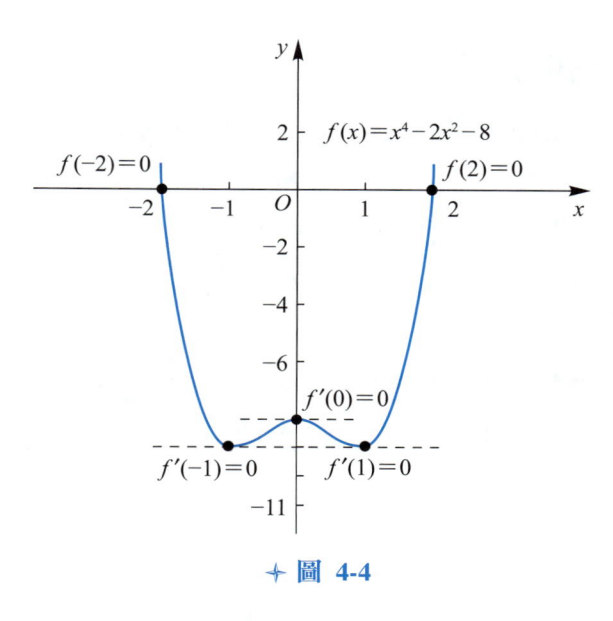

→ 圖 4-4

下面的定理可以看作是將洛爾定理推廣到 $f(a) \ne f(b)$ 的情形．在討論此一定理之前，先考慮 f 的圖形上的兩點 $A(a, f(a))$ 與 $B(b, f(b))$，如圖 4-5 所示．若 $f'(x)$ 對於所有 $x \in (a, b)$ 皆存在，則從圖中顯然可以看出，在圖形上存在一點 $P(c, f(c))$ 使得在該點的切線與通過 A 及 B 的割線平行．此一事實可用斜率表示如下：

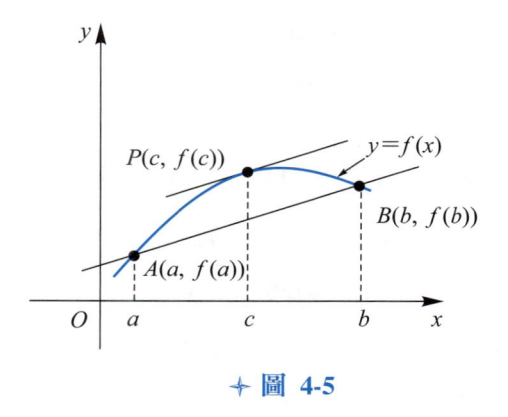

→ 圖 4-5

$$f'(c) = \frac{f(b)-f(a)}{b-a}$$

等號右邊的式子為通過 A 與 B 之直線的斜率.

定理 4-4　均值定理

若 (i) f 在 $[a, b]$ 為連續，(ii) f 在 (a, b) 為可微分，則在 (a, b) 中存在一數 c 使得

$$\frac{f(b)-f(a)}{b-a} = f'(c).$$

讀者應注意均值定理為洛爾定理的推廣. 在均值定理中，若 $f(a)=f(b)$，則 $f'(c)=0$，其與洛爾定理相同. 同時均值定理的兩個條件，缺一不可，如圖 4-6 所示.

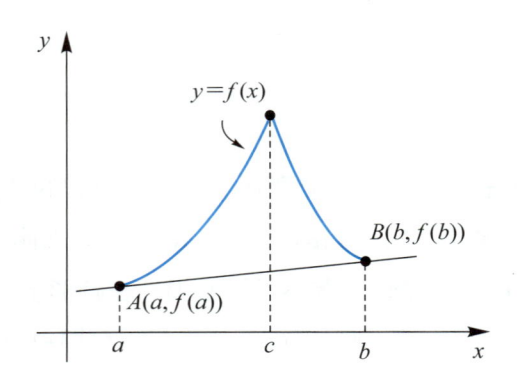

(i) f 在 $[a, b]$ 為連續　(ii) f 在 c 處不可微分
在 (a, b) 中，切線與割線 AB 不平行

✦ 圖 4-6

例題 2　說明 $f(x) = x^3 - 8x - 5$ 在區間 $[1, 4]$ 上滿足均值定理的假設，並在區間 $(1, 4)$ 中求一數 c 使其滿足均值定理的結論.

解　因 f 為多項式函數，故它為連續且可微分. 尤其，f 在 $[1, 4]$ 為連續且在 $(1, 4)$ 為可微分. 因此，滿足均值定理的假設條件.
我們得知在 $(1, 4)$ 中存在一數 c 使得

$$\frac{f(4)-f(1)}{4-1}=f'(c)$$

又 $f'(x)=3x^2-8$，上式變成

$$3c^2-8=\frac{27-(-12)}{4-1}=\frac{39}{3}=13$$

可得 $\qquad c^2=7$

即， $\qquad c=\pm\sqrt{7}$

因僅 $c=\sqrt{7}$ 在區間 (1, 4) 中，故其為所求的數.

例題 3 利用均值定理證明

$|\sin a - \sin b| \leq |a-b|$ 對所有實數 a 與 b 皆成立.

解 (i) 設 $a < b$.

令 $f(x)=\sin x$，則 $f'(x)=\cos x$. 所以，f 在 $[a, b]$ 為連續，在 (a, b) 為可微分. 依均值定理可知，在 (a, b) 中存在一數 c 使得

$$\frac{f(b)-f(a)}{b-a}=f'(c)$$

即， $\qquad \dfrac{\sin b-\sin a}{b-a}=\cos c$

$$\left|\frac{\sin b-\sin a}{b-a}\right|=|\cos c|\leq 1$$

可得 $\qquad |\sin b-\sin a|\leq |b-a|$

故 $\qquad |\sin a-\sin b|\leq |a-b|$.

(ii) $b < a$ 的證明類似 (讀者自證之).

例題 4 若一汽車沿著直線道路行駛，其位置函數為 $s=f(t)$ (t 表時間)，則它在時間區間 $[t_1, t_2]$ 中的平均速度為 $\dfrac{f(t_2)-f(t_1)}{t_2-t_1}$，在 $t=c$ ($t_1 < c < t_2$) 的速度為 $f'(c)$. 因此，均值定理告訴我們，在 $t=c$ 時，瞬時速度 $f'(c)$ 等於平均速度.

習題 4-2

1. 說明 $f(x)=x^3-4x$ 在區間 $[0, 2]$ 中滿足洛爾定理，並求定理中所敘述的 c 值.

2. 設 $f(x)=\dfrac{x^2-1}{x-2}$，求區間 $(-1, 1)$ 中所有 c 值使得 $f'(c)=0$.

3. 設 $f(x)=\cos x$，求區間 $\left(\dfrac{\pi}{2}, \dfrac{3\pi}{2}\right)$ 中所有 c 值使得 $f'(c)=0$.

在 4～10 題中，驗證 f 在所予區間滿足均值定理的假設，並求 c 的所有值使其滿足定理的結論.

4. $f(x)=x^3-3x+5$；$[-1, 1]$

5. $f(x)=\dfrac{x+1}{x-1}$；$[2, 3]$

6. $f(x)=\dfrac{x^2-1}{x-2}$；$[-1, 1]$

7. $f(x)=x+\dfrac{1}{x}$；$[3, 4]$

8. $f(x)=\sqrt{x+1}$；$[0, 3]$

9. $f(x)=\cos x$；$\left[\dfrac{\pi}{2}, \dfrac{3\pi}{2}\right]$

10. $f(x)=\sin x^2$；$[0, \sqrt{\pi}]$

11. 利用均值定理證明 $|\tan x+\tan y|\geq|x+y|$ 對區間 $\left(-\dfrac{\pi}{2}, \dfrac{\pi}{2}\right)$ 中所有實數 x 與 y 皆成立.

12. 利用均值定理求 $\sqrt[6]{64.05}$ 的近似值. (提示：$f(b)\approx f(a)+f'(a)(b-a)$，令 $a=64$，$b=64.05$，$f(x)=\sqrt[6]{x}$)

4-3 單調函數

在描繪函數的圖形時，知道何處上升與何處下降是很有用的. 圖 4-7 所示的圖形由 A 上升到 B，由 B 下降到 C，然後再由 C 上升到 D. 我們從該圖可知，若 x_1 與

↳ 圖 4-7

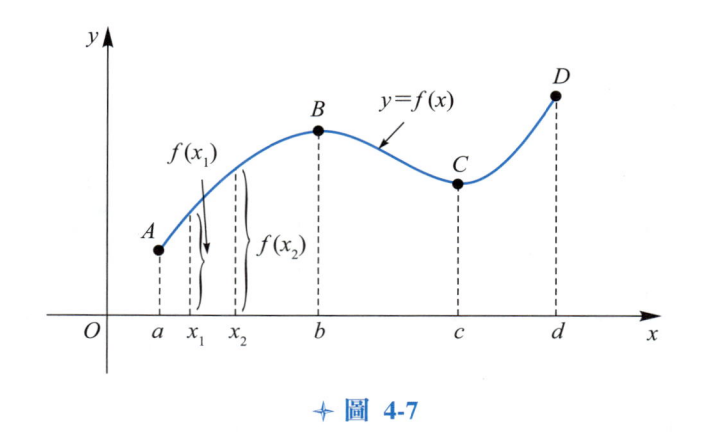

x_2 為介於 a 與 b 之間的任兩數，其中 $x_1 < x_2$，則 $f(x_1) < f(x_2)$.

定義 4-4

設函數 f 定義在某區間 I.

(1) 對 I 中所有 x_1、x_2，若 $x_1 < x_2$，恆有 $f(x_1) < f(x_2)$，則稱 f 在 I 為遞增，而 I 稱為 f 的遞增區間.

(2) 對 I 中的所有 x_1、x_2，若 $x_1 < x_2$，恆有 $f(x_1) > f(x_2)$，則稱 f 在 I 為遞減，而 I 稱為 f 的遞減區間.

(3) 若 f 在 I 為遞增抑或為遞減，則稱 f 在 I 上為單調.

註：單調函數必為一對一函數，因此必有反函數.

例題 1　(1) 函數 $f(x)=x^2$ 在 $(-\infty, 0]$ 為遞減而在 $[0, \infty)$ 為遞增，故在 $(-\infty, 0]$ 與 $[0, \infty)$ 皆為單調，但它在 $(-\infty, \infty)$ 不為單調.

(2) 函數 $f(x)=x^3$ 在 $(-\infty, \infty)$ 為單調.

圖 4-8 暗示若函數圖形在某區間的切線斜率為正，則函數在該區間為遞增；同理，若圖形的切線斜率為負，則函數為遞減.

圖 4-8

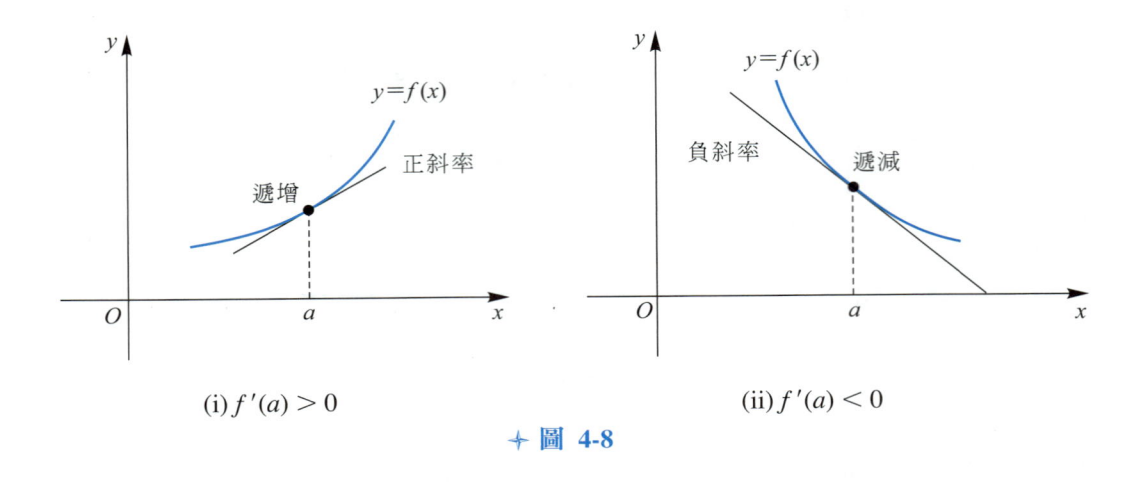

(i) $f'(a) > 0$
(ii) $f'(a) < 0$

下面定理指出如何利用導數來判斷函數在區間為遞增或遞減.

定理 4-5　單調性檢驗法

設函數 f 在開區間 I 為可微分.
(1) 若 $f'(x) > 0$ 對 I 中所有 x 皆成立，則 f 在 I 為遞增.
(2) 若 $f'(x) < 0$ 對 I 中所有 x 皆成立，則 f 在 I 為遞減.

定理 4-5 可推廣到含有端點的區間，但必須另外加上函數在該區間為連續的條件.

例題 2　若 $f(x) = x^3 + x^2 - 5x + 6$，則 f 在何區間為遞增？遞減？

解
$$f'(x) = 3x^2 + 2x - 5 = (3x + 5)(x - 1)$$

可得臨界數為 $x = -\dfrac{5}{3}$ 與 $x = 1$.

$x < -\dfrac{5}{3}$	$-\dfrac{5}{3}$	$-\dfrac{5}{3} < x < 1$	1	$x > 1$
$f'(x) > 0$	$f'\left(-\dfrac{5}{3}\right) = 0$	$f'(x) < 0$	$f'(1) = 0$	$f'(x) > 0$

因 f 為處處連續，故 f 在 $\left(-\infty, -\dfrac{5}{3}\right]$ 與 $[1, \infty)$ 為遞增，在 $\left[-\dfrac{5}{3}, 1\right]$ 為遞減.

例題 3 函數 $f(x) = \dfrac{x}{x^2+1}$ 在何區間為遞增？遞減？求 f 的遞增區間與遞減區間.

解 $f'(x) = \dfrac{d}{dx}\left(\dfrac{x}{x^2+1}\right) = \dfrac{1-x^2}{(x^2+1)^2}$

$f'(-1) = 0,\ f'(1) = 0.$

$x < -1$	-1	$-1 < x < 1$	1	$x > 1$
$f'(x) < 0$	$f'(-1) = 0$	$f'(x) > 0$	$f'(1) = 0$	$f'(x) < 0$

因 f 為處處連續，故 f 在 $[-1, 1]$ 為遞增，在 $(-\infty, -1]$ 與 $[1, \infty)$ 為遞減. $[-1, 1]$ 為遞增區間，$(-\infty, -1]$ 與 $[1, \infty)$ 為遞減區間.

例題 4 試證：若 $0 < x < \dfrac{\pi}{2}$，則 $\sin x < x < \tan x$.

解 (i) 先證：若 $0 < x < \dfrac{\pi}{2}$，則 $\sin x < x$.

令 $f(x) = \sin x - x$，則 $f'(x) = \cos x - 1$. 當 $0 < x < \dfrac{\pi}{2}$ 時，$f'(x) < 0$.

又 f 在 $\left[0, \dfrac{\pi}{2}\right]$ 為連續，故 f 在 $\left[0, \dfrac{\pi}{2}\right]$ 為遞減. 尤其，若 $0 < x < \dfrac{\pi}{2}$，則 $f(0) > f(x)$. 但 $f(0) = 0$，故 $\sin x - x < 0$，即，$\sin x < x$.

(ii) 次證：若 $0 < x < \dfrac{\pi}{2}$，則 $x < \tan x$.

令 $f(x) = x - \tan x$，則 $f'(x) = 1 - \sec^2 x$. 當 $0 < x < \dfrac{\pi}{2}$ 時，$f'(x) < 0$.

又 f 在 $\left[0, \dfrac{\pi}{2}\right]$ 為連續，故 f 在 $\left[0, \dfrac{\pi}{2}\right]$ 為遞減．尤其，若 $0 < x < \dfrac{\pi}{2}$，則 $f(0) > f(x)$．但 $f(0) = 0$，故 $x - \tan x < 0$，即，$x < \tan x$．

綜合 (i) 與 (ii)，證明完畢．

我們知道，欲求相對極值，首先必須找出函數所有的臨界數，再檢查每一個臨界數，以決定是否有相對極值發生．做這個檢查的方法有很多，下面的定理是根據 f 的一階導數的正負號來判斷 f 是否有相對極值．大致說來，這個定理說明了，當 x 遞增通過臨界數 c 時，若 $f'(x)$ 變號，則 f 在 c 處有相對極大值或相對極小值；若 $f'(x)$ 不變號，則在 c 處無極值發生．

定理 4-6　一階導數檢驗法

設函數 f 在包含臨界數 c 的開區間 (a, b) 為連續．
(1) 當 $a < x < c$ 時，$f'(x) > 0$，且 $c < x < b$ 時，$f'(x) < 0$，則 $f(c)$ 為 f 的相對極大值．
(2) 當 $a < x < c$ 時，$f'(x) < 0$，且 $c < x < b$ 時，$f'(x) > 0$，則 $f(c)$ 為 f 的相對極小值．
(3) 當 $a < x < b$ 時，$f'(x)$ 同號，則 $f(c)$ 不為 f 的相對極值．

例題 5　求函數 $f(x) = x^3 - 3x + 5$ 的相對極值．

解　$f'(x) = 3x^2 - 3 = 3(x-1)(x+1)$．於是，$f$ 的臨界數為 1 與 -1．

$x < -1$	-1	$-1 < x < 1$	1	$x > 1$
$f'(x) > 0$	$f'(-1) = 0$	$f'(x) < 0$	$f'(1) = 0$	$f'(x) > 0$

依一階導數檢驗法，$f(x)$ 在 $x = -1$ 處有相對極大值 $f(-1) = 7$，在 $x = 1$ 處有相對極小值 $f(1) = 3$．

例題 6　求 $f(x) = \ln(x^2 + 2x + 3)$ 的相對極值．

解 $f'(x) = \dfrac{d}{dx} \ln(x^2+2x+3) = \dfrac{1}{x^2+2x+3} \dfrac{d}{dx}(x^2+2x+3)$

$= \dfrac{2x+2}{x^2+2x+3} = \dfrac{2(x+1)}{(x+1)^2+2}$

當 $x=-1$ 時，$f'(x)=0$，故 $x=-1$ 為 f 僅有的臨界數.
當 $x<-1$ 時，$f'(x)<0$，故 $x>-1$ 時，$f'(x)>0$.
因此，$f(-1)=\ln(1-2+3)=\ln 2$ 為相對極小值.

習題 4-3

求 1～8 題中各函數的遞增區間與遞減區間.

1. $f(x)=x^2-5x+2$
2. $f(x)=-x^2-3x+1$
3. $f(x)=3x^3-4x+3$
4. $f(x)=(x+3)^3$
5. $f(x)=\dfrac{x}{x^2+2}$
6. $f(x)=\sqrt[3]{x}-\sqrt[3]{x^2}$
7. $f(x)=\sqrt[3]{x+2}$
8. $f(x)=\sin^2 2x,\ 0 \le x \le \pi$

求 9～18 題中各函數的相對極值.

9. $f(x)=2x^3-9x^2+12x$
10. $f(x)=x(x-1)^2$
11. $f(x)=x^3-3x^2-24x+32$
12. $f(x)=x\sqrt{1-x^2}$
13. $f(x)=\dfrac{x}{x^2+1}$
14. $f(x)=x-\ln x$
15. $f(x)=x^x,\ x>0$
16. $f(x)=x^2 e^{-x}$
17. $f(x)=\sin^2 x,\ 0<x<2\pi$
18. $f(x)=|\sin 2x|,\ 0<x<2\pi$
19. 試證：$\sin x \le x$ 對區間 $[0, 2\pi]$ 中所有 x 皆成立.
20. 試證：若 $x>0$，且 $n>1$，則 $(1+x)^n > 1+nx$.

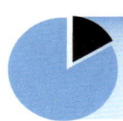

4-4 凹性

雖然函數 f 的導數能告訴我們 f 的圖形在何處為遞增或遞減，但是它並不能顯示圖形如何彎曲．為了研究這個問題，我們必須探討如圖 4-9 所示切線的變化情形．

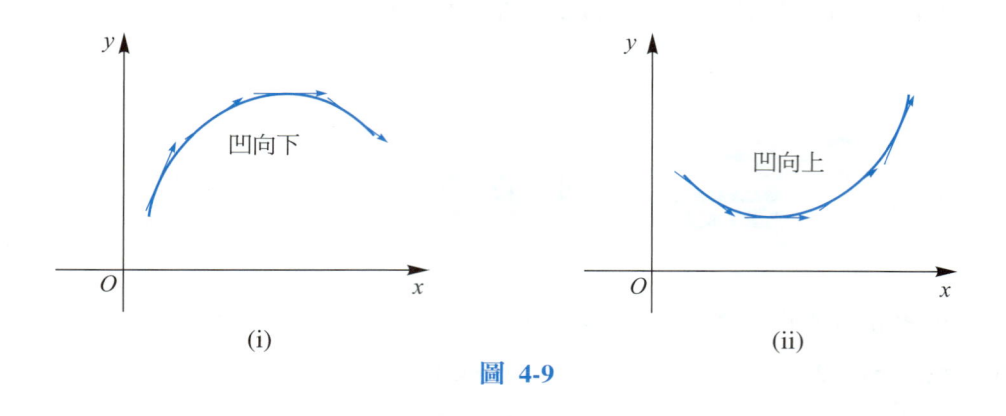

圖 4-9

在圖 4-9(i) 中的曲線（切點除外）位於其切線的下方，稱為凹向下，當我們由左到右沿著此曲線前進時，切線旋轉，而它們的斜率遞減．對照之下，圖 4-9(ii) 中的曲線（切點除外）位於其切線的上方，稱為凹向上．當我們由左到右沿著此曲線前進時，切線旋轉，而它們的斜率遞增．因 f 之圖形的切線斜率為 f'，故我們有下面的定義．

定義 4-5

設函數 f 在某開區間為可微分．
(1) 若 f' 在該區間為遞增，則稱函數 f 的圖形在該區間為凹向上．
(2) 若 f' 在該區間為遞減，則稱函數 f 的圖形在該區間為凹向下．

註：簡便來說，凹向上的曲線"盛水"，凹向下的曲線"漏水"．

因 f'' 是 f' 的導函數，故由定理 4-5 可知，若 $f''(x) > 0$ 對 (a, b) 中所有 x 皆成立，則 f' 在 (a, b) 為遞增；若 $f''(x) < 0$ 對 (a, b) 中所有 x 皆成立，則 f' 在

(a, b) 為遞減. 於是，我們有下面的結果.

定理 4-7 凹性檢驗法

設函數 f 在開區間 I 為二次可微分.
(1) 若 $f''(x) > 0$ 對 I 中所有 x 皆成立，則 f 的圖形在 I 為凹向上.
(2) 若 $f''(x) < 0$ 對 I 中所有 x 皆成立，則 f 的圖形在 I 為凹向下.

例題 1 函數 $f(x) = x^3 - 3x^2 + 2$ 的圖形在何處為凹向上？凹向下？

解 $f'(x) = 3x^2 - 6x$, $f''(x) = 6x - 6$. 若 $x > 1$，則 $f''(x) > 0$，故 f 的圖形在 $(1, \infty)$ 為凹向上. 若 $x < 1$，則 $f''(x) < 0$，故 f 的圖形在 $(-\infty, 1)$ 為凹向下.

例題 2 函數 $f(x) = \dfrac{1}{1+x^2}$ 的圖形在何處為凹向上？凹向下？

解 $f'(x) = \dfrac{d}{dx}\left(\dfrac{1}{1+x^2}\right) = \dfrac{-2x}{(1+x^2)^2} = -2x(1+x^2)^{-2}$

$f''(x) = -\dfrac{d}{dx} 2x(1+x^2)^{-2} = -2(1+x^2)^{-2} + 8x^2(1+x^2)^{-3}$

$\qquad = 2(1+x^2)^{-3} + (3x^2 - 1)$

令 $f''(x) = 0$，則 $3x^2 - 1 = 0$，得 $x = \pm\dfrac{1}{\sqrt{3}} = \pm\dfrac{\sqrt{3}}{3}$.

$x < -\dfrac{\sqrt{3}}{3}$	$-\dfrac{\sqrt{3}}{3}$	0	$\dfrac{\sqrt{3}}{3}$	$x > \dfrac{\sqrt{3}}{3}$
$f''(x) > 0$	$f''\left(-\dfrac{\sqrt{3}}{3}\right) = 0$	$f''(x) < 0$	$f''\left(\dfrac{\sqrt{3}}{3}\right) = 0$	$f''(x) > 0$

故 f 的圖形在 $\left(-\infty, -\dfrac{\sqrt{3}}{3}\right)$ 與 $\left(\dfrac{\sqrt{3}}{3}, \infty\right)$ 為凹向上，

在 $\left(-\dfrac{\sqrt{3}}{3}, \dfrac{\sqrt{3}}{3}\right)$ 為凹向下.

在例題 1 中，函數圖形上的點 (1, 0) 改變其附近圖形的凹性，而對於這種點，我們給予名稱．

定義 4-6

設函數 f 在包含 c 的開區間 (a, b) 為連續，若 f 的圖形在 (a, c) 為凹向上而在 (c, b) 為凹向下，抑或 f 的圖形在 (a, c) 為凹向下而在 (c, b) 為凹向上，則稱點 $(c, f(c))$ 為 f 之圖形上的<u>反曲點</u>．

例題 3 在例題 1 中，我們指出，f 的圖形在 $(-\infty, 1)$ 為凹向下而在 $(1, \infty)$ 為凹向上，於是，$f(x)$ 在 $x=1$ 處有一個反曲點．因 $f(1)=0$，故反曲點為 $(1, 0)$．

定理 4-8　反曲點存在的必要條件

設 $(c, f(c))$ 為 f 之圖形上的反曲點且 $f''(x)$ 對包含 c 的某開區間中所有 x 皆存在，則 $f''(c)=0$．

由上述定義 4-6 知，反曲點僅可能發生於 $f''(x)=0$ 抑或 $f''(x)$ 不存在的點，如圖 4-10 所示．但讀者應注意，在某處的二階導數為零，並不一定保證圖形在該處就有反曲點．

例如，$f(x)=x^3$，$f''(0)=0$，點 $(0, 0)$ 是 f 之圖形的反曲點．至於 $f(x)=x^4$，雖然

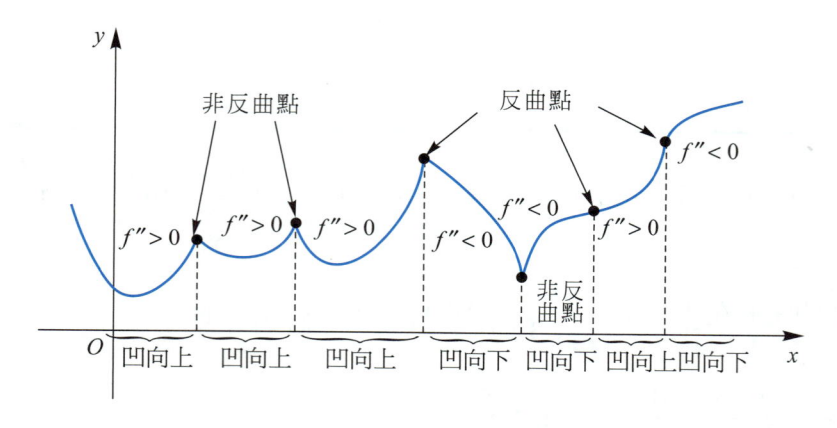

▲ 圖 4-10

$f''(0)=0$，但點 $(0, 0)$ 並非 f 之圖形的反曲點.

例題 4 求 $f(x)=3x^4-4x^3+1$ 之圖形的反曲點.

解
$$f'(x)=12x^3-12x^2$$
$$f''(x)=36x^2-24x=12x(3x-2)$$

令　　　　　$f''(x)=0$

即，　　　　$12x(3x-2)=0$

可得　　　　$x=0, \dfrac{2}{3}$.

$x<0$	0	$0<x<\dfrac{2}{3}$	$\dfrac{2}{3}$	$x>\dfrac{2}{3}$
$f''(x)>0$	$f''(0)=0$	$f''(x)<0$	$f''\left(\dfrac{2}{3}\right)=0$	$f''(x)>0$

因 f 的圖形在 $(-\infty, 0)$ 為凹向上，在 $\left(0, \dfrac{2}{3}\right)$ 為凹向下，在 $\left(\dfrac{2}{3}, \infty\right)$ 為凹向上，可知 $f(x)$ 分別在 $x=0$ 與 $x=\dfrac{2}{3}$ 處有反曲點.

故反曲點分別為 $(0, 1)$ 與 $\left(\dfrac{2}{3}, \dfrac{11}{27}\right)$.

例題 5 試證：三次多項式函數 $f(x)=ax^3+bx^2+cx+d$ $(a\neq 0)$ 的圖形恰有一個反曲點.

解 $f'(x)=3ax^2+2bx+c$, $f''(x)=6ax+2b=6a\left(x+\dfrac{b}{3a}\right)$.

因 $f''(x)$ 在 $x<-\dfrac{b}{3a}$ 時的值與在 $x>-\dfrac{b}{3a}$ 時的值是異號，可知 f 的圖形在點 $\left(-\dfrac{b}{3a}, f\left(-\dfrac{b}{3a}\right)\right)$ 改變凹性，故點 $\left(-\dfrac{b}{3a}, f\left(-\dfrac{b}{3a}\right)\right)$ 是唯一的反曲點.

有關函數 f 的相對極值除了可用一階導數檢驗外，尚可利用二階導數檢驗.

定理 4-9　二階導數檢驗法

設函數 f 在包含 c 的開區間為可微分且 $f'(c)=0$.
(1) 若 $f''(c)>0$，則 $f(c)$ 為 f 的相對極小值.
(2) 若 $f''(c)<0$，則 $f(c)$ 為 f 的相對極大值.

例題 6　若 $f(x)=2+2x^2-x^4$，利用二階導數檢驗法求 f 的相對極值.

解　$f'(x)=4x-4x^3=4x(1-x^2)$, $f''(x)=4-12x^2=4(1-3x^2)$.

解方程式 $f'(x)=0$，可得 f 的臨界數為 0、1 與 -1，而 f'' 在這些臨界數的值分別為

$$f''(0)=4>0,\ f''(1)=-8<0,\ f''(-1)=-8<0$$

因此，依二階導數檢驗法，f 的相對極大值為 $f(1)=3=f(-1)$，相對極小值為 $f(0)=2$.

例題 7　若 $f(x)=2\sin x+\cos 2x$ 在區間 $(0,\ 2\pi)$ 的相對極值.

解　$f'(x)=2\cos x-2\sin 2x=2\cos x-4\sin x\cos x$
　　　　$=2\cos x(1-2\sin x)$

$f''(x)=-2\sin x-4\cos 2x$

解 $f'(x)=0$，可得 f 的臨界數為 $\dfrac{\pi}{6}$、$\dfrac{\pi}{2}$、$\dfrac{5\pi}{6}$ 與 $\dfrac{3\pi}{2}$.

$f''\left(\dfrac{\pi}{6}\right)=-3<0,\ f''\left(\dfrac{\pi}{2}\right)=2>0,\ f''\left(\dfrac{5\pi}{6}\right)=-3<0,\ f''\left(\dfrac{3\pi}{2}\right)=6>0.$

利用二階導數檢驗法，我們得知的相對極大值為 $f\left(\dfrac{\pi}{6}\right)=\dfrac{3}{2}=f\left(\dfrac{5\pi}{6}\right)$，相對極小值為 $f\left(\dfrac{\pi}{2}\right)=1$ 與 $f\left(\dfrac{2\pi}{3}\right)=-3$.

例題 8 求 $f(x)=e^{-x^2}$ 的相對極值．討論凹性並找出反曲點．

解 $f'(x)=-2xe^{-x^2}$, $f''(x)=2e^{-x^2}(2x^2-1)$. 解方程式 $f'(x)=0$，可得 f 的臨界數為 0. 因 $f''(0)=-2<0$，故依二階導數檢驗法可知 $f(0)=1$ 為 f 的相對極大值．

解方程式 $f''(x)=0$，可得 $x=\pm\dfrac{\sqrt{2}}{2}$. 我們作出下表：

區間	$\left(-\infty, -\dfrac{\sqrt{2}}{2}\right)$	$\left(-\dfrac{\sqrt{2}}{2}, \dfrac{\sqrt{2}}{2}\right)$	$\left(\dfrac{\sqrt{2}}{2}, \infty\right)$
$f''(x)$	+	−	+
凹性	凹向上	凹向下	凹向上

因此，反曲點為 $\left(-\dfrac{\sqrt{2}}{2}, \dfrac{\sqrt{e}}{e}\right)$ 與 $\left(\dfrac{\sqrt{2}}{2}, \dfrac{\sqrt{e}}{e}\right)$，如圖 4-11 所示．

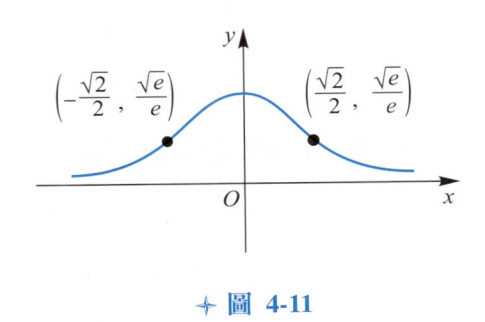

↟ 圖 4-11

下面的定理將求絕對極值的問題簡化為求相對極值的問題．

定理 4-10

設函數 f 在某區間為連續，f 在該區間中的 c 處恰有一個相對極值．
(1) 若 $f(c)$ 為相對極大值，則 $f(c)$ 為 f 在該區間上的絕對極大值．
(2) 若 $f(c)$ 為相對極小值，則 $f(c)$ 為 f 在該區間上的絕對極小值．

例題 9 求 $f(x)=x^3-3x^2+4$ 在區間 $(0, \infty)$ 上的絕對極大值與絕對極小值（若存在).

解 $f'(x) = 3x^2 - 6x = 3x(x-2)$，因此，在 $(0, \infty)$ 中，f 的臨界數為 2.
又 $f''(x) = 6x - 6$，可得 $f''(2) = 6 > 0$，於是，依二階導數檢驗法，相對極小值為 $f(2) = 0$. 所以，f 的絕對極小值為 0.

習題 4-4

在 1～6 題中討論各函數圖形凹性並找出反曲點.

1. $f(x) = -x^3 - 3x^2 + 72x + 4$
2. $f(x) = x^4 - 6x^2$
3. $f(x) = (x^2 - 1)^3$
4. $f(x) = \dfrac{1}{x^2 + 1}$
5. $f(x) = x^{4/3} - x^{1/3}$
6. $f(x) = xe^x$

利用二階導數檢驗法求 7～12 題中各函數的相對極值.

7. $f(x) = x^3 - 3x + 2$
8. $f(x) = x^4 - x^2$
9. $f(x) = \cos^2 x$
10. $f(x) = x^2 \ln x$
11. $f(x) = xe^x$
12. $f(x) = \dfrac{e^x}{x}$

13. 求 $f(x) = x^4 + 4x$ 在區間 $(-\infty, \infty)$ 上的絕對極大值與絕對極小值 (若存在).

14. 求 $f(x) = -3x^4 + 4x^3$ 在區間 $(-\infty, \infty)$ 上的絕對極大值與絕對極小值 (若存在).

15. 試證：函數 $f(x) = x|x|$ 的圖形有一個反曲點 $(0, 0)$，但 $f''(0)$ 不存在.

16. 求 a、b 與 c 的值使得函數 $f(x) = ax^3 + bx^2 + cx$ 的圖形在反曲點 $(1, 1)$ 有一條水平切線.

17. 設 $f(x) = ax^2 + bx + c$，其中 $a > 0$. 試證：$f(x) \geq 0$ 對所有 x 皆成立，若且唯若 $b^2 - 4ac \leq 0$.

18. 曲線 $y = x^3 - 3x^2 + 5x - 2$ 的最小切線斜率為何？

19. 求 a、b 與 c 的值使得 $f(x)=ax^2+bx+c$ 的圖形通過點 $(0, 9)$ 且 $f(x)$ 在 $x=2$ 有最小值 1.

20. 試證：n 次多項式函數 $f(x)=a_n x^n+a_{n-1} x^{n-1}+\cdots+a_2 x^2+a_1 x+a_0$ $(n \geq 3)$ 的圖形至多有 $n-2$ 個反曲點.

4-5　函數圖形的描繪

　　直角坐標的初等函數作圖法，乃先假定若干自變數的值，從而求得其對應之因變數的值，再利用描點即可作一圖形，但此法頗為不便．今應用微分方法，則作圖一事，不但簡捷，而且精確．

1. 確定函數的定義域．
2. 找出圖形的 x-截距與 y-截距．
4. 確定圖形有無對稱性．
4. 確定有無漸近線．
5. 確定函數遞增或遞減的區間．
6. 求出函數的相對極值．
7. 確定凹性並找出反曲點．

例題 1　作 $f(x)=x^3-3x+2$ 的圖形．

解
1. 定義域為 $\mathbb{R}=(-\infty, \infty)$．
2. 令 $x^3-3x+2=0$，則 $(x-1)^2(x+2)=0$，可得 $x=1, -2$，故 x-截距為 1 與 -2．又 $f(0)=2$，故 y-截距為 2．
3. 無對稱性．
4. 無漸近線．
5. $f'(x)=3x^2-3=3(x+1)(x-1)$

區間	$x+1$	$x-1$	$f'(x)$	單調性
$(-\infty, -1)$	$-$	$-$	$+$	在 $(-\infty, -1]$ 為遞增
$(-1, 1)$	$+$	$-$	$-$	在 $[-1, 1]$ 為遞減
$(1, \infty)$	$+$	$+$	$+$	在 $[1, \infty)$ 為遞增

6. f 的臨界數為 -1 與 1. $f''(x)=6x$, $f''(-1)=-6<0$, $f''(1)=6>0$, 可知 $f(-1)=4$ 為相對極大值, 而 $f(1)=0$ 為相對極小值.

7.

區間	$f''(x)$	凹性
$(-\infty, 0)$	$-$	凹向下
$(0, \infty)$	$+$	凹向上

圖形的反曲點為 $(0, 2)$.

圖形如圖 4-12 所示.

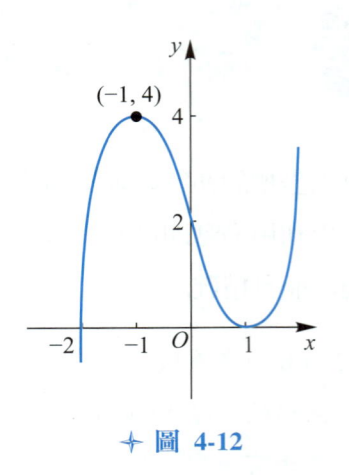

→ 圖 4-12

例題 2 作 $f(x)=\dfrac{2x^2}{x^2-1}$ 的圖形.

解

1. 定義域為 $\{x \mid x \neq \pm 1\} = (-\infty, -1) \cup (-1, 1) \cup (1, \infty)$.

2. x-截距與 y-截距皆為 0.

3. 圖形對稱於 y-軸.

4. 因 $\lim\limits_{x \to \pm\infty} \dfrac{2x^2}{x^2-1}=2$, 故直線 $y=2$ 為水平漸近線.

   因 $\lim\limits_{x \to 1^+} \dfrac{2x^2}{x^2-1}=\infty$, $\lim\limits_{x \to -1^+} \dfrac{2x^2}{x^2-1}=-\infty$,

   故直線 $x=1$ 與 $x=-1$ 皆為垂直漸近線.

5. $f'(x)=\dfrac{(x^2-1)(4x)-(2x^2)(2x)}{(x^2-1)^2}=\dfrac{-4x}{(x^2-1)^2}$

區間	$f'(x)$	單調性
$(-\infty, -1)$	$+$	在 $(-\infty, -1)$ 為遞增
$(-1, 0)$	$+$	在 $(-1, 0]$ 為遞增
$(0, 1)$	$-$	在 $[0, 1)$ 為遞減
$(1, \infty)$	$-$	在 $(1, \infty)$ 為遞減

6. 唯一的臨界數為 0. 依一階導數檢驗法，$f(0)=0$ 為 f 的相對極大值.

7. $f''(x) = \dfrac{-4(x^2-1)^2 + 16x^2(x^2-1)}{(x^2-1)^4}$

   $= \dfrac{12x^2+4}{(x^2-1)^3}$

區間	$f''(x)$	凹性
$(-\infty, -1)$	$+$	凹向上
$(-1, 1)$	$-$	凹向下
$(1, \infty)$	$+$	凹向上

因 1 與 -1 皆不在 f 的定義域內，故無反曲點.

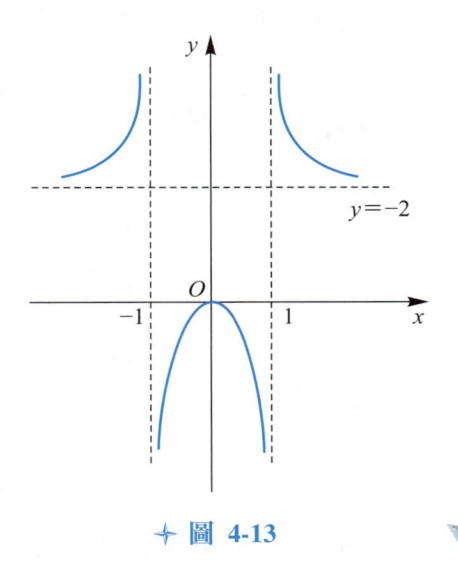

→ 圖 4-13

例題 3 作 $f(x) = \dfrac{x}{x^2+1}$ 的圖形.

解

1. 定義域為 $\mathbb{R} = (-\infty, \infty)$.

2. x-截距與 y-截距皆為 0.

3. 圖形對稱於原點.

4. 因 $\lim\limits_{x\to\infty} \dfrac{x}{x^2+1} = 0$，故直線 $y=0$ (即，x-軸) 為水平漸近線.

5. $f'(x) = \dfrac{1-x^2}{(x^2+1)^2}$.

區間	$f'(x)$	單調性
$(-\infty, -1)$	$-$	在 $(-\infty, -1]$ 為遞減
$(-1, 1)$	$+$	在 $[-1, 1]$ 為遞增
$(1, \infty)$	$-$	在 $[1, \infty)$ 為遞減

6. f 的臨界數為 1 與 -1. 依一階導數檢驗法，$f(1)=\dfrac{1}{2}$ 為 f 的相對極大值，而 $f(-1)=-\dfrac{1}{2}$ 為相對極小值.

7. $f''(x)=\dfrac{(x^2+1)^2(-2x)-(1-x^2)(4x)(x^2+1)}{(x^2+1)^4}=\dfrac{2x(x^2-3)}{(x^2+1)^3}$

區間	$f''(x)$	凹性
$(-\infty, -\sqrt{3})$	$-$	凹向下
$(-\sqrt{3}, 0)$	$+$	凹向上
$(0, \sqrt{3})$	$-$	凹向下
$(\sqrt{3}, \infty)$	$+$	凹向上

圖形的反曲點為 $\left(-\sqrt{3}, -\dfrac{\sqrt{3}}{4}\right)$、$(0, 0)$ 與 $\left(\sqrt{3}, \dfrac{\sqrt{3}}{4}\right)$.

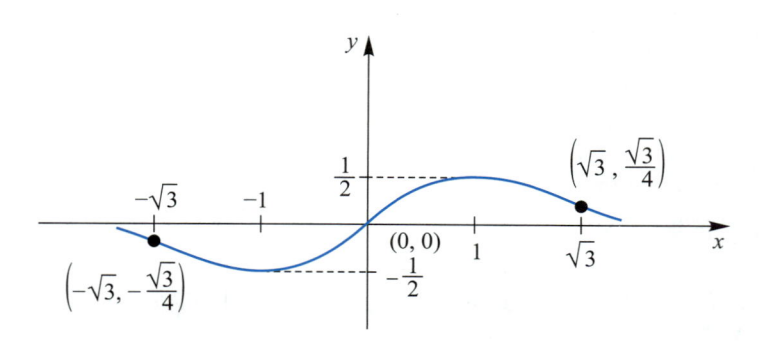

↑ 圖 4-14

例題 4 作 $f(x) = \dfrac{x^2}{2x+5}$ 的圖形.

解 1. 定義域為 $\left\{x \mid x \neq -\dfrac{5}{2}\right\} = \left(-\infty, -\dfrac{5}{2}\right) \cup \left(-\dfrac{5}{2}, \infty\right)$.

2. x-截距與 y-截距皆為 0.

3. 無對稱性.

4. 因 $\lim\limits_{x \to (-5/2)^+} \dfrac{x^2}{2x+5} = \infty$, 故直線 $x = -\dfrac{5}{2}$ 為垂直漸近線.

利用長除法, $\dfrac{x^2}{2x+5} = \dfrac{1}{2}x - \dfrac{5}{4} + \dfrac{\frac{25}{4}}{2x+5}$

因 $\lim\limits_{x \to \pm\infty} \left[\dfrac{x^2}{2x+5} - \left(\dfrac{1}{2}x - \dfrac{5}{4}\right)\right] = 0$

故直線 $y = \dfrac{1}{2}x - \dfrac{5}{4}$ 為斜漸近線.

5. $f'(x) = \dfrac{2x(2x+5) - 2x^2}{(2x+5)^2} = \dfrac{2x(x+5)}{(2x+5)^2}$

區間	$f'(x)$	單調性
$(-\infty, -5)$	$+$	在 $(-\infty, -5]$ 為遞增
$\left(-5, -\dfrac{5}{2}\right)$	$-$	在 $\left[-5, -\dfrac{5}{2}\right)$ 為遞減
$\left(-\dfrac{5}{2}, 0\right)$	$-$	在 $\left(-\dfrac{5}{2}, 0\right]$ 為遞減
$(0, \infty)$	$+$	在 $[0, \infty)$ 為遞增

6. f 的臨界數為 0 與 -5. $f(0) = 0$ 為相對極小值, 而 $f(-5) = -5$ 為相對極大值.

7. $f''(x) = \dfrac{(2x+5)^2(4x+10) - 2x(x+5)(8x+20)}{(2x+5)^4}$

　　　$= \dfrac{50}{(2x+5)^3}$

區間	$f''(x)$	凹性
$\left(-\infty, -\dfrac{5}{2}\right)$	$-$	凹向下
$\left(-\dfrac{5}{2}, \infty\right)$	$+$	凹向上

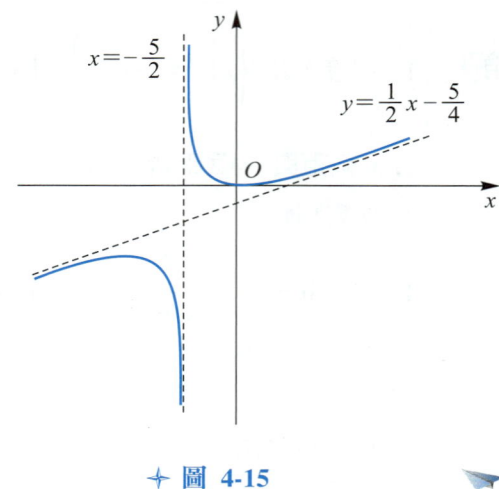

圖形無反曲點.

→ 圖 4-15

例題 5 作 $f(x) = x \ln x$ 的圖形.

解
1. 定義域為 $(0, \infty)$.
2. x-截距為 1，無 y-截距.
3. 無對稱性.
4. 無任何漸近線.
5. $f'(x) = 1 + \ln x$

區　間	$f'(x)$	單調性
$\left(0, \dfrac{1}{e}\right)$	$-$	在 $\left(0, \dfrac{1}{e}\right]$ 為遞減
$\left(\dfrac{1}{e}, \infty\right)$	$+$	在 $\left[\dfrac{1}{e}, \infty\right)$ 為遞增

6. f 的臨界數為 $\dfrac{1}{e}$. $f\left(\dfrac{1}{e}\right) = -\dfrac{1}{e}$ 為相對極小值.

7. $f''(x) = \dfrac{1}{x}$. 當 $x > 0$ 時，$f''(x) > 0$，因此，圖形在 $(0, \infty)$ 為凹向上，但無反曲點.

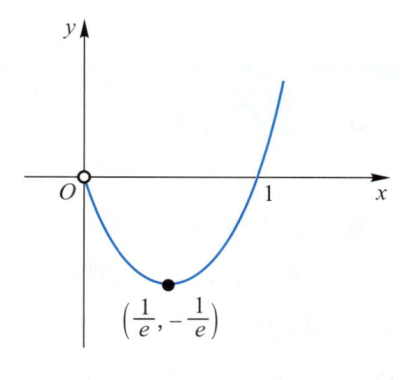

→ 圖 4-16

習題 4-5

畫 1～13 題中各函數的圖形.

1. $f(x) = x^2 - x^3$
2. $f(x) = 2x^3 - 6x + 4$
3. $f(x) = x^4 - 6x^2$
4. $f(x) = (x^2 - 1)^2$
5. $f(x) = \dfrac{x}{x^2 - 1}$
6. $f(x) = \dfrac{1}{x^2 + 1}$
7. $f(x) = \dfrac{x^2 - 2}{x}$
8. $f(x) = (x - 2)^{1/3}$
9. $f(x) = \sin x + \cos x$
10. $f(x) = \sin^2 x$, $0 \leq x \leq 2\pi$
11. $f(x) = \dfrac{\ln x}{x}$
12. $f(x) = xe^x$
13. $f(x) = \dfrac{e^x}{x}$

14. (1) 如何從 $y = f(x)$ 的圖形得到 $y = |f(x)|$ 的圖形？

    (2) 利用 $y = \sin x$ 的圖形作 $y = |\sin x|$ 的圖形.

15. (1) 如何從 $y = f(x)$ 的圖形得到 $y = f(|x|)$ 的圖形？

    (2) 利用 $y = \sin x$ 的圖形作 $y = \sin |x|$ 的圖形.

4-6　極值的應用問題

我們在前面所獲知有關求函數極值的理論可以用在一些實際的問題上，這些問題可能是以語言或以文字敘述. 要解決這些問題，則必須將文字敘述用式子、函數或方程式等數學語句表示出來. 因應用的範圍太廣，故很難說出一定的求解規則，但是，仍可發展出處理這類問題的一般性規則. 下列的步驟常常是很有用的.

求解極值應用問題的步驟

1. 將問題仔細閱讀幾遍，考慮已知的事實，以及要求的未知量.
2. 若可能的話，畫出圖形或圖表，適當地標上名稱，並用變數來表示未知量.
3. 寫下已知的事實，以及變數間的關係，這種關係常常是用某一形式的方程式來描述.
4. 決定要使哪一變數為最大或最小，並將此變數表為其它變數的函數.
5. 求步驟 4 中所得出函數的臨界數，並逐一檢查，看看有無極大值或極小值發生.
6. 檢查極值是否發生在步驟 4 中所得出函數之定義域的端點發生.

這些步驟的用法在下面例題中說明.

例題 1　若二正數的和為 16，當此二數是多少時，其積為最大？

解　令 x 與 y 表二正數，則其積為 $P=xy$. 依題意，$x+y=16$，即，$y=16-x$.

因此，$P=x(16-x)=16x-x^2$，可得 $\dfrac{dP}{dx}=16-2x$，P 的臨界數為 8.

又 $\dfrac{d^2P}{dx^2}=-2<0$，依二階導數檢驗法，P 在 $x=8$ 時有最大值.

若 $x=8$，則 $y=8$，所以，二正數皆為 8.

例題 2　若二正數的積為 16，當此兩數是多少時，其和為最小？

解　令 x 與 y 表兩正數，則其和為 $S=x+y$. 依題意，$xy=16$，即，$y=\dfrac{16}{x}$.

因此，$S = x + \dfrac{16}{x}$，可得 $\dfrac{dS}{dx} = 1 - \dfrac{16}{x^2} = \dfrac{x^2 - 16}{x^2}$，$S$ 的臨界數為 4.

又 $\dfrac{d^2S}{dx^2} = \dfrac{32}{x^3}$，$\left.\dfrac{d^2S}{dx^2}\right|_{x=4} = \dfrac{32}{64} = \dfrac{1}{2} > 0$，故 S 在 $x = 4$ 時有最小值.

若 $x = 4$，則 $y = 4$，所以，兩正數皆為 4.

例題 3　求內接於橢圓 $\dfrac{x^2}{a^2} + \dfrac{y^2}{b^2} = 1$ $(a > 0, b > 0)$ 的最大矩形面積.

解　如圖 4-17 所示，令 (x, y) 為位於第一象限內在橢圓上的點，則矩形的面積為 $A = (2x)(2y) = 4xy$. 令 $S = A^2$，則

$$S = 16x^2y^2 = \dfrac{16b^2}{a^2} x^2(a^2 - x^2)$$

$$= 16b^2 \left(x^2 - \dfrac{x^4}{a^2}\right), \quad 0 \leq x \leq a$$

可得 $\dfrac{dS}{dx} = 32b^2 x \left(1 - \dfrac{2x^2}{a^2}\right)$，$S$ 的臨界數為 $\dfrac{\sqrt{2}}{2} a$.

但 $\dfrac{dS}{dx} = 0 \Leftrightarrow \dfrac{dA}{dx} = 0$，可知 A 的臨界數也是 $\dfrac{\sqrt{2}}{2} a$.

x	0	$\dfrac{\sqrt{2}}{2} a$	a
A	0	$2ab$	0

於是，最大面積為 $2ab$.

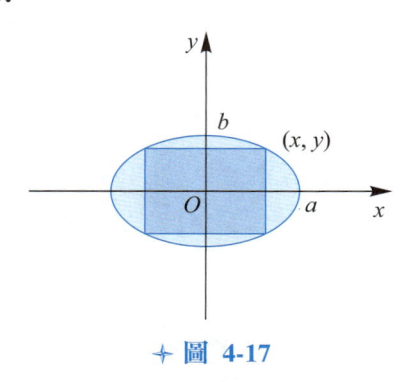

▶ 圖 4-17

例題 4 我們欲從長為 30 公分且寬為 16 公分之報紙的四個角截去大小相等的正方形，並將各邊向上折疊以做成開口盒子．若欲使盒子的體積為最大，則四個角的正方形尺寸為何？

解 令　　$x=$ 所截去正方形的邊長（以公分計）

　　　　　$V=$ 所得盒子的體積（以立方公分計）

因我們從每一個角截去邊長為 x 的正方形（如圖 4-18 所示），故所得盒子的體積為

$$V=(30-2x)(16-2x)x=480x-92x^2+4x^3$$

在上式中的變數 x 受到某些限制．因 x 代表長度，故它不可能為負，且因報紙的寬為 16 公分，我們不可能截去邊長大於 8 公分的正方形．於是，x 必須滿足 $0 \leq x \leq 8$．因此，我們將問題簡化成求區間 $[0, 8]$ 中的 x 值使得 V 有極大值．

因

$$\begin{aligned}\frac{dV}{dx}&=480-184x+12x^2\\&=4(120-46x+3x^2)\\&=4(3x-10)(x-12)\end{aligned}$$

故可知 V 的臨界數為 $\dfrac{10}{3}$．我們作出下表：

x	0	$\dfrac{10}{3}$	8
V	0	$\dfrac{19,600}{27}$	0

(i)

(ii)

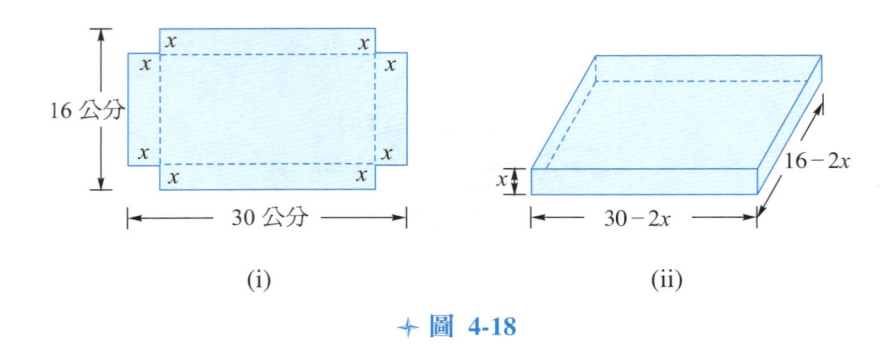

◆ 圖 4-18

由上表得知，當截去邊長為 $\dfrac{10}{3}$ 公分的正方形時，盒子有最大的體積 $V = \dfrac{19,600}{27}$ 立方公分．

例題 5 一正圓柱體內接於底半徑為 6 吋且高為 10 吋的正圓錐，若柱軸與錐軸重合，求正圓柱體的最大體積．

解 令　$r =$ 圓柱體的底半徑 (以吋計)

　　　　$h =$ 圓柱體的高 (以吋計)

　　　　$V =$ 圓柱體的體積 (以立方吋計)

如圖 4-19(i) 所示，正圓柱的體積公式為 $V = \pi r^2 h$．利用相似三角形 [圖 4-19(ii)] 可得

$$\dfrac{10-h}{r} = \dfrac{10}{6}$$

即，
$$h = 10 - \dfrac{5}{3}r$$

故
$$V = \pi r^2 \left(10 - \dfrac{5}{3}r\right) = 10\pi r^2 - \dfrac{5}{3}\pi r^3$$

因 r 代表半徑，故它不可能為負，且因內接圓柱的半徑不可能超過圓錐的半

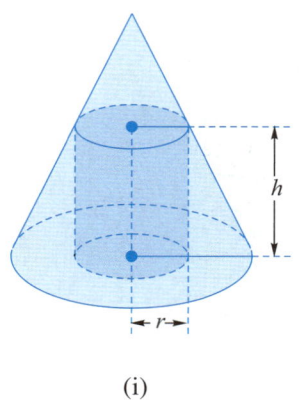

(i)　　　　　　　　　　(ii)

◆ 圖 4-19

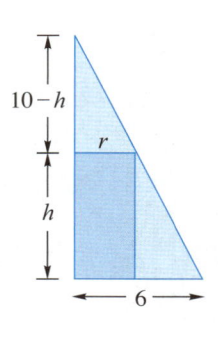

徑，故 r 必須滿足 $0 \leq r \leq 6$. 於是，我們將問題簡化成求 $[0, 6]$ 中的 r 值，使 V 有極大值. 因 $\dfrac{dV}{dr} = 20\pi r - 5\pi r^2 = 5\pi r(4-r)$，故在 $(0, 6)$ 中，V 的臨界數為 4.

我們作出下表：

r	0	4	6
V	0	$\dfrac{160\pi}{3}$	0

此告訴我們最大體積為 $\dfrac{160\pi}{3}$ 立方吋.

例題 6 求在拋物線 $y^2 = 2x$ 上與點 $(1, 4)$ 最接近的點.

解 在點 $(1, 4)$ 與拋物線 $y^2 = 2x$ 上任一點 (x, y) 之間的距離為 $d = \sqrt{(x-1)^2 + (y-4)^2}$，如圖 4-20 所示. 因 $x = \dfrac{y^2}{2}$，故

$$d = \sqrt{\left(\dfrac{y^2}{2} - 1\right)^2 + (y-4)^2} = \sqrt{\dfrac{y^4}{4} - 8y + 17}$$

令 $d^2 = f(y) = \dfrac{y^4}{4} - 8y + 17$，則 $f'(y) = y^3 - 8$. 可得 f 的臨界數為 2. 又 $f''(y) = 3y^2$, $f''(2) = 12 > 0$，故 f 在 $y = 2$ 有最小值. 所以，在 $y^2 = 2x$ 上最接近點 $(1, 4)$ 的點為 $(x, y) = (2, 2)$.

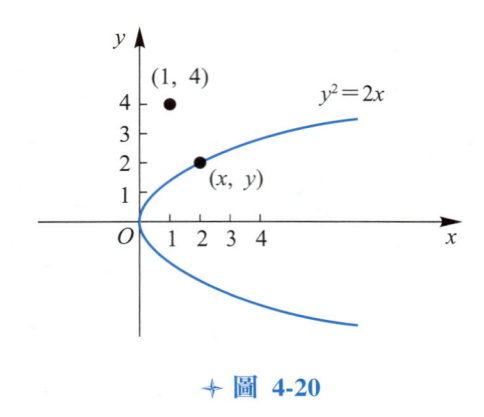

圖 4-20

第四章　微分的應用　　173

例題 7　如圖 4-21 所示，內接於邊長為 6 公分、8 公分與 10 公分的直角三角形之矩形的長為 x（以公分計）、寬為 y（以公分計）。當 x 與 y 各為多少時，矩形具有最大的面積？

解　矩形的面積 $A = xy$。利用相似三角形的性質，

$$\frac{x}{6} = \frac{8-y}{8}$$

可得

$$y = 8 - \frac{4}{3}x$$

故

$$A = x\left(8 - \frac{4}{3}x\right) = 8x - \frac{4}{3}x^2, \quad 0 \leq x \leq 6.$$

$\dfrac{dA}{dx} = 8 - \dfrac{8}{3}x$，可知 A 的臨界數為 3.

我們作出下表：

x	0	3	6
A	0	12	0

所以，當 $x = 3$ 公分，$y = 4$ 公分時，矩形的面積最大.

圖 4-21

例題 8　如圖 4-22 所示，P 點應在 $\overline{AB}$ 上何處以使 θ 為最大？

解　令 $\angle CPA = \alpha$，$\angle DPB = \beta$，$\overline{AP} = x$.

因 $\cot \alpha = x$，$\cot \beta = \dfrac{3-x}{4}$，

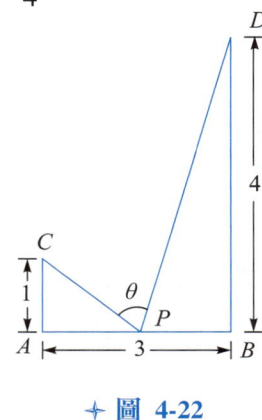

圖 4-22

故 $\theta = \pi - \alpha - \beta = \pi - \cot^{-1} x - \cot^{-1}\left(\dfrac{3-x}{4}\right)$, $0 \leq x \leq 3$.

$$\dfrac{d\theta}{dx} = \dfrac{1}{1+x^2} + \dfrac{1}{1+(3-x)^2/16}\left(-\dfrac{1}{4}\right) = -\dfrac{3(x^2+2x-7)}{(1+x^2)(x^2-6x+25)}$$

可知 θ 的臨界數為 $2\sqrt{2}-1$.

當 $0 < x < 2\sqrt{2}-1$ 時, $\dfrac{d\theta}{dx} > 0$, 且 $2\sqrt{2}-1 < x < 3$ 時, $\dfrac{d\theta}{dx} < 0$,

可知 θ 在 $x=2\sqrt{2}-1$ 有相對極大值. 所以, 依定理 4-10(1), 當 $\overline{AP}=2\sqrt{2}-1$ 時, θ 為最大.

例題 9 蘋果園主人估計, 若每公畝種 24 棵果樹, 成熟後每棵樹每年可收成 360 個蘋果, 若每公畝再多種一棵, 則每一棵樹每年會減少收成 15 個. 今每年欲獲得最多的蘋果, 則每公畝應種多少棵？

解 令 x 表每公畝多種 (超過 18 棵) 的蘋果樹, 則每公畝蘋果樹為 $(18+x)$ 棵, 而每棵產蘋果 $(360-15x)$ 個, 故每公畝的蘋果總產量為

$$f(x) = (18+x)(360-15x) = 6480 + 90x - 15x^2$$

可得 $f'(x) = 90 - 30x$, 而 f 的臨界數為 3. 又 $f''(x) = -30 < 0$, $f''(3) < 0$, 可知 f 在 $x=3$ 有相對極大值. 依定理 4-10(1), $f(3)$ 為最大總產量, 所以, 每公畝應種 $18+3=21$ 棵.

習題 4-6

1. 若二數的差為 40, 其積為最小, 則此二數為何？
2. 若二正數的積為 64, 其和為最小, 則此二數為何？
3. 求內接於半徑為 r 之半圓的最大矩形面積.

4. 求內接於半徑為 r 之圓的最大矩形面積.

5. 求內接於半徑為 r 的球且體積為最大之正圓柱的尺寸.

6. 某窗戶的形狀是由一個矩形與其上端再加上一個半圓形所組成，若周長為 p，求半圓的半徑使得該窗戶的面積為最大.

7. 如下圖所示，求 P 點的坐標使得內接矩形有最大的面積.

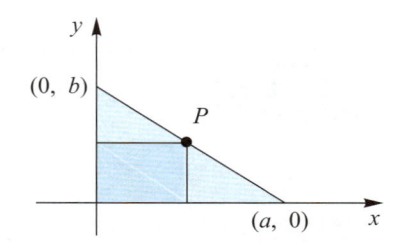

8. 如下圖所示，內接於邊長為 6 公分、8 公分與 10 公分的直角三角形之矩形的長為 x (以公分計)、寬為 y (以公分計). 當 x 與 y 各為多少時，矩形具有最大的面積？

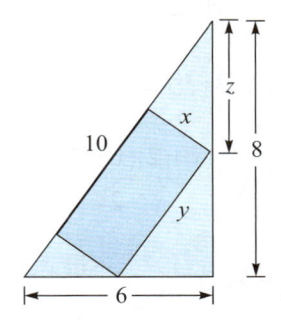

9. 圖中的 P 點應在 $\overline{AB}$ 上何處以使 θ 為最大？

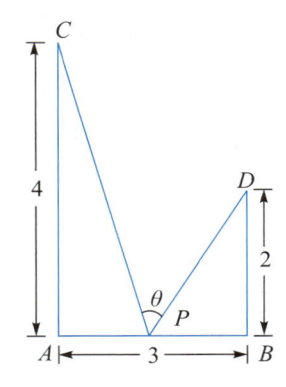

10. 假設具有變動斜率的直線 L 通過點 $(1, 3)$ 且交兩坐標軸於兩點 $(a, 0)$ 與 $(0, b)$, 此處 $a > 0$, $b > 0$. 求 L 的斜率使得具有三頂點 $(a, 0)$、$(0, b)$ 與 $(0, 0)$ 的三角形的面積最小.

11. 在曲線 $y = \dfrac{1}{1+x^2}$ 上何處的切線有最大的斜率？

4-7 羅必達法則

在本節中，我們將詳述求函數極限的一個重要的新方法．

在極限 $\lim\limits_{x \to 2} \dfrac{x^2-4}{x-2}$ 與 $\lim\limits_{x \to 0} \dfrac{\sin x}{x}$ 的每一者中，分子與分母皆趨近 0. 習慣上，將這種極限描述為不定型 $\dfrac{0}{0}$. 使用"不定"這兩個字是因為要做更進一步的分析，才能對極限的存在與否下結論．第一個極限可用代數的方法處理而獲得，即，

$$\lim_{x \to 2} \frac{x^2-4}{x-2} = \lim_{x \to 2} \frac{(x+2)(x-2)}{x-2} = \lim_{x \to 2} (x+2) = 4$$

又我們已在第 3 章中利用幾何方法證明 $\lim\limits_{x \to 0} \dfrac{\sin x}{x} = 1$. 因代數方法與幾何方法僅適合問題的限制範圍，我們介紹一種處理不定型的方法，稱為**羅必達法則**.

若 $\lim\limits_{x \to a} f(x) = 0$ 且 $\lim\limits_{x \to a} g(x) = 0$，則稱 $\lim\limits_{x \to a} \dfrac{f(x)}{g(x)}$ 為不定型 $\dfrac{0}{0}$.

若 $\lim\limits_{x \to a} f(x) = \infty$ (或 $-\infty$) 且 $\lim\limits_{x \to a} g(x) = \infty$ (或 $-\infty$)，則稱 $\lim\limits_{x \to a} \dfrac{f(x)}{g(x)}$ 為不定型 $\dfrac{\infty}{\infty}$.

定理 4-11　羅必達法則

設兩函數 f 與 g 在某包含 a 的開區間 I 為可微分（可能在 a 除外），且 $x \neq a$ 時，$g'(x) \neq 0$，又 $\lim\limits_{x \to a} \dfrac{f(x)}{g(x)}$ 為不定型 $\dfrac{0}{0}$ 或 $\dfrac{\infty}{\infty}$．

若 $\lim\limits_{x \to a} \dfrac{f'(x)}{g'(x)}$ 存在抑或 $\lim\limits_{x \to a} \dfrac{f'(x)}{g'(x)} = \infty$（或 $-\infty$），則

$$\lim_{x \to a} \frac{f(x)}{g(x)} = \lim_{x \to a} \frac{f'(x)}{g'(x)}.$$

註：1. 在定理 4-11 中，$x \to a$ 可代以下列的任一者：$x \to a^+$，$x \to a^-$，$x \to \infty$，$x \to -\infty$．

2. 有時，在同一個問題中，必須使用多次羅必達法則．

例題 1　求 $\lim\limits_{x \to 2} \dfrac{x^2 - 4}{x - 2}$．

解　因 $\lim\limits_{x \to 2}(x^2 - 4) = 0$ 且 $\lim\limits_{x \to 2}(x - 2) = 0$，故所予極限為不定型 $\dfrac{0}{0}$．

$$\lim_{x \to 2} \frac{\dfrac{d}{dx}(x^2 - 4)}{\dfrac{d}{dx}(x - 2)} = \lim_{x \to 2} \frac{2x}{1} = 4$$

於是，依羅必達法則，

$$\lim_{x \to 2} \frac{x^2 - 4}{x - 2} = 4.$$

例題 2　求 $\lim\limits_{x \to 3} \dfrac{x - 3}{3x^2 - 13x + 12}$．

解　所予極限為不定型 $\dfrac{0}{0}$，依羅必達法則，

$$\lim_{x \to 3} \frac{x-3}{3x^2-13x+12} = \lim_{x \to 3} \frac{1}{6x-13} = \frac{1}{5}.$$

註：為了簡便起見，當應用羅必達法則時，我們通常排列出所示的計算．

例題 3 求 $\lim\limits_{x \to 0} \dfrac{\sin 2x}{\sin 5x}$.

解 所予極限為不定型 $\dfrac{0}{0}$，依羅必達法則，

$$\lim_{x \to 0} \frac{\sin 2x}{\sin 5x} = \lim_{x \to 0} \frac{2\cos 2x}{5\cos 5x} = \frac{2}{5}.$$

例題 4 求 $\lim\limits_{x \to 0} \dfrac{6^x - 3^x}{x}$.

解 因所予極限為不定型 $\dfrac{0}{0}$，依羅必達法則，

$$\lim_{x \to 0} \frac{6^x - 3^x}{x} = \lim_{x \to 0} \frac{6^x \ln 6 - 3^x \ln 3}{1} = \ln 6 - \ln 3 = \ln 2.$$

例題 5 計算 $\lim\limits_{x \to 1^-} \dfrac{x^2 - x}{x - 1 - \ln x}$.

解 所予極限為不定型 $\dfrac{0}{0}$，故依羅必達法則，

$$\lim_{x \to 1^-} \frac{x^2 - x}{x - 1 - \ln x} = \lim_{x \to 1^-} \frac{2x - 1}{1 - \dfrac{1}{x}} = \lim_{x \to 1^-} \frac{2x^2 - x}{x - 1} = -\infty.$$

例題 6 求 $\lim\limits_{x \to \infty} \dfrac{\ln x}{\sqrt[3]{x}}$.

解 因所予極限為不定型 $\dfrac{\infty}{\infty}$，故依羅必達法則，

第四章　微分的應用　179

$$\lim_{x\to\infty} \frac{\ln x}{\sqrt[3]{x}} = \lim_{x\to\infty} \frac{\frac{1}{x}}{\frac{1}{3}x^{-2/3}} = \lim_{x\to\infty} \frac{3}{\sqrt[3]{x}} = 0.$$

例題 7　求 $\lim_{x\to\infty} \dfrac{x+\sin x}{x}$．

解　所予極限為不定型 $\dfrac{\infty}{\infty}$，但是

$$\lim_{x\to\infty} \frac{\frac{d}{dx}(x+\sin x)}{\frac{d}{dx}x} = \lim_{x\to\infty} (1+\cos x)$$

此極限不存在．於是，羅必達法則在此不適用．我們另外處理如下：

$$\lim_{x\to\infty} \frac{x+\sin x}{x} = \lim_{x\to\infty}\left(1+\frac{\sin x}{x}\right)$$

$$= 1 + \lim_{x\to\infty} \frac{\sin x}{x} = 1. \qquad \left(\text{因 } \lim_{x\to\infty} \frac{\sin x}{x} = 0\right)$$

例題 8　求 $\lim_{x\to 1} \dfrac{4x^3-12x^2+12x-4}{4x^3-9x^2+6x-1}$．

解　因所予極限為不定型 $\dfrac{0}{0}$，故依羅必達法則，

$$\lim_{x\to 1} \frac{4x^3-12x^2+12x-4}{4x^3-9x^2+6x-1} = \lim_{x\to 1} \frac{12x^2-24x+12}{12x^2-18x+6}$$

然而，上式右邊的極限又為不定型，故再利用羅必達法則可得

$$\lim_{x\to 1} \frac{12x^2-24x+12}{12x^2-18x+6} = \lim_{x\to 1} \frac{24x-24}{24x-18} = 0$$

於是，$$\lim_{x \to 1} \frac{4x^3 - 12x^2 + 12x - 4}{4x^3 - 9x^2 + 6x - 1} = 0.$$

例題 9 求 $\lim_{x \to 0^+} \dfrac{\cot x}{\ln x}$.

解 因所予極限為不定型 $\dfrac{\infty}{\infty}$，故依羅必達法則，

$$\lim_{x \to 0^+} \frac{\cot x}{\ln x} = \lim_{x \to 0^+} \frac{-\csc^2 x}{\dfrac{1}{x}} = -\lim_{x \to 0^+} \frac{x}{\sin^2 x} \qquad \left(\dfrac{0}{0} \text{型}\right)$$

$$= -\lim_{x \to 0^+} \frac{1}{2 \sin x \cos x} = -\infty.$$

例題 10 下列的極限計算使用羅必達法則是錯誤的，試說明錯誤的原因.

$$\lim_{x \to 0} \frac{x^2}{\cos x} = \lim_{x \to 0} \frac{2x}{-\sin x} = \lim_{x \to 0} \frac{2}{-\cos x} = -2.$$

解 因 $\lim_{x \to 0} \dfrac{x^2}{\cos x}$ 並非不定型 $\dfrac{0}{0}$ 或 $\dfrac{\infty}{\infty}$，故不能使用羅必達法則. 正確的計算應為：

$$\lim_{x \to 0} \frac{x^2}{\cos x} = \frac{\lim_{x \to 0} x^2}{\lim_{x \to 0} \cos x} = 0.$$

其他不定型

1. 若 $\lim_{x \to a} f(x) = 0$ 且 $\lim_{x \to a} g(x) = \infty$ 或 $-\infty$，則稱 $\lim_{x \to a} [f(x) g(x)]$ 為**不定型 $0 \cdot \infty$** (或 $\infty \cdot 0$). 通常，我們寫成 $f(x) g(x) = \dfrac{f(x)}{\dfrac{1}{g(x)}}$ 以便轉換成 $\dfrac{0}{0}$ 型，或寫成 $f(x) g(x) = \dfrac{g(x)}{\dfrac{1}{f(x)}}$ 以便轉換成 $\dfrac{\infty}{\infty}$ 型.

例題 11 求 $\lim_{x\to\infty} x\sin\dfrac{1}{x}$.

解 方法 1：因所予極限為不定型 $0\cdot\infty$，故將它轉換成 $\dfrac{0}{0}$ 型，並利用羅必達法則如下：

$$\lim_{x\to\infty} x\sin\frac{1}{x} = \lim_{x\to\infty}\frac{\sin\dfrac{1}{x}}{\dfrac{1}{x}} = \lim_{x\to\infty}\frac{-\dfrac{1}{x^2}\cos\dfrac{1}{x}}{-\dfrac{1}{x^2}}$$

$$= \lim_{x\to\infty}\cos\frac{1}{x} = \cos 0 = 1$$

方法 2：$\lim_{x\to\infty} x\sin\dfrac{1}{x} = \lim_{x\to\infty}\dfrac{\sin\dfrac{1}{x}}{\dfrac{1}{x}} = \lim_{h\to 0^+}\dfrac{\sin h}{h}$ $\left(\text{令 } h=\dfrac{1}{x}\right)$

$$= 1.$$

例題 12 求 $\lim_{x\to 0^+} x^2 \ln x$.

解 所予極限為不定型 $0\cdot\infty$. 因此，

$$\lim_{x\to 0^+} x^2 \ln x = \lim_{x\to 0^+}\frac{\ln x}{\dfrac{1}{x^2}} \qquad \left(\dfrac{\infty}{\infty}\text{型}\right)$$

$$= \frac{\dfrac{1}{x}}{-\dfrac{2}{x^3}}$$

$$= \lim_{x\to 0^+}\left(-\dfrac{x^2}{2}\right) = 0.$$

2. 若 $\lim\limits_{x \to a} f(x) = \infty$ 且 $\lim\limits_{x \to a} g(x) = \infty$，則稱 $\lim\limits_{x \to a} [f(x) - g(x)]$ 為**不定型** $\infty - \infty$；或者，若 $\lim\limits_{x \to a} f(x) = -\infty$ 且 $\lim\limits_{x \to a} g(x) = -\infty$，則稱 $\lim\limits_{x \to a} [f(x) - g(x)]$ 為**不定型** $\infty - \infty$. 無論如何，此情形下，若適當改變 $f(x) - g(x)$ 的表示式，則可利用前面幾種不定型之一來處理.

例題 13 求 $\lim\limits_{x \to 0} \left(\dfrac{1}{x} - \dfrac{1}{\sin x} \right)$.

解 因 $\lim\limits_{x \to 0^+} \dfrac{1}{x} = \infty$ 且 $\lim\limits_{x \to 0^+} \dfrac{1}{\sin x} = \infty$，又 $\lim\limits_{x \to 0^-} \dfrac{1}{x} = -\infty$ 且 $\lim\limits_{x \to 0^-} \dfrac{1}{\sin x} = -\infty$，故所予極限為不定型 $\infty - \infty$. 利用通分可得

$$\lim_{x \to 0} \left(\frac{1}{x} - \frac{1}{\sin x} \right) = \lim_{x \to 0} \frac{\sin x - x}{x \sin x} \qquad \left(\frac{0}{0} \text{型} \right)$$

$$= \lim_{x \to 0} \frac{\cos x - 1}{x \cos x + \sin x} \qquad \left(\frac{0}{0} \text{型} \right)$$

$$= \lim_{x \to 0} \frac{-\sin x}{-x \sin x + \cos x + \cos x}$$

$$= 0.$$

例題 14 求 $\lim\limits_{x \to \left(\frac{\pi}{2}\right)^-} (\sec x - \tan x)$.

解 所予極限為不定型 $\infty - \infty$.

$$\lim_{x \to \left(\frac{\pi}{2}\right)^-} (\sec x - \tan x) = \lim_{x \to \left(\frac{\pi}{2}\right)^-} \left(\frac{1}{\cos x} - \frac{\sin x}{\cos x} \right)$$

$$= \lim_{x \to \left(\frac{\pi}{2}\right)^-} \frac{1 - \sin x}{\cos x} \qquad \left(\frac{0}{0} \text{型} \right)$$

$$= \lim_{x \to \left(\frac{\pi}{2}\right)^-} \frac{-\cos x}{-\sin x} = 0.$$

3. 不定型 0^0、∞^0 與 1^∞ 是由極限 $\lim\limits_{x \to a} [f(x)]^{g(x)}$ 所產生.

(1) 若 $\lim\limits_{x \to a} f(x) = 0$ 且 $\lim\limits_{x \to a} g(x) = 0$，則 $\lim\limits_{x \to a} [f(x)]^{g(x)}$ 為**不定型 0^0**.

(2) 若 $\lim\limits_{x \to a} f(x) = \infty$ 且 $\lim\limits_{x \to a} g(x) = 0$，則 $\lim\limits_{x \to a} [f(x)]^{g(x)}$ 為**不定型 ∞^0**.

(3) 若 $\lim\limits_{x \to a} f(x) = 1$ 且 $\lim\limits_{x \to a} g(x) = \infty$ 或 $-\infty$，則 $\lim\limits_{x \to a} [f(x)]^{g(x)}$ 為**不定型 1^∞**.

上述任一情形可用自然對數處理如下：

$$\text{令 } y = [f(x)]^{g(x)}, \text{ 則 } \ln y = g(x) \ln f(x)$$

或將函數寫成指數形式：

$$[f(x)]^{g(x)} = e^{g(x) \ln f(x)}$$

在這兩個方法的任一者中，需要先求出 $\lim\limits_{x \to a} [g(x) \ln f(x)]$，其為不定型 $0 \cdot \infty$.

若不定型為 0^0、∞^0 或 1^∞，則求 $\lim\limits_{x \to a} [f(x)]^{g(x)}$ 的步驟如下：

1. 令 $y = [f(x)]^{g(x)}$.

2. 取自然對數：$\ln y = \ln [f(x)]^{g(x)} = g(x) \ln f(x)$.

3. 求 $\lim\limits_{x \to a} \ln y$（若極限存在）.

4. 若 $\lim\limits_{x \to a} \ln y = L$，則 $\lim\limits_{x \to a} y = e^L$.

若 $x \to \infty$，或 $x \to -\infty$，或對單邊極限，這些步驟仍可使用.

例題 15 求 $\lim\limits_{x \to 0^+} x^x$.

解 此為不定型 0^0. 利用前述步驟，

1. $y = x^x$

2. $\ln y = \ln x^x = x \ln x$

3. $\lim\limits_{x \to 0^+} \ln y = \lim\limits_{x \to 0^+} (x \ln x) = \lim\limits_{x \to 0^+} \dfrac{\ln x}{\dfrac{1}{x}} = \lim\limits_{x \to 0^+} \dfrac{\dfrac{1}{x}}{-\dfrac{1}{x^2}} = -\lim\limits_{x \to 0^+} x = 0$

4. $\lim\limits_{x \to 0^+} x^x = \lim\limits_{x \to 0^+} y = e^0 = 1$

另解：

$$\lim\limits_{x \to 0^+} x^x = \lim\limits_{x \to 0^+} e^{\ln x^x} \qquad ([f(x)]^{g(x)} = e^{\ln [f(x)]^{g(x)}})$$

$$= \lim\limits_{x \to 0^+} e^{x \ln x}$$

$$= e^{\lim\limits_{x \to 0^+} x \ln x} = e^0 = 1.$$

例題 16 求 $\lim\limits_{x \to \infty} x^{1/x}$.

解 此為不定型 ∞^0.

$$y = x^{1/x} \Rightarrow \ln y = \frac{\ln x}{x}$$

$$\Rightarrow \lim\limits_{x \to \infty} \ln y = \lim\limits_{x \to \infty} \frac{\ln x}{x} = \lim\limits_{x \to \infty} \frac{1}{x} = 0$$

$$\Rightarrow \lim\limits_{x \to \infty} x^{1/x} = \lim\limits_{x \to \infty} e^{\ln y} = e^0 = 1.$$

例題 17 求 $\lim\limits_{x \to 0} (1+5x)^{1/x}$.

解 方法 1：利用 $\lim\limits_{x \to 0} (1+x)^{1/x} = e$ 可得

$$\lim\limits_{x \to 0} (1+5x)^{1/x} = \lim\limits_{x \to 0} ((1+5x)^{1/5x})^5 = (\lim\limits_{x \to 0} (1+5x)^{1/5x})^5 = e^5$$

方法 2：此為不定型 1^∞，所以，

$$\lim\limits_{x \to 0} (1+5x)^{1/x} = \lim\limits_{x \to 0} e^{\frac{\ln(1+5x)}{x}} = e^{\lim\limits_{x \to 0} \frac{\ln(1+5x)}{x}}$$

$$= e^{\lim\limits_{x \to 0} \frac{5}{1+5x}} = e^5.$$

例題 18 求 $\lim\limits_{x \to 0} (x+e^x)^{1/x}$.

解 此為不定型 1^∞. 所以，

$$\lim_{x\to 0}(x+e^x)^{1/x} = \lim_{x\to 0} e^{\frac{\ln(x+e^x)}{x}} = e^{\lim_{x\to 0}\frac{\ln(x+e^x)}{x}} = e^{\lim_{x\to 0}\frac{1+e^x}{x+e^x}} = e^2.$$

習題 4-7

計算 1～33 題中的極限.

1. $\lim\limits_{x\to 5} \dfrac{\sqrt{x-1}-2}{x^2-25}$

2. $\lim\limits_{x\to 1} \dfrac{x^4-4x^3+6x^2-4x+1}{x^4-3x^3+3x^2-x}$

3. $\lim\limits_{x\to 1} \dfrac{\sin(x-1)}{x^2+x-2}$

4. $\lim\limits_{\theta\to 0} \dfrac{\sin\theta}{\theta+\tan\theta}$

5. $\lim\limits_{x\to 0} \dfrac{xe^x}{1-e^x}$

6. $\lim\limits_{x\to 0} \dfrac{e^x+e^{-x}-2}{1-\cos 2x}$

7. $\lim\limits_{\theta\to \frac{\pi}{2}} \dfrac{1-\sin\theta}{1+\cos 2\theta}$

8. $\lim\limits_{x\to 0} \dfrac{\sin x - x}{\tan x - x}$

9. $\lim\limits_{x\to 1^+} \dfrac{\ln x}{\sqrt{x-1}}$

10. $\lim\limits_{x\to 0^+} \dfrac{\ln x}{\ln(e^x-1)}$

11. $\lim\limits_{x\to 0^+} \dfrac{8^{\sqrt{x}}-1}{3^{\sqrt{x}}-1}$

12. $\lim\limits_{x\to \infty} \dfrac{2x^2+3x+1}{5x^2+x-4}$

13. $\lim\limits_{x\to \infty} \dfrac{x^{99}}{e^x}$

14. $\lim\limits_{x\to 0^+} \dfrac{\ln\sin x}{\ln\tan x}$

15. $\lim\limits_{x\to \infty} \dfrac{\ln(\ln x)}{\ln x}$

16. $\lim\limits_{x\to \infty} \dfrac{\log_2 x}{\log_3(x+3)}$

17. $\lim\limits_{x\to 0^+} \sqrt{x}\,\ln x$

18. $\lim\limits_{x\to -\infty} x^2 e^x$

19. $\lim\limits_{x\to \infty} x(e^{1/x}-1)$

20. $\lim\limits_{x\to -\infty} x\sin\dfrac{1}{x}$

21. $\lim\limits_{x \to \frac{\pi}{4}} (1 - \tan x) \sec 2x$

22. $\lim\limits_{x \to 0^+} \sin x \ln \sin x$

23. $\lim\limits_{x \to 1} \left(\dfrac{1}{x-1} - \dfrac{1}{\ln x} \right)$

24. $\lim\limits_{x \to 0} \left(\dfrac{1}{x} - \dfrac{1}{e^x - 1} \right)$

25. $\lim\limits_{x \to 0} (\csc x - \cot x)$

26. $\lim\limits_{x \to \infty} [\ln 2x - \ln(x+1)]$

27. $\lim\limits_{x \to 0^+} x^{\sin x}$

28. $\lim\limits_{x \to 0^+} (\sin x)^x$

29. $\lim\limits_{x \to \infty} (x + e^x)^{1/x}$

30. $\lim\limits_{x \to \infty} (1 + 2x)^{1/\ln x}$

31. $\lim\limits_{x \to 0} (1 + ax)^{1/x}$

32. $\lim\limits_{x \to 0} (1 + \sin x)^{1/x}$

33. $\lim\limits_{x \to 0} (\cos x)^{1/x}$

34. 試證：對任意正整數 n，

   (1) $\lim\limits_{x \to \infty} \dfrac{x^n}{e^x} = 0$

   (2) $\lim\limits_{x \to \infty} \dfrac{e^x}{x^n} = \infty$

35. 試證：對任意正整數 n，

   (1) $\lim\limits_{x \to \infty} \dfrac{\ln x}{x^n} = 0$

   (2) $\lim\limits_{x \to \infty} \dfrac{x^n}{\ln x} = \infty$

36. 求所有 a 與 b 的值使得

$$\lim_{x \to 0} \dfrac{a + \cos bx}{x^2} = -2.$$

4-8 相關變化率

在應用上，我們常會遇到二變數 x 與 y 皆為時間 t 的可微分函數，而 x 與 y 之間有一個關係式。若將關係式等號兩邊對 t 微分，並利用連鎖法則，則可得出含有變

化率 $\dfrac{dx}{dt}$ 與 $\dfrac{dy}{dt}$ 的關係式，其中 $\dfrac{dx}{dt}$ 與 $\dfrac{dy}{dt}$ 稱為**相關變化率**. 在含有 $\dfrac{dx}{dt}$ 與 $\dfrac{dy}{dt}$ 的關係式中，當其中一個變化率為已知時，則可求出另一個變化率.

求解相關變化率問題的步驟如下：

1. 根據題意作出圖形.
2. 設定變數並將已知量與未知量標示在圖形上.
3. 利用已知量與未知量之間的關係導出一關係式.
4. 對步驟 3 所導出關係式等號的兩邊對時間微分.
5. 代入已知量以便求出未知量.

例題 1 設某金屬圓板受熱後的擴張率為每秒 0.01 公分，當此圓板的半徑為 20 公分時，問其面積的擴張率為何？

解 設此圓板的半徑為 r 公分，面積為 y 平方公分，則

$$y = \pi r^2$$

上式對 t 微分可得

$$\dfrac{dy}{dt} = 2\pi r \dfrac{dr}{dt}$$

但 $\dfrac{dr}{dt} = 0.01$，當 $r = 20$ 時，

$$\dfrac{dy}{dt} = (2\pi)(20)(0.01) = 0.4\pi$$

故圓板面積的擴張率為每秒 0.4π 平方公分.

例題 2 倒立的正圓錐形水槽的高為 12 呎且頂端的半徑為 6 呎，若水以 3 立方呎／分的速率注入水槽，則當水深為 3 呎時，水面上升的速率為多少？

解 水槽如圖 4-23 所示. 令

$t =$ 從最初觀察所經過的時間 (以分計)

V = 水槽內的水在時間 t 的體積 (以立方呎計)

h = 水槽內的水在時間 t 的深度 (以呎計)

r = 水面在時間 t 的半徑 (以呎計)

在每一瞬間，水之體積的變化率為 $\dfrac{dV}{dt}$，水深的變化率為 $\dfrac{dh}{dt}$，我們要求 $\left.\dfrac{dh}{dt}\right|_{h=3}$，此為水深在 3 呎時水面上升的瞬時變化率. 若水深為 h，則水的體積為 $V = \dfrac{1}{3}\pi r^2 h$. 利用相似三角形可得

$$\frac{r}{h} = \frac{6}{12} \quad \text{或} \quad r = \frac{h}{2}$$

因此， $$V = \frac{1}{3}\pi \left(\frac{h}{2}\right)^2 h = \frac{1}{12}\pi h^3$$

上式對 t 微分可得

$$\frac{dV}{dt} = \frac{1}{4}\pi h^2 \frac{dh}{dt}$$

故 $$\frac{dh}{dt} = \frac{4}{\pi h^2}\frac{dV}{dt}$$

當 $h=3$ 呎時，$\dfrac{dV}{dt} = 3$ 立方呎／分，可得

$$\left.\frac{dh}{dt}\right|_{h=3} = \frac{4}{9\pi}(3) = \frac{4}{3\pi} \text{ (呎／分)}.$$

故當水深為 3 呎時，水面以 $\dfrac{4}{3\pi}$ 呎／分的速率上升.

→ 圖 4-23

例題 3 設某塔的高為 60 公尺，一人以每小時 5,000 公尺的速率走向塔底，當此人距塔底 80 米時，問其接近塔頂的速率為何？

解 如圖 4-24 所示，設某人距塔底為 x 公尺時，距塔頂為 y 公尺，則

第四章　微分的應用　189

$$y^2 = x^2 + 3600$$

上式對 t 微分可得

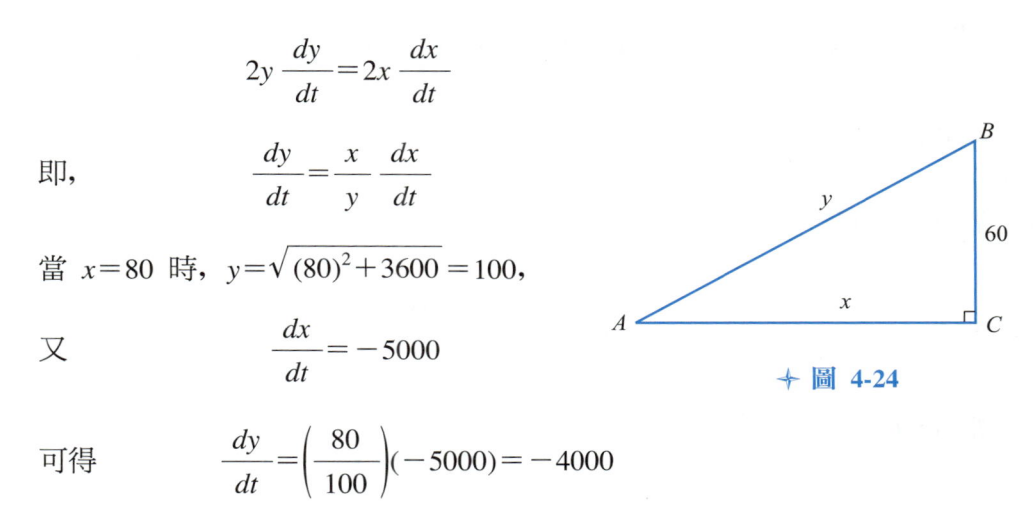

$$2y\frac{dy}{dt} = 2x\frac{dx}{dt}$$

即，

$$\frac{dy}{dt} = \frac{x}{y}\frac{dx}{dt}$$

當 $x = 80$ 時，$y = \sqrt{(80)^2 + 3600} = 100$，

又

$$\frac{dx}{dt} = -5000$$

可得

$$\frac{dy}{dt} = \left(\frac{80}{100}\right)(-5000) = -4000$$

故此人接近塔頂的速率為每小時 4,000 公尺.

◆ 圖 4-24

例題 4 某 10 呎長的梯子倚靠著牆壁向下滑行，其底部以 2 呎／秒的速率離開牆角移動，當梯子底部離牆角 6 呎時，梯子頂端沿著牆壁向下移動多快？

解 如圖 4-25 所示，令

$t =$ 梯子開始滑行後的時間（以秒計）
$x =$ 梯子底部到牆角的距離（以呎計）
$y =$ 梯子頂端到地面的垂直距離（以呎計）

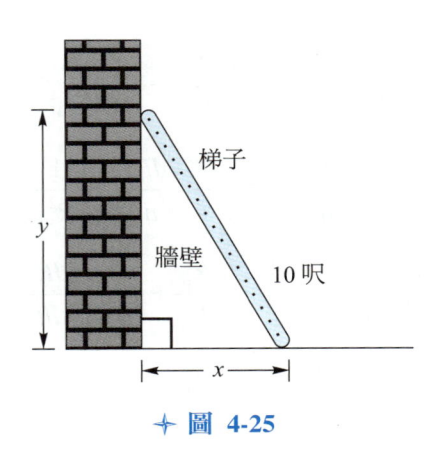

◆ 圖 4-25

在每一瞬間，底部移動的速率為 $\dfrac{dx}{dt}$，而頂端移動的速率為 $\dfrac{dy}{dt}$，我們要求 $\left.\dfrac{dy}{dt}\right|_{x=6}$，此為頂端在底部離牆角 6 呎時瞬間的移動速率.

依畢氏定理， $$x^2+y^2=100$$

對 t 微分可得 $$2x\dfrac{dx}{dt}+2y\dfrac{dy}{dt}=0$$

即， $$\dfrac{dy}{dt}=-\dfrac{x}{y}\dfrac{dx}{dt}.$$

當 $x=6$ 時，$y=8$. 又 $\dfrac{dx}{dt}=2$，故

$$\left.\dfrac{dy}{dt}\right|_{x=6}=\left(-\dfrac{6}{8}\right)(2)=-\dfrac{3}{2}\ (呎／秒)$$

答案中的負號表示 y 為減少，其在物理上有意義，因梯子的頂端正沿著牆壁向下移動.

例題 5 當兩電阻 R_1 (以歐姆計) 與 R_2 (以歐姆計) 並聯時，其總電阻 (以歐姆計) 滿足 $\dfrac{1}{R}=\dfrac{1}{R_1}+\dfrac{1}{R_2}$，若 R_1 及 R_2 分別以 0.01 歐姆／秒及 0.02 歐姆／秒的速率增加，則當 $R_1=30$ 歐姆且 $R_2=90$ 歐姆時，R 的變化多快？

解 $\dfrac{1}{R}=\dfrac{1}{R_1}+\dfrac{1}{R_2} \Rightarrow \dfrac{d}{dt}\left(\dfrac{1}{R}\right)=\dfrac{d}{dt}\left(\dfrac{1}{R_1}+\dfrac{1}{R_2}\right)$

$\Rightarrow -\dfrac{1}{R^2}\dfrac{dR}{dt}=-\dfrac{1}{R_1^2}\dfrac{dR_1}{dt}-\dfrac{1}{R_2^2}\dfrac{dR_2}{dt}$

$\Rightarrow \dfrac{1}{R^2}\dfrac{dR}{dt}=\dfrac{1}{R_1^2}\dfrac{dR_1}{dt}+\dfrac{1}{R_2^2}\dfrac{dR_2}{dt}$

已知 $R_1=30$ 歐姆，$R_2=90$ 歐姆，可得

$$\frac{1}{R} = \frac{1}{30} + \frac{1}{90} = \frac{4}{90} = \frac{2}{45}$$

又 $\dfrac{dR_1}{dt} = 0.01$ 歐姆／秒，$\dfrac{dR_2}{dt} = 0.02$ 歐姆／秒，

故 $$\left(\frac{2}{45}\right)^2 \frac{dR}{dt} = \left(\frac{1}{30}\right)^2 (0.01) + \left(\frac{1}{90}\right)^2 (0.02)$$

$\dfrac{dR}{dt} = \left(\dfrac{45}{2}\right)^2 \left[\dfrac{0.11}{(90)^2}\right] \approx 0.006875$ 歐姆／秒，即，電阻約以 0.006875 歐姆／秒的速率增加．

習題 4-8

1. 若一塊石頭掉入靜止的池塘產生圓形的漣漪，其半徑以 3 呎／秒的一定速率增加，則漣漪圍繞的面積在 10 秒末增加多快？

2. 從斜槽以 8 立方呎／分的速率流出的穀粒形成圓錐形堆積，其高恆為底半徑的兩倍，當堆積為 6 呎高時，其高在該瞬間增加多快？

3. 令邊長為 x 與 y 之矩形的對角線長為 ℓ，設 x 與 y 皆隨時間 t 改變．

   (1) $\dfrac{d\ell}{dt}$、$\dfrac{dx}{dt}$ 與 $\dfrac{dy}{dt}$ 的關係如何？

   (2) 若 x 以 $\dfrac{1}{2}$ 呎／秒的一定速率增加，y 以 $\dfrac{1}{4}$ 呎／秒的一定速率減少，則當 $x=3$ 呎且 $y=4$ 呎時，對角線長的變化多快？對角線長在當時是增加或減少？

4. 令底半徑為 r 且高為 h 的正圓柱的體積為 V，且設 r 與 h 皆隨時間 t 改變．當高為 6 吋且以 1 吋／秒增加而底半徑為 10 吋且以 1 吋／秒減少時，體積變化多快？體積在當時是增加或減少？

5. 某 13 呎長的梯子倚靠著牆壁，其頂端以 2 呎／秒的速率沿著牆壁向下滑，則當

頂端在地面上方 5 呎時，底部移離牆角多快？

6. 一女孩在草坪上放風箏，若風箏的高度為 300 呎，且以每秒 20 呎的速率沿水平方向遠離女孩，當風箏線放出 500 呎時，放線的速率多少？

7. 當兩電阻 R_1（以歐姆計）與 R_2（以歐姆計）並聯時，其總電阻（以歐姆計）滿足 $\dfrac{1}{R}=\dfrac{1}{R_1}+\dfrac{1}{R_2}$．若 R_1 以 1 歐姆／秒的速率減少，而 R_2 以 0.5 歐姆／秒的速率增加，則當 $R_1=75$ 歐姆且 $R_2=50$ 歐姆時，R 的變化多快？

8. 在光學中，薄透鏡方程式為 $\dfrac{1}{p}+\dfrac{1}{q}=\dfrac{1}{f}$，此處 p 為物距，q 為像距，f 為焦距．假設某透鏡的焦距為 6 公分且一物體正以 2 公分／秒的速率朝向透鏡移動，當物體距透鏡 10 公分時，像距在該瞬間的變化多快？該像是遠離或朝向透鏡移動？

本章摘要

1. **極值存在定理**：
   若函數 f 在閉區間 $[a, b]$ 為連續，則 f 在 $[a, b]$ 上不但有絕對極大值且有絕對極小值。

2. 若函數 f 在 c 處具有相對極值，則 $f'(c)=0$ 抑或 $f'(c)$ 不存在。若 $f'(c)=0$，則 $f(c)$ 未必為相對極值。

3. 令 D_f 表函數 f 的定義域且 $c \in D_f$，若 $f'(c)=0$ 抑或 $f'(c)$ 不存在，則稱 c 為函數 f 的一個**臨界數**。若函數有相對極值，則相對極值必發生在臨界數處，但在臨界數處並不能保證一定有相對極值。

4. **均值定理**：
   若 (1) f 在 $[a, b]$ 為連續。
   　　(2) f 在 (a, b) 為可微分。

   則存在 $c \in (a, b)$ 使得 $\dfrac{f(b)-f(a)}{b-a}=f'(c)$，或 $f(b)-f(a)=f'(c)(b-a)$。

5. 函數的增減與相對極值：

   (1) 假設函數 f 在 $[a, b]$ 為連續且在 (a, b) 為可微分。
   　　(i) $\forall x \in (a, b)$，$f'(x) > 0 \Rightarrow f$ 在 $[a, b]$ 為遞增。
   　　(ii) $\forall x \in (a, b)$，$f'(x) < 0 \Rightarrow f$ 在 $[a, b]$ 為遞減。

   (2) 相對極值的必要條件：
   　　函數 f 在 c 具有極值僅限於 $f'(c)=0$ 抑或 $f'(c)$ 不存在之點。

   (3) 極值的充分條件 (一階導數檢驗法)：
   　　若 $f'(c)=0$ 或 $f'(c)$ 不存在，且又當 x 通過 c 時，
   　　(i) 若 $f'(x)$ 的值由"正"變為"負"，則 $f(c)$ 為相對極大值。
   　　(ii) 若 $f'(x)$ 的值由"負"變為"正"，則 $f(c)$ 為相對極小值。

   (4) 相對極值的充分條件 (二階導數檢驗法)：
   　　(i) 若 $f'(c)=0$ 且 $f''(c) < 0$，則 $f(c)$ 為相對極大值。

(ii) 若 $f'(c)=0$ 且 $f''(c)>0$，則 $f(c)$ 為相對極小值.

(iii) 若 $f'(c)=0$ 且 $f''(c)=0$，則相對極值是否存在無法判別.

6. 曲線 $y=f(x)$ 的凹性：

   (1) 若 $f''(x)>0$（即，f' 為遞增函數），則曲線 $y=f(x)$ 為凹向上.

   (2) 若 $f''(x)<0$（即，f' 為遞減函數），則曲線 $y=f(x)$ 為凹向下.

7. (1) 反曲點的定義：

   設函數 f 在包含 c 的開區間 (a, b) 為連續，若 f 的圖形在 (a, c) 為凹向上而在 (c, b) 為凹向下，抑或 f 的圖形在 (a, c) 為凹向下而在 (c, b) 為凹向上，則稱點 $(c, f(c))$ 為 f 之圖形上的反曲點.

   (2) 反曲點的必要條件：

   $f''(x_0)=0$ 或 $f''(x_0)$ 不存在之點，但 $x_0 \in D_f$.

8. 羅必達法則：

   設兩函數 f 與 g 在某包含 a 的開區間為可微分（可能在 a 除外），當 $x \neq a$ 時，$g'(x) \neq 0$，又 $\lim_{x \to a} \dfrac{f(x)}{g(x)}$ 為不定型 $\dfrac{0}{0}$ 或 $\dfrac{\infty}{\infty}$.

   若 $\lim_{x \to a} \dfrac{f'(x)}{g'(x)}$ 存在抑或 $\lim_{x \to a} \dfrac{f'(x)}{g'(x)} = \infty$（或 $-\infty$），則

   $$\lim_{x \to a} \dfrac{f(x)}{g(x)} = \lim_{x \to a} \dfrac{f'(x)}{g'(x)}.$$

5 積分

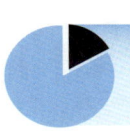

5-1 定積分

在本章中，我們將探討微積分的另一個主題，那就是積分學，積分的歷史淵源，就是要尋求面積、體積、曲線長度等等.

在敘述定積分的定義之前，考慮平面上某區域的面積是非常有幫助的，要記得的一件事即在本節中所討論的面積並非視為定積分的定義，它僅僅在幫助我們誘導出定積分的定義，就像是我們利用切線的斜率來誘導導函數的定義.

對於像矩形、三角形、多邊形與圓等基本幾何圖形的面積公式可追溯到最早的數學記載. 例如，矩形的面積是其長與寬之乘積，三角形的面積是底與高的乘積的一半，多邊形的面積可由所分成三角形的面積相加. 然而，要計算一個由曲線所圍成區域的面積並不是很容易的. 在本節中，我們將說明如何利用極限去求某些區域的面積.

現在，我們考慮下面的**面積問題**：

已知函數 f 在區間 $[a, b]$ 為連續且非負值，求由 f 的圖形、x-軸與兩直線 $x=a$ 及 $x=b$ 所圍成區域 R 的面積，如圖 5-1 所示.

◆ 圖 5-1

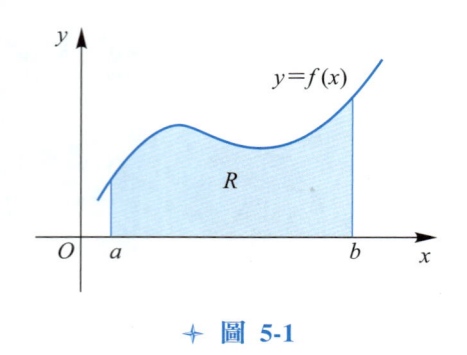

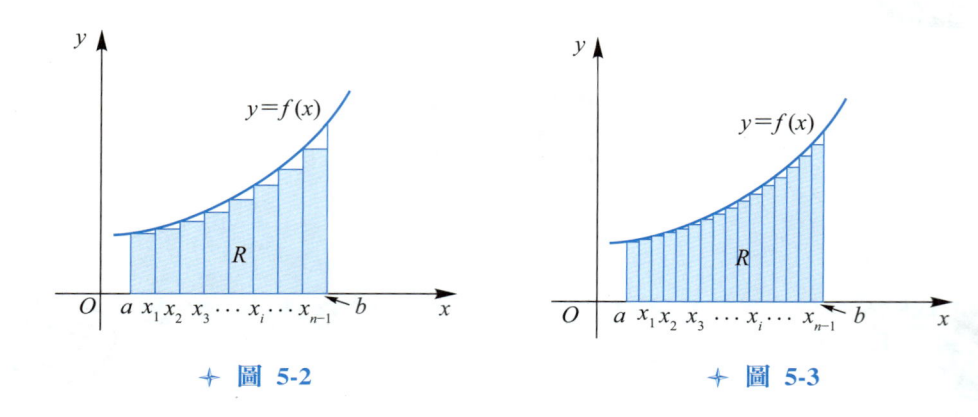

◆ 圖 5-2

◆ 圖 5-3

我們進行如下．首先，在 a 與 b 之間插入一些點 x_1, x_2, $\cdots$, x_{n-1}，使得 $a < x_1 < x_2 < \cdots < x_{n-1} < b$，而將區間 $[a, b]$ 分割成相等長度 $(b-a)/n$ 的 n 個子區間，如圖 5-2 所示．其次，通過點 a, x_1, x_2, $\cdots$, x_{n-1}, b，作出垂直線將區域 R 分割成 n 個等寬的長條．若我們以在曲線 $y = f(x)$ 下方且內接的矩形近似每一個長條 (圖 5-2)，則這些矩形的合併將形成區域 R_n，我們可將它看成是整個區域 R 的近似，此近似的區域面積可由各個矩形面積的和算出．此外，若 n 增加，則矩形的寬會變小，故當較小的矩形填滿在曲線下方的空隙時，R 的近似值 R_n 會更佳，如圖 5-3 所示．於是，當 n 變成無限大時，我們可將 R 的正確面積定義為近似的區域面積的極限，即，

$$A = R \text{ 的面積} = \lim_{n \to \infty} (R_n \text{ 的面積}). \tag{5-1}$$

若我們將內接矩形的高記為 h_1, h_2, $\cdots$, h_n，且每一個矩形的寬為 $\dfrac{b-a}{n}$，則

$$R_n \text{ 的面積} = h_1 \cdot \frac{b-a}{n} + h_2 \cdot \frac{b-a}{n} + \cdots + h_n \cdot \frac{b-a}{n} \tag{5-2}$$

因 f 在 $[a, b]$ 為連續，故由極值存在定理可知 f 在每一個子區間

$$[a, x_1], [x_1, x_2], \cdots, [x_{n-1}, b]$$

上有最小值．若這些最小值發生在點 $c_1, c_2, \cdots, c_n$，則內接矩形的高為

$$h_1 = f(c_1), h_2 = f(c_2), \cdots, h_n = f(c_n)$$

故 (5-2) 式可寫成

$$R_n \text{ 的面積} = f(c_1) \cdot \frac{b-a}{n} + f(c_2) \cdot \frac{b-a}{n} + \cdots + f(c_n) \cdot \frac{b-a}{n} \tag{5-3}$$

若令 $\Delta x = \dfrac{b-a}{n}$，則 (5-3) 式變成

$$R_n \text{ 的面積} = f(c_1) \Delta x + f(c_2) \Delta x + \cdots + f(c_n) \Delta x = \sum_{i=1}^{n} f(c_i) \Delta x$$

故 (5-1) 式變成

$$A = \lim_{n \to \infty} \sum_{i=1}^{n} f(c_i) \Delta x. \tag{5-4}$$

例題 1 求在 $f(x) = 3x + 2$ 的圖形下方且在區間 $[0, 4]$ 上方之區域的面積．首先將 $[0, 4]$ 分成 (1) 兩個相等的子區間 ($n=2$)，(2) 四個相等的子區間 ($n=4$)，然後分別計算其內接矩形面積的和．最後，令 $n \to \infty$，求區域的正確面積．

解 (1) 對 $n=2$ (二個內接矩形)，如圖 5-4 所示．

$$\Delta x = \frac{4-0}{2} = 2$$

i	c_i	$f(c_i)$
1	$c_1 = 0$ ($c_1 = x_0$)	2
2	$c_2 = 2$ ($c_2 = x_1$)	8

$$A \approx \sum_{i=1}^{2} f(c_i) \Delta x = f(c_1) \Delta x + f(c_2) \Delta x$$
$$= 4 + 16 = 20$$

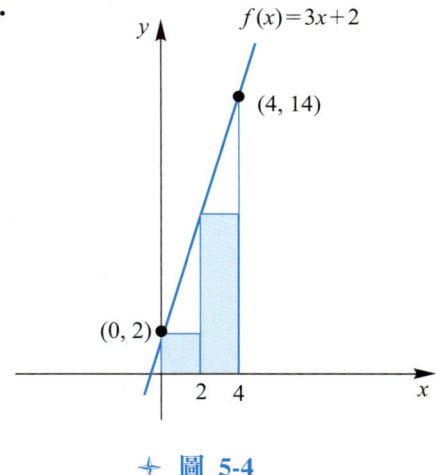

◆ 圖 5-4

(2) 對 $n=4$ (四個內接矩形), 如圖 5-5 所示.

$$\Delta x = \frac{4-0}{4} = 1$$

i	c_i	$f(c_i)$
1	$c_1=0$ $(c_1=x_0)$	2
2	$c_2=1$ $(c_2=x_1)$	5
3	$c_3=2$ $(c_3=x_2)$	8
4	$c_4=3$ $(c_4=x_3)$	11

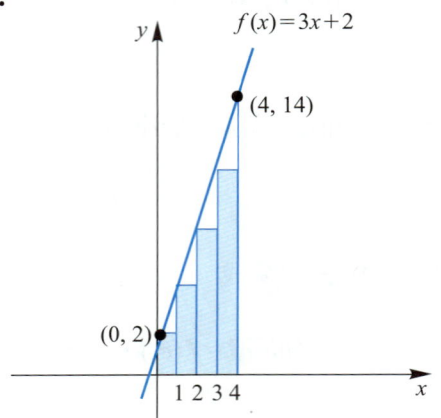

$$A \approx \sum_{i=1}^{4} f(c_i)\,\Delta x = f(c_1)\,\Delta x + f(c_2)\,\Delta x + f(c_3)\,\Delta x + f(c_4)\,\Delta x$$
$$= 2+5+8+11 = 26.$$

↟ 圖 5-5

但區域的實際面積為 $A = \dfrac{1}{2}(14+2)(4) = 32.$

令 $c_i = x_{i-1} = (i-1)\,\Delta x = (i-1)\dfrac{4}{n} = \dfrac{4(i-1)}{n}$, 則

$$A = \lim_{n \to \infty} \sum_{i=1}^{n} f(c_i)\,\Delta x$$

$$= \lim_{n \to \infty} \sum_{i=1}^{n} f\left[\frac{4(i-1)}{n}\right] \frac{4}{n}$$

$$= \lim_{n \to \infty} \sum_{i=1}^{n} \left[3 \cdot \frac{4(i-1)}{n} + 2\right] \frac{4}{n}$$

$$= \lim_{n \to \infty} \sum_{i=1}^{n} \left[\frac{12(i-1)}{n} + 2\right] \frac{4}{n}$$

$$= \lim_{n \to \infty} \sum_{i=1}^{n} \left[\frac{48(i-1)}{n^2} + \frac{8}{n}\right]$$

$$= \lim_{n \to \infty} \left(\frac{48}{n^2} \sum_{i=1}^{n} i - \frac{48}{n^2} \sum_{i=1}^{n} 1 + \frac{8}{n} \sum_{i=1}^{n} 1\right)$$

$$= \lim_{n\to\infty} \left[\frac{48}{n^2} \cdot \frac{n(n+1)}{2} - \frac{48}{n^2} \cdot n + \frac{8}{n} \cdot n \right] \qquad \left(\sum_{i=1}^{n} i = \frac{n(n+1)}{2}, \; \sum_{i=1}^{n} 1 = n \right)$$

$$= \lim_{n\to\infty} \left[\frac{24n(n+1)}{n^2} - \frac{48}{n} + 8 \right]$$

$$= 24 \lim_{n\to\infty} \frac{n^2+n}{n^2} - 48 \lim_{n\to\infty} \frac{1}{n} + \lim_{n\to\infty} 8$$

$$= 24 + 8 = 32.$$

讀者可能已想到在這個例子中，與其利用內接矩形，不如使用外接矩形，其實，若 f 在各個子區間上的最大值發生在點 $d_1, d_2, \cdots, d_n$，則由外接矩形的面積所成的和 $\sum_{i=1}^{n} f(d_i) \Delta x$ 為在直線 $y=3x+2$ 下方，與 x-軸, $x=0$ 至 $x=4$ 所圍成區域面積的近似值，如圖 5-6 所示，而正確面積為

$$A = \lim_{n\to\infty} \sum_{i=1}^{n} f(d_i) \Delta x. \tag{5-5}$$

◆ 圖 5-6

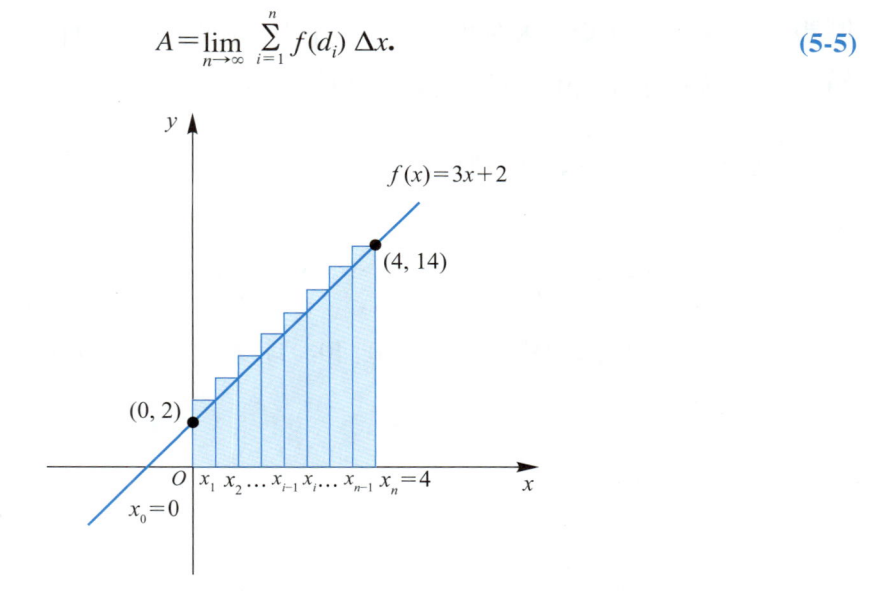

例題 2 利用外接矩形多邊形法求例題 1 之區域的面積.

解 令 $d_i = x_i = i\Delta x = \dfrac{4i}{n}$

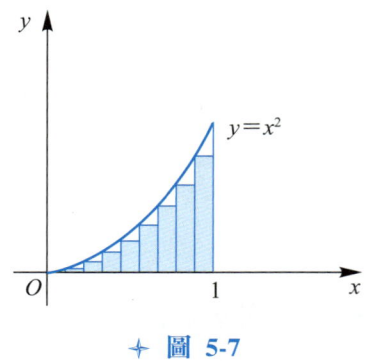

$$A = \lim_{n\to\infty} \sum_{i=1}^{n} f(d_i)\,\Delta x = \sum_{i=1}^{n} \lim_{n\to\infty} f\!\left(\dfrac{4i}{n}\right)\dfrac{4}{n}$$

$$= \lim_{n\to\infty} \sum_{i=1}^{n} \left(\dfrac{12i}{n}+2\right)\dfrac{4}{n} = \lim_{n\to\infty} \sum_{i=1}^{n}\left(\dfrac{48i}{n^2}+\dfrac{8}{n}\right)$$

$$= \lim_{n\to\infty}\left(\sum_{i=1}^{n}\dfrac{48i}{n^2}+\sum_{i=1}^{n}\dfrac{8}{n}\right) = \lim_{n\to\infty}\left(\dfrac{48i}{n^2}\sum_{i=1}^{n} i + \dfrac{8}{n}\sum_{i=1}^{n} 1\right)$$

$$= 24\lim_{n\to\infty}\dfrac{n+1}{n} + \lim_{n\to\infty} 8$$

$$= 24+8 = 32.$$

此結果與例題 1 中的結果一致.

例題 3 利用內接矩形求在曲線 $y=x^2$ 下方且在區間 [0, 1] 上方之區域的面積.

解 若我們將區間 [0, 1] 分割成 n 個等長的子區間，則每一子區間的長度為

$$\Delta x = \dfrac{1-0}{n} = \dfrac{1}{n}, \quad \text{而分點為}$$

$$x_0 = 0,\ x_1 = \dfrac{1}{n},\ x_2 = \dfrac{2}{n},\ \cdots,\ x_i = \dfrac{i}{n},\ \cdots,\ x_{n-1} = \dfrac{n-1}{n},\ x_n = \dfrac{n}{n} = 1.$$

如圖 5-7 所示. 因 $f(x)=x^2$ 在 [0, 1] 為遞增，故 f 在每一子區間上的最小值發生在左端點. 而

$$c_1 = x_0 = 0,\ c_2 = x_1 = \dfrac{1}{n},$$

$$c_3 = x_2 = \dfrac{2}{n},\ \cdots,$$

$$c_i = x_{i-1} = \dfrac{i-1}{n},\ \cdots,$$

$$c_n = x_{n-1} = \dfrac{n-1}{n}.$$

◆ 圖 5-7

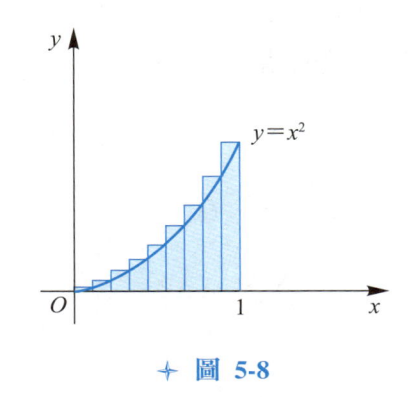

令 S_n 為這 n 個內接矩形之面積的和，則

$$S_n = \frac{1}{n}\left(\frac{1}{n}\right)^2 + \frac{1}{n}\left(\frac{2}{n}\right)^2 + \cdots + \frac{1}{n}\left(\frac{n-1}{n}\right)^2$$

$$= \frac{1}{n^3}[1^2 + 2^2 + 3^2 + \cdots + (n-1)^2]$$

$$= \frac{1}{n^3} \cdot \frac{(n-1)n(2n-1)}{6}$$

$$= \frac{(n-1)(2n-1)}{6n^2} \qquad \left(\text{利用公式 } \sum_{i=1}^{n} i^2 = \frac{n(n+1)(2n+1)}{6}\right)$$

$$\lim_{n \to \infty} S_n = \lim_{n \to \infty} \frac{(n-1)(2n-1)}{6n^2} = \frac{1}{3}$$

於是，
$$A = \lim_{n \to \infty} S_n = \frac{1}{3}.$$

例題 4 利用外接矩形求在曲線 $y = x^2$ 下方且在區間 $[0, 1]$ 上方之區域的面積.

解 如例題 3，分點 $x_0 = 0$, $x_1 = \dfrac{1}{n}$, $x_2 = \dfrac{2}{n}$, $\cdots$, $x_n = 1$ 將區間 $[0, 1]$ 分割成長度皆為 $\Delta x = \dfrac{1}{n}$ 的 n 個子區間. 因 f 在 $[0, 1]$ 為遞增，故 f 在每一子區間上的最大值發生在右端點，如圖 5-8 所示. 所以，

$d_1 = x_1 = \dfrac{1}{n}$,

$d_2 = x_2 = \dfrac{2}{n}$, $\cdots$,

$d_i = x_i = \dfrac{i}{n}$,

$d_n = x_n = \dfrac{n}{n} = 1$.

↠ 圖 5-8

令 S_n 為這 n 個外接矩形之面積的和，則

$$S_n = \frac{1}{n}\left(\frac{1}{n}\right)^2 + \frac{1}{n}\left(\frac{2}{n}\right)^2 + \cdots + \frac{1}{n}\left(\frac{n}{n}\right)^2$$

$$= \frac{1}{n^3}(1^2 + 2^2 + \cdots + n^2)$$

$$= \frac{1}{n^3} \cdot \frac{n(n+1)(2n+1)}{6} = \frac{(n+1)(2n+1)}{6n^2}$$

於是，
$$A = \lim_{n \to \infty} S_n = \frac{1}{3}$$

此結果與例題 1 中的結果一致．

註：我們可以證得利用內接矩形的方法與外接矩形的方法皆可得到相同的面積．

我們在前面討論到求連續曲線 $y=f(x)$ 下方且在區間 $[a,b]$ 上方之面積的兩個同義方法：

$$A = \lim_{n \to \infty} \sum_{i=1}^{n} f(c_i)\Delta x \quad \text{（內接矩形）}$$

與

$$A = \lim_{n \to \infty} \sum_{i=1}^{n} f(d_i)\Delta x \quad \text{（外接矩形）}$$

然而，這些並非是面積 A 之僅有的可能公式．對每一子區間而言，我們可以不選取 f 在該子區間上的最小或最大值作為矩形的高，而是選取 f 在該子區間中任一數的值作為矩形的高．現在，我們在每一子區間 $[x_{i-1}, x_i]$ 中任取一數 x_i^*．因 $f(c_i)$ 與 $f(d_i)$ 分別為 f 在第 i 個子區間上的最小值與最大值，可知

$$f(c_i) \leq f(x_i^*) \leq f(d_i)$$

而
$$f(c_i)\Delta x \leq f(x_i^*)\Delta x \leq f(d_i)\Delta x$$

故
$$\sum_{i=1}^{n} f(c_i)\Delta x \leq \sum_{i=1}^{n} f(x_i^*)\Delta x \leq \sum_{i=1}^{n} f(d_i)\Delta x$$

因 $\lim\limits_{n\to\infty}\sum\limits_{i=1}^{n}f(c_i)\Delta x=A$ 且 $\lim\limits_{n\to\infty}\sum\limits_{i=1}^{n}f(d_i)\Delta x=A$，故對於 x_1^*, x_2^*, $\cdots$, x_n^* 之所有可能的選取，可得

$$A=\lim_{n\to\infty}\sum_{i=1}^{n}f(x_i^*)\Delta x.$$

等寬的矩形在計算上很方便，但是它們不是絕對必要的；我們也可將面積 A 表為具有不同寬度之矩形的面積和的極限．

假設區間 $[a, b]$ 分割成寬為 Δx_1, Δx_2, $\cdots$, Δx_n 的 n 個子區間，並以符號 $\max \Delta x_i$ 表示這些的最大者（唸成"Δx_i 的最大值"）。若 x_i^* 為第 i 個子區間中任一數，則 $f(x_i^*)\Delta x_i$ 是高為 $f(x_i^*)$ 且寬為 Δx_i 之矩形的面積，故 $\sum\limits_{i=1}^{n}f(x_i^*)\Delta x_i$ 為圖 5-9 中矩形之面積的和．

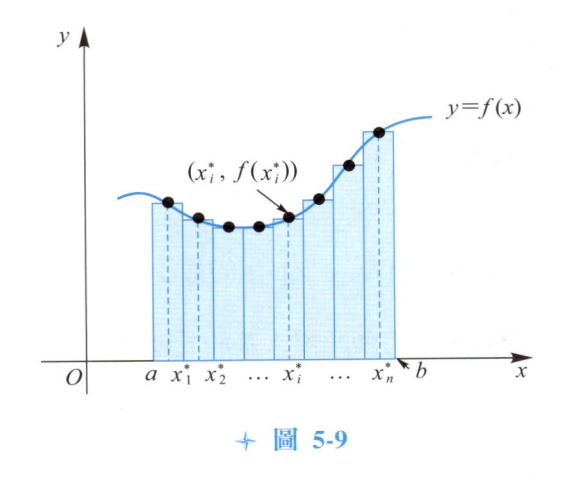

↦ 圖 5-9

若我們增加 n 使得 $\max \Delta x_i \to 0$，則每一個矩形的寬趨近零．於是，當 $\max \Delta x_i \to 0$ 時，$A=\lim\limits_{\max \Delta x_i \to 0}\sum\limits_{i=1}^{n}f(x_i^*)\Delta x_i$．

定義 5-1

若函數 f 在 $[a, b]$ 為連續且非負值，則在 f 的圖形與 x-軸之間由 a 到 b 之區域的**面積 A** 定義為

$$A = \lim_{\max \Delta x_i \to 0} \sum_{i=1}^{n} f(x_i^*) \Delta x_i$$

此處 x_i^* 為子區間 $[x_{i-1}, x_i]$ 中任一數.

在此定義中，$A = \lim\limits_{\max \Delta x_i \to 0} \sum\limits_{i=1}^{n} f(x_i^*) \Delta x_i$ 的意義為：對每一 $\varepsilon > 0$，存在一 $\delta > 0$，使得若 $\max \Delta x_i < \delta$，則 $\left| \sum\limits_{i=1}^{n} f(x_i^*) \Delta x_i - A \right| < \varepsilon$.

如前所述，關於面積的討論，我們已作出下列的假定.

1. 函數 f 在 $[a, b]$ 為連續.
2. 函數 f 在 $[a, b]$ 為非負值.
3. $[a, b]$ 的子區間皆為等長.
4. 選取的 c_i 使得 $f(c_i)$ 恆為 f 在 $[x_{i-1}, x_i]$ 上的最小值 (或最大值).

這四個條件並不經常出現在應用問題裡. 基於此理由，1～4 改變成下列 1'～4' 是必須的.

1'. 函數 f 在 $[a, b]$ 未必連續.
2'. 函數 f 在 $[a, b]$ 不一定為非負值.
3'. 子區間的長度可以不同.
4'. x_i^* 為 $[x_{i-1}, x_i]$ 中的任一數.

現在，我們對區間 $[a, b]$ 選取分點 $a\ (=x_0),\ x_1,\ x_2,\ \cdots,\ x_{n-1},\ b\ (=x_n)$ 使得

$$a < x_1 < x_2 < \cdots < x_{n-1} < b$$

而將 $[a, b]$ 分割成 n 個子區間，則這 n 個子區間為

$$[a, x_1], [x_1, x_2], [x_2, x_3], \cdots, [x_{n-1}, b]$$

我們使用記號 Δx_i 表示第 i 個子區間 $[x_{i-1}, x_i]$ 的長度，於是，

$$\Delta x_i = x_i - x_{i-1}.$$

假設我們在每一個子區間 $[x_{i-1}, x_i]$ 中選取一數 x_i^*，$i=1, 2, \cdots, n$，並作成**黎曼和** (以德國數學家黎曼命名)

$$\sum_{i=1}^{n} f(x_i^*) \Delta x_i = f(x_1^*) \Delta x_1 + f(x_2^*) \Delta x_2 + \cdots + f(x_n^*) \Delta x_n \tag{5-6}$$

當 $\max \Delta x_i \to 0$ 時，黎曼和皆趨近一極限，譬如 I；此時，我們寫成

$$\lim_{\max \Delta x_i \to 0} \sum_{i=1}^{n} f(x_i^*) \Delta x_i = I.$$

定義 5-2

設函數 f 定義在 $[a, b]$ 且 I 為實數．敘述

$$\lim_{\max \Delta x_i \to 0} \sum_{i=1}^{n} f(x_i^*) \Delta x_i = I$$

的意義為：對每一 $\varepsilon > 0$，存在一 $\delta > 0$ 使得若 $\max \Delta x_i < \delta$，則對子區間 $[x_{i-1}, x_i]$ 中的任一數 x_i^*，

$$\left| \sum_{i=1}^{n} f(x_i^*) \Delta x_i - I \right| < \varepsilon$$

恆成立．

其次，我們將定積分定義成黎曼和的極限．

定義 5-3

設函數 f 定義在 $[a, b]$，則 f 由 a 到 b 的定積分 (或黎曼積分) $\int_a^b f(x)\,dx$ 定義為

$$\int_a^b f(x)\,dx = \lim_{\max \Delta x_i \to 0} \sum_{i=1}^n f(x_i^*)\,\Delta x_i$$

倘若此極限存在．

若 f 由 a 到 b 的定積分存在，則稱 f 在 $[a, b]$ 為可積分或黎曼可積分．

定義 5-3 中的符號 $\int$ 稱為積分號，它可想像成一拉長的字母 S (sum 的第一個字母)．在記號 $\int_a^b f(x)\,dx$ 當中，$f(x)$ 稱為被積分函數，a 與 b 稱為積分的界限；其中 a 稱為積分的下限而 b 稱為積分的上限．

定積分 $\int_a^b f(x)\,dx$ 是一個數，它與所使用的自變數符號 x 無關；事實上，我們使用 x 以外的字母並不會改變積分的值．於是，若 f 在 $[a, b]$ 為可積分，則

$$\int_a^b f(x)\,dx = \int_a^b f(s)\,ds = \int_a^b f(t)\,dt = \int_a^b f(u)\,du$$

基於此理由，定義 5-3 中的字母 x 有時稱為虛變數．

例題 5 在區間 $[-1, 2]$ 上將 $\lim\limits_{\max \Delta x_i \to 0} \sum_{i=1}^n [2(x_i^*)^2 - 3x_i^* + 5]\,\Delta x_i$ 表成定積分的形式．

解 比較所予極限與定義 5-3 中的極限，我們選取

$$f(x) = 2x^2 - 3x + 5, \quad a = -1, \quad b = 2.$$

所以，$\lim\limits_{\max \Delta x_i \to 0} \sum_{i=1}^n [2(x_i^*)^2 - 3x_i^* + 5]\,\Delta x_i = \int_{-1}^2 (2x^2 - 3x + 5)\,dx.$

在定義定積分 $\int_a^b f(x)\,dx$ 時，我們假定 $a<b$。為了除去這個限制，我們將它的定義推廣到 $a>b$ 或 $a=b$ 的情形如下：

定義 5-4

(1) 若 $a>b$ 且 $\int_b^a f(x)\,dx$ 存在，則 $\int_a^b f(x)\,dx = -\int_b^a f(x)\,dx$。

(2) 若 $f(a)$ 存在，則 $\int_a^a f(x)\,dx = 0$。

因定積分定義為極限，故積分的存在與否與被積分函數的性質有關。事實上，並非每一個函數皆為可積分的；稍後，我們僅提出可積分的充分條件（非必要條件）。

若存在一正數 M 使得 $|f(x)| \leq M$ 對 $[a,b]$ 中所有 x 皆成立，則稱 f 在 $[a,b]$ 為<u>有界</u> (bounded)。在幾何上，這表示 f 的圖形位於兩條水平線 $y=M$ 與 $y=-M$ 之間。

定理 5-1

若函數 f 在 $[a,b]$ 為有界，且在 $[a,b]$ 中僅有有限個不連續點，則 f 在 $[a,b]$ 為可積分。尤其，若 f 在 $[a,b]$ 為連續，則 f 在 $[a,b]$ 為可積分。

例題 6 試證函數

$$f(x) = \begin{cases} \sin\dfrac{1}{x}, & x \neq 0 \\ 0, & x = 0 \end{cases}$$

在區間 $[-2, 2]$ 為可積分。

解 因 $\lim\limits_{x\to 0} f(x) = \lim\limits_{x\to 0} \sin\dfrac{1}{x}$ 不存在，故 $f(x)$ 在 $x=0$ 為不連續，但在 $x \neq 0$ 處皆

為連續. 又 $|f(x)| \leq 1$ 對 $[-2, 2]$ 中所有 x 皆成立，即，f 在 $[-2, 2]$ 為有界，所以，依定理 5-1，可知 f 在 $[-1, 1]$ 為可積分.

有些函數雖然是有界，但還是不可積分，如下面例子的說明.

例題 7 試證函數

$$f(x) = \begin{cases} 1, & \text{若 } x \text{ 是有理數} \\ -1, & \text{若 } x \text{ 是無理數} \end{cases}$$

在區間 $[0, 1]$ 為不可積分.

解 區間 $[0, 1]$ 的分割中，每一個子區間 $[x_{i-1}, x_i]$ 包含有理數與無理數.

(i) 若 x_i^* 是有理數，則 $f(x_i^*) = 1$，可得

$$\sum_{i=1}^{n} f(x_i^*) \Delta x_i = \sum_{i=1}^{n} \Delta x_i = 1 - 0 = 1$$

於是， $$\lim_{\max \Delta x_i \to 0} \sum_{i=1}^{n} f(x_i^*) \Delta x_i = 1.$$

(ii) 若 x_i^* 是無理數，則 $f(x_i^*) = -1$，可得

$$\sum_{i=1}^{n} f(x_i^*) \Delta x_i = -\sum_{i=1}^{n} \Delta x_i = -1$$

於是， $$\lim_{\max \Delta x_i \to 0} \sum_{i=1}^{n} f(x_i^*) \Delta x_i = -1.$$

因 (i) 與 (ii) 的極限值不相等，故 $\int_0^1 f(x) \, dx$ 不存在，即，f 在 $[0, 1]$ 為不可積分.

一般，定積分未必代表面積. 但對於正值函數，定積分可解釋為面積. 事實上，我們比較一下定義 5-1 與定義 5-3，可知對於 $f(x) \geq 0$，

$$\int_a^b f(x) \, dx = \text{在 } f \text{ 的圖形與 } x\text{-軸之間由 } a \text{ 到 } b \text{ 之區域的面積}.$$

例題 8 計算 $\int_0^2 \sqrt{4-x^2}\,dx$.

解 因 $y=f(x)=\sqrt{4-x^2}\geq 0$，故可將所予定積分解釋為在曲線 $y=\sqrt{4-x^2}$ 與 x-軸之間由 0 到 2 之區域的面積．又 $y^2=4-x^2$，可得 $x^2+y^2=4$，因此，f 的圖形為半徑是 2 的四分之一圓，如圖 5-10 所示．

所以，$\int_0^2 \sqrt{4-x^2}\,dx=\dfrac{1}{4}\pi(2^2)=\pi$.

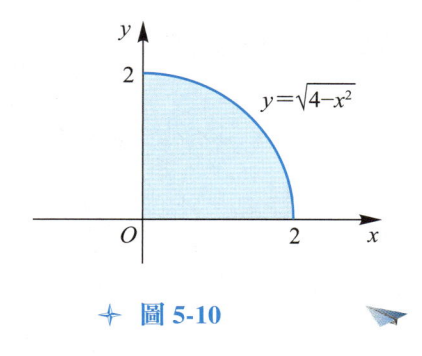

◆ 圖 5-10

若 f 在 $[a, b]$ 有正值也有負值，則定積分可解釋為面積的差．欲知其理由，我們可考慮典型的黎曼和

$$\sum_{i=1}^{n} f(x_i^*)\,\Delta x_i$$

若 $f(x_i^*)$ 為非負值，則 $f(x_i^*)\,\Delta x_i$ 代表高為 $f(x_i^*)$ 且底為 Δx_i 之矩形的面積 A_i；另一方面，若 $f(x_i^*)$ 為負值，則 $f(x_i^*)\,\Delta x_i$ 不是矩形的面積，而是這種面積的負值 $-A_i$．我們得知定積分

$$\int_a^b f(x)\,dx = \lim_{\max \Delta x_i \to 0} \sum_{i=1}^{n} f(x_i^*)\,\Delta x_i$$

可解釋為面積的差：在 f 的圖形下方且在 x-軸上方由 a 到 b 的面積減去在 f 的圖形上方且在 x-軸下方由 a 到 b 的面積．例如，見圖 5-11，

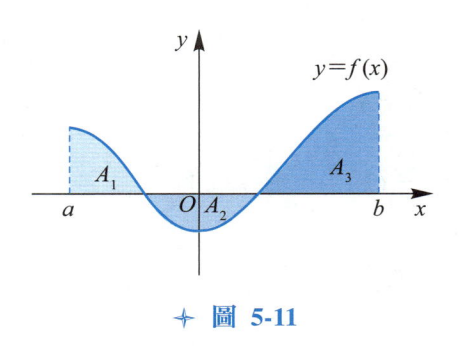

◆ 圖 5-11

$$\int_a^b f(x)\,dx = (A_1 + A_3) - A_2$$
$$= (在\ [a,\ b]\ 上方的面積) - (在\ [a,\ b]\ 下方的面積).$$

例題 9 利用面積計算 $\displaystyle\int_{-2}^{3}(2-x)\,dx$.

解 $y=2-x$ 的圖形是斜率為 -1 的直線，如圖 5-12 所示.

$$\int_{-2}^{3}(2-x)\,dx = A_1 - A_2 = \frac{1}{2}(4)(4) - \frac{1}{2}(1)(1) = \frac{15}{2}$$

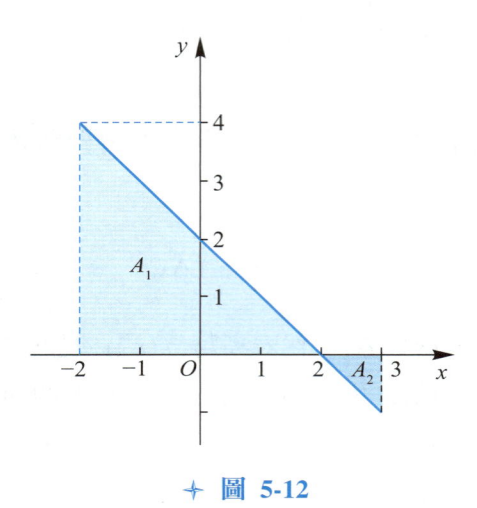

↟ 圖 5-12

例題 10 計算 $\displaystyle\int_0^3 |x-2|\,dx$.

解 $y=|x-2|$ 的圖形如圖 5-13 所示.

$$\int_0^3 |x-2|\,dx = A_1 + A_2$$
$$= \frac{1}{2}(2)(2) + \frac{1}{2}(1)(1)$$
$$= \frac{5}{2}.$$

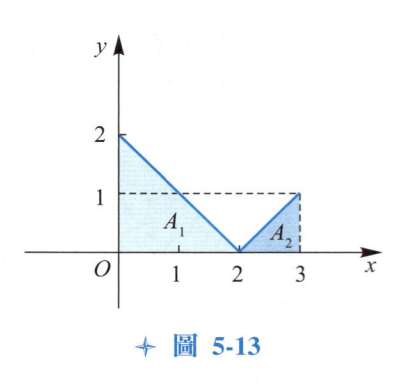

↟ 圖 5-13

若 f 在 $[a, b]$ 為可積分，則不論如何選取 $[x_{i-1}, x_i]$ 中的 x_i^*，當 $\max \Delta x_i \to 0$ 時，黎曼和 (5-6) 式必定趨近 $\int_a^b f(x)\, dx$. 因此，若事先知道 f 在 $[a, b]$ 為可積分，則在計算定積分的當中，我們可以任意選取 x_i^*，只要 $\max \Delta x_i \to 0$ 即可. 為了方便計算，通常取所有子區間有相同的長度 Δx. 於是，

$$\Delta x = \Delta x_1 = \Delta x_2 = \cdots = \Delta x_n = \frac{b-a}{n}$$

且

$$x_0 = a, \ x_1 = a + \Delta x, \ x_2 = a + 2\Delta x, \ \cdots, \ x_i = a + i\Delta x, \ \cdots, \ x_n = b$$

若我們選取 x_i^* 為第 i 個子區間 $[x_{i-1}, x_i]$ 的右端點，則

$$x_i^* = x_i = a + i\,\Delta x = a + i\,\frac{b-a}{n}$$

故寫成

$$\int_a^b f(x)\, dx = \lim_{\Delta x \to 0} \sum_{i=1}^n f(x_i^*)\,\Delta x_i$$

$$= \lim_{n \to \infty} \sum_{i=1}^n f\!\left(a + i\,\frac{b-a}{n}\right) \frac{b-a}{n}$$

我們有下面的公式.

定理 5-2

若函數 f 在 $[a, b]$ 為可積分，則

$$\int_a^b f(x)\, dx = \lim_{n \to \infty} \frac{b-a}{n} \sum_{i=1}^n f\!\left(a + i\,\frac{b-a}{n}\right).$$

例題 11 將 $\displaystyle\lim_{n \to \infty} \sum_{i=1}^n \frac{i^4}{n^5}$ 表成定積分的形式.

解 $\lim\limits_{n\to\infty}\sum\limits_{i=1}^{n}\dfrac{i^4}{n^5}=\lim\limits_{n\to\infty}\dfrac{1}{n}\dfrac{i^4}{n^4}=\lim\limits_{n\to\infty}\dfrac{1}{n}\sum\limits_{i=1}^{n}\left(i\cdot\dfrac{1}{n}\right)^4$

$=\lim\limits_{n\to\infty}\dfrac{1-0}{n}\sum\limits_{i=1}^{n}\left(0+i\cdot\dfrac{1-0}{n}\right)^4=\displaystyle\int_{0}^{1}x^4\,dx.$

例題 12 計算 $\displaystyle\int_{1}^{4}x^2\,dx.$

解 $f(x)=x^2,\ a=1,\ b=4.$ 因 f 在 $[1,\ 4]$ 為連續，故 f 在 $[1,\ 4]$ 為可積分．依定理 5-2.

$$\int_{1}^{4}x^2\,dx=\lim_{n\to\infty}\dfrac{3}{n}\sum_{i=1}^{n}f\left(1+\dfrac{3i}{n}\right)=\lim_{n\to\infty}\dfrac{3}{n}\sum_{i=1}^{n}\left(1+\dfrac{3i}{n}\right)^2$$

$$=\lim_{n\to\infty}\dfrac{3}{n}\sum_{i=1}^{n}\left(1+\dfrac{6i}{n}+\dfrac{9i^2}{n^2}\right)$$

$$=\lim_{n\to\infty}\left(\dfrac{3}{n}\sum_{i=1}^{n}1+\dfrac{18}{n^2}\sum_{i=1}^{n}i+\dfrac{27}{n^3}\sum_{i=1}^{n}i^2\right)$$

$$=\lim_{n\to\infty}\left[3+\dfrac{18}{n^2}\cdot\dfrac{n(n+1)}{2}+\dfrac{27}{n^3}\cdot\dfrac{n(n+1)(2n+1)}{6}\right]$$

$$=\lim_{n\to\infty}\left[3+9\left(1+\dfrac{1}{n}\right)+\dfrac{9}{2}\left(2+\dfrac{3}{n}+\dfrac{1}{n^2}\right)\right]$$

$$=3+9+9=21.$$

習題 5-1

在 1～3 題中將區間 $[a,\ b]$ 分割成 $n=4$ 個等長的子區間，分別計算在 f 的圖形下方且在 $[a,\ b]$ 上方的 (1) 內接矩形的面積和，(2) 外接矩形的面積和．

1. $f(x) = -x^2 + 2x$；$a = 1$，$b = 2$

2. $f(x) = \dfrac{1}{x}$；$a = 2$，$b = 10$

3. $f(x) = \sin x$；$a = 0$，$b = \pi$

在 4～6 題中利用 (1) 內接矩形；(2) 外接矩形，求在 f 的圖形與 x-軸之間由 a 到 b 之區域的面積．

4. $f(x) = x^2 + 2$；$a = 1$，$b = 3$

5. $f(x) = 9 - x^2$；$a = 0$，$b = 3$

6. $f(x) = 4x^2 + 3x + 2$；$a = 1$，$b = 5$

7. 設 $f(x) = x^2 - 4$ 且由 $x_0 = -2$，$x_1 = -\dfrac{1}{2}$，$x_2 = 0$，$x_3 = 1$，$x_4 = \dfrac{7}{4}$ 及 $x_5 = 3$ 將 $[-2, 3]$ 分成五個子區間，若 $x_1^* = -1$，$x_2^* = -\dfrac{1}{4}$，$x_3^* = \dfrac{1}{2}$，$x_4^* = \dfrac{3}{2}$，$x_5^* = \dfrac{5}{2}$，求黎曼和．

8. 在區間 $[-1, 2]$ 上將 $\lim\limits_{\max \Delta x_i \to 0} \sum\limits_{i=1}^{n} \left(\sqrt[3]{x_i^*} + 5x_i^* \right) \Delta x_i$ 表成定積分的形式．

9. 將 $\lim\limits_{n \to \infty} \dfrac{1}{n} \sum\limits_{i=1}^{n} \dfrac{1}{1 + \left(\dfrac{i}{n} \right)^2}$ 表成定積分的形式．

10. 將 $\lim\limits_{n \to \infty} \sum\limits_{i=1}^{n} \left[3\left(1 + \dfrac{2i}{n}\right)^5 - 6 \right] \dfrac{2}{n}$ 表成定積分的形式．

11. 計算 $\displaystyle\int_{-1}^{1} \sqrt{1 - x^2}\, dx$．（提示：將定積分解釋為面積）

12. 計算 $\displaystyle\int_{-2}^{0} (\sqrt{4 - x^2} + 1)\, dx$．

13. 計算 $\displaystyle\int_{1}^{3} (2x + 1)\, dx$．

14. 計算 $\displaystyle\int_{-1}^{2} |2x - 3|\, dx$．

15. 利用定理 5-2 計算 $\displaystyle\int_{-1}^{1} (x^3 - x^2 + 1)\, dx$．

5-2 定積分的性質

本節包含了一些定積分的基本性質，有興趣的讀者可以加以證明.

定理 5-3

若 k 為常數，則

$$\int_a^b k\,dx = k(b-a).$$

定理 5-4

若函數 f 在 $[a, b]$ 為可積分且 k 為常數，則 f 在 $[a, b]$ 為可積分，且

$$\int_a^b kf(x)\,dx = k\int_a^b f(x)\,dx.$$

定理 5-4 的結論有時敘述為"被積分函數中的常數因子可以提到積分號外面".

定理 5-5

若兩函數 f 與 g 在 $[a, b]$ 皆為可積分，則 $f+g$ 與 $f-g$ 在 $[a, b]$ 為可積分，且

$$\int_a^b [f(x)+g(x)]\,dx = \int_a^b f(x)\,dx + \int_a^b g(x)\,dx$$

$$\int_a^b [f(x)-g(x)]\,dx = \int_a^b f(x)\,dx - \int_a^b g(x)\,dx.$$

定理 5-4 與定理 5-5 也可推廣到有限個函數。於是，若函數 f_1, f_2, $\cdots$, f_n 在 $[a, b]$ 皆為可積分且 c_1, c_2, $\cdots$, c_n 皆為常數，則 $c_1f_1+c_2f_2+\cdots+c_nf_n$ 在 $[a, b]$ 為可積分，且

$$\int_a^b [c_1f_1(x)+c_2f_2(x)+\cdots+c_nf_n(x)]\,dx$$
$$=c_1\int_a^b f_1(x)\,dx+c_2\int_a^b f_2(x)\,dx+\cdots+c_n\int_a^b f_n(x)\,dx.$$

定理 5-6

若函數 f 在含有任意三數 a、b 與 c 的閉區間為可積分，則

$$\int_a^b f(x)\,dx=\int_a^c f(x)\,dx+\int_c^b f(x)\,dx.$$

尤其，若 f 在 $[a, b]$ 為連續且非負值，又 $a<c<b$，則定理 5-6 有一個簡單的幾何解釋，則 $A=$ 在 f 的圖形與 x-軸之間由 a 到 b 之區域的面積 $=A_1+A_2$，如圖 5-14 所示．

定理 5-6 可以推廣如下：

$$\int_a^b f(x)\,dx=\int_a^{c_1} f(x)\,dx+\int_{c_1}^{c_2} f(x)\,dx+\cdots+\int_{c_n}^b f(x)\,dx.$$

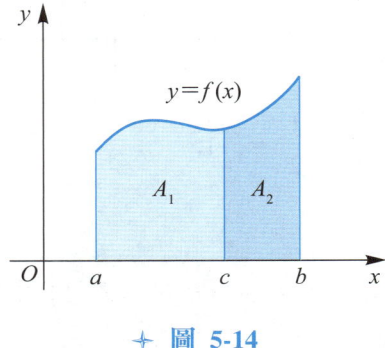

◆ 圖 5-14

例題 1 (1) 若 n 為整數，求 $\int_n^{n+1} [\![x]\!]\,dx$.

(2) 利用 (1) 的結果求 $\int_0^3 [\![x]\!]\,dx$.

解 (1) $\int_n^{n+1} [\![x]\!]\,dx = \int_n^{n+1} n\,dx = n(n+1-n) = n.$

(2) $\int_0^3 [\![x]\!]\,dx = \int_0^1 [\![x]\!]\,dx + \int_1^2 [\![x]\!]\,dx + \int_2^3 [\![x]\!]\,dx = 0+1+2 = 3.$

例題 2 求 $\int_{-1}^1 [\![2x]\!]\,dx$.

解
$$-1 \leq x < -\frac{1}{2} \Rightarrow -2 \leq 2x < -1 \Rightarrow [\![2x]\!] = -2$$
$$-\frac{1}{2} \leq x < 0 \Rightarrow -1 \leq 2x < 0 \Rightarrow [\![2x]\!] = -1$$
$$0 \leq x < \frac{1}{2} \Rightarrow 0 \leq 2x < 1 \Rightarrow [\![2x]\!] = 0$$
$$\frac{1}{2} \leq x < 1 \Rightarrow 1 \leq 2x < 2 \Rightarrow [\![2x]\!] = 1$$

故 $\int_{-1}^1 [\![2x]\!]\,dx = \int_{-1}^{-1/2} [\![2x]\!]\,dx + \int_{-1/2}^0 [\![2x]\!]\,dx + \int_0^{1/2} [\![2x]\!]\,dx + \int_{1/2}^1 [\![2x]\!]\,dx$

$= (-2)\left[-\frac{1}{2}-(-1)\right] + (-1)\left[0-\left(-\frac{1}{2}\right)\right] + 0 + 1\left(1-\frac{1}{2}\right)$

$= -1 - \frac{1}{2} + \frac{1}{2} = -1.$

定理 5-7

若函數 f 在 $[a, b]$ 為可積分且 $f(x) \geq 0$ 對 $[a, b]$ 中所有 x 皆成立，則
$$\int_a^b f(x)\,dx \geq 0.$$

我們由定理 5-7 可知，若函數 f 在 $[a, b]$ 為可積分且 $f(x) \leq 0$ 對 $[a, b]$ 中所有 x 皆成立，則 $\int_a^b f(x)\,dx \leq 0$.

定理 5-8

若兩函數 f 與 g 在 $[a, b]$ 皆為可積分且 $f(x) \geq g(x)$ 對 $[a, b]$ 中所有 x 皆成立，則 $\int_a^b f(x)\,dx \geq \int_a^b g(x)\,dx$.

若 $f(x) \geq g(x) \geq 0$ 對 $[a, b]$ 中所有 x 皆成立，則在 f 的圖形與 x-軸之間由 a 到 b 的面積大於或等於在 g 的圖形與 x-軸之間由 a 到 b 的面積.

定理 5-9

若函數 f 在 $[a, b]$ 為可積分，則 $|f|$ 在 $[a, b]$ 為可積分，且

$$\left| \int_a^b f(x)\,dx \right| \leq \int_a^b |f(x)|\,dx.$$

定理 5-7 的逆敘述不一定成立，例如，考慮

$$f(x) = \begin{cases} 1, & \text{若 } x \text{ 是有理數} \\ -1, & \text{若 } x \text{ 是無理數} \end{cases}$$

則 $\int_0^1 |f(x)|\,dx = \int_0^1 dx = 1$，即，$|f|$ 在 $[0, 1]$ 為可積分，但 f 在 $[0, 1]$ 為不可積分.

定理 5-9 可以推廣如下：

若函數 $f_1, f_2, \cdots, f_n$ 在 $[a, b]$ 皆為可積分，則

$$\left| \sum_{i=1}^n \int_a^b f_i(x)\,dx \right| \leq \sum_{i=1}^n \int_a^b |f_i(x)|\,dx.$$

定理 5-10

若函數 f 在 $[a, b]$ 為連續且 m 與 M 分別為 f 在 $[a, b]$ 上的絕對極小值與絕對極大值，則

$$m(b-a) \leq \int_a^b f(x)\, dx \leq M(b-a).$$

例題 3　試證：$2 \leq \int_{-1}^1 \sqrt{1+x^2}\, dx \leq 2\sqrt{2}.$

解　若 $-1 \leq x \leq 1$，則 $0 \leq x^2 \leq 1$ 且 $1 \leq 1+x^2 \leq 2$，故 $1 \leq \sqrt{1+x^2} \leq \sqrt{2}$。利用定理 5-10 可得

$$1[1-(-1)] \leq \int_{-1}^1 \sqrt{1+x^2}\, dx \leq \sqrt{2}\,[1-(-1)]$$

即，

$$2 \leq \int_{-1}^1 \sqrt{1+x^2}\, dx \leq 2\sqrt{2}.$$

定理 5-11　積分的均值定理

若函數 f 在 $[a, b]$ 為連續，則在 $[a, b]$ 中存在一數 c 使得

$$\int_a^b f(x)\, dx = f(c)(b-a).$$

若 $f(x) \geq 0$ 對 $[a, b]$ 中所有 x 皆成立，則定理 5-11 的幾何意義如下：

$$\int_a^b f(x)\, dx = \text{底為 } (b-a) \text{ 且高為 } f(c) \text{ 之矩形區域的面積}$$

見圖 5-15.

第五章 積分

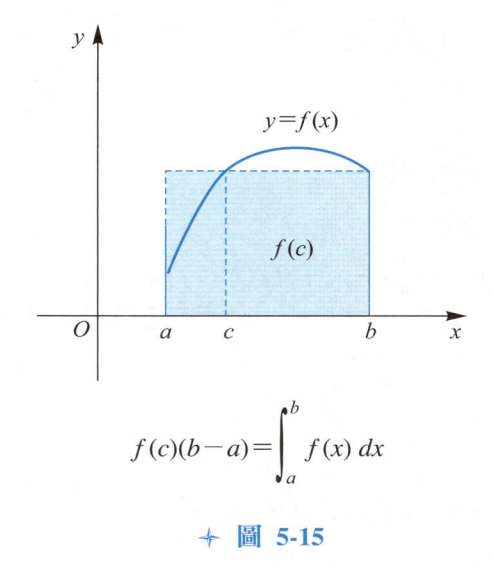

$$f(c)(b-a)=\int_a^b f(x)\,dx$$

→ 圖 5-15

例題 4 因 $f(x)=x^2$ 在區間 [1, 4] 為連續，故積分的均值定理保證在 [1, 4] 中存在一數 c 使得

$$\int_1^4 x^2\,dx = f(c)(4-1) = c^2(4-1) = 3c^2$$

但 $\int_1^4 x^2\,dx = 21$ (由 5-1 節例題 12)，故 $3c^2=21$，即，$c^2=7$.

於是，$c=\sqrt{7}$ 是 [1, 4] 中的數，它的存在由積分的均值定理來保證.

已知 n 個數 $y_1, y_2, \cdots, y_n$，我們很容易計算它們的算術平均值 y_{ave}：

$$y_{\text{ave}} = \frac{y_1+y_2+\cdots+y_n}{n}$$

一般而言，我們也可計算函數 f 在 [a, b] 的平均值. 首先，將 [a, b] 分割成具有相等長度 $\Delta x = \dfrac{b-a}{n}$ 的 n 個子區間；然後，在每一個子區間 $[x_{i-1}, x_i]$ 中任取一數 x_i^*，則 $f(x_1^*), f(x_2^*), \cdots, f(x_n^*)$ 的算術平均值為

$$\frac{f(x_1^*)+f(x_2^*)+\cdots+f(x_n^*)}{n}$$

因 $n=\dfrac{b-a}{\Delta x}$，故此算術平均值變成

$$\frac{f(x_1^*)+f(x_2^*)+\cdots+f(x_n^*)}{\dfrac{b-a}{\Delta x}}=\frac{1}{b-a}\sum_{i=1}^{n}f(x_i^*)\,\Delta x$$

令 $n\to\infty$，則

$$\lim_{n\to\infty}\frac{1}{b-a}\sum_{i=1}^{n}f(x_i^*)\,\Delta x=\frac{1}{b-a}\int_a^b f(x)\,dx.$$

定義 5-5

若函數 f 在 $[a, b]$ 為可積分，則 f 在 $[a, b]$ 上的**平均值** f_{ave} 定義為

$$f_{\text{ave}}=\frac{1}{b-a}\int_a^b f(x)\,dx.$$

例題 5 求 $f(x)=x^2$ 在 $[1, 4]$ 上的平均值．

解 $f_{\text{ave}}=\dfrac{1}{b-a}\displaystyle\int_a^b f(x)\,dx=\dfrac{1}{4-1}\int_1^4 x^2\,dx=\dfrac{21}{3}=7.$

習題 5-2

1. 計算 $\displaystyle\int_{-1}^{5}\left[\!\left[x+\dfrac{1}{2}\right]\!\right]dx.$

2. 計算 $\displaystyle\int_{-1}^{4}\left[\!\left[\dfrac{x}{2}\right]\!\right]dx.$

3. 計算 $\int_1^2 [\![x^2]\!] \, dx$.

4. 若 $\int_0^1 f(x) \, dx = 2$, $\int_0^4 f(x) \, dx = -6$, $\int_3^4 f(x) \, dx = 1$, 求 $\int_1^3 f(x) \, dx$.

5. 試證：$2 \le \int_0^2 \sqrt{x^3+1} \, dx \le 6$.

6. 試證：$\dfrac{\pi}{4} \le \int_{\pi/4}^{3\pi/4} \sin^2 x \, dx \le \dfrac{\pi}{2}$.

7. 試證：若函數 f 在 $[a, b]$ 為連續，則 $\int_a^b [f(x) - f_{\text{ave}}] \, dx = 0$.

8. 若函數 f 在 $[a, b]$ 為連續，則存在一常數 $c \ne f_{\text{ave}}$ 使得 $\int_a^b [f(x) - c] \, dx = 0$ 嗎？

5-3　不定積分

在第 2 及第 3 章中，我們已知道如何求解導函數問題：給予一函數，求它的導函數。但是，在許多問題中，常常需要求解導函數問題的相反問題：給予一函數 f，求出一函數 F 使得 $F' = f$. 若這樣的函數存在，則它稱為 f 的一反導函數。

定義 5-6

若 $F' = f$，則稱函數 F 為函數 f 的一**反導函數**.

例題 1　函數 $\dfrac{2}{3} x^3$, $\dfrac{2}{3} x^3 + 5$, $\dfrac{2}{3} x^3 - 3$ 皆為 $f(x) = 2x^2$ 的反導函數，

因 $\dfrac{d}{dx} \left(\dfrac{2}{3} x^3 \right) = \dfrac{d}{dx} \left(\dfrac{2}{3} x^3 + 5 \right) = \dfrac{d}{dx} \left(\dfrac{2}{3} x^3 - 3 \right) = 2x^2$.

事實上，一個函數的反導函數並不唯一. 若 F 為 f 的反導函數，則對每一常數 C，由 $G(x) = F(x) + C$ 所定義的函數 G 也為 f 的反導函數.

定理 5-12

若 f 與 g 皆為可微分函數且 $f'(x)=g'(x)$ 對 $[a, b]$ 中所有 x 皆成立，則 $f(x)=g(x)+C$ 對 $[a, b]$ 中所有 x 皆成立，此處 C 為任意常數．

證明 定義函數 h 為

$$h(x)=f(x)-g(x)$$

則

$$h'(x)=f'(x)-g'(x)=0$$

對 $[a, b]$ 中所有 x 皆成立．

依均值定理，在 (a, x) 中存在一數 c 使得

$$h(x)-h(a)=h'(c)(x-a)=0$$

於是，對 $[a, b]$ 中所有 x 皆有 $h(x)=h(a)$．令 $C=h(a)$，可得

$$C=f(x)-g(x)$$

即，$f(x)=g(x)+C$ 對 $[a, b]$ 中所有 x 皆成立．如圖 5-16 所示．

依定理 5-12，若 $f'(x)=0$ 對 $[a, b]$ 中所有 x 皆成立，則 f 在 $[a, b]$ 上為常數函數．

求反導函數的過程稱為<u>反微分</u>或<u>積分</u>．若 $\dfrac{d}{dx}[F(x)]=f(x)$，則形如 $F(x)+C$ 的函

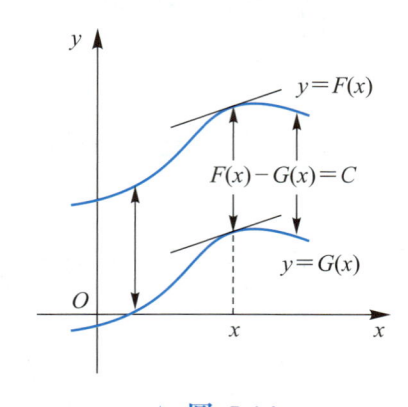

◆ 圖 5-16

數皆是 $f(x)$ 的反導函數.

> **定義 5-7**
>
> 函數 f (或 $f(x)$) 的<u>不定積分</u> (indefinite integral) 為
>
> $$\int f(x)\,dx = F(x) + C$$
>
> 此處 $F'(x) = f(x)$，且 C 為任意常數.

不定積分 $\int f(x)\,dx$ 僅是指明 $f(x)$ 的反導函數是形如 $F(x)+C$ 的函數之另一方式而已，$f(x)$ 稱為<u>被積分函數</u>，dx 稱為<u>積分變數 x 的微分</u>，C 稱為<u>不定積分常數</u>.

我們從定義 5-7 中的式子可得

$$\frac{d}{dx}\left[\int f(x)\,dx\right] = F'(x) = f(x)$$

或

$$d\int f(x)\,dx = f(x)\,dx$$

由此可知 $\dfrac{d}{dx}\int (\ )\,dx$ 或 $d\int$ 連寫在一起時，其結果等於互相消除，故微分與積分互為逆運算.

又

$$\int d\,F(x) = \int f(x)\,dx = F(x) + C$$

故 $\int d$ 連寫一起時，互消後相差一常數.

若我們記住導函數公式，則可得知對應的積分公式.例如，導函數公式 $\dfrac{d}{dx}\left(\dfrac{x^{r+1}}{r+1}\right) = x^r$ 產生積分公式 $\int x^r\,dx = \dfrac{x^{r+1}}{r+1} + C$ $(r \neq -1)$；同理，$\dfrac{d}{dx}\sin x = \cos x$ 產生積分公

式 $\int \cos x\, dx = \sin x + C$.

今列出一些積分公式如下：

$$\int x^r\, dx = \frac{x^{r+1}}{r+1} + C \quad (r \neq -1) \qquad \int \sin x\, dx = -\cos x + C$$

$$\int \cos x\, dx = \sin x + C \qquad \int \sec^2 x\, dx = \tan x + C$$

$$\int \csc^2 x\, dx = -\cot x + C \qquad \int \sec x \tan x\, dx = \sec x + C$$

$$\int \csc x \cot x\, dx = -\csc x + C \qquad \int \frac{1}{x}\, dx = \ln |x| + C$$

$$\int e^x\, dx = e^x + C \qquad \int a^x\, dx = \frac{a^x}{\ln a} + C \quad (a > 0,\ a \neq 1)$$

註：往後，有時為了書寫簡潔起見，式子 $\int f(x)\, dx$ 的 dx 可被納入 $f(x)$ 當中．例如，

$\int 1\, dx$ 可寫成 $\int dx$ 而 $\int \frac{1}{x}\, dx$ 可寫成 $\int \frac{dx}{x}$ …，等等.

例題 2 $\int x^2\, dx = \frac{x^3}{3} + C$

$$\int \frac{1}{x^3}\, dx = \int x^{-3}\, dx = \frac{x^{-3+1}}{-3+1} + C = -\frac{1}{2x^2} + C$$

$$\int \sqrt{x}\, dx = \int x^{1/2}\, dx = \frac{x^{1/2+1}}{\frac{1}{2}+1} + C = \frac{2}{3} x^{3/2} + C.$$

例題 3 $\int \frac{\sin x}{\cos^2 x}\, dx$.

解 $\int \frac{\sin x}{\cos^2 x}\, dx = \int \left(\frac{1}{\cos x} \cdot \frac{\sin x}{\cos x} \right) dx = \int \sec x \tan x\, dx = \sec x + C.$

第五章 積分   225

例題 4 $\int \dfrac{\sin 2x}{\sin x}\,dx.$

解 $\int \dfrac{\sin 2x}{\sin x}\,dx = \int \dfrac{2\sin x \cos x}{\sin x}\,dx = 2\int \cos x\,dx = 2\sin x + C.$

例題 5 (1) $\int \dfrac{1}{2x}\,dx = \dfrac{1}{2}\int \dfrac{1}{x}\,dx = \dfrac{1}{2}\ln|x| + C.$

(2) $\int 2^x\,dx = \dfrac{2^x}{\ln 2} + C.$

例題 6 求函數 $f(x)$ 使得 $f'(x) + \sin x = 0$ 且 $f(0) = 2$.

解 由 $f'(x) = -\sin x$ 可得 $f(x) = -\int \sin x\,dx = \cos x + C.$

依題意，$f(0) = 1 + C = 2$，可得 $C = 1$，故 $f(x) = \cos x + 1.$

定理 5-13

(1) $\int cf(x)\,dx = c\int f(x)\,dx$，此處 c 為常數.

(2) $\int [f(x) \pm g(x)]\,dx = \int f(x)\,dx \pm \int g(x)\,dx.$

定理 5-13 可以推廣如下：

$$\int [c_1 f_1(x) \pm c_2 f_2(x) \pm \cdots \pm c_n f_n(x)]\,dx$$
$$= c_1 \int f_1(x)\,dx \pm c_2 \int f_2(x)\,dx \pm \cdots \pm c_n \int f_n(x)\,dx$$

此處 $c_1, c_2, \cdots, c_n$ 皆為常數.

226 微積分

例題 7 求 $\int (3x^6-5x^2-7x+6)\,dx$.

解
$$\int (3x^6-5x^2-7x+6)\,dx = 3\int x^6\,dx - 5\int x^2\,dx - 7\int x\,dx + \int 6\,dx$$
$$= \frac{3}{7}x^7 - \frac{5}{3}x^3 - \frac{7}{2}x^2 + 6x + C.$$

例題 8 求 $\int \dfrac{2x^{-1}-x^{-2}+x^{-3}}{x^2}\,dx$.

解
$$\int \frac{2x^{-1}-x^{-2}+x^{-3}}{x^2}\,dx = \int \frac{2x^{-1}}{x^2}\,dx - \int \frac{x^{-2}}{x^2}\,dx + \int \frac{x^{-3}}{x^2}\,dx$$
$$= \int 2x^{-3}\,dx - \int x^{-4}\,dx + \int x^{-5}\,dx$$
$$= -x^{-2} + \frac{1}{3}x^{-3} - \frac{1}{4}x^{-4} + C.$$

定理 5-14

若 $f(x)$ 為可微分函數，則
$$\int [f(x)]^r f'(x)\,dx = \frac{[f(x)]^{r+1}}{r+1} + C,\ \ 此處\ r \neq -1.$$

例題 9 求 $\int x^2(x^3-1)^4\,dx$.

解 視 $f(x)=x^3-1$，則 $f'(x)=3x^2$，
$$\int x^2(x^3-1)^4\,dx = \frac{1}{3}\int (x^3-1)^4(3x^2)\,dx = \frac{1}{15}(x^3-1)^5 + C.$$

例題 10 求 $\int \dfrac{x^2}{(x^3-1)^2}\,dx$.

解 視 $f(x)=x^3-1$，則 $f'(x)=3x^2$，

$$\int \frac{x^2}{(x^3-1)^2} dx = \frac{1}{3}\int (x^3-1)^{-2}(3x^2)\,dx = -\frac{1}{3(x^3-1)}+C.$$

一、不定積分在幾何上的應用

當我們瞭解不定積分的意義與計算之後，我們再來探討有關不定積分的幾何意義．

函數 $f(x)$ 的一個反導函數 $F(x)$ 的圖形稱為函數 $f(x)$ 的積分曲線，其方程式以 $y=F(x)$ 表示之．由於 $F'(x)=f(x)$，因此對於積分曲線上的點而言，在 x 處的切線斜率等於函數 $f(x)$ 在 x 處的函數值．如果我們將該條積分曲線沿 y-軸方向上下平移，且平移的寬度為 C 時，則我們可得到另外一條積分曲線 $y=F(x)+C$，函數 $f(x)$ 的每一條積分曲線皆可由這種方法得到．因此，不定積分的圖形就是這樣得到的，而全部積分曲線所成的曲線族稱為積分曲線族．另外，如果我們在每一條積分曲線上橫坐標相同的點處作切線，則這些切線必定會互相平行，如圖 5-17 所示．

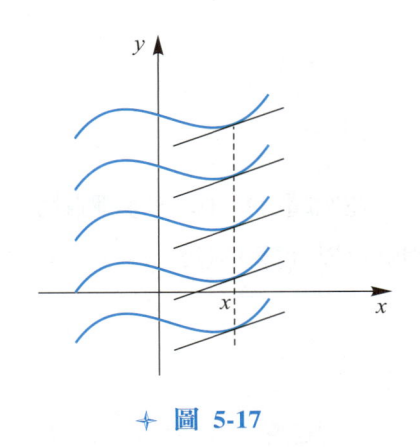

◆ 圖 5-17

例題 11 設某曲線族的切線斜率為 $3x^2-1$，求此曲線族的方程式．

解 由題意知，

$$\frac{dy}{dx}=3x^2-1, \text{ 即 } dy=(3x^2-1)\,dx.$$

兩邊積分可得

$$y=\int (3x^2-1)\,dx = x^3-x+C$$

其中 C 為不定積分常數，故所求曲線族的方程式為 $y=x^3-x+C$，其圖形如圖 5-18 所示．

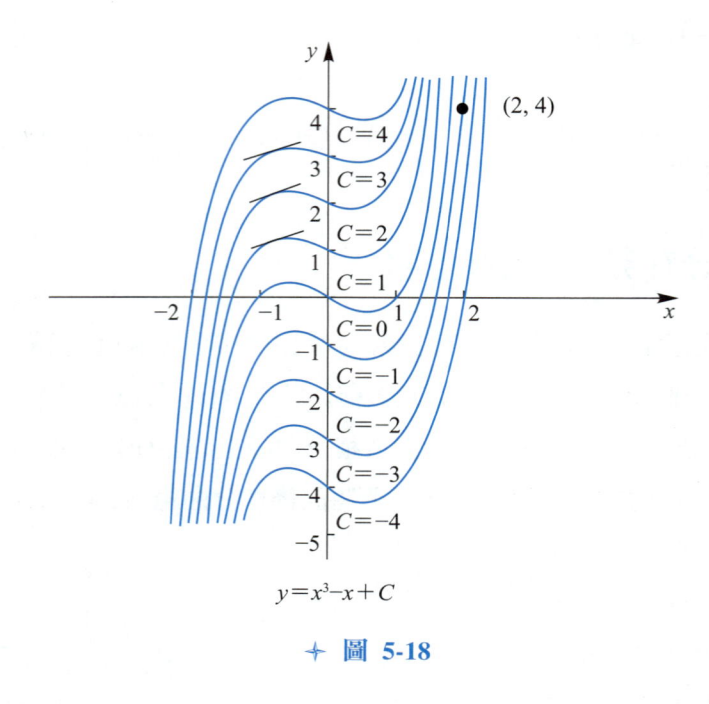

[圖 5-18: $y = x^3 - x + C$ 曲線族圖]

　　在例題 11 中，若我們附加上一個特殊的條件，例如，該曲線通過點 $(2, 4)$，則我們就可以計算出滿足 $y = x^3 - x + C$ 中的 C 值，即，

$$4 = 2^3 - 2 + C$$

可得 $C = -2$.

　　故通過點 $(2, 4)$ 的曲線為

$$y = x^3 - x - 2$$

此一附加的特殊條件用來決定不定積分常數 C 者稱為初期條件.

例題 12 已知某曲線族的切線斜率為 $\dfrac{x+1}{y-1}$，求該曲線族的方程式，並求通過點 $(1, 1)$ 的曲線的方程式.

解 因 $\dfrac{dy}{dx} = \dfrac{x+1}{y-1}$，故

$$(y-1)\,dy = (x+1)\,dx$$

$$\int (y-1)\,dy = \int (x+1)\,dx$$

可得 $\dfrac{1}{2}y^2 - y = \dfrac{1}{2}x^2 + x + C$，此為曲線族的方程式.

欲求通過點 (1, 1) 的曲線方程式，可用該點代入上式，$0 = 2 + C$，即，$C = -2$. 所以，曲線的方程式為

$$\dfrac{1}{2}y^2 - y = \dfrac{1}{2}x^2 + x - 2$$

即，
$$(x+1)^2 - (y-1)^2 = 4.$$

二、不定積分在物理上的應用

若某質點在時間 t 的位置函數為 $s = s(t)$，則該質點在時間 t 的速度為 $v(t) = \dfrac{ds}{dt} = s'(t)$，而加速度為 $a(t) = \dfrac{dv}{dt} = s''(t)$. 反之，如果已知在時間 t 的速度 (或加速度) 及某一特定時刻的位置，則其運動方程式可由不定積分求得. 現舉例說明如下：

例題 13 設某質點沿著直線運動，其加速度為 $a(t) = 6t + 2$ 厘米／秒^2，初速為 $v(0) = 6$ 厘米／秒，最初位置為 $s(0) = 9$ 厘米，求它的位置函數 $s(t)$.

解 因 $v'(t) = a(t) = 6t + 2$，故

$$v(t) = \int a(t)\,dt = \int (6t+2)\,dt = 3t^2 + 2t + C_1$$

以 $v(0) = 6$ 代入可得 $C_1 = 6$，故

$$s(t) = 3t^2 + 2t + 6$$

因 $s'(t) = v(t) = 3t^2 + 2t + 6$，故

$$s(t) = \int v(t)\,dt = \int (3t^2 + 2t + 6)\,dt = t^3 + t^2 + 6t + C_2$$

以 $s(0)=9$ 代入可得 $C_2=9$，故所求位置函數為

$$s(t)=t^3+t^2+6t+9 \text{ (厘米)}.$$

例題 14 若一球以初速 56 呎／秒 (忽略空氣阻力) 垂直上拋，則該球所到達的最大高度為何？

解 假設以地面為原點，向上的方向為正.

由 $a(t)=v'(t)=-32$，可得 $v(t)=-32t+C_1$.

依題意，$v(0)=56$，可得 $C_1=56$，故 $v(t)=-32t+56$，

因而 $s(t)=-16t^2+56t+C_2$.

依題意，$s(0)=0$，可得 $C_2=0$，故 $s(t)=-16t^2+56t$，

該球到達最高點時，$v(t)=0$，即 $56-32t=0$，可得 $t=\dfrac{7}{4}$，

故最大高度為 $s\left(\dfrac{7}{4}\right)=-16\left(\dfrac{7}{4}\right)^2+56\left(\dfrac{7}{4}\right)=49$ 呎.

例題 15 某電路中的電流為 $I(t)=t^3+3t^2$ 安培，求 2 秒末通過某一點的電量. (假設最初電量為零.)

解 $Q(t)=\displaystyle\int I(t)\,dt=\int (t^3+3t^2)\,dt=\dfrac{t^4}{4}+t^3+C$

當 $t=0$ 時，$Q=0$，可得 $C=0$. 於是，

$$Q(t)=\dfrac{t^4}{4}+t^3$$

因而 $Q(2)=12$ (庫侖).

習題 5-3

求 1~12 題的積分.

1. $\int x^3 \sqrt{x}\, dx$

2. $\int (x^{2/3} - 4x^{-1/5} + 4)\, dx$

3. $\int x^{1/3}(x+2)^2\, dx$

4. $\int \dfrac{x^5 - 2x^2 + x - 3}{x^4}\, dx$

5. $\int (1+x^2)(2-x)\, dx$

6. $\int (\sec x - \tan x)^2\, dx$

7. $\int \dfrac{1}{1-\sin x}\, dx$

8. $\int \sec x\,(\sec x + \tan x)\, dx$

9. $\int \dfrac{\sin x}{\cos^2 x}\, dx$

10. $\int \dfrac{\cos x}{\sec x + \tan x}\, dx$

11. $\int (1 + \sin^2\theta \csc\theta)\, d\theta$

12. $\int \dfrac{x^2 \cos x + 3\cos x}{x^2 + 3}\, dx$

13. 求函數 $f(x)$ 使得 $f''(x) = x + \cos x$ 且 $f(0) = 1$，$f'(0) = 2$.

14. 求 $\int \left(1 + \dfrac{1}{x}\right)^3 \dfrac{1}{x^2}\, dx$.

15. 已知某曲線族的斜率為 $\dfrac{5-x}{y-3}$，求其方程式，並求通過點 $(2, -1)$ 的曲線方程式.

16. 設一球自離地面 144 呎高處垂直拋下 (忽略空氣阻力)，若 2 秒後到達地面，則其初速為何？

17. 若 C 與 F 分別表示攝氏與華氏溫度計的刻度，則 F 對 C 的變化率為 $\dfrac{dF}{dC} = \dfrac{9}{5}$. 若在 $C = 0$ 時，$F = 32$，試用反微分求出以 C 表 F 的通式.

18. 某溶液的溫度 T 的變化率為 $\dfrac{dT}{dt}=\dfrac{1}{4}t+10$，其中 t 表時間（以分計），T 表攝氏溫度的度數．若在 $t=0$ 時，T 為 $5°C$，試用 t 表出 T．

19. 設 F 為 f 的反導函數，試證：
    (1) 若 F 為偶函數，則 f 為奇函數．　　(2) 若 F 為奇函數，則 f 為偶函數．

20. 試證：$F(x)=\begin{cases} x, & x>0 \\ -x, & x<0 \end{cases}$ 與 $G(x)=\begin{cases} x+1, & x>0 \\ -x-1, & x<0 \end{cases}$ 皆為 $f(x)=\begin{cases} 1, & x>0 \\ -1, & x<0 \end{cases}$ 的反導函數，但 $G(x)\neq F(x)$ 加上一常數．此結果牴觸定理 5-12 嗎？解釋之．

5-4　微積分基本定理

利用定理 5-2 計算一個定積分的工作即使在最簡單的情形下也是困難多了．本節中包含一個不需利用和的極限而可以求出定積分的原理．由於它在計算定積分中的重要性且因為它表示出微分與積分的關連，該定理適當地稱為 微積分基本定理，此定理被牛頓與萊布尼茲分別提出，而這兩位突出的數學家被公認為是微積分的發明者．

定理 5-15　微積分基本定理

設函數 f 在 $[a, b]$ 為連續．

第 I 部分：若令 $F(x)=\displaystyle\int_a^x f(t)\,dt,\ x\in [a, b]$，則 $F'(x)=f(x)$．

第 II 部分：若令 $F'(x)=f(x),\ x\in [a, b]$，則
$$\int_a^b f(x)\,dx=F(b)-F(a).$$

證明 I. 若 x 與 $x+h$ 在 $[a, b]$ 中，則

$$F(x+h)-F(x)=\int_a^{x+h} f(t)\,dt - \int_a^x f(t)\,dt$$

$$=\int_a^{x+h} f(t)\,dt + \int_x^a f(t)\,dt$$

$$=\int_x^{x+h} f(t)\,dt$$

對 $h \neq 0$，

$$\frac{F(x+h)-F(x)}{h} = \frac{1}{h}\int_x^{x+h} f(t)\,dt$$

若 $h > 0$，則依積分的均值定理，在 $(x, x+h)$ 中存在一數 c (與 h 有關) 使得

$$\int_x^{x+h} f(t)\,dt = h f(c)$$

因此，
$$\frac{F(x+h)-F(x)}{h}=f(c)$$

因 f 在 $[x, x+h]$ 為連續，可得

$$\lim_{h \to 0^+} f(c) = \lim_{c \to x^+} f(c) = f(x)$$

故
$$\lim_{h \to 0^+} \frac{F(x+h)-F(x)}{h} = \lim_{h \to 0^+} f(c) = f(x)$$

若 $h < 0$，則我們可以類似的方法證明

$$\lim_{h \to 0^-} \frac{F(x+h)-F(x)}{h} = f(x)$$

故
$$F'(x) = \lim_{h \to 0} \frac{F(x+h)-F(x)}{h} = f(x)$$

II. 令 $G(x)=\int_a^x f(t)\ dt$，則 $G'(x)=f(x)$。因 $F'(x)=f(x)$，故 $G'(x)=F'(x)$。

依定理 5-12，$F(x)$ 與 $G(x)$ 僅相差一常數 C，於是，$G(x)=F(x)+C$，即，

$$\int_a^x f(t)\ dt = F(x)+C$$

若令 $x=a$ 並利用 $\int_a^a f(t)\ dt=0$，則 $0=F(a)+C$，即，$C=-F(a)$。

因此，

$$\int_a^x f(t)\ dt = F(x)-F(a)$$

以 $x=b$ 代入上式可得

$$\int_a^b f(t)\ dt = F(b)-F(a)$$

因 t 為虛變數，故以 x 代 t 即可得出所要的結果。

若 $F'(x)=f(x)$，則我們通常寫成

$$\int_a^b f(x)\ dx = F(b)-F(a)$$

$F(b)-F(a)$ 記為 $\left[F(x)\right]_{x=a}^{x=b}$ 或 $\left[F(x)\right]_a^b$。

例題 1 求 $\dfrac{d}{dx}\int_1^x \dfrac{\sin t}{t}\ dt$。

解 令 $F(x)=\int_1^x \dfrac{\sin t}{t}\ dt$ 使得 $f(t)=\dfrac{\sin t}{t}$。所以，利用微積分基本定理可得

$$\dfrac{d}{dx}\int_1^x \dfrac{\sin t}{t}\ dt = \dfrac{d}{dx}F(x)=F'(x)=f(x)=\dfrac{\sin x}{x}。$$

例題 2 求 $\dfrac{d}{dx}\int_x^2 \sqrt{t+1}\ dt$。

解 $\dfrac{d}{dx}\displaystyle\int_x^2 \sqrt{t+1}\,dt = \dfrac{d}{dx}\left(-\displaystyle\int_2^x \sqrt{t+1}\,dt\right) = -\dfrac{d}{dx}\displaystyle\int_2^x \sqrt{t+1}\,dt = -\sqrt{x+1}$.

利用連鎖法則可將微積分基本定理的第 I 部分推廣如下：

若函數 g 為可微分且函數 f 在 $[a, g(x)]$ 為連續，則

$$\dfrac{d}{dx}\left(\int_a^{g(x)} f(t)\,dt\right) = f(g(x))\dfrac{d}{dx}g(x). \tag{5-7}$$

例題 3 求 $\dfrac{d}{dx}\left(\displaystyle\int_{x^2}^{x^3} \sin^2 t\,dt\right)$.

解 $\dfrac{d}{dx}\left(\displaystyle\int_{x^2}^{x^3} \sin^2 t\,dt\right) = \dfrac{d}{dx}\left(\displaystyle\int_{x^2}^{0} \sin^2 t\,dt\right) + \dfrac{d}{dx}\left(\displaystyle\int_{0}^{x^3} \sin^2 t\,dt\right)$

$\qquad = \dfrac{d}{dx}\left(\displaystyle\int_{0}^{x^3} \sin^2 t\,dt\right) - \dfrac{d}{dx}\left(\displaystyle\int_{0}^{x^2} \sin^2 t\,dt\right)$

$\qquad = \sin^2(x^3)(3x^2) - \sin^2(x^2)(2x)$

$\qquad = 3x^2 \sin^2(x^3) - 2x \sin^2(x^2)$.

例題 4 求 $\displaystyle\lim_{x\to 0}\dfrac{1}{x}\int_2^{2+x}\dfrac{1}{t+\sqrt{t^2+1}}\,dt$.

解 所予極限為不定型 $\dfrac{0}{0}$，依羅必達法則，

$$\lim_{x\to 0}\dfrac{1}{x}\int_2^{2+x}\dfrac{1}{t+\sqrt{t^2+1}}\,dt = \lim_{x\to 0}\dfrac{\dfrac{d}{dx}\left(\displaystyle\int_2^{2+x}\dfrac{1}{t+\sqrt{t^2+1}}\,dt\right)}{\dfrac{d}{dx}x}$$

$$= \lim_{x\to 0}\dfrac{1}{2+x+\sqrt{(2+x)^2+1}}$$

$$= \frac{1}{2+\sqrt{5}} = \sqrt{5} - 2.$$

例題 5 計算 $\int_0^3 (x^3 - 4x + 2)\, dx$.

解 $\int_0^3 (x^3 - 4x + 2)\, dx = \left[\dfrac{x^4}{4} - 2x^2 + 2x\right]_0^3 = \dfrac{81}{4} - 18 + 6 = \dfrac{33}{4}.$

例題 6 若 $f(x) = 2x - x^2 - x^3$, 計算 $\int_{-1}^{1} |f(x)|\, dx$.

解 $f(x) = x(1-x)(2+x)$

若 $-1 \leq x < 0$, 則 $f(x) < 0$; 若 $0 \leq x \leq 1$, 則 $f(x) \geq 0$. 因此,

$$\int_{-1}^{1} |f(x)|\, dx = -\int_{-1}^{0} f(x)\, dx + \int_{0}^{1} f(x)\, dx$$

$$= \int_{-1}^{0} (x^3 + x^2 - 2x)\, dx + \int_{0}^{1} (2x - x^2 - x^3)\, dx$$

$$= \left[\frac{1}{4}x^4 + \frac{1}{3}x^3 - x^2\right]_{-1}^{0} + \left[x^2 - \frac{1}{3}x^3 - \frac{1}{4}x^4\right]_{0}^{1}$$

$$= -\left(\frac{1}{4} - \frac{1}{3} - 1\right) + \left(1 - \frac{1}{3} - \frac{1}{4}\right) = \frac{3}{2}.$$

例題 7 計算 $\lim\limits_{n\to\infty} \dfrac{1}{n}\left[\left(\dfrac{1}{n}\right)^4 + \left(\dfrac{2}{n}\right)^4 + \left(\dfrac{3}{n}\right)^4 + \cdots + \left(\dfrac{n}{n}\right)^4\right]$.

解 原式 $= \lim\limits_{n\to\infty} \dfrac{1}{n} \sum\limits_{i=1}^{n} \left(\dfrac{i}{n}\right)^4 = \int_0^1 x^4\, dx = \left[\dfrac{1}{5}x^5\right]_0^1 = \dfrac{1}{5}.$

習題 5-4

計算 1～8 題的積分.

1. $\int_{-2}^{2} x(x^3+1)\,dx$

2. $\int_{1}^{2} \left(\dfrac{1}{x^3} - \dfrac{2}{x^2} + \dfrac{1}{x^4}\right) dx$

3. $\int_{0}^{3} (x-1)(x+1)^2\,dx$

4. $\int_{1}^{3} x\left(\sqrt{x} + \dfrac{1}{\sqrt{x}}\right)^2 dx$

5. $\int_{0}^{\pi/2} (\cos\theta + 2\sin\theta)\,d\theta$

6. $\int_{\pi/6}^{\pi/2} \dfrac{\sin 2x}{\sin x}\,dx$

7. $\int_{0}^{8} |x^2 - 6x + 8|\,dx$

8. $\int_{1}^{2} \dfrac{x+1}{x^2}\,dx$

9. 求 $\dfrac{d}{dx}\displaystyle\int_{x^2}^{x^3} \dfrac{1}{1+t^3}\,dt$.

10. 求 $\displaystyle\lim_{x\to 0} \dfrac{1}{x^3}\int_{0}^{x} \sin t^2\,dt$.

11. 若 $F(x) = \displaystyle\int_{x}^{2} f(t)\,dt$, $f(t) = \displaystyle\int_{1}^{2t} \dfrac{\sin u}{u}\,du$, 求 $F''\left(\dfrac{\pi}{4}\right)$.

12. 計算 $\displaystyle\lim_{n\to\infty} \dfrac{1}{n}\left(\sqrt{\dfrac{1}{n}} + \sqrt{\dfrac{2}{n}} + \sqrt{\dfrac{3}{n}} + \cdots + \sqrt{\dfrac{n}{n}}\right)$.

13. 計算 $\displaystyle\lim_{n\to\infty} \sum_{i=1}^{n} \left[\sin\left(\dfrac{\pi i}{n}\right)\right] \dfrac{\pi}{n}$.

在下列各題中求 (1) $f(x)$ 在指定區間上的平均值，(2) 積分的均值定理中所述 c 的所有值.

14. $f(x) = x^3$; [1, 2]

15. $f(x) = \sin x$; $[-\pi, \pi]$

16. $f(x) = 2 + |x|$; $[-3, 1]$

5-5　利用代換求積分

在本節中，我們將討論求積分的一種方法，稱為 u-代換，它通常可用來將複雜的積分轉換成比較簡單者。

若 F 為 f 的反導函數，g 為 x 的可微分函數，$F(g(x))$ 為合成函數，則由連鎖法則可得

$$\frac{d}{dx}F(g(x))=F'(g(x))\,g'(x)=f(g(x)\,g'(x))$$

於是，得到積分公式

$$\int f(g(x))\,g'(x)\,dx=F(g(x))+C,\ \ 其中\ \ F'=f.$$

在上式中，若令 $u=g(x)$，並以 du 代 $g'(x)\,dx$，則可得下面的定理．

定理 5-16　不定積分代換定理

若 F 為 f 的反導函數，令 $u=g(x)$，則

$$\int f(g(x))\,g'(x)\,dx=\int f(u)\,du=F(u)+C=F(g(x))+C.$$

例題 1　求 $\int 2x\,(x^2+1)^5\,dx$.

解　令 $u=x^2+1$，則 $du=2x\,dx$，故

$$\int 2x\,(x^2+1)^5\,dx=\int u^5\,du=\frac{1}{6}u^6+C=\frac{1}{6}(x^2+1)^6+C.$$

例題 2 求 $\int 3x^2 \sqrt{x^3+2}\, dx$.

解 令 $u = x^3 + 2$, 則 $du = 3x^2\, dx$, 故

$$\int 3x^2 \sqrt{x^3+2}\, dx = \int \sqrt{u}\, du = \frac{2}{3} u^{3/2} + C = \frac{2}{3}(x^3+2)^{3/2} + C.$$

例題 3 求 $\int x\sqrt{x-1}\, dx$.

解 令 $u = x - 1$, 則 $du = dx$, $x = u + 1$, 故

$$\int x\sqrt{x-1}\, dx = \int (u+1)\sqrt{u}\, du = \int (u^{3/2} + u^{1/2})\, du$$

$$= \frac{2}{5} u^{5/2} + \frac{2}{3} u^{3/2} + C$$

$$= \frac{2}{5}(x-1)^{5/2} + \frac{2}{3}(x-1)^{3/2} + C.$$

例題 4 求 $\int \sin^2 x \cos x\, dx$.

解 令 $u = \sin x$, 則 $du = \cos x\, dx$, 故

$$\int \sin^2 x \cos x\, dx = \int u^2\, du = \frac{u^3}{3} + C = \frac{\sin^3 x}{3} + C.$$

例題 5 求 $\int \frac{\cos\sqrt{x}}{\sqrt{x}}\, dx$.

解 令 $u = \sqrt{x}$, 則 $du = \frac{1}{2\sqrt{x}}\, dx$, $2\, du = \frac{1}{\sqrt{x}}\, dx$, 故

$$\int \frac{\cos\sqrt{x}}{\sqrt{x}}\, dx = 2\int \cos u\, du = 2\sin u + C = 2\sin\sqrt{x} + C.$$

例題 6 求 $\int \sin(x+5)\,dx$.

解 方法 1：$\int \sin(x+5)\,dx = \int \sin u\,du$ （令 $u=x+5$）

$$= -\cos u + C$$
$$= -\cos(x+5) + C$$

方法 2：$\int \sin(x+5)\,dx = \int \sin(x+5)\,d(x+5)$ （$d(x+5)=dx$）

$$= \int \sin u\,du$$ （令 $u=x+5$）
$$= -\cos u + C$$
$$= -\cos(x+5) + C.$$

例題 7 求 $\int \tan x\,dx$.

解 $\int \tan x\,dx = \int \dfrac{\sin x}{\cos x}\,dx = -\int \dfrac{1}{u}\,du$ （令 $u=\cos x$）

$$= -\ln|u| + C = -\ln|\cos x| + C.$$

例題 8 求 $\int \sec x\,dx$.

解 $\int \sec x\,dx = \int \sec x \cdot \dfrac{\sec x + \tan x}{\sec x + \tan x}\,dx = \int \dfrac{\sec^2 x + \sec x \tan x}{\sec x + \tan x}\,dx$

$$= \int \dfrac{1}{u}\,du$$ （令 $u=\sec x + \tan x$）
$$= \ln|u| + C$$
$$= \ln|\sec x + \tan x| + C.$$

例題 9 求 $\int e^{5x}\,dx$.

解 $\int e^{5x}\, dx = \dfrac{1}{5}\int e^{5x}\, d(5x) = \dfrac{1}{5}\int e^u\, du$ （令 $u=5x$）

$\qquad\qquad = \dfrac{1}{5}e^u + C = \dfrac{1}{5}e^{5x} + C.$

定理 5-17　定積分代換定理

設函數 g 在 $[a, b]$ 具有連續的導函數，且 f 在 $g(a)$ 至 $g(b)$ 為連續，若 $u = g(x)$，則

$$\int_a^b f(g(x))\, g'(x)\, dx = \int_{g(a)}^{g(b)} f(u)\, du.$$

例題 10　求 $\displaystyle\int_0^2 2x(x^2+2)^3\, dx.$

解　方法 1：令 $u = x^2 + 2$，則 $du = 2x\, dx$。

當 $x=0$ 時，$u=2$；當 $x=2$ 時，$u=6$。

於是，$\displaystyle\int_0^2 2x(x^2+2)^3\, dx = \int_2^6 u^3\, du = \left[\dfrac{u^4}{4}\right]_2^6 = 324 - 4 = 320$

方法 2：$\displaystyle\int 2x(x^2+2)^3\, dx = \int u^3\, du$ 　　　　　（令 $u = x^2+2$）

$\qquad\qquad = \dfrac{u^4}{4} + C = \dfrac{(x^2+2)^4}{4} + C$

於是，$\displaystyle\int_0^2 2x(x^2+2)^3\, dx = \left[\dfrac{(x^2+2)^4}{4}\right]_0^2 = 324 - 4 = 320.$

例題 11　求 $\displaystyle\int_1^4 \dfrac{\sqrt{x}}{(9 - x\sqrt{x})^2}\, dx.$

解 令 $u = 9 - x\sqrt{x}$，則 $du = -\dfrac{3}{2}\sqrt{x}\,dx$，故 $\sqrt{x}\,dx = -\dfrac{2}{3}du$.

若 $x = 1$，則 $u = 8$；若 $x = 4$，則 $u = 1$.

於是，
$$\int_1^4 \dfrac{\sqrt{x}}{(9-x\sqrt{x})^2}\,dx = -\dfrac{2}{3}\int_8^1 \dfrac{1}{u^2}\,du = \dfrac{2}{3}\left[\dfrac{1}{u}\right]_8^1$$

$$= \dfrac{2}{3} - \dfrac{1}{12} = \dfrac{7}{12}.$$

例題 12 求 $\displaystyle\int_{-1}^0 \dfrac{x}{x^2+5}\,dx$.

解 令 $u = x^2 + 5$，則 $du = 2x\,dx$ 或 $\dfrac{1}{2}du = x\,dx$.

當 $x = -1$ 時，$u = 6$；當 $x = 0$ 時，$u = 5$. 於是，

$$\int_{-1}^0 \dfrac{x}{x^2+5}\,dx = \dfrac{1}{2}\int_6^5 \dfrac{1}{u}\,du = \dfrac{1}{2}\Big[\ln|u|\Big]_6^5$$

$$= \dfrac{1}{2}(\ln 5 - \ln 6) = \dfrac{1}{2}\ln\dfrac{5}{6}.$$

例題 13 求 $\displaystyle\int_0^1 x^2 e^{x^3}\,dx$.

解 令 $u = x^3$，則 $du = 3x^2\,dx$ 或 $\dfrac{1}{3}du = x^2\,dx$.

當 $x = 0$ 時，$u = 0$；當 $x = 1$ 時，$u = 1$. 於是，

$$\int_0^1 x^2 e^{x^3}\,dx = \dfrac{1}{3}\int_0^1 e^u\,du = \dfrac{1}{3}\Big[e^u\Big]_0^1 = \dfrac{1}{3}(e-1).$$

定理 5-18　對稱定理

設函數 f 在 $[-a, a]$ 為連續.

(1) 若 f 為偶函數，則

$$\int_{-a}^{a} f(x)\,dx = 2\int_{0}^{a} f(x)\,dx.$$

(2) 若 f 為奇函數，則

$$\int_{-a}^{a} f(x)\,dx = 0.$$

證明　$\int_{-a}^{a} f(x)\,dx = \int_{-a}^{0} f(x)\,dx + \int_{0}^{a} f(x)\,dx$

在 $\int_{-a}^{0} f(x)\,dx$ 中，令 $u=-x$，則 $du=-dx$，可得

$$\int_{-a}^{0} f(x)\,dx = -\int_{a}^{0} f(-u)\,du = \int_{0}^{a} f(-u)\,du = \int_{0}^{a} f(-x)\,dx$$

所以，

$$\int_{-a}^{a} f(x)\,dx = \int_{0}^{a} f(-x)\,dx + \int_{0}^{a} f(x)\,dx$$

(1) 若 f 為偶函數，即，$f(-x)=f(x)$，則

$$\int_{-a}^{a} f(x)\,dx = \int_{0}^{a} f(x)\,dx + \int_{0}^{a} f(x)\,dx = 2\int_{0}^{a} f(x)\,dx.$$

(2) 若 f 為奇函數，即，$f(-x)=-f(x)$，則

$$\int_{-a}^{a} f(x)\,dx = -\int_{0}^{a} f(x)\,dx + \int_{0}^{a} f(x)\,dx = 0.$$

例題 14　求 $\int_{-2}^{2} x\sqrt{x^2+1}\,dx$.

解 令 $f(x) = x\sqrt{x^2+1}$，則 $f(-x) = -x\sqrt{x^2+1} = -f(x)$，

可知 f 為奇函數，故 $\int_{-2}^{2} x\sqrt{x^2+1}\, dx = 0.$

例題 15 求 $\int_{\pi/2}^{-\pi/2} \dfrac{\sin x}{x^2+2}\, dx.$

解 令 $f(x) = \dfrac{\sin x}{x^2+2}$，則

$$f(-x) = \frac{\sin(-x)}{x^2+2} = -\frac{\sin x}{x^2+2} = -f(x),$$

可知 f 為奇函數，故 $\int_{\pi/2}^{-\pi/2} \dfrac{\sin x}{x^2+2} = 0.$

定理 5-19　週期函數的定積分

若 f 為週期 p 的週期函數，則

$$\int_{a+p}^{b+p} f(x)\, dx = \int_{a}^{b} f(x)\, dx.$$

證明 令 $u = x - p$，則 $du = dx$，因此，

$$\int_{a+p}^{b+p} f(x)\, dx = \int_{a}^{b} f(u+p)\, du$$

由於 f 為週期函數，以 $f(u)$ 取代 $f(u+p)$，故

$$\int_{a+p}^{b+p} f(x)\, dx = \int_{a}^{b} f(u+p)\, du = \int_{a}^{b} f(u)\, du = \int_{a}^{b} f(x)\, dx.$$

例題 16 求 $\int_0^{2\pi} |\sin x|\, dx$.

解 $f(x) = |\sin x|$ 為週期 π 的週期函數，其圖形如圖 5-18 所示．

$$\int_0^{2\pi} |\sin x|\, dx = \int_0^{\pi} |\sin x|\, dx + \int_{\pi}^{2\pi} |\sin x|\, dx$$

$$= \int_0^{\pi} |\sin x|\, dx + \int_0^{\pi} |\sin x|\, dx = 2\int_0^{\pi} \sin x\, dx$$

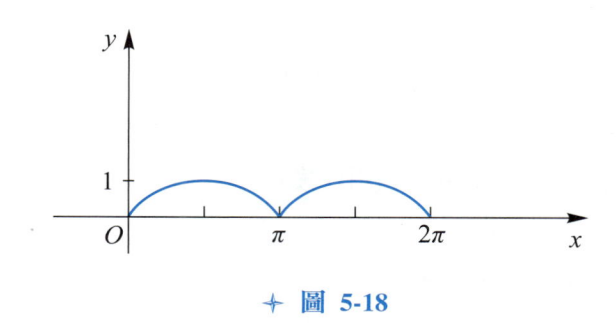

$$= 2\Big[-\cos x\Big]_0^{\pi} = 4.$$

→ 圖 5-18

習題 5-5

求 1～26 題的積分．

1. $\displaystyle\int \sqrt[5]{3x+2}\, dx$

2. $\displaystyle\int \frac{x}{\sqrt{x+1}}\, dx$

3. $\displaystyle\int (x+1)\sqrt{2-x}\, dx$

4. $\displaystyle\int \frac{(\sqrt{x}+2)^5}{\sqrt{x}}\, dx$

5. $\displaystyle\int \frac{t^{1/3}}{t^{8/3}+2t^{4/3}+1}\, dt$

6. $\displaystyle\int_2^5 \frac{t-2}{\sqrt{t-1}}\, dt$

7. $\displaystyle\int_1^2 \frac{dx}{x^2-6x+9}$

8. $\displaystyle\int_{-2}^2 \sqrt{2+|x|}\, dx$

9. $\displaystyle\int_0^{2\pi} |\cos x|\, dx$

10. $\displaystyle\int \frac{\sin \sqrt{x}}{\sqrt{x}}\, dx$ 11. $\displaystyle\int x^2 \cos(2x^3)\, dx$ 12. $\displaystyle\int \cot x\, dx$

13. $\displaystyle\int \csc x\, dx$ 14. $\displaystyle\int \sin(\sin\theta)\cos\theta\, d\theta$ 15. $\displaystyle\int \tan^2 x\, \sec^2 x\, dx$

16. $\displaystyle\int \tan x\, \sec^3 x\, dx$ 17. $\displaystyle\int \frac{1}{\cos^2 2x}\, dx$ 18. $\displaystyle\int \sin^2 x\, dx$

19. $\displaystyle\int \sin^3 x\, dx$ 20. $\displaystyle\int \sqrt{e^x}\, dx$ 21. $\displaystyle\int_0^{\ln 2} e^{-3x}\, dx$

22. $\displaystyle\int e^x \sin(1+e^x)\, dx$ 23. $\displaystyle\int 2^{5x}\, dx$ 24. $\displaystyle\int \pi^{\cos x} \sin x\, dx$

25. $\displaystyle\int_1^e \frac{\ln x}{x}\, dx$ 26. $\displaystyle\int \frac{1}{x} \ln(x^3)\, dx$

27. 求 $\displaystyle\int (x+2)(x-3)^{10}\, dx$. (提示：利用代換)

28. (1) 試證：若 m 與 n 均為正整數，則

$$\int_0^1 x^m (1-x)^n\, dx = \int_0^1 x^n (1-x)^m\, dx.$$

　　　(提示：利用代換)

　(2) 計算 $\displaystyle\int_0^1 x(1-x)^6\, dx$.

29. 試證：若 n 為正整數，則

$$\int_0^{\pi/2} \sin^n x\, dx = \int_0^{\pi/2} \cos^n x\, dx.$$

　(提示：令 $u = \dfrac{\pi}{2} - x$)

30. 求 $\displaystyle\int_{-1}^{1} \frac{x}{(x^2+2)^3}\, dx$.

31. 求 $\displaystyle\int_{-1}^{1} \frac{\tan x}{x^4+x^2+1}\, dx$.

32. 求 $\displaystyle\int_{-\pi}^{\pi} \sin\theta \cos^2\theta\, d\theta$.

利用函數 f 表下列的積分.

33. $\displaystyle\int f'(2x+3)\, dx$.

34. $\displaystyle\int x\, f'(3x^2)\, dx$.

35. $\displaystyle\int \frac{1}{x^2} f'\!\left(\frac{1}{x}\right) dx$.

本章摘要

1. 設函數 f 定義在 $[a, b]$ 上且 $\lim\limits_{\max \Delta x_i \to 0} \sum\limits_{i=1}^{n} f(x_i^*) \Delta x_i$ 存在. 函數 f 由 a 到 b 的定積分, 以 $\int_a^b f(x)\, dx$ 表示, 定義為

$$\int_a^b f(x)\, dx = \lim_{\max \Delta x_i \to 0} \sum_{i=1}^{n} f(x_i^*) \Delta x_i$$

若 $\lim\limits_{\max \Delta x_i \to 0} \sum\limits_{i=1}^{n} f(x_i^*) \Delta x_i$ 存在, 則稱 f 在 $[a, b]$ 為可積分, 即, 定積分 $\int_a^b f(x)\, dx$ 存在.

2. 定積分的性質：

(1) $\int_a^b c\, f(x)\, dx = c \int_a^b f(x)\, dx$, c 為常數

(2) $\int_a^b [f(x) \pm g(x)]\, dx = \int_a^b f(x)\, dx \pm \int_a^b g(x)\, dx$

(3) $\int_a^b dx = (b - a)$

(4) $\int_a^c f(x)\, dx = \int_a^b f(x)\, dx + \int_b^c f(x)\, dx$

(5) $\int_a^b f(x)\, dx = \int_a^{c_1} f(x)\, dx + \int_{c_1}^{c_2} f(x)\, dx + \cdots + \int_{c_{n-1}}^{c_n} f(x)\, dx + \int_{c_n}^b f(x)\, dx$

3. 積分的均值定理：若函數 f 在 $[a, b]$ 為連續, 則存在 $c \in [a, b]$ 使得

$$\int_a^b f(x)\, dx = f(c)(b - a).$$

4. 若函數 f 在 $[a, b]$ 為可積分，則 f 在 $[a, b]$ 上的平均值為

$$f_{\text{ave}} = \frac{1}{b-a} \int_a^b f(x)\,dx.$$

5. 設 $F'(x) = f(x)$ 且 C 表任意常數，則符號

$$\int f(x)\,dx = F(x) + C$$

稱為函數 f 的不定積分．

6. 不定積分的基本性質：

(1) $\int k\,dx = kx + C$，k 為常數．

(2) $\int x^n\,dx = \dfrac{x^{n+1}}{n+1} + C$，$n \neq -1$．

(3) $\int c f(x)\,dx = c \int f(x)\,dx$，$c$ 為常數．

(4) $\int [f(x) \pm g(x)]\,dx = \int f(x)\,dx \pm \int g(x)\,dx$

(5) $\int [c_1 f(x) \pm c_2 g(x)]\,dx = c_1 \int f(x)\,dx \pm c_2 \int g(x)\,dx$

(6) $\int u^n \dfrac{du}{dx}\,dx = \dfrac{u^{n+1}}{n+1} + C$，$n \neq -1$，其中 u 為 x 的可微分函數．

7. 微積分基本定理：

設函數 f 在 $[a, b]$ 為連續．

第 I 部分：若令 $F(x) = \int_a^x f(t)\,dt$，$x \in [a, b]$，則 $F'(x) = f(x)$．

第 II 部分：若 $F'(x) = f(x)$，$x \in [a, b]$，則

$$\int_a^b f(x)\,dx = F(b) - F(a) = \Big[F(x)\Big]_a^b.$$

8. 若 f 為連續函數且 g 為可微分函數，則

$$\frac{d}{dx}\int_a^{g(x)} f(t)\, dt = f(g(x))\, g'(x).$$

9. **不定積分代換定理**：

若 F 為 f 的反導函數，令 $u=g(x)$，則

$$\int f(g(x))\, g'(x)\, dx = \int f(u)\, du = F(u)+C = F(g(x))+C.$$

10. **定積分代換定理**：

設函數 g 在 $[a, b]$ 具有連續的導函數且 f 在 $g(a)$ 至 $g(b)$ 為連續。令 $u=g(x)$，則

$$\int_a^b f(g(x))\, g'(x)\, dx = \int_{g(a)}^{g(b)} f(u)\, du.$$

11. **對稱定理**：

設函數 f 在 $[-a, a]$ 為連續。

(1) 若 f 為偶函數，則

$$\int_{-a}^a f(x)\, dx = 2\int_0^a f(x)\, dx.$$

(2) 若 f 為奇函數，則

$$\int_{-a}^a f(x)\, dx = 0.$$

12. **週期函數的定積分**：

若 f 為週期 p 的週期函數，則

$$\int_{a+p}^{b+p} f(x)\, dx = \int_a^b f(x)\, dx.$$

6 積分的方法

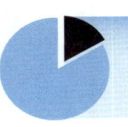

6-1 不定積分的基本公式

在本節中,我們將複習前面學過的積分公式. 我們以 u 為積分變數而不以 x 為積分變數,重新敘述那些積分公式,因為當使用代換時,若出現該形式,則可立即獲得結果. 今列出一些基本公式,如下:

$$\int u^r \, du = \frac{u^{r+1}}{r+1} + C \ (r \neq -1)$$

$$\int \frac{du}{u} = \ln|u| + C$$

$$\int e^u \, du = e^u + C$$

$$\int a^u \, du = \frac{a^u}{\ln a} + C \ (a > 0, \ a \neq 1)$$

$$\int \sin u \, du = -\cos u + C$$

$$\int \cos u \, du = \sin u + C$$

$$\int \tan u \, du = -\ln|\cos u| + C = \ln|\sec u| + C$$

$$\int \cot u \, du = \ln|\sin u| + C = -\ln|\csc u| + C$$

$$\int \sec u \, du = \ln|\sec u + \tan u| + C$$

$$\int \csc u \, du = \ln|\csc u - \cot u| + C$$

$$\int \sec^2 u \, du = \tan u + C$$

$$\int \csc^2 u \, du = -\cot u + C$$

$$\int \sec u \, \tan u \, du = \sec u + C$$

$$\int \csc u \, \cot u \, dt = -\csc u + C$$

$$\int \frac{du}{\sqrt{a^2 - u^2}} = \sin^{-1} \frac{u}{a} + C \ (a > 0)$$

$$\int \frac{du}{a^2 + u^2} = \frac{1}{a} \tan^{-1} \frac{u}{a} + C \ (a \neq 0)$$

$$\int \frac{du}{u\sqrt{u^2 - a^2}} = \frac{1}{a} \sec^{-1} \frac{u}{a} + C \ (a > 0)$$

例題 1 求 $\dfrac{dx}{\sqrt{9 - 4x^2}}$。

解 令 $u = 2x$，則 $du = 2dx$，故

$$\int \frac{dx}{\sqrt{9-4x^2}} = \frac{1}{2} \int \frac{du}{\sqrt{9-u^2}} = \frac{1}{2} \sin^{-1} u + C = \frac{1}{2} \sin^{-1}\left(\frac{2x}{3}\right) + C.$$

例題 2 求 $\displaystyle\int \frac{\cos x}{3-\sin x} dx$.

解 令 $u = 3 - \sin x$, 則 $du = -\cos x\, dx$, 故

$$\int \frac{\cos x}{3-\sin x} dx = -\int \frac{du}{u} = -\ln |u| + C$$
$$= -\ln |3-\sin x| + C = -\ln(3-\sin x) + C.$$

例題 3 求 $\displaystyle\int \frac{dx}{x(\ln x)^2}$.

解 令 $u = \ln x$, 則 $du = \dfrac{1}{x} dx$, 故

$$\int \frac{dx}{x(\ln x)^2} = \int \frac{du}{u^2} = -\frac{1}{u} + C = -\frac{1}{\ln x} + C.$$

例題 4 求 $\displaystyle\int_1^4 \frac{e^{\sqrt{x}}}{\sqrt{x}} dx$.

解 令 $u = \sqrt{x}$, 則 $du = \dfrac{dx}{2\sqrt{x}}$, $\dfrac{dx}{\sqrt{x}} = 2\, du$.

當 $x = 1$ 時, $u = 1$; 當 $x = 4$ 時, $u = 2$, 所以,

$$\int_1^4 \frac{e^{\sqrt{x}}}{\sqrt{x}} dx = \int_1^2 2e^u\, du = 2 \int_1^2 e^u\, du = 2\left[e^u \right]_1^2$$
$$= 2(e^2 - e) = 2e(e-1).$$

例題 5 求 $\displaystyle\int \frac{dx}{1+e^x}$.

解 方法 1：$\int \dfrac{dx}{1+e^x} = \int \left(1 - \dfrac{e^x}{1+e^x}\right) dx = x - \int \dfrac{e^x}{1+e^x} dx$

令 $u = 1 + e^x$，則 $du = e^x\, dx$，可得

$$\int \dfrac{e^x}{1+e^x}\, dx = \int \dfrac{du}{u} = \ln |u| + C = \ln(1+e^x) + C'$$

故 $\int \dfrac{dx}{1+e^x} = x - [\ln(1+e^x) + C'] = x - \ln(1+e^x) + C$

方法 2：$\int \dfrac{dx}{1+e^x} = \int \dfrac{e^{-x}}{1+e^{-x}}\, dx$

令 $u = 1 + e^{-x}$，則 $du = -e^{-x}\, dx$，故

$$\int \dfrac{dx}{1+e^x} = \int \dfrac{e^{-x}}{1+e^{-x}}\, dx = -\int \dfrac{du}{u}$$
$$= -\ln |u| + C'$$
$$= -\ln(1+e^{-x}) + C'$$
$$= x - \ln(1+e^x) + C.$$

例題 6 求 $\int \dfrac{dx}{(x+1)\sqrt{x}}$．

解 令 $u = \sqrt{x}$，則 $u^2 = x$，$2u\, du = dx$，故

$$\int \dfrac{dx}{(x+1)\sqrt{x}} = \int \dfrac{2u}{(u^2+1)u}\, du = 2\int \dfrac{du}{1+u^2}$$
$$= 2\tan^{-1} u + C = 2\tan^{-1} \sqrt{x} + C.$$

習題 6-1

求下列各積分.

1. $\displaystyle\int x^2 \cos(1-x^3)\,dx$

2. $\displaystyle\int \frac{\sec^2 x}{\sqrt{2-\tan x}}\,dx$

3. $\displaystyle\int \frac{(\ln x)^n}{x}\,dx$

4. $\displaystyle\int_e^{e^4} \frac{dx}{x\sqrt{\ln x}}$

5. $\displaystyle\int \frac{e^x}{\sqrt{e^x-1}}\,dx$

6. $\displaystyle\int \frac{3^{\tan x}}{\cos^2 x}\,dx$

7. $\displaystyle\int \frac{2^{1/x}}{x^2}\,dx$

8. $\displaystyle\int \frac{dx}{\sqrt{x}\sqrt{1-x}}$

9. $\displaystyle\int \frac{1}{x}\cos(\ln x)\,dx$

10. $\displaystyle\int \frac{(\ln x^2)^2}{x}\,dx$

11. $\displaystyle\int_4^9 \frac{dx}{\sqrt{x}\,e^{\sqrt{x}}}$

12. $\displaystyle\int \frac{dx}{4+16x^2}$

13. $\displaystyle\int \frac{x}{1+x^4}\,dx$

14. $\displaystyle\int \frac{dx}{x^{1/2}+x^{3/2}}$

15. $\displaystyle\int \frac{dx}{1+\cos x}$

6-2　分部積分法

若 f 與 g 皆為可微分函數，則

$$\frac{d}{dx}[f(x)\,g(x)] = f'(x)\,g(x) + f(x)\,g'(x)$$

積分上式可得

$$\int [f'(x)\,g(x) + f(x)\,g'(x)]\,dx = f(x)\,g(x)$$

或

$$\int f'(x)\,g(x)\,dx + \int f(x)\,g'(x)\,dx = f(x)\,g(x)$$

上式可整理成

$$\int f(x)\,g'(x)\,dx = f(x)\,g(x) - \int f'(x)\,g(x)\,dx$$

若令 $u=f(x)$ 且 $v=g(x)$，則 $du=f'(x)\,dx$，$dv=g'(x)\,dx$，故上面的公式可寫成

$$\int u\,dv = uv - \int v\,du \tag{6-1}$$

在利用公式 (6-1) 時，如何選取 u 及 dv，並無一定的步驟可循．通常儘量將可積分的部分視為 dv，而其他式子視為 u．基於此理由，利用公式 (6-1) 求不定積分的方法稱為**分部積分法**．對於定積分所對應的公式為

$$\int_a^b f(x)\,g'(x)\,dx = \left[f(x)\,g(x)\right]_a^b - \int_a^b f'(x)\,g(x)\,dx \tag{6-2}$$

現在，我們提出可利用分部積分法計算的一些積分型：

1. $\int x^n e^{ax}\,dx$，$\int x^n \sin ax\,dx$，$\int x^n \cos ax\,dx$，其中 n 為正整數．此處，令 $u=x^n$，$dv=$ 剩下部分．

例題 1 求 $\int xe^x\,dx$．

解 令 $u=x$，$dv=e^x\,dx$，則 $du=dx$，$v=\int e^x\,dx = e^x$，

故 $$\int xe^x\,dx = xe^x - \int e^x\,dx = xe^x - e^x + C.$$

註：在上面例題中，我們由 dv 計算 v 時，省略積分常數，而寫成 $v=\int e^x\,dx = e^x$．假使我們放入一個積分常數，而寫成 $v=\int e^x\,dx = e^x + C_1$，則常數 C_1 最後將抵消．在分部積分法中總是如此，因此，我們由 dv 計算 v 時，通常省略常數．

讀者應注意，欲成功地利用分部積分法，必須選取適當的 u 與 dv，使得新積分

較原積分容易. 例如, 假使我們在例題 1 中令 $u=e^x$, $dv=x\,dx$, 則 $du=e^x\,dx$, $v=\dfrac{1}{2}x^2$, 故

$$\int xe^x\,dx = \dfrac{1}{2}x^2 e^x - \dfrac{1}{2}\int x^2 e^x\,dx$$

上式右邊的積分比原積分複雜, 這是由於 dv 的選取不當所致.

例題 2 求 $\int x\sin x\,dx$.

解 令 $u=x$, $dv=\sin x\,dx$, 則 $du=dx$, $v=-\cos x$, 故

$$\int x\sin x\,dx = -x\cos x + \int \cos x\,dx$$
$$= -x\cos x + \sin x + C.$$

2. $\int x^m (\ln x)^n\,dx$, $m \neq -1$, n 為正整數. 此處, 令 $u=(\ln x)^n$, $dv=x^m\,dx$.

例題 3 求 $\int \ln x\,dx$.

解 令 $u=\ln x$, $dv=dx$, 則 $du=\dfrac{dx}{x}$, $v=x$, 故

$$\int \ln x\,dx = x\ln x - \int dx = x\ln x - x + C.$$

例題 4 求 $\int x\ln x\,dx$.

解 令 $u=\ln x$, $dv=x\,dx$, 則 $du=\dfrac{dx}{x}$, $v=\dfrac{x^2}{2}$, 故

$$\int x\ln x\,dx = \dfrac{x^2}{2}\ln x - \int \dfrac{x}{2}\,dx = \dfrac{x^2}{2}\ln x - \dfrac{x^2}{4} + C.$$

另外，若 $p(x)$ 為 n 次多項式，$F_1(x)$, $F_2(x)$, $F_3(x)$, $\cdots$, $F_{n+1}(x)$ 為 $f(x)$ 之依次的積分，則我們可以重複地利用分部積分法證得

$$\int p(x) f(x) \, dx = p(x) F_1(x) - p'(x) F_2(x) + p''(x) F_3(x) - \cdots$$
$$+ (-1)^n p^{(n)}(x) F_{n+1}(x) + C$$

上式等號右邊的結果可用下面的處理方式去獲得．

首先，列出下表：

$p(x)$ 及其依次的導函數		$f(x)$ 及其依次的積分
$p(x)$	$(+)$	$F(x)$
$p'(x)$	$(-)$	$F_1(x)$
$p''(x)$	$(+)$	$F_2(x)$
$p'''(x)$	$(-)$	$F_3(x)$
$\vdots$	$\vdots$	$\vdots$
0		$F_{n+1}(x)$

表中 $p(x) \xrightarrow{(+)} F_1(x)$ 表示 $p(x)$ 與 $F_1(x)$ 相乘並取正號，其餘類推，依序求出乘積，再相加就可得到最後結果．

例題 5 求 $\displaystyle\int x^2 e^x \, dx$．

解

x^2	$(+)$	e^x
$2x$	$(-)$	e^x
2	$(+)$	e^x
0		e^x

$$\int x^2 e^x \, dx = x^2 e^x - 2xe^x + 2e^x + C.$$

例題 6 求 $\int x^3 \cos x \, dx$.

解

x^3	$(+)$	$\cos x$
$3x^2$	$(-)$	$\sin x$
$6x$	$(+)$	$-\cos x$
6	$(-)$	$-\sin x$
0		$\cos x$

$$\int x^3 \cos x \, dx = x^3 \sin x + 3x^2 \cos x - 6x \sin x - 6 \cos x + C.$$

3. $\int e^{ax} \sin bx \, dx$, $\int e^{ax} \cos bx \, dx$

此處，令 $u = e^{ax}$, $dv =$ 剩下部分；或令 $dv = e^{ax} dx$, $u =$ 剩下部分.

例題 7 求 $\int e^x \sin x \, dx$.

解 令 $u = e^x$, $dv = \sin x \, dx$, 則 $du = e^x dx$, $v = -\cos x$, 故

$$\int e^x \sin x \, dx = -e^x \cos x + \int e^x \cos x \, dx$$

其次，對上式右邊的積分再利用分部積分法.

令 $u = e^x$, $dv = \cos x \, dx$, 則 $du = e^x dx$, $v = \sin x$,

故 $$\int e^x \cos x \, dx = e^x \sin x - \int e^x \sin x \, dx$$

可得 $\int e^x \sin x\ dx = -e^x \cos x + e^x \sin x - \int e^x \sin x\ dx$

$$2\int e^x \sin x\ dx = -e^x \cos x + e^x \sin x$$

故 $\int e^x \sin x\ dx = \dfrac{e^x}{2}(\sin x - \cos x) + C.$

分部積分法有時可用來求出積分的簡化公式，這些公式能用來將含有乘冪項的積分以較低次乘冪項的積分表示．

例題 8 求 $\int \sin^n x\ dx$ 的簡化公式，此處正整數 $n \geq 2$.

解 令 $u = \sin^{n-1} x,\ dv = \sin x\ dx$，則

$$du = (n-1)\sin^{n-2} x \cos x\ dx,\ v = -\cos x,$$

故

$$\int \sin^n x\ dx = -\cos x \sin^{n-1} x + (n-1)\int \sin^{n-2} x \cos^2 x\ dx$$

$$= -\cos x \sin^{n-1} x + (n-1)\int \sin^{n-2} x\ dx - (n-1)\int \sin^n x\ dx$$

可得

$$\int \sin^n x\ dx + (n-1)\int \sin^n x\ dx = -\cos x \sin^{n-1} x + (n-1)\int \sin^{n-2} x\ dx$$

即，$\int \sin^n x\ dx = -\dfrac{1}{n}\cos x \sin^{n-1} x + \dfrac{n-1}{n}\int \sin^{n-2} x\ dx\ (n \geq 2).$

例題 9 利用例題 8 的簡化公式求 $\int_0^{\pi/2} \sin^4 x\ dx.$

解 $\int_0^{\pi/2} \sin^n x\ dx = \left[-\dfrac{\cos x\ \sin^{n-1} x}{n}\right]_0^{\pi/2} + \dfrac{n-1}{n}\int_0^{\pi/2} \sin^{n-2} x\ dx$

$$= \frac{n-1}{n} \int_0^{\pi/2} \sin^{n-2} x\, dx$$

故 $$\int_0^{\pi/2} \sin^4 x\, dx = \frac{3}{4} \int_0^{\pi/2} \sin^2 x\, dx = \frac{3}{4} \cdot \frac{1}{2} \int_0^{\pi/2} dx$$

$$= \frac{3}{4} \cdot \frac{1}{2} \cdot \frac{\pi}{2} = \frac{3\pi}{16}.$$

下面公式留給讀者去證明.

$$\int \cos^n x\, dx = \frac{1}{n} \cos^{n-1} x \sin x + \frac{n-1}{n} \int \cos^{n-2} x\, dx \quad (正整數\ n \geq 2).$$

習題 6-2

求下列各積分.

1. $\int x e^{2x}\, dx$
2. $\int x \sin 2x\, dx$
3. $\int x^3 \ln x\, dx$
4. $\int e^{2x} \cos 3x\, dx$
5. $\int x \csc^2 3x\, dx$
6. $\int_0^1 x^3 e^{-x^2}\, dx$
7. $\int_0^1 \ln(1+x)\, dx$
8. $\int_0^1 e^{\sqrt{x}}\, dx$
9. $\int x^2 e^{-2x}\, dx$
10. $\int e^{-3x} \sin 3x\, dx$
11. $\int x \sin(3x+2)\, dx$
12. $\int x \ln \sqrt{x}\, dx$
13. $\int (\ln x)^2\, dx$
14. $\int_0^1 \frac{x^3}{\sqrt{x^2+1}}\, dx$
15. $\int \sin(\ln x)\, dx$
16. $\int \sin^{-1} x\, dx$
17. $\int x \tan^{-1} x\, dx$
18. $\int \csc^3 x\, dx$

19. $\displaystyle\int \sin \sqrt{x}\, dx$

6-3　三角函數乘冪積分法

在本節裡，我們將利用三角恆等式去求被積分函數含有三角函數乘冪的積分．

$\displaystyle\int \sin^m x \cos^n x\, dx$ 型

(1) 若 m 為正奇數，則保留一個因子 $\sin x$，並利用 $\sin^2 x = 1 - \cos^2 x$，可得

$$\int \sin^m x \cos^n x\, dx = \int \sin^{m-1} x \cos^n x \sin x\, dx$$

$$= \int (1-\cos^2 x)^{(m-1)/2} \cos^n x \sin x\, dx$$

然後以 $u = \cos x$ 代換．

(2) 若 n 為正奇數，則保留一個因子 $\cos x$，並利用 $\cos^2 x = 1 - \sin^2 x$，可得

$$\int \sin^m x \cos^n x\, dx = \int \sin^m x \cos^{n-1} x \cos x\, dx$$

$$= \int \sin^m x (1-\sin^2 x)^{(n-1)/2} \cos x\, dx$$

然後以 $u = \sin x$ 代換．

(3) 若 m 與 n 皆為正偶數，則利用半角公式

$$\sin^2 x = \frac{1}{2}(1-\cos 2x),\ \cos^2 x = \frac{1}{2}(1+\cos 2x)$$

有時候，利用公式 $\sin x \cos x = \dfrac{1}{2}\sin 2x$ 是很有幫助的．

第六章 積分的方法

例題 1 求 $\displaystyle\int \sin^3 x \cos^2 x\, dx$.

解 令 $u = \cos x$，則 $du = -\sin x\, dx$，並將 $\sin^3 x$ 寫成 $\sin^3 x = \sin^2 x \sin x$。於是，

$$\int \sin^3 x \cos^2 x\, dx = \int \sin^2 x \cos^2 x \sin x\, dx$$

$$= \int (1-\cos^2 x)\cos^2 x \sin x\, dx = \int (1-u^2) u^2 (-du)$$

$$= \int (u^4 - u^2)\, du = \frac{1}{5} u^5 - \frac{1}{3} u^3 + C$$

$$= \frac{1}{5}\cos^5 x - \frac{1}{3}\cos^3 x + C.$$

例題 2 求 $\displaystyle\int \sin^2 x \cos^5 x\, dx$.

解 令 $u = \sin x$，則 $du = \cos x\, dx$，於是，

$$\int \sin^2 x \cos^5 x\, dx = \int \sin^2 x (1-\sin^2 x)^2 \cos x\, dx = \int u^2 (1-u^2)^2\, du$$

$$= \int (u^2 - 2u^4 + u^6)\, du = \frac{1}{3} u^3 - \frac{2}{5} u^5 + \frac{1}{7} u^7 + C$$

$$= \frac{1}{3}\sin^3 x - \frac{2}{5}\sin^5 x + \frac{1}{7}\sin^7 x + C.$$

$\displaystyle\int \tan^m x \sec^n x\, dx$ 型

(1) 若 n 為正偶數，則保留一個因子 $\sec^2 x$，並利用 $\sec^2 x = 1 + \tan^2 x$，可得

$$\int \tan^m x \sec^n x\, dx = \int \tan^m x \sec^{n-2} x \sec^2 x\, dx$$

$$= \int \tan^m x (1+\tan^2 x)^{(n-2)/2} \sec^2 x \, dx$$

然後以 $u=\tan x$ 代換.

(2) 若 m 為正奇數, 則保留一個因子 $\sec x \tan x$, 並利用 $\tan^2 x = \sec^2 x - 1$, 可得

$$\int \tan^m x \sec^n x \, dx = \int \tan^{m-1} x \sec^{n-1} x \sec x \tan x \, dx$$

$$= \int (\sec^2 x - 1)^{(m-1)/2} \sec^{n-1} x \sec x \tan x \, dx$$

然後以 $u=\sec x$ 代換.

(3) 若 m 為正偶數且 n 為正奇數, 則將被積分函數化成 $\sec x$ 之乘冪的和. $\sec x$ 的乘冪需利用分部積分法.

例題 3 求 $\int \tan^6 x \sec^4 x \, dx$.

解 令 $u=\tan x$, 則 $du=\sec^2 x \, dx$, 故

$$\int \tan^6 x \sec^4 x \, dx = \int \tan^6 x \sec^2 x \sec^2 x \, dx$$

$$= \int \tan^6 x (1+\tan^2 x) \sec^2 x \, dx = \int u^6 (1+u^2) \, du$$

$$= \int (u^6 + u^8) \, du = \frac{1}{7} u^7 + \frac{1}{9} u^9 + C$$

$$= \frac{1}{7} \tan^7 x + \frac{1}{9} \tan^9 x + C.$$

例題 4 求 $\int_0^{\pi/3} \tan^5 x \sec^3 x \, dx$.

解 令 $u=\sec x$, 則 $du=\sec x \tan x \, dx$.

當 $x=0$ 時，$u=1$；當 $x=\dfrac{\pi}{3}$ 時，$u=2$，故

$$\int_0^{\pi/3} \tan^5 x \ \sec^3 x \ dx = \int_0^{\pi/3} (\sec^2 x - 1)^2 \ \sec^2 x \ \sec x \ \tan x \ dx$$

$$= \int_1^2 (u^2-1)^2 \ u^2 \ du = \int_1^2 (u^6 - 2u^4 + u^2) \ du$$

$$= \left[\frac{1}{7} u^7 - \frac{2}{5} u^5 + \frac{1}{3} u^3 \right]_1^2 = \left(\frac{128}{7} - \frac{64}{5} + \frac{8}{3} \right) - \left(\frac{1}{7} - \frac{2}{5} + \frac{1}{3} \right)$$

$$= \frac{848}{105}.$$

例題 5 求 $\displaystyle\int \sec^3 x \ dx$.

解 令 $u = \sec x$，$dv = \sec^2 x \ dx$，則 $du = \sec x \ \tan x \ dx$，$v = \tan x$，

可得 $\displaystyle\int \sec^3 x \ dx = \sec x \ \tan x - \int \sec x \ \tan^2 x \ dx$

$$= \sec x \ \tan x - \int \sec x (\sec^2 x - 1) \ dx$$

$$= \sec x \ \tan x - \int \sec^3 x \ dx + \int \sec x \ dx$$

即， $2\displaystyle\int \sec^3 x \ dx = \sec x \ \tan x + \int \sec x \ dx$

故 $\displaystyle\int \sec^3 x \ dx = \frac{1}{2} (\sec x \ \tan x + \ln |\sec x + \tan x|) + C.$

$\int \tan^n x \, dx$ 與 $\int \cot^n x \, dx$ 型 (其中正整數 $n \geq 2$)

$$\int \tan^n x \, dx = \int \tan^{n-2} x \, \tan^2 x \, dx = \int \tan^{n-2} x \, (\sec^2 x - 1) \, dx$$

$$= \int \tan^{n-2} x \, \sec^2 x \, dx - \int \tan^{n-2} x \, dx$$

$$= \int \tan^{n-2} x \, d(\tan x) - \int \tan^{n-2} x \, dx$$

$$= \frac{\tan^{n-1} x}{n-1} - \int \tan^{n-2} x \, dx \quad (n \geq 2)$$

同理,

$$\int \cot^n x \, dx = -\frac{\cot^{n-1} x}{n-1} - \int \cot^{n-2} x \, dx \quad (n \geq 2)$$

以上兩公式稱為 $\int \tan^n x \, dx$ 與 $\int \cot^n x \, dx$ 的簡化公式.

例題 6 求 $\int \tan^3 x \, dx$.

解
$$\int \tan^3 x \, dx = \int \tan x \, \tan^2 x \, dx$$

$$= \int \tan x \, (\sec^2 x - 1) \, dx$$

$$= \int \tan x \, \sec^2 x \, dx - \int \tan x \, dx$$

$$= \frac{1}{2} \tan^2 x - \ln |\sec x| + C.$$

形如 $\int \cot^m x \, \csc^n x \, dx$ 的積分可用類似的方法計算.

例題 7 求 $\int \cot^{3/2} x \csc^4 x \, dx$.

解
$$\int \cot^{3/2} x \csc^4 x \, dx = \int \cot^{3/2} x \csc^2 x \csc^2 x \, dx$$
$$= -\int \cot^{3/2} x (1 + \cot^2 x) \, d(\cot x)$$
$$= -\int (\cot^{3/2} x + \cot^{7/2} x) \, d(\cot x)$$
$$= -\frac{2}{5} \cot^{5/2} x - \frac{2}{9} \cot^{9/2} x + C.$$

對於形如：(1) $\int \sin mx \cos nx \, dx$、(2) $\int \sin mx \sin nx \, dx$ 與 (3) $\int \cos mx \cos nx \, dx$ 等的積分，我們可以利用恆等式：

$$\sin \alpha \, \cos \beta = \frac{1}{2} [\sin (\alpha + \beta) + \sin (\alpha - \beta)]$$

$$\sin \alpha \, \sin \beta = \frac{1}{2} [\cos (\alpha - \beta) - \cos (\alpha + \beta)]$$

$$\cos \alpha \, \cos \beta = \frac{1}{2} [\cos (\alpha + \beta) + \cos (\alpha - \beta)].$$

例題 8 求 $\int \sin 7x \cos 3x \, dx$.

解 因 $\sin 7x \cos 3x = \frac{1}{2} (\sin 10x + \sin 4x)$，故

$$\int \sin 7x \cos 3x \, dx = \frac{1}{2} \int (\sin 10x + \sin 4x) \, dx$$
$$= -\frac{1}{20} \cos 10x - \frac{1}{8} \cos 4x + C.$$

例題 9 求 $\int \cos 2x \cos x\, dx$.

解 $\int \cos 2x \cos x\, dx = \dfrac{1}{2}\int (\cos 3x + \cos x)\, dx = \dfrac{1}{6}\sin 3x + \dfrac{1}{2}\sin x + C$.

例題 10 若 m 及 n 皆為正整數，證明：

$$\int_{-\pi}^{\pi} \sin mx \sin nx\, dx = \begin{cases} 0, & \text{若 } n \neq m \\ \pi, & \text{若 } n = m. \end{cases}$$

解 若 $m \neq n$，則

$$\int_{-\pi}^{\pi} \sin mx \sin nx\, dx = -\dfrac{1}{2}\int_{-\pi}^{\pi}[\cos(m+n)x - \cos(m-n)x]\, dx$$

$$= -\dfrac{1}{2}\left[\dfrac{1}{m+n}\sin(m+n)x - \dfrac{1}{m-n}\sin(m-n)x\right]_{-\pi}^{\pi}$$

$$= 0$$

若 $m = n$，則

$$\int_{-\pi}^{\pi} \sin mx \sin nx\, dx = -\dfrac{1}{2}\int_{-\pi}^{\pi}(\cos 2mx - 1)\, dx$$

$$= -\dfrac{1}{2}\left[\dfrac{1}{2m}\sin 2mx - x\right]_{-\pi}^{\pi}$$

$$= -\dfrac{1}{2}(-2\pi) = \pi.$$

習題 6-3

求下列各積分.

1. $\displaystyle\int \sin^3 x \, \cos^3 x \, dx$

2. $\displaystyle\int \sin^2 x \, \cos^3 x \, dx$

3. $\displaystyle\int \cos^3 2x \, dx$

4. $\displaystyle\int \sin^2 2x \, \cos^3 2x \, dx$

5. $\displaystyle\int \sin^3 2x \, \cos^2 2x \, dx$

6. $\displaystyle\int \cos^4 \frac{x}{4} \, dx$

7. $\displaystyle\int \sin^2 x \, \cos^2 x \, dx$

8. $\displaystyle\int \sin^2 \frac{x}{2} \, \cos^2 \frac{x}{2} \, dx$

9. $\displaystyle\int \tan^4 x \, \sec^4 x \, dx$

10. $\displaystyle\int \tan^3 4x \, \sec^4 4x \, dx$

11. $\displaystyle\int \cot^3 x \, \csc^3 x \, dx$

12. $\displaystyle\int \frac{\sec x}{\cot^5 x} \, dx$

13. $\displaystyle\int \tan^2 (3-2x) \, \sec (3-2x) \, dx$

14. $\displaystyle\int \tan^3 3x \, dx$

15. $\displaystyle\int \sin 5x \, \sin 3x \, dx$

16. $\displaystyle\int \sin 2x \, \cos 5x \, dx$

17. $\displaystyle\int_0^3 \cos \frac{2\pi x}{3} \cos \frac{5\pi x}{3} \, dx$

6-4　三角代換法

若被積分函數含有 $\sqrt{a^2-x^2}$ 或 $\sqrt{a^2+x^2}$ 或 $\sqrt{x^2-a^2}$ (此處 $a>0$)，則利用下表列出的三角代換可消去根號.

式 子	三角代換	恆等式
$\sqrt{a^2-x^2}$	$x=a\sin\theta,\ -\dfrac{\pi}{2}\leq\theta\leq\dfrac{\pi}{2}$	$1-\sin^2\theta=\cos^2\theta$
$\sqrt{a^2+x^2}$	$x=a\tan\theta,\ -\dfrac{\pi}{2}<\theta<\dfrac{\pi}{2}$	$1+\tan^2\theta=\sec^2\theta$
$\sqrt{x^2-a^2}$	$x=a\sec\theta,\ 0\leq\theta<\dfrac{\pi}{2}$ 或 $\pi\leq\theta<\dfrac{3\pi}{2}$	$\sec^2\theta-1=\tan^2\theta$

例題 1 求 $\displaystyle\int \dfrac{dx}{\sqrt{a^2-x^2}}\ (a>0)$.

解 令 $x=a\sin\theta,\ 0\leq\theta<\dfrac{\pi}{2}$，則 $dx=a\cos\theta\,d\theta$，可得

$$\int \dfrac{dx}{\sqrt{a^2-x^2}} = \int \dfrac{a\cos\theta}{a\cos\theta}\,d\theta = \int d\theta = \theta + C = \sin^{-1}\dfrac{x}{a} + C.$$

例題 2 求 $\displaystyle\int \sqrt{1-x^2}\,dx$.

解 令 $x=\sin\theta,\ 0\leq\theta\leq\dfrac{\pi}{2}$，則 $dx=\cos\theta\,d\theta$，可得

$$\int \sqrt{1-x^2}\,dx = \int \sqrt{1-\sin^2\theta}\,\cos\theta\,d\theta = \int \sqrt{\cos^2\theta}\,\cos\theta\,d\theta$$

$$= \int \cos^2\theta\,d\theta = \dfrac{1}{2}\int(1+\cos 2\theta)\,d\theta$$

$$= \dfrac{1}{2}\left(\theta + \dfrac{1}{2}\sin 2\theta\right) + C$$

$$= \dfrac{1}{2}(\theta + \sin\theta\,\cos\theta) + C.$$

現在，需要還原到原積分變數 x. 我們可以利用一個簡單的幾何方法. 因 $\sin\theta = x$，故可作出銳角 θ 使其對邊是 x，並且斜邊是 1 的直角三角形，如圖 6-1 所示. 參考該三角形，可知

$$\cos\theta = \sqrt{1-x^2}$$

✦ 圖 6-1

故 $\int \sqrt{1-x^2}\, dx = \dfrac{1}{2}(\sin^{-1} x + x\sqrt{1-x^2}) + C.$

例題 3 求 $\int \dfrac{dx}{\sqrt{9+x^2}}$.

解 令 $x = 3\tan\theta$, $0 < \theta < \dfrac{\pi}{2}$，則 $dx = 3\sec^2\theta\, d\theta$，可得

$$\int \frac{dx}{\sqrt{9+x^2}} = \int \frac{3\sec^2\theta}{3\sec\theta}\, d\theta = \int \sec\theta\, d\theta$$
$$= \ln|\sec\theta + \tan\theta| + C'$$

參考圖 6-2，可知

$$\sec\theta = \frac{\sqrt{9+x^2}}{3}, \quad \tan\theta = \frac{x}{3}$$

✦ 圖 6-2

故 $\int \dfrac{dx}{\sqrt{9+x^2}} = \ln\left|\dfrac{\sqrt{9+x^2}}{3} + \dfrac{x}{3}\right| + C'$

$$= \ln|\sqrt{9+x^2} + x| + C,$$

其中 $C = C' - \ln 3$.

例題 4 求 $\int \dfrac{dx}{\sqrt{4x^2-9}}$.

解 令 $x = \dfrac{3}{2} \sec \theta$, $0 < \theta < \dfrac{\pi}{2}$, 則 $dx = \dfrac{3}{2} \sec \theta \tan \theta \, d\theta$.

$$\sqrt{4x^2 - 9} = \sqrt{9 \sec^2 \theta - 9} = 3 |\tan \theta| = 3 \tan \theta$$

於是,

$$\int \frac{dx}{\sqrt{4x^2 - 9}} = \int \frac{3/2 \sec \theta \tan \theta}{3 \tan \theta} d\theta = \frac{1}{2} \int \sec \theta \, d\theta$$

$$= \frac{1}{2} \ln |\sec \theta + \tan \theta| + C'$$

$$= \frac{1}{2} \ln \left| \frac{2x}{3} + \frac{\sqrt{4x^2 - 9}}{3} \right| + C'$$

$$= \frac{1}{2} \ln |2x + \sqrt{4x^2 - 9}| + C,$$

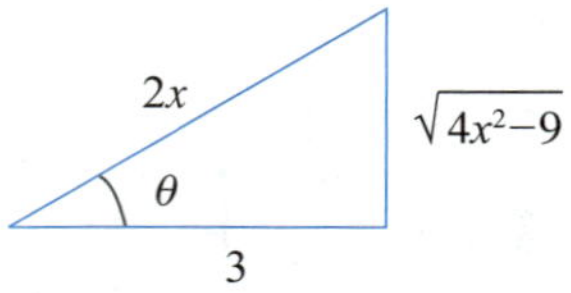

此處 $C = -\dfrac{1}{2} \ln 3 + C'$.

▲ 圖 6-3

若被積分函數中含有一個二次式 $ax^2 + bx + c$, $a \neq 0$, $b \neq 0$, 而無法利用前幾節的方法完成積分,則可以利用配方法,配成平方和或平方差,然後可利用積分的基本公式或三角代換完成積分.

例題 5 求 $\displaystyle\int \dfrac{dx}{x^2 + 6x + 10}$.

解 配方可得

$$x^2 + 6x + 10 = (x + 3)^2 + 1$$

所以,

$$\int \frac{dx}{x^2 + 6x + 10} = \int \frac{dx}{(x + 3)^2 + 1} = \int \frac{d(x + 3)}{(x + 3)^2 + 1}$$

$$= \tan^{-1}(x + 3) + C.$$

第六章　積分的方法　273

例題 6 求 $\int \dfrac{2x+5}{x^2+2x+5}\,dx.$

解 利用配方可得

$$\int \dfrac{2x+5}{x^2+2x+5}\,dx = \int \dfrac{2x+5}{(x+1)^2+4}\,dx$$

$$= \int \left[\dfrac{2(x+1)}{(x+1)^2+4} + \dfrac{3}{(x+1)^2+4} \right] dx$$

$$= \int \left[\dfrac{2(x+1)}{(x+1)^2+4} + \dfrac{3}{(x+1)^2+4} \right] d(x+1)$$

$$= \ln\,[(x+1)^2+4] + \dfrac{3}{2}\tan^{-1}\left(\dfrac{x+1}{2}\right) + C$$

$$= \ln\,(x^2+2x+5) + \dfrac{3}{2}\tan^{-1}\left(\dfrac{x+1}{2}\right) + C.$$

例題 7 求 $\int \dfrac{dx}{\sqrt{2x-x^2}}.$

解 配方可得

$$2x-x^2 = 1-(x-1)^2$$

所以，

$$\int \dfrac{dx}{\sqrt{2x-x^2}} = \int \dfrac{dx}{\sqrt{1-(x-1)^2}} = \int \dfrac{d(x-1)}{\sqrt{1-(x-1)^2}}$$

$$= \sin^{-1}(x-1) + C.$$

例題 8 求 $\int \dfrac{x}{\sqrt{3-2x-x^2}}\,dx.$

解 $\int \dfrac{x}{\sqrt{3-2x-x^2}}\,dx = \int \dfrac{x}{\sqrt{4-(x+1)^2}}\,dx$

令 $x+1=2\sin\theta$, $0\leq\theta<\dfrac{\pi}{2}$,

則 $dx=2\cos\theta\,d\theta$. 所以,

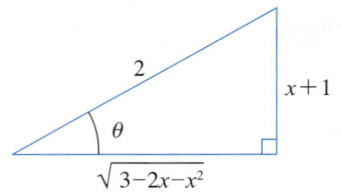

$$\int \dfrac{x}{\sqrt{3-2x-x^2}}\,dx = \int \dfrac{2\sin\theta-1}{2\cos\theta}\,2\cos\theta\,d\theta$$

$$= \int (2\sin\theta-1)\,d\theta$$

$$= -2\cos\theta-\theta+C$$

$$= -\sqrt{3-2x-x^2}-\sin^{-1}\left(\dfrac{x+1}{2}\right)+C.$$

◆ 圖 6-4

習題 6-4

求 1～18 題中的積分.

1. $\displaystyle\int \dfrac{x^2}{\sqrt{4-x^2}}\,dx$

2. $\displaystyle\int \dfrac{\sqrt{4-x^2}}{x}\,dx$

3. $\displaystyle\int \dfrac{dx}{x^2\sqrt{9-4x^2}}$

4. $\displaystyle\int \dfrac{dx}{(4-9x^2)^2}$

5. $\displaystyle\int e^t\sqrt{1-e^{2t}}\,dt$

6. $\displaystyle\int \dfrac{x^2}{\sqrt{4+x^2}}\,dx$

7. $\displaystyle\int_0^5 \dfrac{dx}{\sqrt{25+x^2}}$

8. $\displaystyle\int \dfrac{\sqrt{1+x^2}}{x}\,dx$

9. $\displaystyle\int \dfrac{dx}{(x^2+1)^{3/2}}$

10. $\displaystyle\int \dfrac{dx}{(x^2+9)^2}$

11. $\displaystyle\int \dfrac{\sqrt{x^2-9}}{x}\,dx$

12. $\displaystyle\int \dfrac{dx}{(x^2-1)^{3/2}}$

13. $\displaystyle\int \dfrac{\sqrt{2x^2-9}}{x}\,dx$

14. $\displaystyle\int \dfrac{2x+6}{x^2+4x+8}\,dx$

15. $\displaystyle\int \dfrac{2x-3}{4x^2+4x+5}\,dx$

16. $\displaystyle\int_1^2 \dfrac{dx}{\sqrt{4x-x^2}}$ **17.** $\displaystyle\int_4^7 \dfrac{dx}{\sqrt{x^2-8x+25}}$ **18.** $\displaystyle\int \dfrac{\cos\theta}{\sin^2\theta-6\sin\theta+13}\,d\theta$

19. 以三角代換或代換 $u=x^2+4$ 可計算積分 $\displaystyle\int \dfrac{x}{x^2+4}\,dx$. 利用此兩種方法求之，並說明所得結果是相同的.

6-5　部分分式法

在代數裡，我們學到將兩個或更多的分式合併為一個分式．例如，

$$\dfrac{1}{x}+\dfrac{2}{x-1}+\dfrac{3}{x+2}=\dfrac{(x-1)(x+2)+2x(x+2)+3x(x-1)}{x(x-1)(x+2)}$$

$$=\dfrac{6x^2+2x-2}{x^3+x^2-2x}$$

然而，上式的左邊比右邊容易積分．於是，若我們知道如何從上式的右邊開始而獲得左邊，則將是很有幫助的．處理這個問題的方法稱為<u>部分分式法</u>.

若多項式 $P(x)$ 的次數小於多項式 $Q(x)$ 的次數，則有理函數 $\dfrac{P(x)}{Q(x)}$ 稱為<u>真有理函數</u>；否則，它稱為<u>假有理函數</u>. 在理論上，實係數多項式恆可分解成實係數的一次因式與實係數的二次質因式的乘積．因此，若 $\dfrac{P(x)}{Q(x)}$ 為真有理函數，則

$$\dfrac{P(x)}{Q(x)}=F_1(x)+F_2(x)+\cdots+F_k(x)$$

此處每一 $F_i(x)$ 的形式為下列其中之一：

$$\dfrac{A}{(ax+b)^m} \quad \text{或} \quad \dfrac{Ax+B}{(ax^2+bx+c)^n}$$

其中 m 與 n 均為正整數，而 ax^2+bx+c 為二次質因式，換句話說，$ax^2+bx+c=0$ 沒有實根，即，$b^2-4ac<0$。和 $F_1(x)+F_2(x)+\cdots+F_k(x)$ 稱為 $\dfrac{P(x)}{Q(x)}$ 的部分分式分解，而每一個 $F_i(x)$ 稱為部分分式．

若 $\dfrac{P(x)}{Q(x)}$ 為真有理函數，則可化成部分分式分解的形式，方法如下：

1. 先將 $Q(x)$ 完完全全地分解為一次因式 $px+q$ 與二次質因式 ax^2+bx+c 的乘積，然後集中所有的重複因式，因此，$Q(x)$ 表為形如 $(px+q)^m$ 與 $(ax^2+bx+c)^n$ 之不同因式的乘積，其中 m 與 n 均為正整數．

2. 再應用下列的規則：

規則 1. 對於形如 $(px+q)^m$ 的每一個因式，此處 $m \geq 1$，部分分式分解含有 m 個部分分式的和，其形式為

$$\frac{A_1}{px+q}+\frac{A_2}{(px+q)^2}+\cdots+\frac{A_m}{(px+q)^m}$$

其中 A_1, A_2, $\cdots$, A_m 均為待定常數．

規則 2. 對於形如 $(ax^2+bx+c)^n$，此處 $n \geq 1$，且 $b^2-4ac<0$，部分分式分解含有 n 個部分分式的和，其形式為

$$\frac{A_1x+B_1}{ax^2+bx+c}+\frac{A_2x+B_2}{(ax^2+bx+c)^2}+\cdots+\frac{A_nx+B_n}{(ax^2+bx+c)^n}$$

其中 A_1, A_2, $\cdots$, A_n 皆為待定係數；B_1, B_2, $\cdots$, B_n 也皆為待定常數．

例題 1 求 $\displaystyle\int \frac{dx}{x^2+x-2}$．

解 因 $x^2+x-2=(x-1)(x+2)$，故令

$$\frac{1}{x^2+x-2}=\frac{A}{x-1}+\frac{B}{x+2}$$

我們以 $(x-1)(x+2)$ 乘上式等號的兩邊，得到

$$1 = A(x+2) + B(x-1) \cdots\cdots\cdots\cdots\cdots\cdots\cdots\cdots\cdots\cdots (*)$$

即，$$1 = (A+B)x + (2A-B)$$

比較上式等號兩邊同次項的係數，可知

$$\begin{cases} A+B = 0 \\ 2A-B = 1 \end{cases}$$

解得：$A = \dfrac{1}{3}$，$B = -\dfrac{1}{3}$. 於是，

$$\frac{1}{x^2+x-2} = \frac{\frac{1}{3}}{x-1} + \frac{-\frac{1}{3}}{x+2}$$

所以，
$$\begin{aligned}
\int \frac{dx}{x^2+x-2} &= \frac{1}{3}\int \frac{dx}{x-1} - \frac{1}{3}\int \frac{dx}{x+2} \\
&= \frac{1}{3}\int \frac{d(x-1)}{x-1} - \frac{1}{3}\int \frac{d(x+2)}{x+2} \\
&= \frac{1}{3}\ln|x-1| - \frac{1}{3}\ln|x+2| + C \\
&= \frac{1}{3}\ln\left|\frac{x-1}{x+2}\right| + C.
\end{aligned}$$

在例題 1 中，因式全部為一次式且不重複，利用使各因式為零的值代 x，可求出 A、B 與 C 的值．若在 (*) 式中令 $x=1$，可得 $1=3A$ 或 $A=\dfrac{1}{3}$．在 (*) 式中令 $x=-2$，可得 $1=-3B$ 或 $B=-\dfrac{1}{3}$．

例題 2 計算 $\displaystyle\int \frac{dx}{x^2-a^2}$，此處 $a \neq 0$.

解 令
$$\frac{1}{x^2-a^2} = \frac{A}{x-a} + \frac{B}{x+a}$$

則 $\quad 1 = A(x+a) + B(x-a) = (A+B)x + (A-B)a$

可知 $\quad \begin{cases} A+B = 0 \\ A-B = \dfrac{1}{a} \end{cases}$

解得：$A = \dfrac{1}{2a}$, $B = -\dfrac{1}{2a}$. 於是,

$$\frac{1}{x^2-a^2} = \frac{\dfrac{1}{2a}}{x-a} + \frac{-\dfrac{1}{2a}}{x+a}$$

所以,
$$\int \frac{dx}{x^2-a^2} = \frac{1}{2a} \int \frac{dx}{x-a} - \frac{1}{2a} \int \frac{dx}{x+a}$$
$$= \frac{1}{2a} \ln|x-a| - \frac{1}{2a} \ln|x+a|$$
$$= \frac{1}{2a} \ln\left|\frac{x-a}{x+a}\right| + C.$$

註：例題 2 的結果可視為公式.

例題 3 計算 $\displaystyle\int \frac{dx}{(x-1)(x+2)(x-3)}$.

解 令 $\quad \dfrac{1}{(x-1)(x+2)(x-3)} = \dfrac{A}{x-1} + \dfrac{B}{x+2} + \dfrac{C}{x-3}$

則 $\quad 1 = A(x+2)(x-3) + B(x-1)(x-3) + C(x-1)(x+2)$ ······················(*)

以 $x=1$ 代入 (*) 式可得 $1 = -6A$, 即, $A = -\dfrac{1}{6}$.

以 $x=-2$ 代入 (*) 式可得 $1 = 15B$, 即, $B = \dfrac{1}{15}$.

以 $x=3$ 代入 (*) 式可得 $1=10C$，即，$C=\dfrac{1}{10}$。

於是，

$$\dfrac{1}{(x-1)(x+2)(x-3)}=\dfrac{-\dfrac{1}{6}}{x-1}+\dfrac{\dfrac{1}{15}}{x+2}+\dfrac{\dfrac{1}{10}}{x-3}$$

所以，

$$\int\dfrac{dx}{(x-1)(x+2)(x-3)}=-\dfrac{1}{6}\int\dfrac{dx}{x-1}+\dfrac{1}{15}\int\dfrac{dx}{x+2}+\dfrac{1}{10}\int\dfrac{dx}{x-3}$$

$$=-\dfrac{1}{6}\ln|x-1|+\dfrac{1}{15}\ln|x+2|$$

$$+\dfrac{1}{10}\ln|x-3|+K，此處 K 為任意常數.$$

例題 4 計算 $\int\dfrac{x+2}{x^3-2x^2}\,dx$.

解 因 $$x^3-2x^2=x^2(x-2)$$

故令 $$\dfrac{x+2}{x^3-2x^2}=\dfrac{A}{x}+\dfrac{B}{x^2}+\dfrac{C}{x-2}$$

可得 $$x+2=Ax(x-2)+B(x-2)+Cx^2$$
$$=(A+C)x^2+(-2A+B)x-2B$$

比較對應項的係數，可知

$$\begin{cases} A+C=0 \\ -2A+B=1 \\ -2B=2 \end{cases}$$

解得：$A=-1$，$B=-1$，$C=1$. 於是，

$$\frac{x+2}{x^3-2x^2} = \frac{-1}{x} + \frac{-1}{x^2} + \frac{1}{x-2}$$

所以，

$$\int \frac{x+2}{x^3-2x^2}\,dx = -\int \frac{dx}{x} - \int \frac{dx}{x^2} + \int \frac{dx}{x-2}$$

$$= -\ln|x| + \frac{1}{x} + \ln|x-2| + K.$$

例題 5 計算 $\int \frac{x^2}{(x+2)^3}\,dx$.

解 方法 1：令 $\dfrac{x^2}{(x+2)^3} = \dfrac{A}{x+2} + \dfrac{B}{(x+2)^2} + \dfrac{C}{(x+2)^3}$

則
$$x^2 = A(x+2)^2 + B(x+2) + C$$
$$= Ax^2 + (4A+B)x + (4A+2B+C)$$

可知
$$\begin{cases} A = 1 \\ 4A + B = 0 \\ 4A + 2B + C = 0 \end{cases}$$

解得：$A=1$，$B=-4$，$C=4$. 於是，

$$\frac{x^2}{(x+2)^3} = \frac{1}{x+2} + \frac{-4}{(x+2)^2} + \frac{4}{(x+2)^3}$$

所以，

$$\int \frac{x^2}{(x+2)^3}\,dx = \int \frac{dx}{x+2} - 4\int \frac{dx}{(x+2)^2} + 4\int \frac{dx}{(x+2)^3}$$

$$= \ln|x+2| + \frac{4}{x+2} - \frac{2}{(x+2)^2} + K.$$

方法 2：令 $u = x+2$，則 $x = u-2$，可得

$$\frac{x^2}{(x+2)^3} = \frac{(u-2)^2}{u^3} = \frac{u^2-4u+4}{u^3} = \frac{1}{u} - \frac{4}{u^2} + \frac{4}{u^3}$$

$$= \frac{1}{x+2} - \frac{4}{(x+2)^2} + \frac{4}{(x+2)^3}$$

所以,

$$\int \frac{x^2}{(x+2)^3} \, dx = \int \frac{dx}{x+2} - 4\int \frac{dx}{(x+2)^2} + 4\int \frac{dx}{(x+2)^3}$$

$$= \ln|x+2| + \frac{4}{x+2} - \frac{2}{(x+2)^2} + K.$$

例題 6 計算 $\int \frac{x^2+x-2}{(3x-1)(x^2+1)} \, dx$.

解 令 $\dfrac{x^2+x-2}{(3x-1)(x^2+1)} = \dfrac{A}{3x-1} + \dfrac{Bx+C}{x^2+1}$, 則

$$x^2+x-2 = A(x^2+1) + (Bx+C)(3x-1)$$
$$= (A+3B)x^2 + (-B+3C)x + (A-C)$$

可知
$$\begin{cases} A+3B=1 \\ -B+3C=1 \\ A-C=-2 \end{cases}$$

解得：$A = -\dfrac{7}{5}$, $B = \dfrac{4}{5}$, $C = \dfrac{3}{5}$. 於是,

$$\frac{x^2+x-2}{(3x-1)(x^2+1)} = \frac{-\dfrac{7}{5}}{3x-1} + \frac{\dfrac{4}{5}x + \dfrac{3}{5}}{x^2+1}$$

所以,

$$\int \frac{x^2+x-2}{(3x-1)(x^2+1)} \, dx = -\frac{7}{5}\int \frac{dx}{3x-1} + \frac{4}{5}\int \frac{x}{x^2+1} \, dx + \frac{3}{5}\int \frac{dx}{x^2+1}$$

$$= -\frac{7}{15} \ln |3x-1| + \frac{2}{5} \ln (x^2+1) + \frac{3}{5} \tan^{-1} x + K.$$

例題 7 計算 $\displaystyle\int \frac{3x^4+3x^3-5x^2+x+1}{x^2+x-2} \, dx.$

解 因被積分函數是假有理函數，故我們無法直接利用部分分式分解．然而，我們可利用長除法將被積分函數化成

$$\frac{3x^4+3x^3-5x^2+x+1}{x^2+x-2} = 3x^2+1+\frac{3}{x^2+x-2}$$

於是，

$$\int \frac{3x^4+3x^3-5x^2+x+1}{x^2+x-2} \, dx = \int (3x^2+1) \, dx + \int \frac{3}{x^2+x-2} \, dx$$

利用例題 1 的結果可得

$$\int \frac{3x^4+3x^3-5x^2+x+1}{x^2+x-2} \, dx = x^3+x+\ln \left|\frac{x-1}{x+2}\right| + C.$$

例題 8 計算 $\displaystyle\int \frac{\cos \theta}{\sin^2 \theta + 4\sin \theta - 5} \, d\theta.$

解 令 $x = \sin \theta$，則 $dx = \cos \theta \, d\theta$，可得

$$\int \frac{\cos \theta}{\sin^2 \theta + 4\sin \theta - 5} \, d\theta = \int \frac{dx}{x^2+4x-5}$$

因

$$\int \frac{dx}{x^2+4x-5} = \int \left(\frac{-1/6}{x+5} + \frac{1/6}{x-1}\right) dx$$

$$= -\frac{1}{6} \int \frac{dx}{x+5} + \frac{1}{6} \int \frac{dx}{x-1}$$

$$= -\frac{1}{6} \ln |x+5| + \frac{1}{6} \ln |x-1| + C$$

$$= \frac{1}{6} \ln \left| \frac{x-1}{x+5} \right| + C$$

故 $$\int \frac{\cos\theta}{\sin^2\theta + 4\sin\theta - 5} d\theta = \frac{1}{6} \ln \left| \frac{\sin\theta - 1}{\sin\theta + 5} \right| + C.$$

例題 9 計算 $\int \frac{dx}{1+e^x}$.

解 $$\int \frac{dx}{1+e^x} = \int \frac{e^x}{e^x(1+e^x)} dx$$

令 $u = e^x$，則 $du = e^x dx$，可得

$$\int \frac{e^x}{e^x(1+e^x)} dx = \int \frac{du}{u(1+u)}$$

因 $$\int \frac{du}{u(1+u)} = \int \left(\frac{1}{u} + \frac{-1}{1+u} \right) du = \int \frac{du}{u} - \int \frac{du}{1+u}$$

$$= \ln|u| - \ln|1+u| + C$$

$$= \ln \left| \frac{u}{1+u} \right| + C$$

故 $$\int \frac{dx}{1+e^x} = \ln \left| \frac{e^x}{1+e^x} \right| + C = \ln \frac{e^x}{1+e^x} + C.$$

習題 6-5

求下列各積分.

1. $\int \frac{x}{x^2 - 5x + 6} dx$

2. $\int \frac{5x - 4}{x^2 - 4x} dx$

3. $\displaystyle\int \frac{11x+17}{2x^2+7x-4}\,dx$

4. $\displaystyle\int \frac{3x^2-10}{x^2-4x+4}\,dx$

5. $\displaystyle\int \frac{x^3}{x^2-3x+2}\,dx$

6. $\displaystyle\int \frac{2x^2+3}{x(x-1)^2}\,dx$

7. $\displaystyle\int \frac{2x^2-2x-1}{x^3-x^2}\,dx$

8. $\displaystyle\int \frac{2x^2+3x+3}{(x+1)^3}\,dx$

9. $\displaystyle\int \frac{dx}{x(x^2-1)}$

10. $\displaystyle\int \frac{2x^2+4x-8}{x^3-4x}\,dx$

11. $\displaystyle\int \frac{2x^2-9x-9}{x^3-9x}\,dx$

12. $\displaystyle\int \frac{x^2+2x-1}{2x^3+3x^2-2x}\,dx$

13. $\displaystyle\int \frac{dx}{x^3+x}$

14. $\displaystyle\int \frac{dx}{(4x-1)(4x^2+1)}$

15. $\displaystyle\int \frac{dx}{x(x^2+x+1)}$

16. $\displaystyle\int \frac{x^3-3x^2+2x-3}{x^2+1}\,dx$

17. $\displaystyle\int \frac{dx}{x^4-16}$

18. $\displaystyle\int \frac{\sec^2\theta}{\tan^3\theta-\tan^2\theta}\,d\theta$

19. $\displaystyle\int \frac{e^x}{e^{2x}-4}\,dx$

20. $\displaystyle\int \frac{dx}{e^x-e^{-x}}$

6-6 近似積分法

為了利用微積分基本定理計算 $\displaystyle\int_a^b f(x)\,dx$，必須先求出 f 的反導函數. 可是，有時很難或甚至無法求出反導函數. 例如，我們根本無法正確地計算下列的積分：

$$\int_0^1 e^{x^2}\,dx, \qquad \int_0^1 \sqrt{1+x^3}\,dx$$

因此，我們有必要求定積分的近似值.

因定積分定義為黎曼和的極限，故任一黎曼和可用來作為定積分的近似. 尤其，假如我們以 $a(=x_0), x_1, x_2, \cdots, b(=x_n)$ 將 $[a, b]$ 分割成相同長度為 $\Delta x = \dfrac{b-a}{n}$ 的 n 個子區間，則

$$\int_a^b f(x)\,dx \approx \sum_{i=1}^n f(x_i^*)\,\Delta x \tag{6-3}$$

此處 $x_i^* \in [x_{i-1}, x_i]$. 若取 $x_i^* = x_{i-1}$，則

$$\int_a^b f(x)\,dx \approx \sum_{i=1}^n f(x_{i-1})\,\Delta x$$

若取 $x_i^* = x_i$，則

$$\int_a^b f(x)\,dx \approx \sum_{i=1}^n f(x_i)\,\Delta x \tag{6-4}$$

通常，將 (6-3) 式與 (6-4) 式等兩個近似值平均，可得到更精確的近似值，即，

$$\int_a^b f(x)\,dx \approx \frac{1}{2}\left[\sum_{i=1}^n f(x_{i-1})\,\Delta x + \sum_{i=1}^n f(x_i)\,\Delta x\right]$$

$$= \frac{\Delta x}{2}[f(x_0)+f(x_1)+f(x_1)+f(x_2)+\cdots+f(x_{n-1})+f(x_n)]$$

$$= \frac{\Delta x}{2}[f(x_0)+2f(x_1)+2f(x_2)+\cdots+2f(x_{n-1})+f(x_n)]$$

$$= \frac{b-a}{2n}[f(x_0)+2f(x_1)+2f(x_2)+\cdots+2f(x_{n-1})+f(x_n)].$$

定理 6-1　梯形法則

若函數 f 在 $[a, b]$ 為連續，以 $a(=x_0), x_1, x_2, \cdots, b(=x_n)$ 將 $[a, b]$ 作 n 等分，則

$$\int_a^b f(x)\,dx \approx \frac{b-a}{2n}[f(x_0)+2f(x_1)+2f(x_2)+\cdots+2f(x_{n-1})+f(x_n)].$$

"梯形法則"的名稱可由圖 6-5 得知，該圖說明了 $f(x) \geq 0$ 的情形，在第 i 個子區間上方的梯形面積為

$$\Delta x \left[\frac{f(x_{i-1})+f(x_i)}{2} \right] = \frac{\Delta x}{2} [f(x_{i-1})+f(x_i)]$$

且若將這些梯形的面積全部相加，即得到梯形法則的結果.

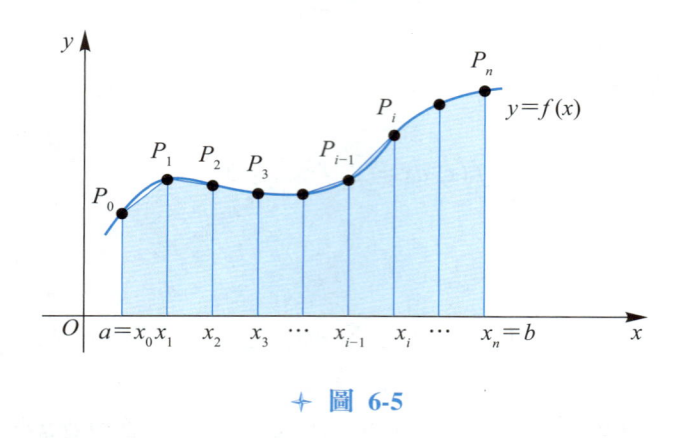

圖 6-5

例題 1 利用梯形法則，取 $n=10$，計算 $\int_1^2 \frac{1}{x} dx$ 的近似值.

解
$$\int_1^2 \frac{1}{x} dx \approx \frac{1}{20} [f(1)+2f(1.1)+2f(1.2)+2f(1.3)+2f(1.4)+2f(1.5)$$
$$+2f(1.6)+2f(1.7)+2f(1.8)+2f(1.9)+f(2)]$$
$$= \frac{1}{20} \left(\frac{1}{1} + \frac{2}{1.1} + \frac{2}{1.2} + \frac{2}{1.3} + \frac{2}{1.4} + \frac{2}{1.5} + \frac{2}{1.6} \right.$$
$$\left. + \frac{2}{1.7} + \frac{2}{1.8} + \frac{2}{1.9} + \frac{1}{2} \right)$$
$$\approx 0.6938.$$

以微積分基本定理，

$$\int_1^2 \frac{1}{x} dx = \left[\ln x \right]_1^2 = \ln 2 \approx 0.69315$$

第六章　積分的方法　　287

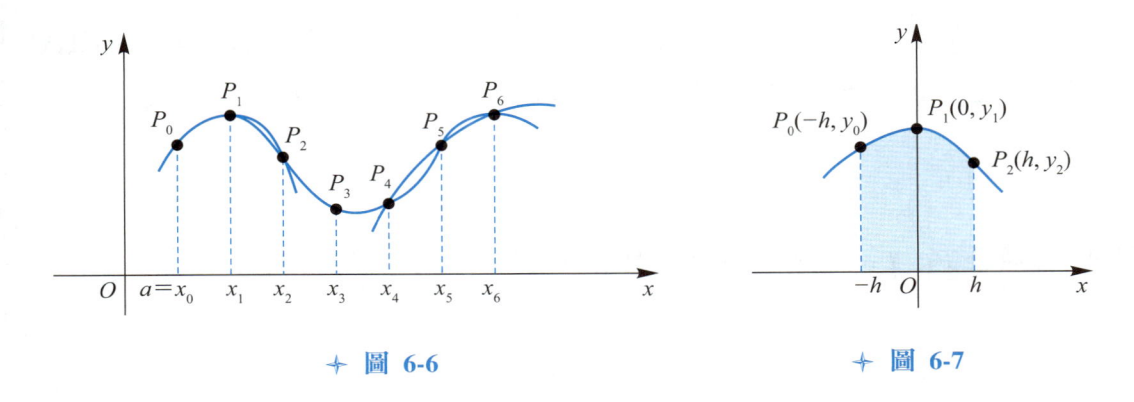

+ 圖 6-6　　　　　　　　　　　+ 圖 6-7

為了利用梯形法則獲得更精確的近似值，需要用很大的 n．

為了計算曲線與 x-軸之間的區域面積的近似值，計算定積分近似值之另一法則是利用拋物線而不是梯形．同前，我們將 $[a, b]$ 分割成相同長度為 $h=\Delta x=\dfrac{b-a}{n}$ 的 n 個子區間，但假設 n 為正偶數．於是，在每一連續成對的子區間上，我們用一拋物線近似曲線 $y=f(x)\geq 0$，如圖 6-6 所示．若 $y_i=f(x_i)$，則 $P_i(x_i, y_i)$ 為在該曲線上位於 x_i 上方的點，典型的拋物線通過連續三個點 P_i、P_{i+1} 與 P_{i+2}．

為了簡化計算，我們首先考慮 $x_0=-h$、$x_1=0$ 與 $x_2=h$ 的情形（圖 6-7）．我們知道通過 P_0、P_1 與 P_2 等三點的拋物線方程式為 $y=ax^2+bx+c$，故在此拋物線與 x-軸之間由 $x=-h$ 到 $x=h$ 的面積為

$$\int_{-h}^{h}(ax^2+bx+c)\,dx=\left[\dfrac{a}{3}x^3+\dfrac{b}{2}x^2+cx\right]_{-h}^{h}=\dfrac{h}{3}(2ah^2+6c).$$

因該拋物線通過 $P_0(-h, y_0)$、$P_1(0, y_1)$ 與 $P_2(h, y_2)$，可得

$$y_0=ah^2-bh+c$$
$$y_1=c$$
$$y_2=ah^2+bh+c$$

故

$$y_0+4y_1+y_2=2ah^2+6c$$

於是，我們將拋物線與 x-軸之間的面積改寫成

$$\dfrac{h}{3}(y_0+4y_1+y_2)$$

若將此拋物線沿著水平方向平移，則在它與 x-軸之間的面積保持不變．這表示在通過 P_0、P_1 與 P_2 的拋物線與 x-軸之間由 $x=x_0$ 到 $x=x_2$ 的面積仍為

$$\frac{h}{3}(y_0+4y_1+y_2)$$

同理，在通過 P_2、P_3 與 P_4 的拋物線與 x-軸之間由 $x=x_2$ 到 $x=x_4$ 的面積為

$$\frac{h}{3}(y_2+4y_3+y_4)$$

若我們以此方法計算在所有拋物線與 x-軸之間的面積，並全部相加，則可得

$$\int_a^b f(x)\,dx \approx \frac{h}{3}(y_0+4y_1+y_2)+\frac{h}{3}(y_2+4y_3+y_4)+\cdots+\frac{h}{3}(y_{n-2}+4y_{n-1}+y_n)$$

$$=\frac{h}{3}(y_0+4y_1+2y_2+4y_3+2y_4+\cdots+2y_{n-2}+4y_{n-1}+y_n) \tag{6-5}$$

雖然我們是對 $f(x) \geq 0$ 的情形導出此近似公式，但是對任意連續函數 f 而言，它是一個合理的近似公式，並稱為**辛普森法則**，以英國數學家辛普森 (1710～1761) 命名，注意係數的形式：1，4，2，4，2，4，2，…，4，2，4，1．

> **定理 6-2　辛普森法則**
>
> 若函數 f 在 $[a,b]$ 為連續，n 為正偶數，以 $a(=x_0)$, x_1, x_2, …, $b(=x_n)$ 將 $[a,b]$ 作 n 等分，則
>
> $$\int_a^b f(x)\,dx \approx \frac{b-a}{3n}[f(x_0)+4f(x_1)+2f(x_2)+4f(x_3)+\cdots$$
> $$+2f(x_{n-2})+4f(x_{n-1})+f(x_n)].$$

例題 2　利用辛普森法則，取 $n=10$，求 $\displaystyle\int_1^2 \frac{1}{x}\,dx$ 的近似值．

解　$\displaystyle\int_1^2 \frac{1}{x}\,dx \approx \frac{1}{30}[f(1)+4f(1.1)+2f(1.2)+4f(1.3)+2f(1.4)+4f(1.5)$

$$+2f(1.6)+4f(1.7)+2f(1.8)+4f(1.9)+f(2)]$$

$$=\frac{1}{30}\left(1+\frac{4}{1.1}+\frac{2}{1.2}+\frac{4}{1.3}+\frac{2}{1.4}+\frac{4}{1.5}+\frac{2}{1.6}\right.$$

$$\left.+\frac{4}{1.7}+\frac{2}{1.8}+\frac{4}{1.9}+\frac{1}{2}\right)$$

$$\approx 0.6932.$$

習題 6-6

在 1～6 題中利用 (1) 梯形法則，(2) 辛普森法則，計算各定積分的近似值到小數第三位，其中 n 為所給的值.

1. $\displaystyle\int_0^1 \frac{1}{\sqrt{1+x^2}}\,dx$；$n=4$

2. $\displaystyle\int_2^3 \sqrt{1+x^3}\,dx$；$n=4$

3. $\displaystyle\int_0^2 \frac{1}{4+x^2}\,dx$；$n=10$

4. $\displaystyle\int_4^{5.2} \ln x\,dx$；$n=6$

5. $\displaystyle\int_0^\pi \sqrt{\sin x}\,dx$；$n=6$

6. $\displaystyle\int_0^1 e^{x^2}\,dx$；$n=10$

7. 利用關係式 $\dfrac{\pi}{4}=\tan^{-1}1=\displaystyle\int_0^1 \frac{dx}{1+x^2}$ 與辛普森法則 ($n=10$)，求 π 的估計值.

6-7 瑕積分

在第 5 章中，我們所涉及到的定積分具有兩個重要的假設：

1. 區間 $[a, b]$ 必須為有限.
2. 被積分函數 f 在 $[a, b]$ 必須為連續，或者，若不連續，也得在 $[a, b]$ 中為有界.

若不合乎此等假設之一者，就稱為瑕積分.

一、積分區間為無限的積分

因函數 $f(x)=\dfrac{1}{x^2}$ 在 $[1, \infty)$ 為連續且非負值，故在 f 的圖形與 x-軸之間由 1 到 t 的面積 $A(t)$ 為

$$A(t)=\int_1^t \dfrac{1}{x^2}\,dx=\left[-\dfrac{1}{x}\right]_1^t=1-\dfrac{1}{t}$$

其圖形如圖 6-8 所示.

無論我們選擇多大的 t 值，$A(t)<1$，且

$$\lim_{t\to\infty} A(t)=\lim_{t\to\infty}\left(1-\dfrac{1}{t}\right)=1$$

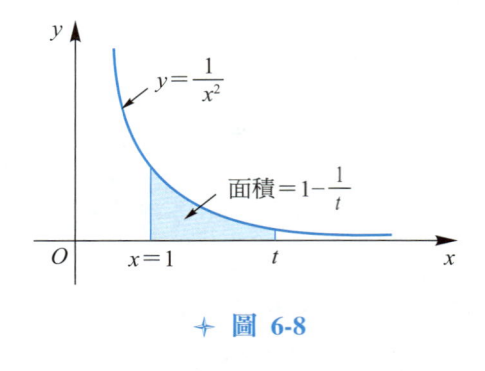

▲ 圖 6-8

上式的極限可以解釋為位於 f 的圖形下方與 x-軸與 x-軸上方以及 $x=1$ 右方的無界區域的面積，並以符號 $\int_1^\infty \dfrac{1}{x^2}\,dx$ 來表示此數值，故

$$\int_1^\infty \dfrac{1}{x^2}\,dx=\lim_{t\to\infty}\int_1^t \dfrac{1}{x^2}\,dx=1$$

因此，我們有下面的定義.

定義 6-1

(1) 對每一數 $t\geq a$，若 $\int_a^t f(x)\,dx$ 存在，則定義

$$\int_a^\infty f(x)\,dx=\lim_{t\to\infty}\int_a^t f(x)\,dx$$

(2) 對每一數 $t\leq b$，若 $\int_t^b f(x)\,dx$ 存在，則定義

第六章　積分的方法

$$\int_{-\infty}^{b} f(x)\, dx = \lim_{t \to -\infty} \int_{t}^{b} f(x)\, dx.$$

以上各式若極限存在，則稱該瑕積分為 收斂 或 收斂瑕積分，而極限值即為積分的值．若極限不存在，則稱該瑕積分為 發散 或 發散瑕積分．

(3) 若 $\int_{c}^{\infty} f(x)\, dx$ 與 $\int_{-\infty}^{c} f(x)\, dx$ 皆為收斂，則稱瑕積分 $\int_{-\infty}^{\infty} f(x)\, dx$ 為 收斂 或 收斂瑕積分，定義為

$$\int_{-\infty}^{\infty} f(x)\, dx = \int_{-\infty}^{c} f(x)\, dx + \int_{c}^{\infty} f(x)\, dx.$$

若上式等號右邊任一積分發散，則稱 $\int_{-\infty}^{\infty} f(x)\, dx$ 為 發散 或 發散瑕積分．

上述的瑕積分皆稱為 第一類型瑕積分．

例題 1 計算 $\int_{1}^{\infty} \dfrac{dx}{x^3}$．

解 $\int_{1}^{\infty} \dfrac{dx}{x^3} = \lim_{t \to \infty} \int_{1}^{t} \dfrac{dx}{x^3} = \lim_{t \to \infty} \left[-\dfrac{1}{2x^2} \right]_{1}^{t} = \lim_{t \to \infty} \left(-\dfrac{1}{2t^2} + \dfrac{1}{2} \right) = \dfrac{1}{2}$．

例題 2 計算 $\int_{0}^{\infty} xe^{-x^2}\, dx$．

解 $\int_{0}^{\infty} xe^{-x^2}\, dx = \lim_{t \to \infty} \int_{0}^{t} xe^{-x^2}\, dx = \lim_{t \to \infty} \left(-\dfrac{1}{2} \int_{0}^{t} e^{-x^2}\, d(-x^2) \right)$

$= \lim_{t \to \infty} \left[-\dfrac{1}{2} e^{-x^2} \right]_{0}^{t} = \lim_{t \to \infty} \left(-\dfrac{1}{2e^{t^2}} + \dfrac{1}{2} \right) = \dfrac{1}{2}$．

例題 3 計算 $\int_{0}^{\infty} \cos x\, dx$．

解 $\int_{0}^{\infty} \cos x\, dx = \lim_{t \to \infty} \int_{0}^{t} \cos x\, dx = \lim_{t \to \infty} \left[\sin x \right]_{0}^{t} = \lim_{t \to \infty} \sin t$　不存在

故所予瑕積分發散.

例題 4 計算 $\int_{-\infty}^{0} xe^x \, dx$.

解 $\int_{-\infty}^{0} xe^x \, dx = \lim_{t \to -\infty} \int_{t}^{0} xe^x \, dx$

利用分部積分法，令 $u=x$, $dv=e^x \, dx$, 則 $du=dx$, $v=e^x$, 所以,

$$\int_{t}^{0} xe^x \, dx = \left[xe^x \right]_{t}^{0} - \int_{t}^{0} e^x \, dx = -te^t - 1 + e^t$$

我們知道當 $t \to -\infty$ 時，$e^t \to 0$，利用羅必達法則可得

$$\lim_{t \to -\infty} te^t = \lim_{t \to -\infty} \frac{t}{e^{-t}} = \lim_{t \to -\infty} \frac{1}{-e^{-t}} = \lim_{t \to -\infty} (-e^t) = 0$$

故 $\int_{-\infty}^{0} xe^x \, dx = \lim_{t \to -\infty} (-te^t - 1 + e^t) = -1$.

例題 5 計算 $\int_{-\infty}^{\infty} \frac{1}{1+x^2} \, dx$.

解 利用定義 6-1(3)，令 $c=0$, 則

$$\int_{-\infty}^{\infty} \frac{1}{1+x^2} \, dx = \int_{-\infty}^{0} \frac{1}{1+x^2} \, dx + \int_{0}^{\infty} \frac{1}{1+x^2} \, dx$$

$$\int_{0}^{\infty} \frac{1}{1+x^2} \, dx = \lim_{t \to \infty} \int_{0}^{t} \frac{dx}{1+x^2} = \lim_{t \to \infty} \left[\tan^{-1} x \right]_{0}^{t}$$

$$= \lim_{t \to \infty} \tan^{-1} t = \frac{\pi}{2}$$

$$\int_{-\infty}^{0} \frac{1}{1+x^2} \, dx = \lim_{t \to -\infty} \int_{t}^{0} \frac{1}{1+x^2} \, dx = \lim_{t \to -\infty} \left[\tan^{-1} x \right]_{t}^{0} = \frac{\pi}{2}$$

故 $\int_{-\infty}^{\infty} \frac{1}{1+x^2} \, dx = \frac{\pi}{2} + \frac{\pi}{2} = \pi$.

例題 6 (1) 試證：瑕積分 $\int_{-\infty}^{\infty} x\,dx$ 為發散. (2) 試證：$\lim\limits_{t\to\infty}\int_{-t}^{t} x\,dx = 0$.

解 (1) $\int_{-\infty}^{\infty} x\,dx = \int_{-\infty}^{0} x\,dx + \int_{0}^{\infty} x\,dx$

$$\int_{0}^{\infty} x\,dx = \lim_{t\to\infty}\int_{0}^{t} x\,dx = \lim_{t\to\infty}\left[\frac{x^2}{2}\right]_{0}^{t} = \lim_{t\to\infty}\frac{t^2}{2} = \infty$$

故原瑕積分發散.

(2) $\int_{-t}^{t} x\,dx = \left[\frac{x^2}{2}\right]_{-t}^{t} = \frac{t^2}{2} - \frac{t^2}{2} = 0$，可得 $\lim\limits_{t\to\infty}\int_{-t}^{t} x\,dx = 0$.

所以，$\int_{-\infty}^{\infty} x\,dx \neq \lim\limits_{t\to\infty}\int_{-t}^{t} x\,dx$.

例題 7 試求積分 $\int_{1}^{\infty} \frac{dx}{x^p}$ 收斂的 p 值.

解 I. 若 $p \neq 1$，則 $\int_{1}^{\infty}\frac{dx}{x^p} = \lim\limits_{t\to\infty}\int_{1}^{t}\frac{dx}{x^p} = \lim\limits_{t\to\infty}\left[\frac{x^{-p+1}}{-p+1}\right]_{1}^{t}$

$$= \lim_{t\to\infty}\frac{1}{1-p}\left(\frac{1}{t^{p-1}} - 1\right)$$

(i) 若 $p > 1$，則 $p - 1 > 0$，而當 $t \to \infty$ 時，$\frac{1}{t^{p-1}} \to 0$. 所以，

$$\int_{1}^{\infty}\frac{dx}{x^p} = \frac{1}{p-1}$$

(ii) 若 $p < 1$，則 $1 - p > 0$，而當 $t \to \infty$ 時，$\frac{1}{t^{p-1}} = t^{1-p} \to \infty$. 所以，

$$\int_{1}^{\infty}\frac{dx}{x^p} = \infty$$

II. 若 $p=1$，則 $\displaystyle\int_1^\infty \frac{dx}{x^p} = \lim_{t\to\infty}\int_1^t \frac{dx}{x^p} = \lim_{t\to\infty}\Big[\ln x\Big]_1^t = \lim_{t\to\infty}\ln t = \infty.$

綜合例題 7 的結果，可得下面的結論：

若 $p>1$，則 $\displaystyle\int_1^\infty \frac{dx}{x^p}$ 收斂；若 $p\le 1$，則 $\displaystyle\int_1^\infty \frac{dx}{x^p}$ 發散．

二、不連續被積分函數的積分

若函數 f 在閉區間 $[a, b]$ 為連續，則定積分 $\displaystyle\int_a^b f(x)\,dx$ 存在．若 f 在區間內某一數的值為無限，則仍有可能求得積分值．例如，我們假設 f 在半開區間 $[a, b)$ 為連續且不為負值而 $\displaystyle\lim_{x\to b^-} f(x)=\infty$．若 $a<t<b$，則在 f 的圖形與 x-軸之間由 a 到 t 的面積 $A(t)$ 為

$$A(t)=\int_a^t f(x)\,dx$$

如圖 6-9 所示．當 $t\to b^-$ 時，若 $A(t)$ 趨近一個定數 A，則

$$\int_a^b f(x)\,dx = \lim_{t\to b^-}\int_a^t f(x)\,dx$$

若 $\displaystyle\lim_{x\to b^-}\int_a^t f(x)\,dx$ 存在，則此極限可解釋為在 f 的圖形下方且在 x-軸上方以及 $x=a$

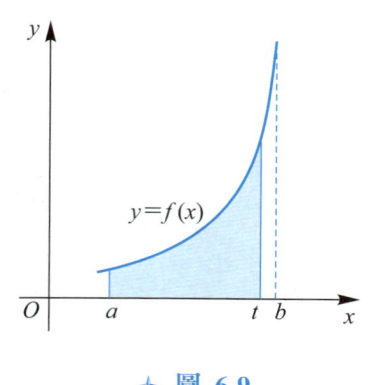

↟ 圖 6-9

與 $x=b$ 之間的無界區域的面積.

定義 6-2

(1) 若 f 在 $[a, b)$ 為連續且當 $x \to b^-$ 時, $|f(x)| \to \infty$, 則定義

$$\int_a^b f(x)\,dx = \lim_{t \to b^-} \int_a^t f(x)\,dx$$

(2) 若 f 在 $(a, b]$ 為連續且當 $x \to a^+$ 時, $|f(x)| \to \infty$, 則定義

$$\int_a^b f(x)\,dx = \lim_{t \to a^+} \int_t^b f(x)\,dx$$

以上各式若極限存在, 則稱該瑕積分為<u>收斂</u>或<u>收斂積分</u>, 而極限值即為積分的值. 若極限不存在, 則稱該瑕積分為<u>發散</u>或<u>發散積分</u>.

(3) 若 $x \to c$ 時, $|f(x)| \to \infty$, 且 $\int_a^c f(x)\,dx$ 與 $\int_c^b f(x)\,dx$ 皆為收斂, 則稱瑕積分 $\int_a^b f(x)\,dx$ 為<u>收斂</u>或<u>收斂積分</u>, 定義為

$$\int_a^b f(x)\,dx = \int_a^c f(x)\,dx + \int_c^b f(x)\,dx$$

若上式等號右邊任一積分發散, 則稱 $\int_a^b f(x)\,dx$ 為<u>發散</u>或<u>發散積分</u>.

上述的瑕積分皆稱為<u>第二類型瑕積分</u>.

例題 8 計算 $\displaystyle\int_0^1 \frac{dx}{\sqrt{1-x}}$.

解 當 $x \to 1^-$ 時, $\dfrac{1}{\sqrt{1-x}} \to \infty$. 利用定義 6-2(1) 可得

$$\int_0^1 \frac{dx}{\sqrt{1-x}} = \lim_{t \to 1^-} \int_0^t \frac{dx}{\sqrt{1-x}} = \lim_{t \to 1^-} \left[-2\sqrt{1-x} \right]_0^t$$

$$= \lim_{t \to 1^-} (-2\sqrt{1-t} + 2) = 2.$$

例題 9 計算 $\displaystyle\int_2^6 \frac{dx}{\sqrt{x-2}}$.

解 當 $x \to 2^+$ 時，$\dfrac{1}{\sqrt{x-2}} \to \infty$。利用定義 6-2(2) 可得

$$\int_2^6 \frac{dx}{\sqrt{x-2}} = \lim_{t \to 2^+} \int_t^6 \frac{dx}{\sqrt{x-2}}$$

$$= \lim_{t \to 2^+} \left[2\sqrt{x-2} \right]_t^6$$

$$= \lim_{t \to 2^+} (4 - 2\sqrt{t-2}) = 4.$$

例題 10 計算 $\displaystyle\int_0^e \ln x\, dx$.

解 $\displaystyle\int_0^e \ln x\, dx = \lim_{t \to 0^+} \int_t^e \ln x\, dx = \lim_{t \to 0^+} \left[x \ln x - x \right]_t^e$

$$= \lim_{t \to 0^+} (-t \ln t + t) = \lim_{t \to 0^+} t(1 - \ln t)$$

又 $\displaystyle\lim_{t \to 0^+} t(1 - \ln t) = \lim_{t \to 0^+} \frac{1 - \ln t}{\dfrac{1}{t}}$，此為不定型 $\dfrac{\infty}{\infty}$，於是，應用羅必達法則，

$$\lim_{t \to 0^+} \frac{1 - \ln t}{\dfrac{1}{t}} = \lim_{t \to 0^+} \frac{-\dfrac{1}{t}}{-\dfrac{1}{t^2}} = \lim_{t \to 0^+} t = 0$$

故 $\displaystyle\int_0^e \ln x\, dx = 0.$

例題 11 $\int_0^3 \dfrac{dx}{x-1}$ 是否收斂？

解 被積分函數在 $x=1$ 無定義．應用定義 6-2(3)，令 $c=1$，則

$$\int_0^3 \dfrac{dx}{x-1} = \int_0^1 \dfrac{dx}{x-1} + \int_1^3 \dfrac{dx}{x-1}$$

欲使左邊的積分收斂，必須右邊的兩個積分均收斂．對右邊第一個積分利用定義 6-2(1) 可得

$$\int_0^1 \dfrac{dx}{x-1} = \lim_{t \to 1^-} \int_0^t \dfrac{dx}{x-1} = \lim_{t \to 1^-} \Big[\ln|x-1|\Big]_0^t$$

$$= \lim_{t \to 1^-}(\ln|t-1| - \ln|-1|)$$

$$= \lim_{t \to 1^-} \ln(1-t) = -\infty$$

因 $\int_0^1 \dfrac{dx}{x-1}$ 發散，故原積分發散．

由於例題 11 中的被積分函數在 $[0, 3]$ 為不連續，故不能應用微積分基本定理求之．因此，

$$\int_0^3 \dfrac{dx}{x-1} = \Big[\ln|x-1|\Big]_0^3 = \ln 2$$

是錯誤的．

例題 12 試求使 $\int_0^1 \dfrac{dx}{x^p}$ 收斂的 p 值．

解 I. 若 $p \neq 1$，則 $\int_0^1 \dfrac{dx}{x^p} = \lim_{t \to 0^+} \int_t^1 \dfrac{dx}{x^p} = \lim_{t \to 0^+}\Big[\dfrac{x^{-p+1}}{-p+1}\Big]_t^1$

$$= \lim_{t \to 0^+} \dfrac{1}{1-p}\left(1 - \dfrac{1}{t^{p-1}}\right)$$

$$= \begin{cases} \dfrac{1}{1-p}, & \text{若 } p < 1 \\ \infty, & \text{若 } p > 1 \end{cases}$$

II. 若 $p=1$，則

$$\int_0^1 \frac{dx}{x^p} = \lim_{t \to 0^+} \int_t^1 \frac{dx}{x^p} = \lim_{t \to 0^+} \left[\ln x\right]_t^1 = \lim_{t \to 0^+} (-\ln t) = \infty.$$

綜合例題 12 的結果，可得下面的結論：

若 $p < 1$，則 $\int_0^1 \dfrac{dx}{x^p}$ 收斂；若 $p \geq 1$，則 $\int_0^1 \dfrac{dx}{x^p}$ 發散.

習題 6-7

下列何者為收斂積分？發散積分？收斂積分的值為何？

1. $\int_1^\infty \dfrac{dx}{x^{4/3}}$
2. $\int_0^\infty \dfrac{dx}{4x^2+1}$
3. $\int_1^\infty \dfrac{x}{1+x^2}\,dx$
4. $\int_1^\infty \dfrac{\ln x}{x}\,dx$
5. $\int_3^\infty \dfrac{dx}{x^2-1}$
6. $\int_0^\infty xe^{-x}\,dx$
7. $\int_{-\infty}^0 \dfrac{dx}{(2x-1)^3}$
8. $\int_{-\infty}^2 \dfrac{dx}{5-2x}$
9. $\int_{-\infty}^0 \dfrac{dx}{x^2-3x+2}$
10. $\int_{-\infty}^\infty \dfrac{x}{\sqrt{x^2+2}}\,dx$
11. $\int_{-\infty}^\infty \cos^2 x\,dx$
12. $\int_0^1 \dfrac{dx}{\sqrt{1-x^2}}$

13. $\displaystyle\int_0^{\pi/2} \frac{\sin x}{1-\cos x}\,dx$

14. $\displaystyle\int_0^1 \frac{\ln x}{x}\,dx$

15. $\displaystyle\int_0^{1/2} \frac{dx}{x(\ln x)^2}$

16. $\displaystyle\int_0^2 \frac{dx}{(x-1)^2}$

17. $\displaystyle\int_0^4 \frac{dx}{x^2-x-2}$

18. $\displaystyle\int_{-1}^1 \ln|x|\,dx$

19. $\displaystyle\int_0^{\pi/2} \frac{dx}{1-\cos x}$

20. $\displaystyle\int_0^\pi \frac{\cos x}{\sqrt{1-\sin x}}\,dx$

21. $\displaystyle\int_0^\infty e^{-x}\cos x\,dx$

本章摘要

1. 分部積分法公式：

若 $u=f(x)$ 及 $v=g(x)$ 皆為可微分函數，則

$$\int f(x)\,g'(x)\,dx = f(x)\,g(x) - \int f'(x)\,g(x)\,dx$$

即，

$$\int u\,dv = uv - \int v\,du.$$

2. 定積分的分部積分法公式：

$$\int_a^b f(x)\,g'(x)\,dx = \Big[f(x)\,g(x)\Big]_a^b - \int_a^b f'(x)\,g(x)\,dx.$$

3. 計算 $\int \sin^m x \cos^n x\,dx$：

(1) $\int \sin^m x \cos^{2k+1} x\,dx$ （令 $u=\sin x$）

$$= \int u^m (1-u^2)^k\,du \quad (k \in \mathbb{N})$$

(2) $\int \sin^{2k+1} x \cos^n x\,dx$ （令 $u=\cos x$）

$$= -\int (1-u^2)^k u^n\,du \quad (k \in \mathbb{N})$$

(3) $\int \sin^{2m} x \cos^{2n} x\,dx$ $\left(\sin^2 x = \dfrac{1-\cos 2x}{2},\ \cos^2 x = \dfrac{1+\cos 2x}{2}\right)$

$$= \dfrac{1}{2^{m+n}} \int (1-\cos 2x)^m (1+\cos 2x)^n\,dx$$

4. 計算 $\int \tan^m x \, \sec^n x \, dx$：

(1) $\int \tan^m x \, \sec^{2k} x \, dx$ （令 $u = \tan x$）

$= \int \tan^m x \, (1 + \tan^2 x)^{k-1} \sec^2 x \, dx = \int u^m (1 + u^2)^{k-1} \, du \quad (k \in \mathbb{N})$

(2) $\int \tan^{2k+1} x \, \sec^n x \, dx$ （令 $u = \sec x$）

$= \int (\sec^2 x - 1)^k \sec^{n-1} x \, \sec x \tan x \, dx = \int (u^2 - 1)^k u^{n-1} \, du \quad (k \in \mathbb{N})$

(3) $\int \tan^{2k} x \, \sec^{2m+1} x \, dx = \int (\sec^2 x - 1)^k \sec^{2m+1} x \, dx \quad (k \in \mathbb{N})$

將乘積 $(\sec^2 x - 1)^k \sec^{2m+1} x$ 展開，然後利用簡化公式

$\int \sec^n x \, dx = \dfrac{1}{n-1} \tan x \, \sec^{n-2} x + \dfrac{n-2}{n-1} \int \sec^{n-2} x \, dx \quad (n \neq 1)$

以及公式 $\int \sec x \, dx = \ln |\sec x + \tan x| + C$ 繼續計算.

5. 若被積分函數含有 $\sqrt{a^2 - x^2}$、$\sqrt{a^2 + x^2}$ 或 $\sqrt{x^2 - a^2}$ $(a > 0)$，則利用下列三角代換可消去根號.

根　式	代　換	θ 的範圍
$\sqrt{a^2 - x^2}$	$x = a \sin \theta$	$-\dfrac{\pi}{2} \leq \theta \leq \dfrac{\pi}{2}$
$\sqrt{a^2 + x^2}$	$x = a \tan \theta$	$-\dfrac{\pi}{2} < \theta < \dfrac{\pi}{2}$
$\sqrt{x^2 - a^2}$	$x = a \sec \theta$	$0 \leq \theta < \dfrac{\pi}{2}$ 或 $\pi \leq \theta < \dfrac{3\pi}{2}$

6. 梯形法則：若函數 f 在 $[a, b]$ 為連續，以 $a(=x_0), x_1, x_2, \cdots, b(=x_n)$ 將 $[a, b]$ 作 n 等分，則

$$\int_a^b f(x)\,dx \approx \frac{b-a}{2n}[f(x_0)+2f(x_1)+2f(x_2)+\cdots+2f(x_{n-1})+f(x_n)].$$

7. 辛普森法則：若函數 f 在 $[a, b]$ 為連續，n 為正偶數，以 $a(=x_0), x_1, x_2, \cdots, b(=x_n)$ 將 $[a, b]$ 作 n 等分，則

$$\int_a^b f(x)\,dx \approx \frac{b-a}{3n}[f(x_0)+4f(x_1)+2f(x_2)+4f(x_3)+\cdots \\ +2f(x_{n-2})+4f(x_{n-1})+f(x_n)].$$

8. 積分區間為無限的積分：

(1) $\displaystyle\int_a^\infty f(x)\,dx = \lim_{t\to\infty} \int_a^t f(x)\,dx$

(2) $\displaystyle\int_{-\infty}^b f(x)\,dx = \lim_{t\to -\infty} \int_t^b f(x)\,dx$

(3) $\displaystyle\int_{-\infty}^\infty f(x)\,dx = \lim_{s\to -\infty} \int_s^c f(x)\,dx + \lim_{t\to\infty} \int_c^t f(x)\,dx$

9. 不連續被積分函數的積分：

(1) 若 f 在 $[a, b)$ 為連續且當 $x\to b^-$ 時，$|f(x)|\to\infty$，則

$$\int_a^b f(x)\,dx = \lim_{t\to b^-} \int_a^t f(x)\,dx.$$

(2) 若 f 在 $(a, b]$ 為連續且當 $x\to a^+$ 時，$|f(x)|\to\infty$，則

$$\int_a^b f(x)\,dx = \lim_{t\to a^+} \int_t^b f(x)\,dx.$$

(3) 若 f 在 $[a, c)\cup(c, b]$ 為連續且當 $x\to c$ 時，$|f(x)|\to\infty$，則

$$\int_a^b f(x)\,dx = \int_a^c f(x)\,dx + \int_c^b f(x)\,dx = \lim_{t\to b^-}\int_a^t f(x)\,dx + \lim_{t\to c^+}\int_s^b f(x)\,dx.$$

7 積分的應用

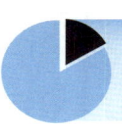

7-1 平面區域的面積

到目前為止，我們已定義並計算位於函數圖形與 x-軸之間的區域面積。在本節裡，我們將利用定積分來討論求面積的各種方法.

一、曲線與 x-軸所圍成區域的面積

若函數 $y=f(x)$ 在 $[a, b]$ 為連續，對每一 $x \in [a, b]$ 恆有 $f(x) \geq 0$，則由曲線 $y=f(x)$、x-軸與直線 $x=a$ 及 $x=b$ 所圍成平面區域的面積為

$$A = \int_a^b f(x)\,dx \qquad (7\text{-}1)$$

如圖 7-1 所示.

假設對每一 $x \in [a, b]$ 恆有 $f(x) \leq 0$，則由曲線 $y=f(x)$、x-軸與直線 $x=a$ 及 $x=b$ 所圍成平面區域的面積為

$$A = -\int_a^b f(x)\,dx \qquad (7\text{-}2)$$

304　微積分

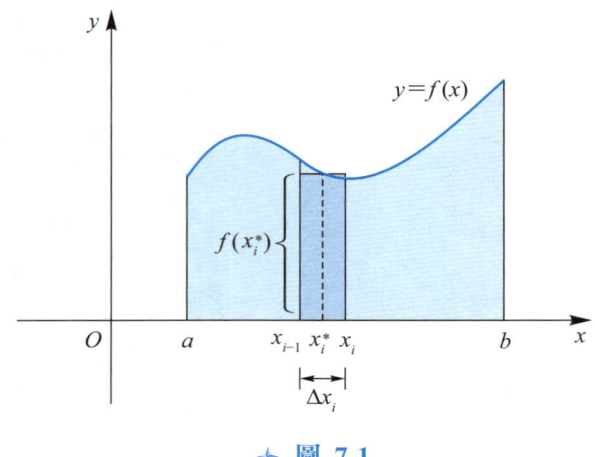

✦ 圖 7-1

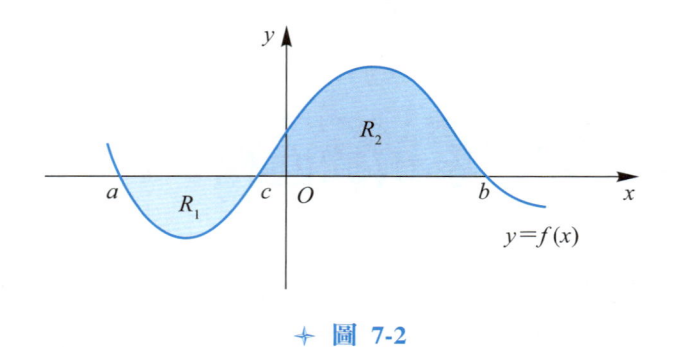

✦ 圖 7-2

但有時，若 $f(x)$ 在 $[a, b]$ 內一部分為正值，一部分為負值，即，曲線一部分在 x-軸的上方，一部分在 x-軸的下方．如圖 7-2 所示，則面積為

$$A = \int_a^b |f(x)|\, dx = -\int_a^c f(x)\, dx + \int_c^b f(x)\, dx \tag{7-3}$$

其中 $-\int_a^c f(x)\, dx$ 表區域 R_1 的面積，$\int_c^b f(x)\, dx$ 表區域 R_2 的面積．

例題 1　求在曲線 $y = \sin x$ 下方且在區間 $[0, \pi]$ 上方的區域面積．

解　區域如圖 7-3 所示．面積為

$$A = \int_0^\pi \sin x\, dx = \Big[-\cos x\Big]_0^\pi = 1 + 1 = 2.$$

+ 圖 7-3

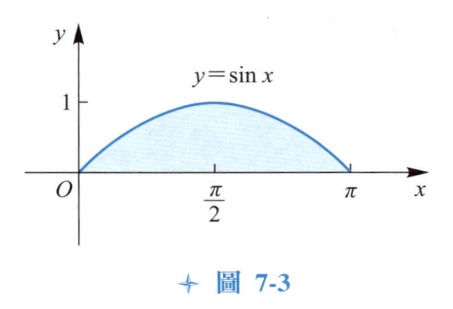

例題 2 求曲線 $\sqrt{x} + \sqrt{y} = \sqrt{a}$ $(a > 0)$ 與兩坐標軸所圍成區域的面積.

解 區域如圖 7-4 所示.

對 $\sqrt{x} + \sqrt{y} = \sqrt{a}$ 解 y，可得

$$y = (\sqrt{a} - \sqrt{x})^2 = a - 2\sqrt{ax} + x$$

所求的面積為

$$\begin{aligned}
A &= \int_0^a (a - 2\sqrt{ax} + x)\, dx \\
&= \left[ax - \frac{4\sqrt{a}}{3} x^{3/2} + \frac{x^2}{2} \right]_0^a \\
&= a^2 - \frac{4a^2}{3} + \frac{a^2}{2} \\
&= \frac{a^2}{6}.
\end{aligned}$$

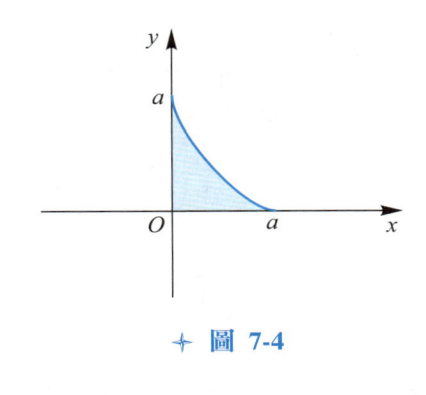

+ 圖 7-4

二、曲線與 y-軸所圍成區域的面積

若函數 $x = g(y)$ 在 $[c, d]$ 為連續，對每一 $y \in [c, d]$ 恆有 $g(y) \geq 0$，則由曲線 $x = g(y)$、y-軸與直線 $y = c$ 及 $y = d$ 所圍成平面區域（見圖 7-5）的面積為

$$A = \int_c^d g(y)\, dy. \tag{7-4}$$

◆ 圖 7-5

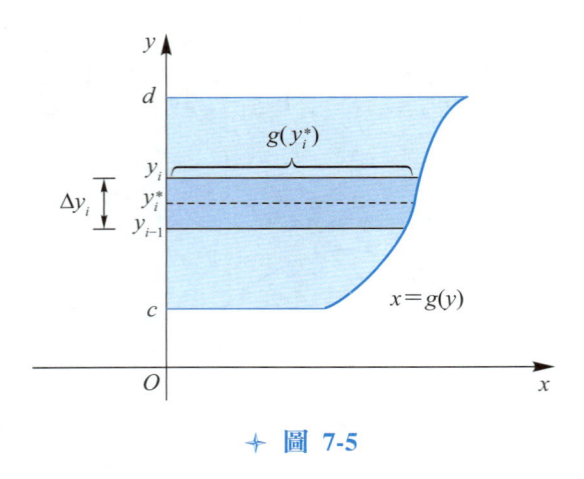

例題 3 求由曲線 $y^2=x-1$、y-軸與兩直線 $y=-2$、$y=2$ 所圍成區域的面積.

解 區域如圖 7-6 所示，所求的面積可以表示為函數 $x=g(y)=y^2+1$ 的定積分，故面積為

$$A=\int_{-2}^{2}(y^2+1)\,dy=\left[\frac{y^3}{3}+y\right]_{-2}^{2}$$
$$=\frac{8}{3}+2-\left(-\frac{8}{3}-2\right)$$
$$=\frac{28}{3}.$$

◆ 圖 7-6

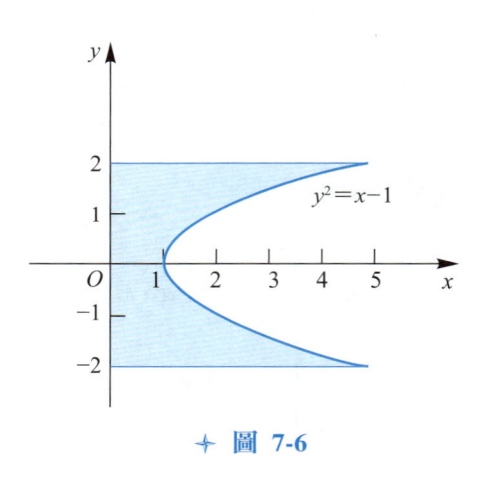

三、兩曲線間所圍成區域的面積

設一平面區域是由兩曲線 $y=f(x)$、$y=g(x)$ 與兩直線 $x=a$、$x=b$ $(a<b)$ 所圍成，且對任一 $x\in[a,b]$ 皆有 $f(x)\geq g(x)$，如圖 7-7 所示.

若我們以 $a(=x_0)$, x_1, x_2, $\cdots$, $b(=x_n)$ 將 $[a,b]$ 分成 n 個子區間，並取 $[x_{i-1},x_i]$ 中的點 x_i^*，則每一個長條形面積近似於 $[f(x_i^*)-g(x_i^*)]\Delta x_i$，如圖 7-8 所示.

這些 n 個長條形面積的和為：

$$\sum_{i=1}^{n}[f(x_i^*)-g(x_i^*)]\Delta x_i$$

第七章　積分的應用

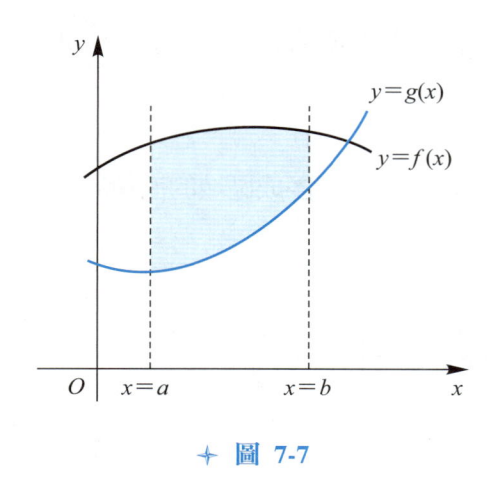

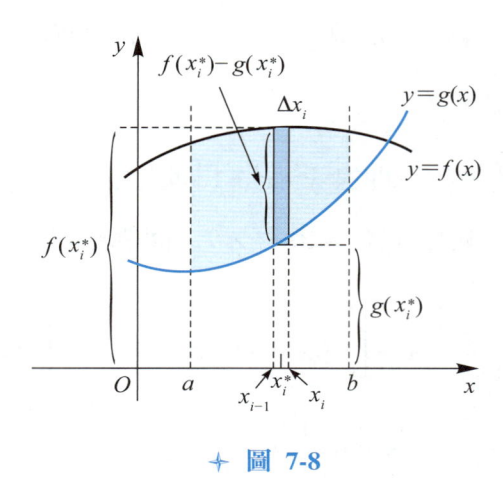

▲ 圖 7-7

▲ 圖 7-8

因 $f(x)$ 與 $g(x)$ 在 $[a, b]$ 皆為連續，可知 $f(x)-g(x)$ 在 $[a, b]$ 亦連續且極限存在，故平面區域的面積為：

$$A = \lim_{\max \Delta x_i \to 0} \sum_{i=1}^{n} [f(x_i^*) - g(x_i^*)] \Delta x_i = \int_a^b [f(x) - g(x)] \, dx. \tag{7-5}$$

讀者應注意 $f(x) - g(x)$ 表示每一細條矩形的高度，甚至於當 $g(x)$ 之圖形位於 x-軸之下方亦是。此時由於 $g(x) < 0$，所以減去 $g(x)$ 等於加上一個正數．倘若 $f(x)$ 及 $g(x)$ 皆為負的時候，$f(x) - g(x)$ 亦為細條矩形的高度．

如果 $f(x) \geq g(x)$ 對某些 x 成立，而 $g(x) \geq f(x)$ 對於某些 x 成立，則所予區域 R 被分割成許多子區域 $R_1, R_2, \cdots, R_n$，面積分別為 $A_1, A_2, \cdots, A_n$，如圖 7-9 所示．最後，我們定義區域 R 的面積 A 為子區域 $R_1, R_2, \cdots, R_n$ 的面積和：

$$A = A_1 + A_2 + \cdots + A_n$$

因

$$|f(x) - g(x)| = \begin{cases} f(x) - g(x), & \text{當 } f(x) \geq g(x) \\ g(x) - f(x), & \text{當 } g(x) \geq f(x) \end{cases}$$

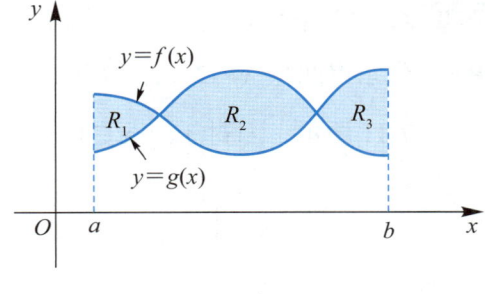

▲ 圖 7-9

所以，區域 R 的面積為

$$A = \int_a^b |f(x) - g(x)| \, dx \tag{7-6}$$

可是，當我們計算 (7-6) 式中的積分時，仍然需要將它分成對應 $A_1, A_2, \cdots, A_n$ 的積分.

例題 4 求曲線 $y=x^2+1$ 與直線 $y=x-1$、$x=0$、$x=3$ 所圍成區域的面積.

解 區域如圖 7-10 所示. 面積為：

$$A = \int_0^3 [(x^2+1)-(x-1)]\, dx = \int_0^3 (x^2-x+2)\, dx = \left[\frac{x^3}{3} - \frac{x^2}{2} + 2x\right]_0^3$$

$$= 9 - \frac{9}{2} + 6 = \frac{21}{2}.$$

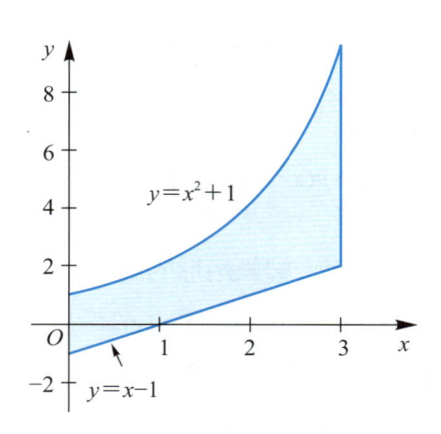

◆ 圖 7-10

例題 5 求曲線 $y=2-x^2$ 與直線 $y=x$ 所圍成區域的面積.

解 先求得曲線 $y=2-x^2$ 與直線 $y=x$ 之交點坐標為 $(-2, -2)$ 與 $(1, 1)$，如圖 7-11 所示. 因對任一 $x \in [-2, 1]$，可知 $x \leq 2-x^2$，故面積為

$$A = \int_{-2}^1 [(2-x^2)-x]\, dx = \int_{-2}^1 (2-x^2-x)\, dx$$

$$= \left[2x - \frac{x^3}{3} - \frac{x^2}{2}\right]_{-2}^1 = \left(2 - \frac{1}{3} - \frac{1}{2}\right) - \left(-4 + \frac{8}{3} - 2\right) = \frac{9}{2}.$$

+ 圖 7-11

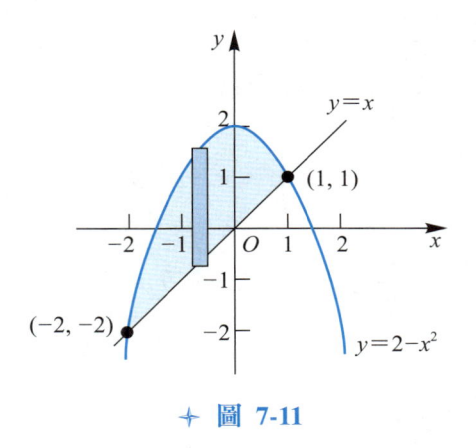

例題 6 求由兩曲線 $y=\sin x$、$y=\cos x$ 與兩直線 $x=0$、$x=\dfrac{\pi}{2}$ 所圍成區域的面積.

解 此兩曲線的交點為 $\left(\dfrac{\pi}{4}, \dfrac{\sqrt{2}}{2}\right)$，區域如圖 7-12 所示. 當 $0 \leq x \leq \dfrac{\pi}{4}$ 時，$\cos x \geq \sin x$；當 $\dfrac{\pi}{4} \leq x \leq \dfrac{\pi}{2}$ 時，$\sin x \geq \cos x$. 因此，所求面積為：

$$A = \int_0^{\pi/2} |\cos x - \sin x|\, dx = \int_0^{\pi/4} (\cos x - \sin x)\, dx + \int_{\pi/4}^{\pi/2} (\sin x - \cos x)\, dx$$

$$= \Big[\sin x + \cos x\Big]_0^{\pi/4} + \Big[-\cos x - \sin x\Big]_{\pi/4}^{\pi/2}$$

$$= \left(\dfrac{\sqrt{2}}{2} + \dfrac{\sqrt{2}}{2} - 1\right) + \left(-1 + \dfrac{\sqrt{2}}{2} + \dfrac{\sqrt{2}}{2}\right) = 2(\sqrt{2} - 1).$$

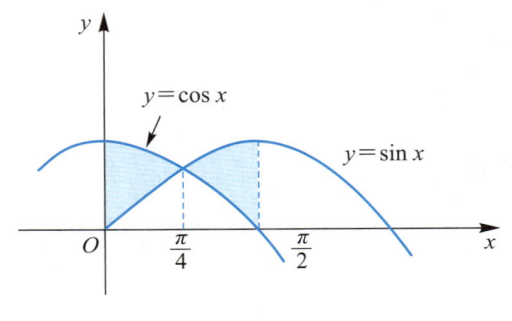

+ 圖 7-12

例題 7 求半徑為 r 之圓區域的面積.

解 圓區域如圖 7-13 所示. 所求的面積為

$$A = 4\int_0^r \sqrt{r^2 - x^2}\, dx$$

令 $x = r\sin\theta$, $0 \leq \theta \leq \dfrac{\pi}{2}$, 則 $dx = r\cos\theta\, d\theta$, 故

$$\begin{aligned}
A &= 4\int_0^{\pi/2} \sqrt{r^2 - r^2\sin^2\theta}\, r\cos\theta\, d\theta \\
&= 4\int_0^{\pi/2} r^2\cos^2\theta\, d\theta = 4r^2\int_0^{\pi/2} \frac{1+\cos 2\theta}{2}\, d\theta \\
&= 2r^2\int_0^{\pi/2} (1+\cos 2\theta)\, d\theta = 2r^2\left[\theta + \frac{1}{2}\sin 2\theta\right]_0^{\pi/2} \\
&= \pi r^2.
\end{aligned}$$

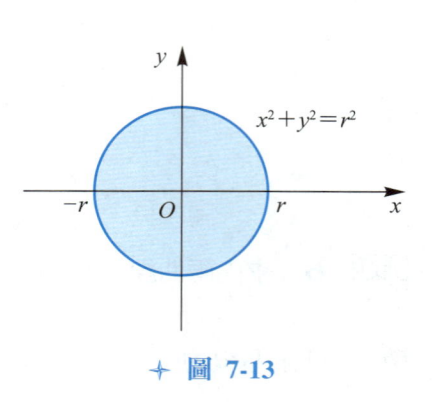

✦ 圖 7-13

例題 8 求橢圓 $\dfrac{x^2}{a^2} + \dfrac{y^2}{b^2} = 1$ $(a > 0,\ b > 0)$ 所圍成區域的面積.

解 對 $\dfrac{x^2}{a^2} + \dfrac{y^2}{b^2} = 1$ 解 y, 可得

$$y = \pm\frac{b}{a}\sqrt{a^2 - x^2}.$$

因橢圓對稱於 x-軸, 故所求面積為:

$$\begin{aligned}
A &= 2\int_{-a}^{a} \frac{b}{a}\sqrt{a^2 - x^2}\, dx \\
&= \frac{2b}{a}\int_{-a}^{a} \sqrt{a^2 - x^2}\, dx \\
&= \frac{2b}{a} \cdot \frac{\pi a^2}{2} \\
&= \pi ab.
\end{aligned}$$

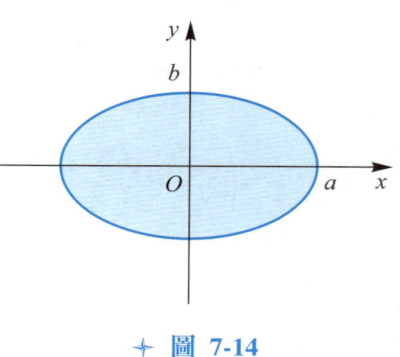

✦ 圖 7-14

$\left(\displaystyle\int_{-a}^{a} \sqrt{a^2 - x^2}\, dx = \text{圓心在原點且半徑為 } a \text{ 的上半圓區域的面積}\right)$

例題 9 求由曲線 $y^2 = 3-x$ 與直線 $y = x-1$ 所圍成區域的面積.

解 先求得曲線 $y^2 = 3-x$ 與直線 $y = x-1$ 之交點坐標為 $(-1, -2)$ 與 $(2, 1)$，如圖 7-15 所示.

$$面積為\ A = \int_{-1}^{2} [\underbrace{x-1}_{\substack{上邊界\\y=f(x)}} - \underbrace{(-\sqrt{3-x})}_{\substack{下邊界\\y=g(x)}}]\, dx + \int_{2}^{3} [\underbrace{\sqrt{3-x}}_{\substack{上邊界\\y=f(x)}} - \underbrace{(-\sqrt{3-x})}_{\substack{下邊界\\y=g(x)}}]\, dx$$

$$= \int_{-1}^{2} (x-1+\sqrt{3-x})\, dx + 2\int_{2}^{3} \sqrt{3-x}\, dx$$

$$= \left[\frac{x^2}{2} - x - \frac{2}{3}(3-x)^{3/2}\right]_{-1}^{2} - \left[\frac{4}{3}(3-x)^{3/2}\right]_{2}^{3}$$

$$= \frac{19}{6} + \frac{4}{3} = \frac{9}{2}.$$

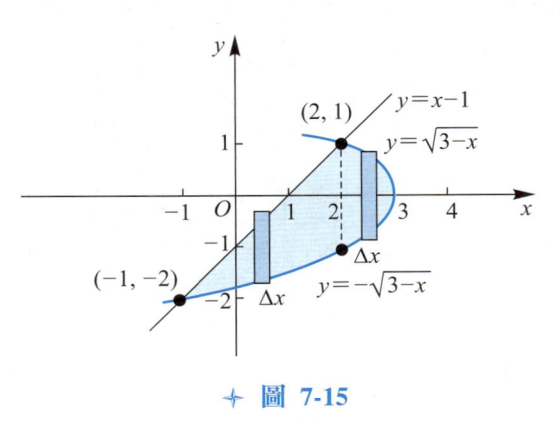

+ 圖 7-15

有一個比較簡易的方法可解例題 9，我們不用視 y 為 x 的函數，而是視 x 為 y 的函數. 一般而言，若一區域是由兩曲線 $x = f(y)$、$x = g(y)$ 與兩直線 $y = c$、$y = d$ 所圍成，此處 f 與 g 在 $[c, d]$ 均為連續，且 $f(y) \geq g(y)$ 對 $c \leq y \leq d$ 皆成立，如圖 7-16 所示，則其面積為

$$A = \lim_{\max \Delta y_i \to 0} \sum_{i=1}^{n} [f(y_i^*) - g(y_i^*)]\, \Delta y = \int_{c}^{d} [f(y) - g(y)]\, dy. \tag{7-7}$$

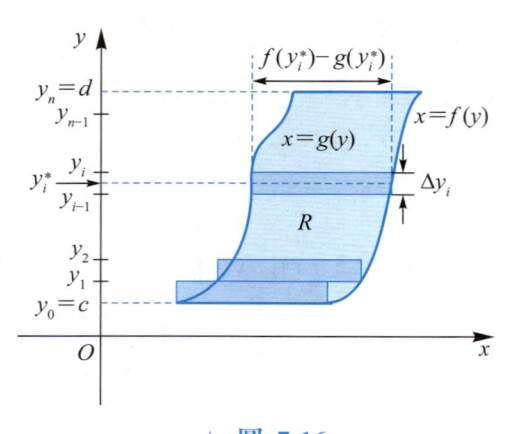

+ 圖 7-16

例題 10 利用 (7-7) 式求例題 9 的面積.

解 曲線 $x = 3 - y^2$ 與直線 $x = y + 1$ 的交點為 $(-1, -2)$ 與 $(2, 1)$，且對任一 $y \in [-2, 1]$ 恆有 $y + 1 \leq 3 - y^2$，如圖 7-17 所示. 故面積為

$$A = \int_{-2}^{1} [\underbrace{(3 - y^2)}_{\substack{\text{右邊界} \\ x = f(y)}} - \underbrace{(y + 1)}_{\substack{\text{左邊界} \\ x = g(y)}}] \, dy = \int_{-2}^{1} (-y^2 - y + 2) \, dy$$

$$= \left[-\frac{y^3}{3} - \frac{y^2}{2} + 2y \right]_{-2}^{1}$$

$$= \left(-\frac{1}{3} - \frac{1}{2} + 2 \right) - \left(\frac{8}{3} - 2 - 4 \right)$$

$$= \frac{9}{2}.$$

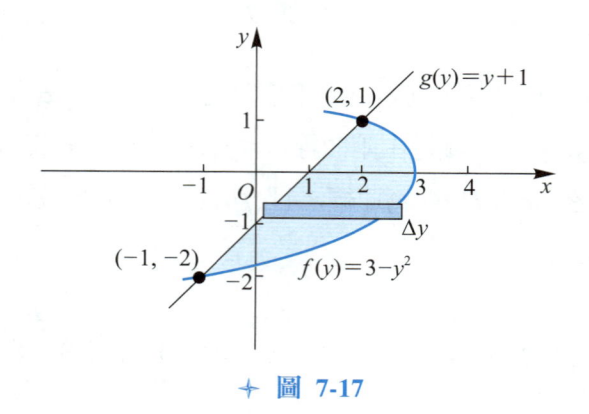

+ 圖 7-17

習題 7-1

在 1～13 題中，繪出所予方程式的圖形所圍成的區域，並求其面積．

1. $y=\sqrt{x}$, $y=-x$, $x=1$, $x=4$
2. $y=4-x^2$, $y=-4$
3. $x=y^2$, $x-y=-2$, $y=-2$, $y=3$
4. $y=x^3$, $y=x^2$
5. $x+y=3$, $x^2+y=3$
6. $x=y^2$, $x-y-2=0$
7. $y=x$, $y=4x$, $y=-x+2$
8. $y=x^2$, $y=2x-x^2$
9. $y=\sqrt{x}$, $y=-x+6$, $y=1$
10. $y=2+|x-1|$, $y=-\dfrac{1}{5}x+7$
11. $y=\sin x$, $y=\cos x$, $x=0$, $x=2\pi$
12. $y=e^{-x}$, $xy=1$, $x=1$, $x=2$
13. $x=\sin y$, $x=0$, $y=\dfrac{\pi}{4}$, $y=\dfrac{3\pi}{4}$

14. 求由曲線 $y=e^{-x}$ 與通過兩點 $(0, 1)$、$\left(1, \dfrac{1}{e}\right)$ 的直線所圍成區域的面積．

15. 求一垂直線 $x=k$ 使得由曲線 $x=\sqrt{y}$ 與兩直線 $x=2$、$y=0$ 所圍成區域分成兩等分．

7-2 體 積

在本節中，我們將利用定積分求三維空間中立體的體積．

我們定義柱體（或稱正柱體）為沿著與平面區域垂直的直線或軸移動該區域所生成的立體．在柱體中，與其軸垂直的所有截面的大小與形狀皆相同．若一柱體是由將面積 A 的平面區域移動距離 h 而生成的（圖 7-18），則柱體的體積 V 為

$$V=Ah.$$

體積 $V=Ah$

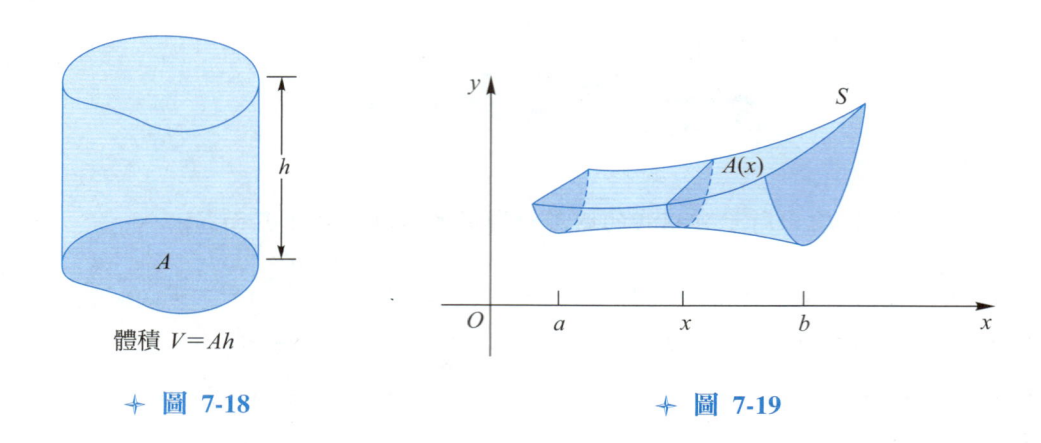

◆ 圖 7-18

◆ 圖 7-19

一、薄片法

不是柱體也不是由有限個柱體所組成的立體體積可由所謂薄片法求得．我們假設立體 S 沿著 x-軸延伸，而左界與右界分別為在 $x=a$ 與 $x=b$ 處垂直於 x-軸的平面，如圖 7-19 所示．因 S 並非假定為一柱體，故與 x-軸垂直的截面會改變，我們以 $A(x)$ 表示在 x 處的截面面積．

我們用點 x_i 作區間 $[a, b]$ 的分割使得 $a=x_0 < x_1 < x_2 < \cdots < x_n=b$ 將 $[a, b]$ 分割成寬為 $\Delta x_1, \Delta x_2, \cdots, \Delta x_n$ 的 n 個子區間，並通過每一分割點作出垂直於 x-軸的平面，如圖 7-20 所示，這些平面將立體 S 截成 n 個薄片 $S_1, S_2, \cdots, S_n$，我們現在考慮典型的薄片 S_i．一般，此薄片可能不是柱體，因它的截面會改變．然而，若薄片很薄，則截面不會改變很多．所以若我們在第 i 個子區間 $[x_{i-1}, x_i]$ 中任取一點 x_i^*，則薄片 S_i 的每一截面大約與在 x_i^* 處的截面相同，而我們以厚為 Δx_i 且截面面積為 $A(x_i^*)$ 的柱體近似薄片 S_i．於是，薄片 S_i 的體積 V_i 約為 $A(x_i^*) \Delta x_i$，即，

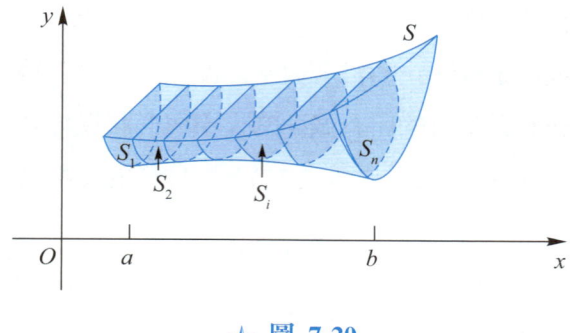

◆ 圖 7-20

$$V_i \approx A(x_i^*)\, \Delta x_i$$

而整個立體 S 的體積 V 約為 $\sum_{i=1}^{n} A(x_i^*)\, \Delta x_i$，即，

$$V \approx \sum_{i=1}^{n} A(x_i^*)\, \Delta x_i$$

當 $\max \Delta x_i \to 0$ 時，薄片會變得愈薄而近似值變得更佳，於是，

$$V = \lim_{\max \Delta x_i \to 0} \sum_{i=1}^{n} A(x_i^*)\, \Delta x_i$$

因上式右邊正好是定積分 $\int_a^b A(x)\, dx$，故我們有下面的定義．

定義 7-1

若一有界立體夾在兩平面 $x=a$ 與 $x=b$ 之間，且在 $[a, b]$ 中的每一 x 處垂直於 x-軸之截面的面積為 $A(x)$，則該立體的**體積**為

$$V = \int_a^b A(x)\, dx$$

倘若 $A(x)$ 為可積分．

對垂直於 y-軸的截面有一個類似的結果．

定義 7-2

若一有界立體夾在兩平面 $y=c$ 與 $y=d$ 之間，且在 $[c, d]$ 中的每一 y 處垂直於 y-軸之截面的面積為 $A(y)$，則該立體的體積為

$$V = \int_c^d A(y)\, dy$$

倘若 $A(y)$ 為可積分．

例題 1 求高為 h 且底是邊長為 a 之正方形的正角錐的體積.

解 如圖 7-21(i) 所示，我們將原點 O 置於角錐的頂點且 x-軸沿著它的中心軸. 在 x 處垂直於 x-軸的平面截交角錐所得截面為一正方形區域，而令 s 表示此正方形一邊的長，則由相似三角形（圖 7-21(ii)）可知

$$\frac{s}{a}=\frac{x}{h} \quad \text{或} \quad s=\frac{a}{h}x$$

於是，在 x 處之截面的面積為

$$A(x)=s^2=\frac{a^2}{h^2}x^2$$

故角錐的體積為

$$V=\int_0^h A(x)\,dx=\int_0^h \frac{a^2}{h^2}x^2\,dx=\left[\frac{a^2}{3h^2}x^3\right]_0^h=\frac{1}{3}a^2h.$$

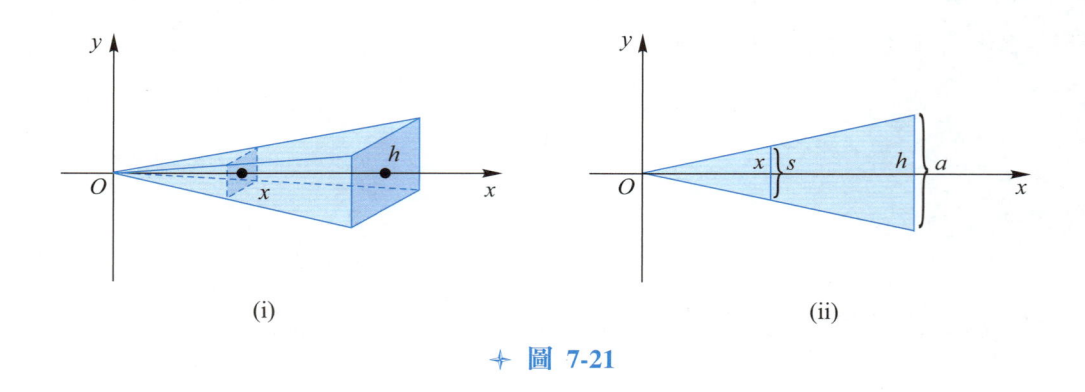

+ 圖 7-21

例題 2 試證：半徑為 r 之球的體積為 $V=\dfrac{4}{3}\pi r^3$.

解 若我們將球心置於原點，如圖 7-22 所示，則在 x 處垂直於 x-軸的平面截交該球所得截面為一圓區域，其半徑為 $y=\sqrt{r^2-x^2}$，故截面的面積為

$$A(x)=\pi y^2=\pi(r^2-x^2)$$

所以，球的體積為

第七章 積分的應用

$$V = \int_{-r}^{r} A(x)\,dx = \int_{-r}^{r} \pi(r^2 - x^2)\,dx = 2\pi \int_{0}^{r} (r^2 - x^2)\,dx = 2\pi \left[r^2 x - \frac{x^3}{3} \right]_{0}^{r} = \frac{4}{3}\pi r^3.$$

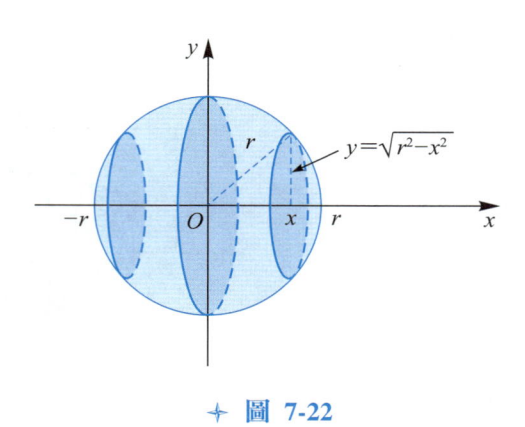

✦ 圖 7-22

例題 3 求兩圓柱體 $x^2 + y^2 \leq r^2$ 與 $x^2 + z^2 \leq r^2$ 所共有的體積.

解 圖 7-23 所示為第一卦限中共有的部分，其體積為所要求體積的 1/8.

通過點 $M(x, 0, 0)$ 作垂直於 x-軸的截面，可得一正方形區域，其邊長為 $\sqrt{r^2 - x^2}$，故截面的面積為

$$A(x) = r^2 - x^2$$

因此，所求體積為

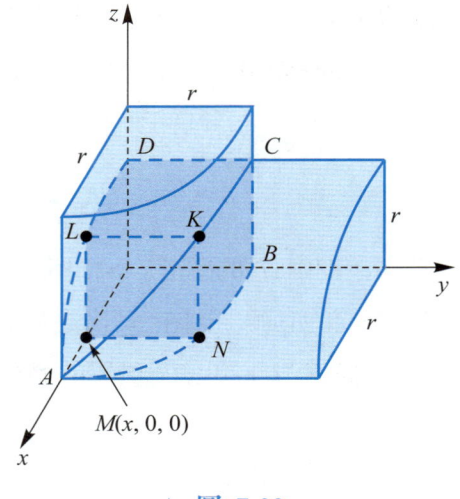

✦ 圖 7-23

$$V = 8\int_0^r A(x)\,dx = 8\int_0^r (r^2-x^2)\,dx = 8\left[r^2 x - \frac{x^3}{3}\right]_0^r = \frac{16}{3}r^3.$$

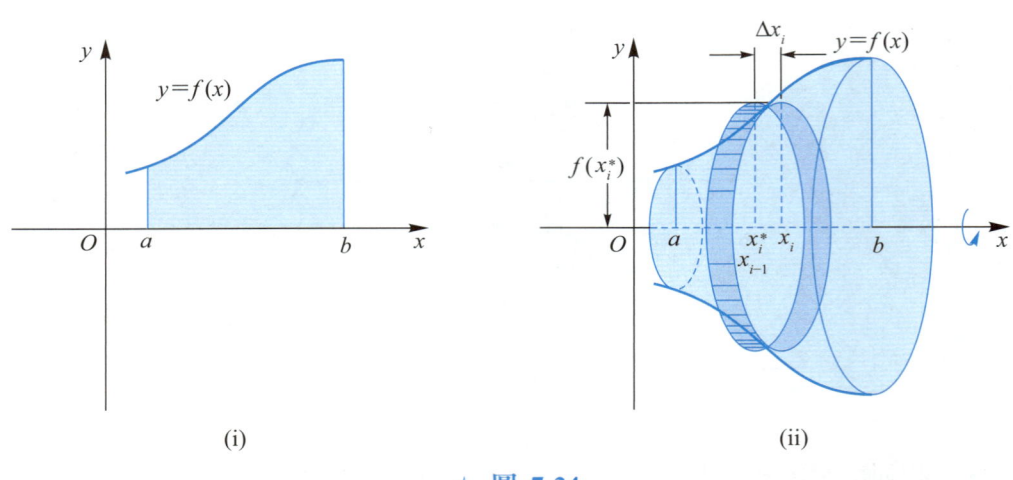

+ 圖 7-24

平面上一區域繞此平面上一直線（區域位於直線的一側）旋轉一圈所得的立體稱為旋轉體，而此立體稱為由該區域所產生，該直線稱為旋轉軸。若 f 在 $[a, b]$ 為非負值且連續的函數，則由 f 的圖形、x-軸、兩直線 $x=a$ 與 $x=b$ 所圍成區域 [圖 7-24(i)] 繞 x-軸旋轉所產生的立體如圖 7-24(ii) 所示。例如，若 f 為常數函數，則區域為矩形，而所產生的立體為一正圓柱體。若 f 的圖形是直徑兩端點在點 $(a, 0)$ 與點 $(b, 0)$ 的半圓，其中 $b > a$，則旋轉體為直徑 $b-a$ 的球。若已知區域為一直角三角形，其底在 x-軸上，兩頂點在點 $(a, 0)$ 與 $(b, 0)$，且直角位在此兩點中的一點，則產生正圓錐。

二、圓盤法

令函數 f 在 $[a, b]$ 為連續，則由 f 的圖形、x-軸與兩直線 $x=a$、$x=b$ 所圍成區域繞 x-軸旋轉時，生成具有圓截面的立體。因在 x 處之截面的半徑為 $f(x)$，故截面的面積為 $A(x) = \pi[f(x)]^2$。所以，由定義 7-1 可知旋轉體的體積為

$$V = \int_a^b \pi[f(x)]^2\,dx \tag{7-8}$$

因截面為圓盤形，故此公式的應用稱為圓盤法.

例題 4 求在曲線 $y=\sqrt{x}$ 下方且在區間 [1，4] 上方的區域繞 x-軸旋轉所得旋轉體的體積.

解 由 (7-8) 式，體積為

$$V=\int_1^4 \pi(\sqrt{x})^2\,dx=\int_1^4 \pi x\,dx=\left[\frac{\pi x^2}{2}\right]_1^4=8\pi-\frac{\pi}{2}=\frac{15\pi}{2}.$$

(7-8) 式中的函數 f 不必為非負，若 f 對某一 x 的值為負，如圖 7-25(i) 所示，且由 f 的圖形、x-軸與兩直線 $x=a$、$x=b$ 所圍成區域繞 x-軸旋轉，則得圖 7-25(ii) 所示的立體. 此立體與在 $y=|f(x)|$ 的圖形下方由 a 到 b 所圍成區域繞 x-軸旋轉所產生的立體相同. 因 $|f(x)|^2=[f(x)]^2$，故其體積與 (7-8) 式相同.

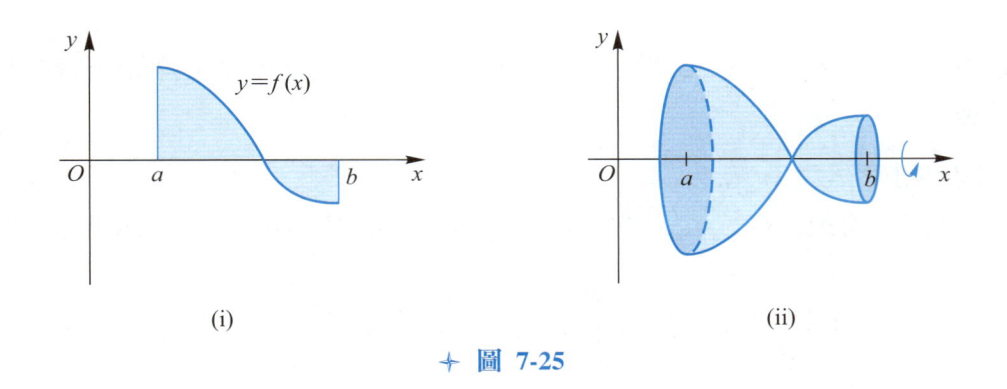

◆ 圖 7-25

例題 5 求由 $y=x^3$、x-軸、$x=-1$ 與 $x=2$ 等圖形所圍成區域繞 x-軸旋轉所得旋轉體的體積.

解 所求體積為

$$V=\int_{-1}^2 \pi(x^3)^2\,dx=\pi\int_{-1}^2 x^6\,dx=\left[\frac{\pi}{7}x^7\right]_{-1}^2=\frac{\pi}{7}(128+1)=\frac{129\pi}{7}.$$

(7-8) 式僅適用於旋轉軸是 x-軸的情形. 但如圖 7-26 所示，若由 $x=g(y)$ 的圖形、y-軸與兩直線 $y=c$、$y=d$ 所圍成區域繞 y-軸旋轉，則由定義 7-1 可得所產生旋

(i)　　　　　　　　　　　(ii)

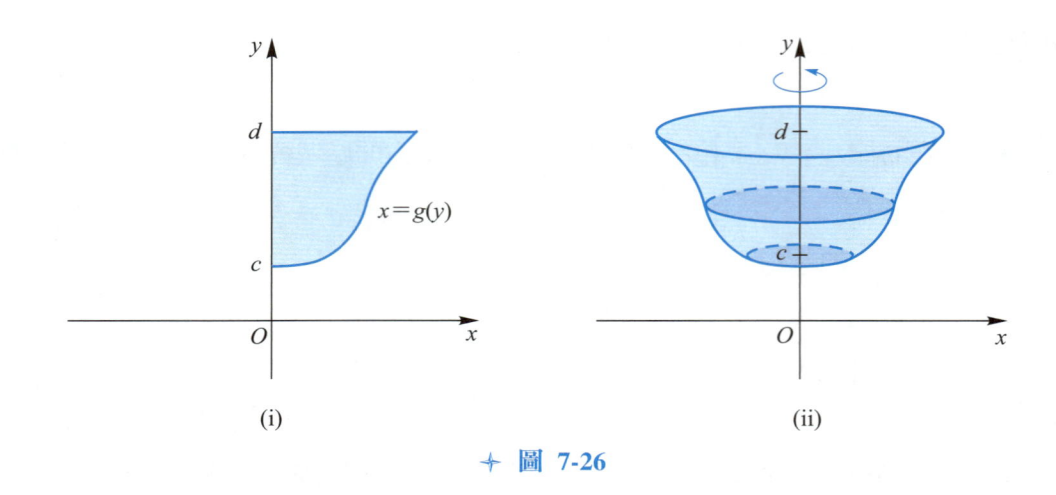

→ 圖 7-26

轉體的體積為

$$V=\int_c^d \pi [g(y)]^2 \, dy. \tag{7-9}$$

例題 6　求由 $y=\sqrt{x}$、$y=2$ 與 $x=0$ 等圖形所圍成區域繞 y-軸旋轉所得旋轉體的體積.

解　圖形如圖 7-27 所示.

我們首先必須改寫 $y=\sqrt{x}$ 為 $x=y^2$. 利用 (7-9) 式，$g(y)=y^2$，可得所求體積為

$$V=\int_0^2 \pi(y^2)^2 \, dy = \pi \int_0^2 y^4 \, dy = \left[\frac{\pi}{5} y^5\right]_0^2 = \frac{32\pi}{5}.$$

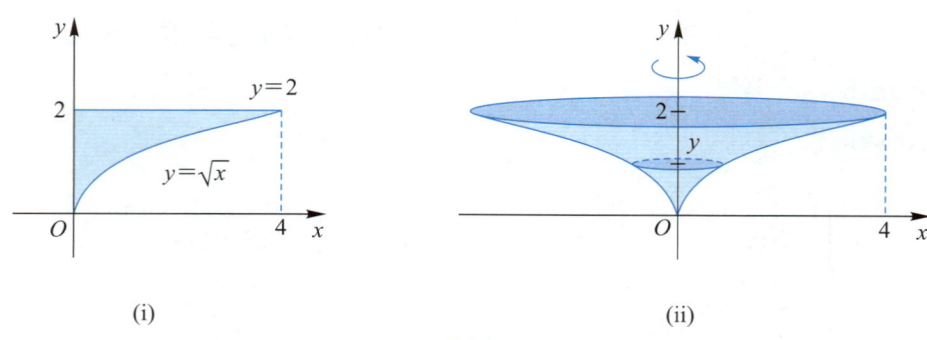

(i)　　　　　　　　　　　(ii)

→ 圖 7-27

第七章　積分的應用　321

例題 7　導出底半徑為 r 且高為 h 的正圓錐體的體積公式.

解　我們以 $(0, 0)$、$(0, h)$ 與 (r, h) 為三頂點的三角形區域繞 y-軸旋轉可得該正圓錐體. 利用相似三角形,

$$\frac{x}{r} = \frac{y}{h} \text{ 或 } x = \frac{r}{h} y$$

於是, 在 y 處之截面的面積為

$$A(y) = \pi x^2 = \frac{\pi r^2}{h^2} y^2$$

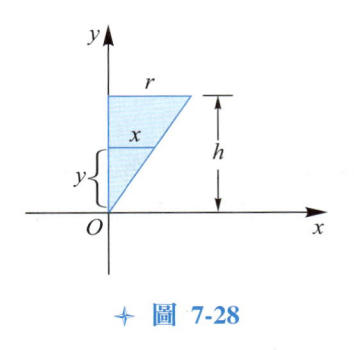

故體積為 $V = \dfrac{\pi r^2}{h^2} \displaystyle\int_0^h y^2 \, dy = \dfrac{1}{3} \pi r^2 h$.

✦ 圖 7-28

三、墊圈法

我們現在考慮更一般的旋轉體. 假設 f 與 g 在 $[a, b]$ 皆為非負值且連續的函數使得對 $a \leq x \leq b$ 恆有 $g(x) \leq f(x)$, 並令 R 為這些函數的圖形、兩直線 $x = a$ 與 $x = b$ 所圍成的區域 [圖 7-29(i)]. 當此區域繞 x-軸旋轉時, 生成具有環形或墊圈形截面的立體 [圖 7-29(ii)], 因在 x 處的截面之內半徑為 $g(x)$ 而外半徑為 $f(x)$, 故其面積為

$$A(x) = \pi [f(x)]^2 - \pi [g(x)]^2 = \pi \{[f(x)]^2 - [g(x)]^2\}$$

所以, 由定義 7-1 可得立體的體積為

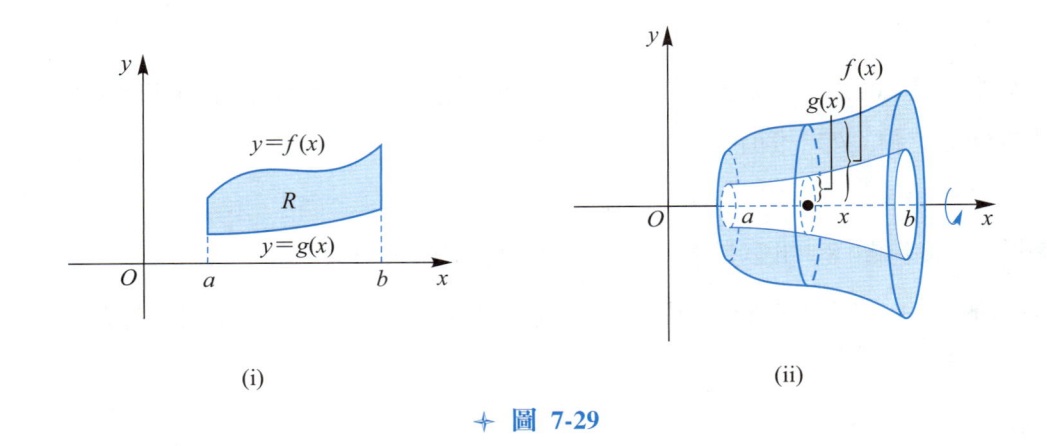

✦ 圖 7-29

$$V=\int_a^b \pi\{[f(x)]^2-[g(x)]^2\}\,dx \tag{7-10}$$

此公式的應用稱為墊圈法.

例題 8 求由拋物線 $y=x^2$ 與直線 $y=x$ 所圍成區域繞 x-軸旋轉所得旋轉體的體積.

解 $y=x^2$ 與 $y=x$ 的交點為 $(0, 0)$ 與 $(1, 1)$. 因在 x 處的截面為環形, 其內半徑為 x^2 而外半徑為 x, 故截面的面積為

$$A(x)=\pi x^2-\pi(x^2)^2=\pi(x^2-x^4)$$

利用 (7-10) 式可得體積為

$$V=\int_0^1 \pi(x^2-x^4)\,dx=\pi\left[\frac{x^3}{3}-\frac{x^5}{5}\right]_0^1=\pi\left(\frac{1}{3}-\frac{1}{5}\right)=\frac{2\pi}{15}.$$

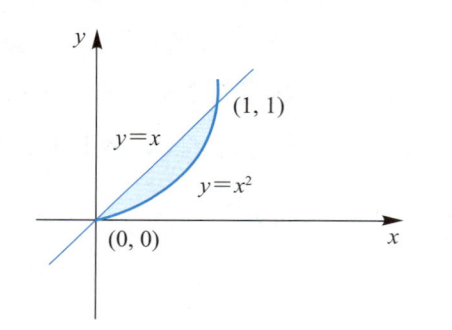

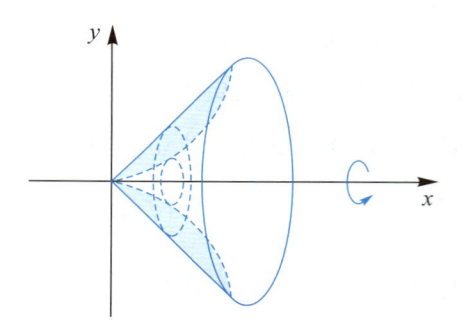

◆ 圖 7-30

經由互換 x 與 y 的位置, 同樣可以去求以區域繞 y-軸或平行 y-軸的直線旋轉所產生立體的體積, 如下例所示.

例題 9 求例題 8 的區域繞 y-軸旋轉所得旋轉體的體積.

解 圖 7-31 指出垂直於 y-軸的截面為圓環形, 其內半徑為 y 而外半徑為 $\sqrt{y}$, 故截面的面積為

$$A(y)=\pi(\sqrt{y})^2-\pi y^2=\pi(y-y^2)$$

所以，體積為

$$V=\int_0^1 \pi(y-y^2)\,dy$$

$$=\pi\left[\frac{y^2}{2}-\frac{y^3}{3}\right]_0^1$$

$$=\frac{\pi}{6}.$$

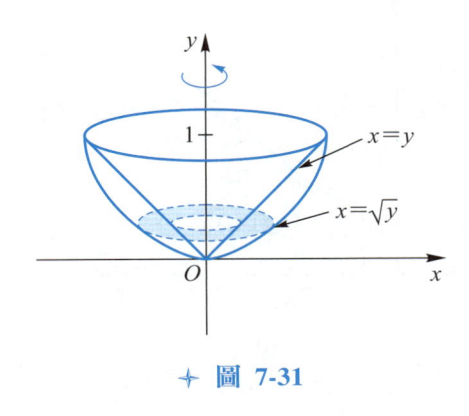

✦ 圖 7-31

四、圓柱殼法

求旋轉體體積的另一方法在某些情形下較前面所討論的方法簡單，稱為**圓柱殼法**．

一圓柱殼是介於兩個同心正圓柱之間的立體(圖 7-32)．內半徑為 r_1 且外半徑為 r_2，以及高為 h 的圓柱殼體積為

$$\begin{aligned}V&=\pi r_2^2 h-\pi r_1^2 h\\&=\pi(r_2^2-r_1^2)h\\&=\pi(r_2+r_1)(r_2-r_1)h\\&=2\pi\left(\frac{r_2+r_1}{2}\right)h(r_2-r_1)\end{aligned}$$

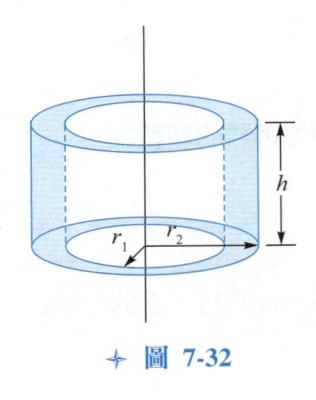

✦ 圖 7-32

若令 $\Delta r=r_2-r_1$ (殼的厚度)，$r=\frac{1}{2}(r_1+r_2)$ (殼的平均半徑)，則圓柱殼的體積變成

$$V=2\pi rh\,\Delta r$$

即，　　　　　　殼的體積 $=2\pi$ (平均半徑)(高度)(厚度)．

設 S 為由連續曲線 $y=f(x)\geq 0$ 與 $y=0$、$x=a$、$x=b$ 等圖形所圍成區域 R [圖 7-33] 繞 y-軸旋轉所產生的立體，該立體的體積近似於圓柱殼體積的和．一典型圓柱殼的平均半徑為 $x_i^*=\frac{1}{2}(x_{i-1}+x_i)$，高度為 $f(x_i^*)$，厚度為 Δx_i，其體積為

324 微積分

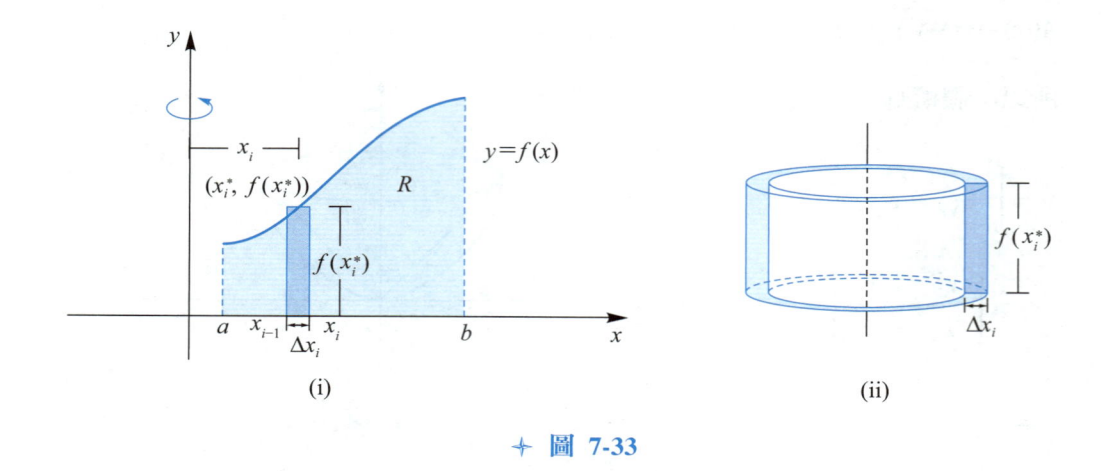

+ 圖 7-33

$$\Delta V_i = 2\pi \,(\text{平均半徑}) \cdot (\text{高度}) \cdot (\text{厚度}) = 2\pi \, x_i^* \, f(x_i^*) \, \Delta x_i$$

所以，S 的體積 V 近似於 $\sum_{i=1}^{n} \Delta V_i$，即，

$$V \approx \sum_{i=1}^{n} \Delta V_i = \sum_{i=1}^{n} 2\pi \, x_i^* \, f(x_i^*) \, \Delta x_i$$

所得旋轉體的體積為

$$V = \lim_{\max \Delta x_i \to 0} \sum_{i=1}^{n} 2\pi \, x_i^* \, f(x_i^*) \, \Delta x_i = \int_a^b 2\pi x \, f(x) \, dx$$

依此，我們有下面的定義.

定義 7-3

令函數 $y=f(x)$ 在 $[a, b]$ 為連續，此處 $0 \leq a < b$，則由 f 的圖形、x-軸與兩直線 $x=a$、$x=b$ 所圍成區域繞 y-軸旋轉所得旋轉體的體積為

$$V = \int_a^b 2\pi x \, f(x) \, dx.$$

例題 10 求由 $y=2x-x^2$ 的圖形與 x-軸所圍成區域繞 y-軸旋轉所得旋轉體的體積.

解 $y = 2x - x^2$ 的圖形與 x-軸的交點為 $(0, 0)$ 與 $(2, 0)$，如圖 7-34 所示. 於是，所求體積為

$$V = \int_0^2 2\pi x (2x - x^2) \, dx$$

$$= 2\pi \int_0^2 (2x^2 - x^3) \, dx$$

$$= 2\pi \left[\frac{2}{3} x^3 - \frac{1}{4} x^4 \right]_0^2$$

$$= \frac{8\pi}{3}.$$

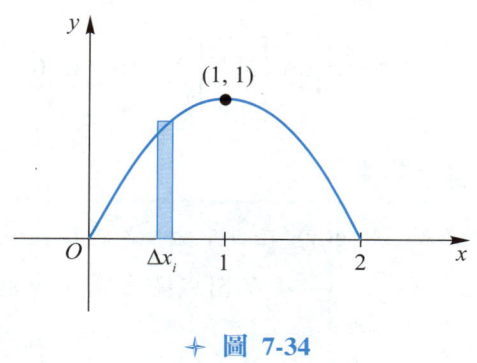

↠ 圖 7-34

一般，在兩曲線 $y = f(x)$ 與 $y = g(x)$ 之間由 a 到 b 的區域 [此處 $f(x) \geq g(x)$ 且 $0 \leq a < b$] 繞 y-軸旋轉所得旋轉體的體積為

$$V = \int_a^b 2\pi x \, [f(x) - g(x)] \, dx. \tag{7-11}$$

例題 11 求由 $y = x$ 與 $y = x^2$ 等圖形所圍成區域繞 y-軸旋轉所得旋轉體的體積.

解 所求體積為

$$V = \int_0^1 2\pi x (x - x^2) \, dx = 2\pi \int_0^1 (x^2 - x^3) \, dx = 2\pi \left[\frac{x^3}{3} - \frac{x^4}{4} \right]_0^1 = \frac{\pi}{6}.$$

例題 12 利用圓柱殼法求在曲線 $y = e^{-x^2}$ 下方且在區間 $[0, \infty)$ 上方的區域繞 y-軸旋轉所得旋轉體的體積.

解 $y = e^{-x^2}$ 的圖形如圖 7-35 所示. 所求體積為

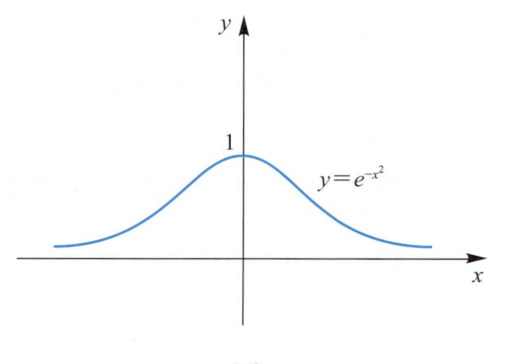

↠ 圖 7-35

$$V = \int_0^\infty 2\pi x e^{-x^2}\, dx = \lim_{t\to\infty}\int_0^t 2\pi x e^{-x^2}\,dx = -\pi \lim_{t\to\infty}\int_0^t e^{-x^2}\,d(-x^2)$$

$$= -\pi \lim_{t\to\infty}\left[e^{-x^2}\right]_0^t = -\pi \lim_{t\to\infty}(e^{-t^2}-1) = \pi.$$

定義 7-4

令函數 $x=g(y)$ 在 $[c, d]$ 為連續，此處 $0 \leq c < d$，則由 g 的圖形、y-軸與兩直線 $y=c$、$y=d$ 所圍成區域繞 x-軸旋轉所得旋轉體的體積為

$$V = \int_c^d 2\pi y\, g(y)\, dy.$$

例題 13 求由 $x=y^2$ 的圖形、x-軸與 $x=4$ 所圍成區域繞 x-軸旋轉所得旋轉體的體積．

解 如圖 7-36 所示．

一典型圓柱殼的體積 $= 2\pi y_i^*\, [4-(y_i^*)^2]\, \Delta y_i = 2\pi\, [4y_i^* - (y_i^*)^3]\, \Delta y_i$，故旋轉體的體積為

$$V = \int_0^2 2\pi(4y - y^3)\, dy = 2\pi\left[2y^2 - \frac{1}{4}y^4\right]_0^2 = 8\pi.$$

△ 圖 7-36

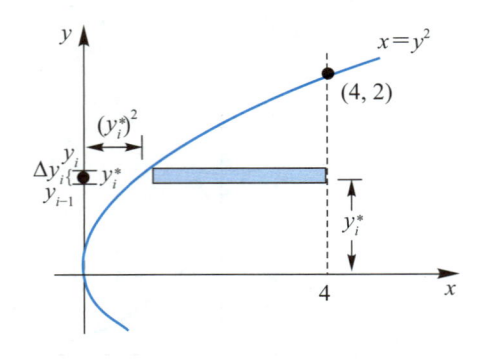

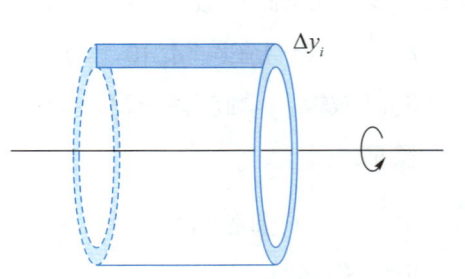

習題 7-2

在 1～6 題中，求由所予方程式的圖形所圍成區域繞 x-軸旋轉所得旋轉體的體積.

1. $y = \dfrac{1}{x}$, $y = 0$, $x = 1$, $x = 2$
2. $y = \sin x$, $y = \cos x$, $x = 0$, $x = \dfrac{\pi}{4}$
3. $y = x^2 + 1$, $y = x + 3$
4. $y = x^2$, $y = x^3$
5. $y = \sin x$, $y = 0$, $x = 0$, $x = \pi$
6. $y = \tan x$, $y = 1$, $x = 0$

在 7～10 題中，求由所予方程式的圖形所圍成區域繞 y-軸旋轉所得旋轉體的體積.

7. $y = \dfrac{2}{x}$, $y = 1$, $y = 2$, $x = 0$
8. $x = \sqrt{4 - y^2}$, $x = 0$, $y = 1$, $y = 2$
9. $y = x^2$, $x = y^2$
10. $y = \sin x$, $y = 0$, $x = 0$, $x = \pi$

在 11～12 題中，利用圓柱殼法求由所予方程式的圖形所圍成區域繞 x-軸旋轉所得旋轉體的體積.

11. $y^2 = x$, $y = 1$, $x = 0$
12. $y = x^2$, $x = 1$, $y = 0$

在 13～14 題中，利用圓柱殼法求由所予方程式的圖形所圍成區域繞 y-軸旋轉所得旋轉體的體積.

13. $y = \sqrt{x}$, $y = 0$, $x = 1$, $x = 4$
14. $x = y^2$, $y = x^2$

15. 利用圓柱殼法求由方程式 $y = \dfrac{1}{x^3}$、$x = 1$、$x = 2$、$y = 0$ 等圖形所圍成區域繞直線 $x = -1$ 旋轉所得旋轉體的體積.

7-3 弧 長

欲解某些科學上的問題，考慮函數圖形的長度是絕對必要的. 例如，一拋射體沿著一拋物線方向運動，我們希望決定它在某指定時間區間內所經過的距離. 同理，求一條

圖 7-37

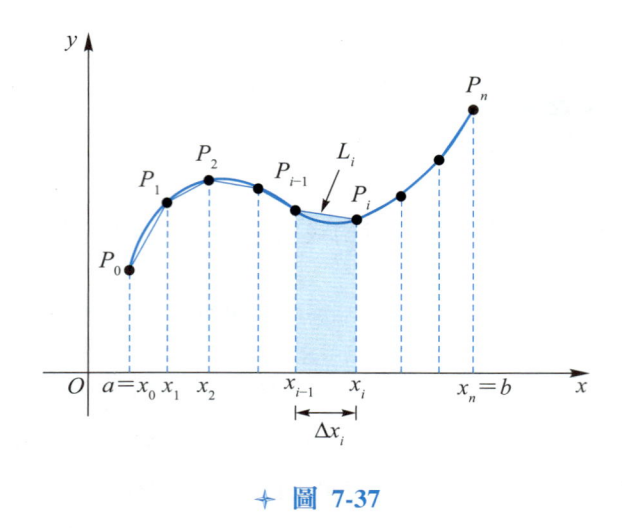

易彎曲的扭曲電線的長度，只需將它拉直而用直尺（或距離公式）求其長度；然而，求一條不易彎曲的扭曲電線的長度，必須利用其它方法．我們將看出，定義函數圖形之長度的關鍵是將函數圖形分成許多小段，然後，以直線段近似每一小段．其次，我們將所有如此直線段的長度的和取極限，可得一個定積分．欲保證積分存在，我們必須對函數加以限制．

若函數 f 的導函數 f' 在某區間為連續，則稱 $y=f(x)$ 的圖形在該區間為一**平滑曲線**（或 f 為**平滑函數**）．在本節裡，我們將討論平滑曲線的長度．

若函數 f 在 $[a, b]$ 為平滑，則如圖 7-37 所示，我們考慮由 $a=x_0$, x_1, x_2, $\cdots$, $x_n=b$ 將 $[a, b]$ 所決定的分割 P，且令點 P_i 的坐標為 $(x_i, f(x_i))$．若以線段連接這些點，則可得一條多邊形路徑，它可視為曲線 $y=f(x)$ 的近似．假使再增加點數使得所有線段的長趨近零，那麼多邊形路徑的長將趨近曲線的長．

在多邊形路徑的第 i 個線段的長 L_i 為

$$L_i = \sqrt{(\Delta x_i)^2 + [f(x_i) - f(x_{i-1})]^2} \tag{7-12}$$

利用微分的均值定理，在 x_{i-1} 與 x_i 之間存在一點 x_i^* 使得

$$f(x_i) - f(x_{i-1}) = f'(x_i^*) \Delta x_i$$

於是，(7-12) 式可改寫成

$$L_i = \sqrt{1 + [f'(x_i^*)]^2} \, \Delta x_i$$

這表示整個多邊形路徑的長為

$$\sum_{i=1}^{n} L_i = \sum_{i=1}^{n} \sqrt{1+[f'(x_i^*)]^2}\, \Delta x_i$$

當 $\max \Delta x_i \to 0$ 時，多邊形路徑的長將趨近曲線 $y=f(x)$ 在 $[a, b]$ 上方的弧長．於是，

$$L = \lim_{\max \Delta x_i \to 0} \sum_{i=1}^{n} \sqrt{1+[f'(x_i^*)]^2}\, \Delta x_i$$

因 (7-13) 式的右邊正是定積分 $\int_a^b \sqrt{1+[f'(x)]^2}\, dx$，故我們有下面的定義．

定義 7-5

若 f 在 $[a, b]$ 為平滑函數，則曲線 $y=f(x)$ 由 $x=a$ 到 $x=b$ 的弧長為

$$L = \int_a^b \sqrt{1+[f'(x)]^2}\, dx = \int_a^b \sqrt{1+\left(\frac{dy}{dx}\right)^2}\, dx.$$

例題 1 求曲線 $y=\dfrac{1}{3}(x^2+2)^{3/2}$ 由 $x=0$ 到 $x=1$ 的弧長．

解 $\dfrac{dy}{dx} = \dfrac{1}{2}(x^2+2)^{1/2}(2x) = x\sqrt{x^2+2}$，

$$1+\left(\frac{dy}{dx}\right)^2 = 1+x^2(x^2+2) = (x^2+1)^2.$$

所以，弧長為

$$L = \int_0^1 \sqrt{1+\left(\frac{dy}{dx}\right)^2}\, dx = \int_0^1 (x^2+1)\, dx = \left[\frac{x^3}{3}+x\right]_0^1 = \frac{4}{3}.$$

例題 2 求曲線 $x^{2/3}+y^{2/3}=a^{2/3}$ $(a>0)$ 的弧長．

解 因圖形對稱於 x-軸與 y-軸（如圖 7-38 所示），故只需求出在第 I 象限內的弧長，然後乘上 4 倍，即為所要求的弧長．

微積分

$$y = (a^{2/3} - x^{2/3})^{3/2}$$

$$\frac{dy}{dx} = \frac{3}{2}(a^{2/3} - x^{2/3})^{1/2}\left(-\frac{2}{3}x^{-1/3}\right)$$

$$= -x^{-1/3}(a^{2/3} - x^{2/3})^{1/2}$$

$$1 + \left(\frac{dy}{dx}\right)^2 = 1 + x^{-2/3}(a^{2/3} - x^{2/3})$$

$$= 1 + a^{2/3}x^{-2/3} - 1$$

$$= a^{2/3}x^{-2/3}$$

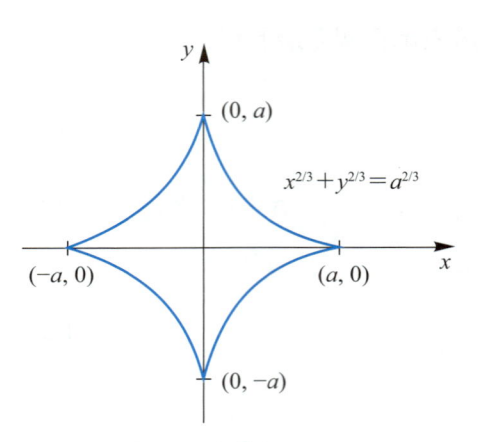

所以，弧長為

▲ 圖 7-38

$$L = 4\int_0^a \sqrt{1 + \left(\frac{dy}{dx}\right)^2}\,dx = 4a^{1/3}\int_0^a x^{-1/3}\,dx = 4a^{1/3}\lim_{t\to 0^+}\int_t^a x^{-1/3}\,dx$$

$$= 4a^{1/3}\lim_{t\to 0^+}\left[\frac{3}{2}x^{2/3}\right]_t^a = 6a.$$

例題 3 求半徑為 r 之圓的周長.

解 $L = 4\int_0^r \sqrt{1 + \left(\frac{dy}{dx}\right)^2}\,dx = 4\int_0^r \frac{r}{\sqrt{r^2 - x^2}}\,dx$

$$= 4\lim_{t\to r^-}\int_0^t \frac{r}{\sqrt{r^2 - x^2}}\,dx$$

令 $x = r\sin\theta$, $0 \le \theta < \frac{\pi}{2}$,

則 $dx = r\cos\theta\,d\theta$,

故 $L = 4\lim_{t\to r^-}\int_0^{\sin^{-1}(t/r)} \frac{r}{r\cos\theta}\,r\cos\theta\,d\theta$

$$= 4r\lim_{t\to r^-}\int_0^{\sin^{-1}(t/r)} d\theta$$

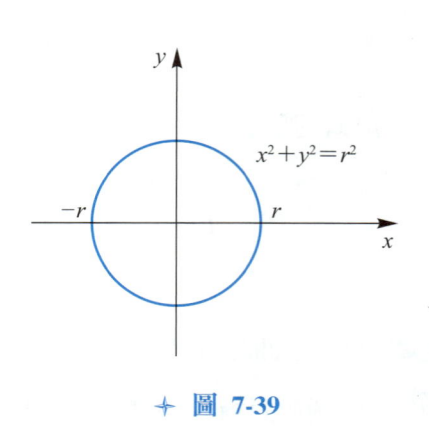

▲ 圖 7-39

$$= 4r \lim_{t \to r^-} \sin^{-1}\left(\frac{t}{r}\right) = 4r\left(\frac{\pi}{2}\right) = 2\pi r.$$

例題 4 求曲線 $y = \int_1^x \sqrt{t^3 - 1}\, dt\ (1 \leq x \leq 4)$ 的長度.

解 $y = \int_1^x \sqrt{t^3 - 1} \Rightarrow \dfrac{dy}{dx} = \sqrt{x^3 - 1}$

$$\Rightarrow 1 + \left(\frac{dy}{dx}\right)^2 = 1 + (x^3 - 1) = x^3$$

所以，弧長為

$$L = \int_1^4 \sqrt{1 + \left(\frac{dy}{dx}\right)^2}\, dx = \int_1^4 x^{3/2}\, dx = \left[\frac{2}{5} x^{5/2}\right]_1^4$$

$$= \frac{2}{5}(32 - 1) = \frac{62}{5}.$$

定義 7-6

令函數 g 定義為 $x = g(y)$，此處 g 在 $[c, d]$ 為平滑函數，則曲線 $x = g(y)$ 由 $y = c$ 到 $y = d$ 的弧長為

$$L = \int_c^d \sqrt{1 + [g'(y)]^2}\, dy = \int_c^d \sqrt{1 + \left(\frac{dx}{dy}\right)^2}\, dy.$$

例題 5 求曲線 $y = x^{2/3}$ 由 $x = 0$ 到 $x = 8$ 的弧長.

解 對 $y = x^{2/3}$ 求解 x，可得 $x = y^{3/2}$，於是，$\dfrac{dx}{dy} = \dfrac{3}{2} y^{1/2}$.

當 $x = 0$ 時，$y = 0$；當 $x = 8$ 時，$y = 4$. 於是，所求的弧長為

$$L = \int_0^4 \sqrt{1 + \left(\frac{dx}{dy}\right)^2}\, dy = \int_0^4 \sqrt{1 + \frac{9}{4} y}\, dy$$

$$=\left[\frac{8}{27}\left(1+\frac{9}{4}y\right)^{3/2}\right]_0^4 = \frac{8}{27}(10\sqrt{10}-1).$$

習題 7-3

1. 求曲線 $y=x^2$ 由 $x=0$ 到 $x=1$ 的弧長.

2. 求曲線 $y=2x^{3/2}-1$ 由 $x=0$ 到 $x=1$ 的弧長.

3. 求曲線 $x=\frac{1}{3}(y^2+2)^{3/2}$ 由 $y=0$ 到 $y=1$ 的弧長.

4. 求曲線 $x=\ln\cos x$ 由 $x=0$ 到 $x=\frac{\pi}{4}$ 的弧長.

在 5～7 題中，求所予方程式的圖形上由 A 點到 B 點的弧長.

5. $(y+1)^2=(x-4)^3$；$A(4, -1)$，$B(8, 7)$.

6. $y=5-\sqrt{x^3}$；$A(0, 5)$，$B(4, -3)$.

7. $y=\ln\sec x$；$A(0, 0)$，$B\left(\frac{\pi}{4}, \frac{1}{2}\ln 2\right)$.

8. 求曲線 $y=\int_0^x \sqrt{\cos t}\, dt \left(0 \le x \le \frac{\pi}{2}\right)$ 的弧長.

9. 求曲線 $y=\int_0^x \tan t\, dt \left(0 \le x \le \frac{\pi}{6}\right)$ 的弧長.

7-4 平面區域的力矩與形心

本節的主要目的是在找出任意形狀的薄片上的一點，使該薄片在該點能保持水平平衡，此點稱為薄片的質心 (或重心).

首先，我們考慮簡單的情形，如圖 7-40 所示，其中兩質點 m_1 與 m_2 附在質量可

第七章　積分的應用

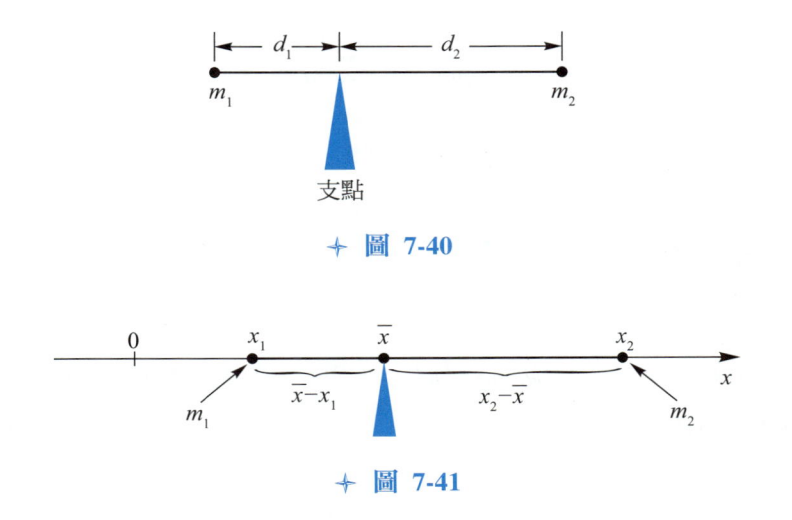

◆ 圖 7-40

◆ 圖 7-41

忽略的細桿兩端，而與支點的距離分別為 d_1 及 d_2．若 $m_1d_1=m_2d_2$，則此細桿會平衡．

現在，假設細桿沿 x-軸，m_1 在 x_1，m_2 在 x_2，質心在 $\bar{x}$，如圖 7-41 所示．我們得知 $d_1=\bar{x}-x_1$，$d_2=x_2-\bar{x}$，於是，

$$m_1(\bar{x}-x_1)=m_2(x_2-\bar{x})$$
$$m_1\bar{x}+m_2\bar{x}=m_1x_1+m_2x_2$$
$$\bar{x}=\frac{m_1x_1+m_2x_2}{m_1+m_2}$$

數 m_1x_1 與 m_2x_2 分別稱為質量 m_1 與 m_2 的**力矩**(對原點)．

定義 7-7

令質量為 m_1, m_2, $\cdots$, m_n 的質點分別位於 x-軸上坐標為 x_1, x_2, $\cdots$, x_n 的點．

(1) 系統對原點的力矩定義為

$$M=\sum_{i=1}^{n} m_i x_i$$

(2) 系統的質心（或重心）為坐標 $\bar{x}$ 的點使得

$$\bar{x} = \frac{\sum_{i=1}^{n} m_i x_i}{\sum_{i=1}^{n} m_i} = \frac{\sum_{i=1}^{n} m_i x_i}{m}$$

此處 $m = \sum_{i=1}^{n} m_i$ 為系統的總質量.

定義 7-7(2) 中的式子可改寫成 $m\bar{x} = M$，這說明了若總質量視為集中在質心 $\bar{x}$，則它的力矩與系統的力矩相同.

例題 1 設質量為 5 單位、8 單位與 12 單位的物體置於 x-軸上坐標分別為 -4、2 與 3 的點，求該系統的質心.

解 應用定義 7-7(2)，質心的坐標 $\bar{x}$ 為

$$\bar{x} = \frac{5(-4) + 8(2) + 12(3)}{5 + 8 + 12} = \frac{32}{25}.$$

在定義 7-7 中的概念可以推廣到二維的情形.

定義 7-8

令質量為 $m_1, m_2, \cdots, m_n$ 的 n 個質點分別位於 xy-平面上的點 $(x_1, y_1), (x_2, y_2), \cdots, (x_n, y_n)$.

(1) 系統對 x-軸的**力矩**為

$$M_x = \sum_{i=1}^{n} m_i y_i$$

系統對 y-軸的**力矩**為

$$M_y = \sum_{i=1}^{n} m_i x_i$$

(2) 系統的**質心**（或**重心**）為點 $(\bar{x}, \bar{y})$，使得

$$\bar{x} = \frac{M_y}{m}, \quad \bar{y} = \frac{M_x}{m}$$

此處 $m = \sum_{i=1}^{n} m_i$ 為總質量．

因 $m\bar{x} = M_y$，$m\bar{y} = M_x$，故質心 $(\bar{x}, \bar{y})$ 為質量 m 的單一質點與系統有相同力矩的點．

例題 2 設質量為 3、4 與 8 的質點分別置於點 $(-1, 1)$、$(2, -1)$ 與 $(3, 2)$，求系統的力矩與質心．

解 $M_x = 3(1) + 4(-1) + 8(2) = 15$，$M_y = 3(-1) + 4(2) + 8(3) = 29$

因 $m = 3 + 4 + 8 = 15$，故

$$\bar{x} = \frac{M_y}{m} = \frac{29}{15}, \quad \bar{y} = \frac{M_x}{m} = \frac{15}{15} = 1$$

於是，質心為 $\left(\frac{29}{15}, 1\right)$．

其次，我們考慮具有均勻密度 ρ 的薄片，它佔有平面的某區域 R．我們希望找出薄片的質心，稱為 R 的形心．我們將使用下面的對稱原理：若 R 對稱於直線 l，則 R 的形心位於 l 上．於是，矩形區域的形心是它的中心．若區域在 xy-平面上，則我們假定區域的質量能集中在質心而使得它對 x-軸與 y-軸的力矩並沒有改變．

首先，我們考慮圖 7-42(i) 所示的區域 R，即，R 位於 f 的圖形下方且在 x-軸上方與兩直線 $x = a$，$x = b$ 之間，此處 f 在 $[a, b]$ 為連續．我們用點 x_i 對 $[a, b]$ 作分割使得 $a = x_0 < x_1 < x_2 < \cdots < x_n = b$，並選取 x_i^* 為第 i 個子區間的中點，即，$x_i^* = \frac{x_{i-1} + x_i}{2}$，這決定了 R 的多邊形近似，如圖 7-42(ii) 所示，第 i 個近似矩形的形心是它的中心 $C_i\left(x_i^*, \frac{1}{2} f(x_i^*)\right)$，它的面積為 $f(x_i^*) \Delta x_i$，質量為 $\rho f(x_i^*) \Delta x_i$，於是，R_i 對 x-軸的力矩為

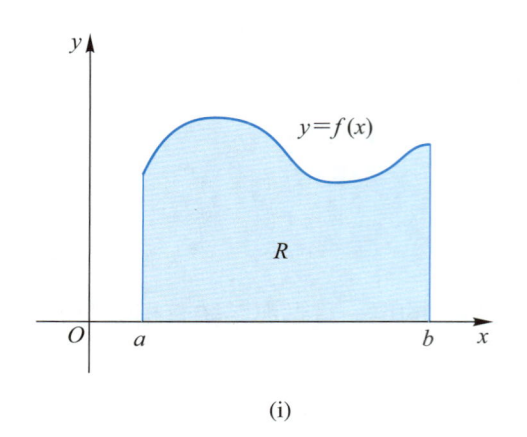

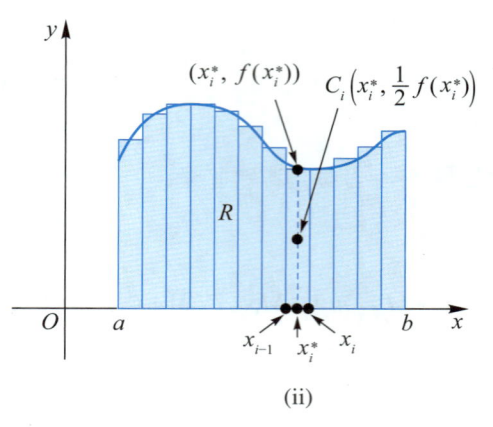

◆ 圖 7-42

$$M_x(R_i) = [\rho f(x_i^*) \Delta x_i] \frac{1}{2} f(x_i^*) = \rho \cdot \frac{1}{2} [f(x_i^*)]^2 \Delta x_i$$

將這些力矩相加，然後令 $\max \Delta x_i \to 0$，再取極限，可得 R 對 x-軸的力矩為

$$M_x = \lim_{\max \Delta x_i \to 0} \sum_{i=1}^{n} \rho \cdot \frac{1}{2} [f(x_i^*)]^2 \Delta x_i = \rho \int_a^b \frac{1}{2} [f(x)]^2 \, dx \tag{7-13}$$

同理，R_i 對 y-軸的力矩為

$$M_y(R_i) = (\rho f(x_i^*) \Delta x_i) x_i^* = \rho x_i^* f(x_i^*) \Delta x_i$$

將這些力矩相加，並令 $\max \Delta x_i \to 0$，再取極限，可得 R 對 y-軸的力矩為

$$M_y = \lim_{\max \Delta x_i \to 0} \sum_{i=1}^{n} \rho x_i^* f(x_i^*) \Delta x_i = \rho \int_a^b x f(x) \, dx. \tag{7-14}$$

正如質點所組成的系統一樣，薄片的質心坐標 $\bar{x}$ 與 $\bar{y}$ 定義為使得 $m\bar{x} = M_y$，$m\bar{y} = M_x$，但

$$m = \rho A = \rho \int_a^b f(x) \, dx$$

故

$$\bar{x} = \frac{M_y}{m} = \frac{\rho \int_a^b x f(x) \, dx}{\rho \int_a^b f(x) \, dx} = \frac{\int_a^b x f(x) \, dx}{\int_a^b f(x) \, dx} = \frac{1}{A} \int_a^b x f(x) \, dx \tag{7-15}$$

$$\bar{y} = \frac{M_x}{m} = \frac{\rho \int_a^b \frac{1}{2}[f(x)]^2 \, dx}{\rho \int_a^b f(x) \, dx} = \frac{\int_a^b \frac{1}{2}[f(x)]^2 \, dx}{\int_a^b f(x) \, dx} = \frac{1}{A} \int_a^b \frac{1}{2}[f(x)]^2 \, dx$$

依 (7-15) 式，我們得知均勻薄片的質心坐標與密度 ρ 無關，即，它們僅與薄片的形狀有關，而與密度 ρ 無關．基於此理由，點 $(\bar{x}, \bar{y})$ 有時視為平面區域的形心．

例題 3 求由拋物線 $y = x^2$、x-軸與直線 $x = 1$ 所圍成區域的形心．

解 圖形如圖 7-43 所示．區域的面積為

$$A = \int_0^1 x^2 \, dx = \left[\frac{1}{3} x^3\right]_0^1 = \frac{1}{3}$$

可得

$$\bar{x} = \frac{1}{\frac{1}{3}} \int_0^1 x^3 \, dx = \left[\frac{3}{4} x^4\right]_0^1 = \frac{3}{4}$$

$$\bar{y} = \frac{1}{\frac{1}{3}} \int_0^1 \frac{1}{2} x^4 \, dx = \left[\frac{3}{10} x^5\right]_0^1 = \frac{3}{10}$$

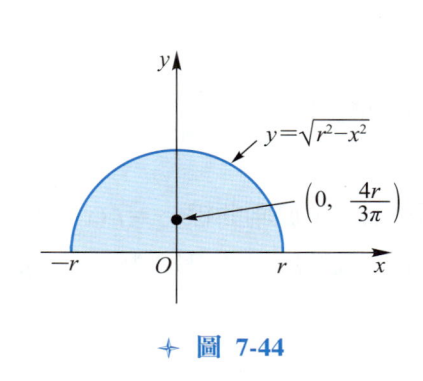

↟ 圖 7-43

故形心的坐標為 $\left(\dfrac{3}{4}, \dfrac{3}{10}\right)$．

例題 4 求半徑為 r 的半圓形區域的形心．

解 圖形如圖 7-44 所示．依對稱原理，形心必定位於 y-軸上，故 $\bar{x} = 0$．又半圓區域的面積為 $A = \pi r^2 / 2$，可得

↟ 圖 7-44

338 微積分

$$\bar{y} = \frac{1}{\pi r^2} \int_{-r}^{r} (r^2 - x^2)\, dx = \frac{1}{\pi r^2} \left[r^2 x - \frac{x^3}{3} \right]_{-r}^{r} = \frac{4r}{3\pi}$$

故形心位於點 $\left(0, \dfrac{4r}{3\pi}\right)$.

例題 5 求由曲線 $y = \cos x$ 與兩坐標軸、直線 $x = \dfrac{\pi}{2}$ 所圍成區域的形心.

解 區域的面積為

$$A = \int_0^{\pi/2} \cos x\, dx = \left[\sin x \right]_0^{\pi/2} = 1$$

於是，$\bar{x} = \dfrac{1}{A} \displaystyle\int_0^{\pi/2} x f(x)\, dx = \int_0^{\pi/2} x \cos x\, dx$

$$= \left[x \sin x \right]_0^{\pi/2} - \int_0^{\pi/2} \sin x\, dx$$

$$= \frac{\pi}{2} - 1 = \frac{\pi - 2}{2}$$

$$\bar{y} = \frac{1}{A} \int_0^{\pi/2} \frac{1}{2} [f(x)]^2\, dx$$

$$= \frac{1}{2} \int_0^{\pi/2} \cos^2 x\, dx = \frac{1}{4} \int_0^{\pi/2} (1 + \cos 2x)\, dx$$

$$= \frac{1}{4} \left[x + \frac{1}{2} \sin 2x \right]_0^{\pi/2} = \frac{\pi}{8}$$

形心為點 $\left(\dfrac{\pi - 2}{2},\ \dfrac{\pi}{8} \right)$, 如圖 7-45 所示.

✦ 圖 7-45

令區域 R 位於兩曲線 $y = f(x)$ 與 $y = g(x)$ 之間, 如圖 7-46 所示, 其中 $f(x) \geq g(x)\ (a \leq x \leq b)$. 若 R 的形心為 $(\bar{x}, \bar{y})$, 則參考 (7-15) 式, 可知

第七章 積分的應用 339

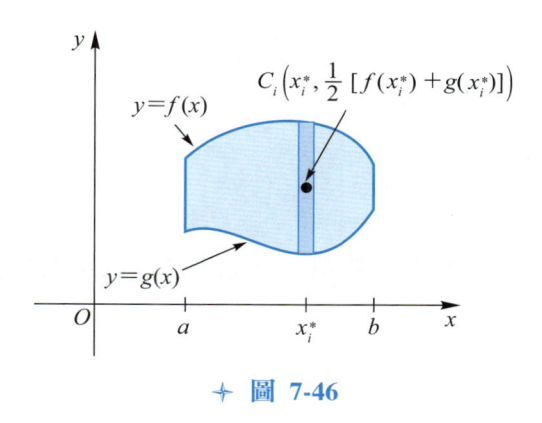

圖 7-46

$$\bar{x} = \frac{1}{A}\int_a^b x[f(x)-g(x)]\,dx$$

(7-16)

$$\bar{y} = \frac{1}{A}\int_a^b \frac{1}{2}\{[f(x)]^2-[g(x)]^2\}\,dx.$$

例題 6 求由拋物線 $y=x^2$ 與直線 $y=x$ 所圍成區域的形心.

解 拋物線與直線的交點為 $(0,0)$ 與 $(1,1)$，如圖 7-47 所示. 區域的面積為

$$A = \int_0^1 (x-x^2)\,dx = \left[\frac{1}{2}x^2 - \frac{1}{3}x^3\right]_0^1 = \frac{1}{6}$$

所以，

$$\bar{x} = \frac{1}{\frac{1}{6}}\int_0^1 x(x-x^2)\,dx$$

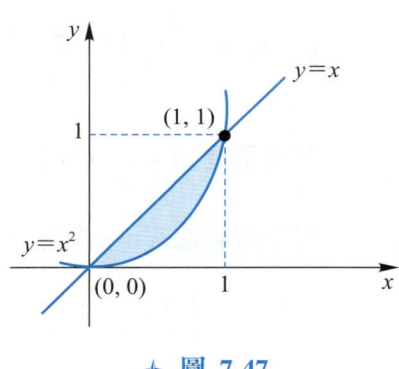

$$= 6\int_0^1 (x^2-x^3)\,dx$$

$$= 6\left[\frac{1}{3}x^3 - \frac{1}{4}x^4\right]_0^1 = \frac{1}{2}$$

圖 7-47

$$\bar{y} = \frac{1}{\frac{1}{6}}\int_0^1 \frac{1}{2}(x^2-x^4)\,dx = 3\int_0^1 (x^2-x^4)\,dx$$

$$= 3\left[\frac{1}{3}x^3 - \frac{1}{5}x^5\right]_0^1 = \frac{2}{5}$$

形心為 $\left(\frac{1}{2}, \frac{2}{5}\right)$.

我們也可利用形心去求旋轉體的體積．下面定理是以希臘數學家帕卜命名，稱為**帕卜定理**．

定理 7-1　帕卜定理

若一區域 R 位於平面上一直線的一側且繞此直線旋轉，則所得旋轉體的體積等於 R 的面積乘以其形心繞行的距離．

例題 7　求直線 $y=\frac{1}{2}x-1$、$x=4$ 與 x-軸所圍成三角形區域繞直線 $y=x$ 旋轉所得旋轉體的體積．

解　三角形區域如圖 7-48 所示．

區域的形心為 $\left(\dfrac{2+4+4}{3}, \dfrac{0+0+1}{3}\right) = \left(\dfrac{10}{3}, \dfrac{1}{3}\right)$,

其面積為 $A = \dfrac{1}{2}(2)(1) = 1$

形心至直線 $y=x$ 的距離為

$$d = \frac{\left|\dfrac{10}{3}-\dfrac{1}{3}\right|}{\sqrt{1+1}} = \frac{3}{\sqrt{2}}.$$

依定理 7-1 可得體積為

$$V = 2\pi\, dA = 2\pi\left(\frac{3}{\sqrt{2}}\right)(1) = \frac{6\pi}{\sqrt{2}} = 3\sqrt{2}\,\pi.$$

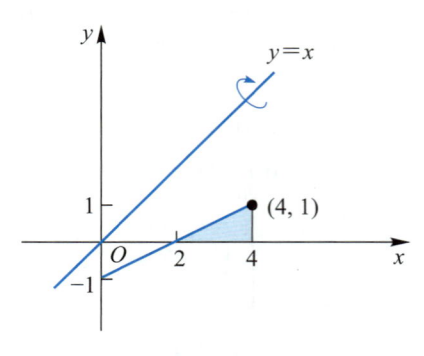

▲ 圖 7-48

習題 7-4

1. 設質量為 2、7 與 5 單位的三質點分別位於三點 $A(4, -1)$、$B(-2, 0)$ 與 $C(-8, -5)$，求系統的力矩 M_x、M_y 與質心.

在 2～5 題中，求所予方程式的圖形所圍成區域的形心.

2. $y = x^3$, $y = 0$, $x = 1$

3. $y = \sin x$, $y = 0$, $x = 0$, $x = \dfrac{\pi}{2}$

4. $y = x^2$, $y = x^3$

5. $y = 1 - x^2$, $y = x - 1$

6. 求在第一象限中由圓 $x^2 + y^2 = a^2$ $(a > 0)$ 與兩坐標軸所圍成區域的形心.

7. 求頂點為 $(1, 1)$、$(4, 1)$ 與 $(3, 2)$ 的三角形區域繞 x-軸旋轉所得旋轉體的體積.

本章摘要

1. 設 f 與 g 在 $[a, b]$ 均為連續且 $f(x) \geq g(x)$ 對 $[a, b]$ 中所有 x 皆成立，則由兩曲線 $y=f(x)$、$y=g(x)$ 與兩直線 $x=a$、$x=b$ 所圍成區域的面積為

$$A = \int_a^b [f(x) - g(x)]\, dx.$$

2. 介於兩曲線 $y=f(x)$、$y=g(x)$ 與兩直線 $x=a$、$x=b$ 之間的區域面積為

$$A = \int_a^b |f(x) - g(x)|\, dx.$$

3. 若一區域是由兩曲線 $x=f(y)$、$x=g(y)$ 與兩直線 $y=c$、$y=d$ 所圍成，此處 f 與 g 在 $[c, d]$ 皆為連續且 $f(y) \geq g(y)$ 對 $c \leq y \leq d$ 均成立，則其面積為

$$A = \int_c^d [f(y) - g(y)]\, dy.$$

4. 薄片法求體積：

   (1) 若一有界立體夾在兩平面 $x=a$ 與 $x=b$ 之間，在 $[a, b]$ 中的每一 x 處垂直於 x-軸之截面的面積為 $A(x)$，則該立體的體積為

   $$V = \int_a^b A(x)\, dx$$

   倘若 $A(x)$ 為可積分．

   (2) 若一有界立體夾在兩平面 $y=c$ 與 $y=d$ 之間，在 $[c, d]$ 中的每一 y 處垂直於 y-軸之截面的面積為 $A(y)$，則該立體的體積為

   $$V = \int_c^d A(y)\, dy$$

倘若 $A(y)$ 為可積分.

5. **圓盤法**求體積：

   (1) 由連續曲線 $y=f(x) \geq 0$、x-軸與直線 $x=a$、$x=b$ $(a<b)$ 所圍成區域繞 x-軸旋轉所得旋轉體的體積為

   $$V=\int_a^b \pi y^2\, dx = \pi \int_a^b [f(x)]^2\, dx.$$

   (2) 由連續曲線 $x=g(y) \geq 0$、y-軸與兩直線 $y=c$、$y=d$ $(c<d)$ 所圍成區域繞 y-軸旋轉所得旋轉體的體積為

   $$V=\int_c^d \pi x^2\, dy = \pi \int_c^d [g(y)]^2\, dy.$$

6. **墊圈法**求體積：

   (1) 兩連續函數 $f(x) \geq g(x) \geq 0$ 與 $x=a$、$x=b$ $(a<b)$ 所圍成區域 R 繞 x-軸旋轉所得旋轉體的體積為

   $$V=\pi \int_a^b \{[f(x)]^2 - [g(x)]^2\}\, dx.$$

   (2) 兩連續函數 $f(y) \geq g(y)$ 與 $y=c$、$y=d$ $(c>d)$ 所圍成區域 R 繞 y-軸旋轉所得旋轉體的體積為

   $$V=\pi \int_c^d \{[f(y)]^2 - [g(y)]^2\}\, dy.$$

7. **圓柱殼法**求體積：

   (1) 設函數 f 在 $[a, b]$ 為連續，此處 $0 \leq a < b$，則由 f 的圖形、x-軸、兩直線 $x=a$ 與 $x=b$ 所圍成區域繞 y-軸旋轉所得旋轉體的體積為

   $$V=\int_a^b 2\pi x\, f(x)\, dx.$$

該公式可記憶為：$V=\int_a^b 2\pi \cdot (\text{平均半徑}) \cdot (\text{高度}) \cdot dx$ （dx 為圓柱殼之微小厚度）.

(2) 設函數 g 在 $[c, d]$ 為連續，此處 $0 \leq c < d$，則由 g 的圖形、y-軸、兩直線 $y=c$ 與 $y=d$ 所圍成區域繞 x-軸旋轉所得旋轉體的體積為

$$V=\int_c^d 2\pi y \, g(y) \, dy.$$

8. 弧長：

(1) 若 f 在 $[a, b]$ 為平滑函數（即，f' 在 $[a, b]$ 為連續），則曲線 $y=f(x)$ ($a \leq x \leq b$) 的弧長為

$$L=\int_a^b \sqrt{1+[f'(x)]^2} \, dx = \int_a^b \sqrt{1+\left(\frac{dy}{dx}\right)^2} \, dx.$$

(2) 若 g 在 $[c, d]$ 為平滑函數（即，g' 在 $[c, d]$ 為連續），則曲線 $x=g(y)$ ($c \leq y \leq d$) 的弧長為

$$L=\int_c^d \sqrt{1+[g'(y)]^2} \, dy = \int_c^d \sqrt{1+\left(\frac{dx}{dy}\right)^2} \, dy.$$

9. 平面區域的力矩與形心：

(1) 假設具有均勻密度 ρ 的薄片占有 xy-平面上的某區域 $R=\{(x, y) \mid a \leq x \leq b, 0 \leq y \leq f(x)\}$，則

R 對 x-軸的力矩為

$$M_x = \rho \int_a^b \frac{1}{2} [f(x)]^2 \, dx$$

R 對 y-軸的力矩為

$$M_y = \rho \int_a^b x \, f(x) \, dx$$

薄片的質心座標為：$\bar{x} = \dfrac{M_y}{m} = \dfrac{\int_a^b x f(x)\, dx}{\int_a^b f(x)\, dx}$

$$\bar{y} = \dfrac{M_x}{m} = \dfrac{\int_a^b \dfrac{1}{2}[f(x)]^2\, dx}{\int_a^b f(x)\, dx}$$

此處　　　　　　　　$m = \rho A, \quad A = \int_a^b f(x)\, dx.$

注意：均勻薄片的質心座標僅與它的形狀有關而與密度 ρ 無關．點 $(\bar{x}, \bar{y})$ 視為平面區域的形心．

(2) 設 f 與 g 在 $[a, b]$ 為連續函數，當 $x \in [a, b]$ 時，$f(x) \geq g(x)$，則區域 $R = \{(x, y) \mid a \leq x \leq b,\ g(x) \leq y \leq f(x)\}$ 的形心 $(\bar{x}, \bar{y})$ 為：

$$\bar{x} = \dfrac{\int_a^b x[f(x) - g(x)]\, dx}{A}, \quad \bar{y} = \dfrac{\dfrac{1}{2}\int_a^b \{[f(x)]^2 - [g(x)]^2\}\, dx}{A}$$

此處　　　　　　　　$A = \int_a^b [f(x) - g(x)]\, dx.$

(3) 若區域 R 位於平面上一直線的一側且繞該直線旋轉一圈，則所得旋轉體的體積等於 R 的面積乘上其形心繞行的距離．

無窮級數

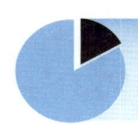

8-1　無窮數列

　　無窮級數的理論是建立在無窮數列上，所以，我們先討論無窮數列的觀念，再來討論無窮級數.

定義 8-1

無窮數列是一個函數，其定義域為所有大於或等於某正整數 n_0 的正整數所成的集合.

　　通常，n_0 取為 1，因而無窮數列的定義域為所有正整數的集合，然而，有時候，為了使數列有定義，其定義域不一定從 1 開始.
　　若 f 為一無窮數列，則對每一正整數 n 恰有一實數 $f(n)$ 與其對應.

$$1, \quad 2, \quad 3, \quad 4, \quad \cdots, \quad n, \quad \cdots$$
$$\downarrow \quad \downarrow \quad \downarrow \quad \downarrow \quad \quad \downarrow$$
$$f(1), \quad f(2), \quad f(3), \quad f(4), \quad \cdots, \quad f(n), \quad \cdots$$

若令 $a_n = f(n)$，則上式可寫成

$$a_1, a_2, a_3, \cdots, a_n, \cdots$$

其中 a_1 稱為無窮數列的**首項**，a_2 稱為**第二項**，a_n 稱為**第 n 項**. 有時候，我們將該數列表成 $\{a_n\}_{n=1}^{\infty}$ 或 $\{a_n\}$. (沒有特別指定字母 a，其他字母也可使用.) 例如，$\{2^n\}$ 表示第 n 項為 $a_n = 2^n$ 的數列，由定義 8-1 知，數列 $\{2^n\}$ 為對每一正整數 n 滿足 $f(n) = 2^n$ 的函數 f.

例題 1 已知數列的第 n 項 a_n 如下所示，試列出數列的前四項.

(1) $a_n = 1 - \dfrac{1}{n}$, $n \geq 1$ \qquad (2) $a_n = (-1)^n + \dfrac{1}{n}$, $n \geq 1$

解 我們以 $n = 1, 2, 3, 4$ 依次代入 a_n 的式子中來求前四項，化簡後結果如下：

(1) $0, \dfrac{1}{2}, \dfrac{2}{3}, \dfrac{3}{4}$.

(2) $0, \dfrac{3}{2}, -\dfrac{2}{3}, \dfrac{5}{4}$.

在數列 $a_n = 1 - \dfrac{1}{n}$ 中，當愈來愈大時，a_n 會很接近 1，如圖 8-1 所示.

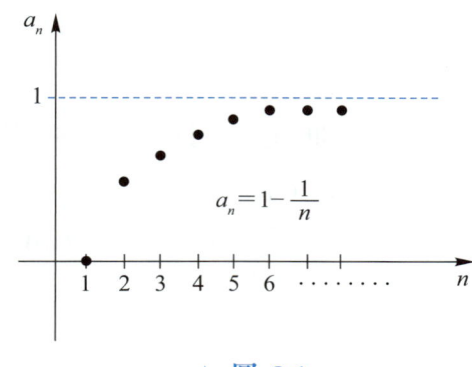

▲ 圖 8-1

定義 8-2　直觀的定義

已知數列 $\{a_n\}$ 且 L 為一實數，當 n 充分大時，數 a_n 任意地靠近 L，則稱 L 為數列 $\{a_n\}$ 的極限，以 $\lim\limits_{n\to\infty} a_n = L$ 表示.

若 $\lim\limits_{n\to\infty} a_n = L$ 成立，則稱數列 $\{a_n\}$ 收斂到 L. 倘若 $\lim\limits_{n\to\infty} a_n$ 不存在，則稱此數列 $\{a_n\}$ 無極限，或稱 $\{a_n\}$ 發散.

$\lim\limits_{n\to\infty} a_n = L$ 也可寫成：當 $n \to \infty$ 時，$a_n \to L$.

定義 8-3　嚴密的定義

給予數列 $\{a_n\}$ 且 L 為一實數，若對任一 $\varepsilon > 0$，存在一正整數 N 使得 $n > N$ 時，$|a_n - L| < \varepsilon$ 恆成立，則稱 L 為 $\{a_n\}$ 的極限.

定理 8-1　唯一性

已知數列 $\{a_n\}$，若 $\lim\limits_{n\to\infty} a_n = L$ 且 $\lim\limits_{n\to\infty} a_n = M$，則 $L = M$.

例如，在例題 1 中，$a_n = (-1)^n + \dfrac{1}{n}$，而

$$\lim_{n\to\infty} a_n = \begin{cases} 1, & \text{當 } n \text{ 為正偶數} \\ -1, & \text{當 } n \text{ 為正奇數} \end{cases}$$

因 $\lim\limits_{n\to\infty} a_n$ 未能趨近某定數 L，故 $\{a_n\}$ 發散.

若選取的 n 足夠大時，a_n 能夠隨心所欲的變大，則數列 $\{a_n\}$ 沒有極限，此時可記為 $\lim\limits_{n\to\infty} a_n = \infty$.

定理 8-2

(1) $\lim\limits_{n\to\infty} r^n = 0$ (若 $|r| < 1$). (2) $\lim\limits_{n\to\infty} |r^n| = \infty$ (若 $|r| > 1$).

例題 2 求下列各數列的極限.

(1) $\left\{\left(-\dfrac{2}{3}\right)^n\right\}$ (2) $\{(1.01)^n\}$

解 (1) 因 $|r| = \left|-\dfrac{2}{3}\right| < 1$, 故 $\lim\limits_{n\to\infty}\left(-\dfrac{2}{3}\right)^n = 0$.

(2) 因 $|r| = |1.01| > 1$, 故 $\lim\limits_{n\to\infty}(1.01)^n = \infty$.

有關無窮數列的極限定理與函數在無限大處極限定理相類似，故下面的定理只敘述而不予以證明．

定理 8-3

已知 $\{a_n\}$ 與 $\{b_n\}$ 皆為收斂數列，若 $\lim\limits_{n\to\infty} a_n = A$ 且 $\lim\limits_{n\to\infty} b_n = B$，則

(1) $\lim\limits_{n\to\infty} ka_n = k \lim\limits_{n\to\infty} a_n = kA$, k 為常數.

(2) $\lim\limits_{n\to\infty}(a_n \pm b_n) = \lim\limits_{n\to\infty} a_n \pm \lim\limits_{n\to\infty} b_n = A \pm B$

(3) $\lim\limits_{n\to\infty} a_n b_n = (\lim\limits_{n\to\infty} a_n)(\lim\limits_{n\to\infty} b_n) = AB$

(4) $\lim\limits_{n\to\infty} \dfrac{a_n}{b_n} = \dfrac{\lim\limits_{n\to\infty} a_n}{\lim\limits_{n\to\infty} b_n} = \dfrac{A}{B}$ ($B \neq 0$).

例題 3 求下列各數列的極限.

(1) $\left\{\dfrac{n^2+6}{2n^2-1}\right\}$ (2) $\left\{\dfrac{2+3e^{-n}}{6+e^{-n}}\right\}$

解 (1) $\lim_{n\to\infty} \dfrac{n^2+6}{2n^2-1} = \lim_{n\to\infty} \dfrac{1+\dfrac{6}{n^2}}{2-\dfrac{1}{n^2}} = \dfrac{\lim_{n\to\infty}\left(1+\dfrac{6}{n^2}\right)}{\lim_{n\to\infty}\left(2-\dfrac{1}{n^2}\right)} = \dfrac{1}{2}.$

(2) $\lim_{n\to\infty} \dfrac{2+3e^{-n}}{6+e^{-n}} = \dfrac{\lim_{n\to\infty}(2+3e^{-n})}{\lim_{n\to\infty}(6+e^{-n})} = \dfrac{2}{6} = \dfrac{1}{3}.$

例題 4 求數列 $\{\sqrt{2},\ \sqrt{2\sqrt{2}},\ \sqrt{2\sqrt{2\sqrt{2}}},\ \cdots\}$ 的極限.

解 $a_1 = \sqrt{2}$, $a_2 = 2^{1/2} \cdot 2^{1/4} = 2^{3/4}$, $a_3 = 2^{1/2} \cdot 2^{1/4} \cdot 2^{1/8} = 2^{7/8}$, $\cdots$,

$a_n = 2^{1-1/2^n}$, 故 $\lim_{n\to\infty} a_n = \lim_{n\to\infty} 2^{1-1/2^n} = 2$. 所以，數列的極限為 2.

定理 8-4　無窮數列的夾擠定理

設 $\{a_n\}$、$\{b_n\}$ 與 $\{c_n\}$ 皆為無窮數列，對所有正整數 $n \geq n_0$ (n_0 為某固定正整數) 恆有 $a_n \leq b_n \leq c_n$. 若 $\lim_{n\to\infty} a_n = \lim_{n\to\infty} c_n = L$, 則 $\lim_{n\to\infty} b_n = L$.

例題 5 求數列 $\left\{\dfrac{\sin^2 n}{3^n}\right\}$ 的極限.

解 因對每一正整數 n 皆有 $0 < \sin^2 n < 1$，可得

$$0 < \dfrac{\sin^2 n}{3^n} < \dfrac{1}{3^n}$$

又

$$\lim_{n\to\infty} \dfrac{1}{3^n} = \lim_{n\to\infty} \left(\dfrac{1}{3}\right)^n = 0$$

故

$$\lim_{n\to\infty} \dfrac{\sin^2 n}{3^n} = 0$$

所以，數列的極限為 0.

定理 8-5

已知數列 $\{a_n\}$，若 $\lim\limits_{n\to\infty}|a_n|=0$，則 $\lim\limits_{n\to\infty}a_n=0$.

例題 6 若數列的第 n 項為 $a_n=(-1)^n\dfrac{1}{n}$，試證：$\lim\limits_{n\to\infty}a_n=0$.

解 因 $|a_n|=\left|(-1)^n\dfrac{1}{n}\right|=\dfrac{1}{n}$，又 $\lim\limits_{n\to\infty}\dfrac{1}{n}=0$，可知 $\lim\limits_{n\to\infty}|a_n|=0$，

故 $$\lim\limits_{n\to\infty}a_n=0.$$

定理 8-6

設 $\lim\limits_{n\to\infty}a_n=L$ 且每一數 a_n 皆在函數 f 的定義域內，又 f 在 L 為連續，則

$$\lim\limits_{n\to\infty}f(a_n)=f(L)$$

即， $$\lim\limits_{n\to\infty}f(a_n)=f(\lim\limits_{n\to\infty}a_n).$$

例題 7 求數列 $\left\{\cos\left(\dfrac{\pi n-2}{3n}\right)\right\}$ 的極限.

解 令 $f(x)=\cos x$，因 $\lim\limits_{n\to\infty}\dfrac{\pi n-2}{3n}=\dfrac{\pi}{3}$，而 f 在 $\dfrac{\pi}{3}$ 為連續，

故 $$\lim\limits_{n\to\infty}\cos\left(\dfrac{\pi n-2}{3n}\right)=\cos\left(\lim\limits_{n\to\infty}\dfrac{\pi n-2}{3n}\right)=\cos\dfrac{\pi}{3}=\dfrac{1}{2}.$$

所以，數列的極限為 $\dfrac{1}{2}$.

下面的定理對於求數列的極限非常有用.

定理 8-7

設 f 為定義在 $x \geq n_0$ (n_0 為某固定正整數) 的函數，$\{a_n\}$ 為一數列使得對 $n \geq n_0$ 恆有 $a_n = f(n)$。

(1) 若 $\lim_{x \to \infty} f(x) = L$，則 $\lim_{n \to \infty} a_n = L$。

(2) 若 $\lim_{x \to \infty} f(x) = \infty$ (或 $-\infty$)，則 $\lim_{n \to \infty} a_n = \infty$ (或 $-\infty$)。

註：定理 8-7 的逆敘述不一定成立．例如：$\lim_{n \to \infty} \sin \pi n = 0$，但 $\lim_{x \to \infty} \pi x$ 不存在．

定理 8-7 告訴我們能夠應用函數的極限定理 (當 $x \to \infty$) 求數列的極限．最重要的是羅必達法則的應用，說明如下：

若 $a_n = f(n)$，$b_n = g(n)$，當 $x \to \infty$ 時，$\lim_{x \to \infty} \dfrac{f(x)}{g(x)}$ 為不定型 $\dfrac{\infty}{\infty}$，則

$$\lim_{n \to \infty} \frac{a_n}{b_n} = \lim_{x \to \infty} \frac{f(x)}{g(x)} = \lim_{x \to \infty} \frac{f'(x)}{g'(x)}.$$

例題 8 求 $\lim_{n \to \infty} \dfrac{\ln n}{n}$。

解 設 $f(x) = \dfrac{\ln x}{x}$，$x \geq 1$，則

$$\lim_{x \to \infty} \frac{\ln x}{x} = \lim_{x \to \infty} \frac{1}{x} = 0$$

故

$$\lim_{n \to \infty} \frac{\ln n}{n} = 0.$$

當我們在使用羅必達法則去求數列的極限時，往往視 n 為變數，而對 n 直接微分．

354　微積分

例題 9　求下列各數列的極限.

(1) $\left\{\dfrac{\ln n}{n^2}\right\}$　　(2) $\left\{\dfrac{e^n}{n+3e^n}\right\}$

解 (1) 直接應用羅必達法則,

$$\lim_{n\to\infty}\frac{\ln n}{n^2}=\lim_{n\to\infty}\frac{\dfrac{1}{n}}{2n}=\lim_{n\to\infty}\frac{1}{2n^2}=0.$$

(2) 直接應用羅必達法則,

$$\lim_{n\to\infty}\frac{e^n}{n+3e^n}=\lim_{n\to\infty}\frac{e^n}{1+3e^n}=\lim_{n\to\infty}\frac{e^n}{3e^n}=\lim_{n\to\infty}\frac{1}{3}=\frac{1}{3}.$$

例題 10　求數列 $\left\{n\sin\dfrac{1}{n}\right\}$ 的極限.

解　方法 1：$\lim_{n\to\infty}n\sin\dfrac{1}{n}=\lim_{n\to\infty}\dfrac{\sin\dfrac{1}{n}}{\dfrac{1}{n}}=\lim_{\theta\to 0^+}\dfrac{\sin\theta}{\theta}$　$\left(\text{令 }\theta=\dfrac{1}{n}\right)$

$$=1.$$

方法 2：$\lim_{n\to\infty}n\sin\dfrac{1}{n}=\lim_{n\to\infty}\dfrac{\sin\dfrac{1}{n}}{\dfrac{1}{n}}$　$\left(\dfrac{0}{0}\text{ 型}\right)$

$$=\lim_{n\to\infty}\frac{-\dfrac{1}{n^2}\cos\dfrac{1}{n}}{-\dfrac{1}{n^2}}$$　(利用羅必達法則)

$$=\lim_{n\to\infty}\cos\frac{1}{n}=\cos 0=1.$$

表 8-1 中的極限非常重要，在求數列的極限時常常會用到．

表 8-1

1. $\lim\limits_{n\to\infty} \dfrac{\ln n}{n} = 0$ 2. $\lim\limits_{n\to\infty} \sqrt[n]{n} = 1$

3. $\lim\limits_{n\to\infty} x^{\frac{1}{n}} = 1 \ (x > 0)$ 4. $\lim\limits_{n\to\infty} x^n = 0 \ (|x| < 1)$

5. $\lim\limits_{n\to\infty} \left(1 + \dfrac{x}{n}\right)^n = e^x$ 6. $\lim\limits_{n\to\infty} \dfrac{x^n}{n!} = 0$

定義 8-4

(1) 若 $a_1 < a_2 < a_3 < \cdots < a_n < \cdots$，則數列 $\{a_n\}$ 稱為**遞增**．
(2) 若 $a_1 \le a_2 \le a_3 \le \cdots \le a_n \le \cdots$，則數列 $\{a_n\}$ 稱為**非遞減**．
(3) 若 $a_1 > a_2 > a_3 > \cdots > a_n > \cdots$，則數列 $\{a_n\}$ 稱為**遞減**．
(4) 若 $a_1 \ge a_2 \ge a_3 \ge \cdots \ge a_n \ge \cdots$，則數列 $\{a_n\}$ 稱為**非遞增**．

以上數列 $\{a_n\}$ 皆稱為**單調** (monotonic)．

遞增數列是非遞減，但反之未必；遞減數列是非遞增，但反之未必．

我們經常可能在寫出數列的最初幾項後，猜測數列是遞增、遞減、非遞增或非遞減．然而，為了確定猜測是正確的，我們可利用表 8-2 所列情形加以判斷．

表 8-2

連續兩項的差	類　型
$a_n - a_{n+1} < 0$	遞增
$a_n - a_{n+1} > 0$	遞減
$a_n - a_{n+1} \le 0$	非遞減
$a_n - a_{n+1} \ge 0$	非遞增

例題 11 試證：數列 $\left\{\dfrac{n}{n+1}\right\}$ 為遞增．

解 令 $a_n = \dfrac{n}{n+1}$，則

$$a_n - a_{n+1} = \dfrac{n}{n+1} - \dfrac{n+1}{n+2} = \dfrac{n^2+2n-n^2-2n-1}{(n+1)(n+2)}$$

$$= -\dfrac{1}{(n+1)(n+2)} < 0, \ n \geq 1.$$

故證得數列為遞增.

另外，對各項皆為正的數列，我們可利用表 8-3 判斷該數列是屬哪一種類型.

表 8-3

連續兩項的比	類型
$\dfrac{a_{n+1}}{a_n} > 1$	遞增
$\dfrac{a_{n+1}}{a_n} < 1$	遞減
$\dfrac{a_{n+1}}{a_n} \geq 1$	非遞減
$\dfrac{a_{n+1}}{a_n} \leq 1$	非遞增

例題 12 試證：數列 $\left\{\dfrac{n}{n+1}\right\}$ 為遞增.

解 令 $a_n = \dfrac{n}{n+1}$，則

$$\dfrac{a_{n+1}}{a_n} = \dfrac{n+1}{n+2} \cdot \dfrac{n+1}{n} = \dfrac{n^2+2n+1}{n^2+2n} > 1, \ n \geq 1.$$

故證得數列為遞增.

最後，若 $f(n) = a_n$ 為數列的第 n 項，又對 $x \geq 1$，f 為可微分，則我們可利用表 8-4 確定該數列是屬哪一種類型.

表 8-4

$f'(x)\,(x \geq 1)$	具有第 n 項 $a_n = f(n)$ 的數列的類型
$f'(x) > 0$	遞增
$f'(x) < 0$	遞減
$f'(x) \geq 0$	非遞減
$f'(x) \leq 0$	非遞增

例題 13 在例題 11 與 12 中，我們考慮連續兩項的差與比，已證得數列

$$\left\{\frac{1}{2},\ \frac{2}{3},\ \frac{3}{4},\ \cdots,\ \frac{n}{n+1},\ \cdots\right\}$$

為遞增. 另外，我們可以處理如下：

令 $f(x) = \dfrac{x}{x+1}$，因而 $a_n = f(n)$，則

$$f'(x) = \frac{x+1-x}{(x+1)^2} = \frac{1}{(x+1)^2} > 0,\ x \geq 1.$$

故證得數列為遞增.

定義 8-5

(1) 若存在一數 M 使得 $a_n \leq M$ 對所有 n 皆成立，則數列 $\{a_n\}$ 稱為**上有界**，而 M 是 $\{a_n\}$ 的一個**上界**.

(2) 若存在一數 m 使得 $a_n \geq m$ 對所有 n 皆成立，則數列 $\{a_n\}$ 稱為**下有界**，而 m 是 $\{a_n\}$ 的一個**下界**.

若數列 $\{a_n\}$ 為上有界且為下有界，則 $\{a_n\}$ 稱為**有界**.

例題 14 數列 $\left\{\dfrac{n}{n+1}\right\}$ 以 1 為上界，因為 $\dfrac{n}{n+1} < \dfrac{n+1}{n+1} = 1$. 又 $\dfrac{n}{n+1} > 0$，這說明此數列以 0 為下界. 於是，對每一 $n \geq 1$，可知 $0 < \dfrac{n}{n+1} < 1$，故此數列為有界.

定理 8-8

收斂數列必為有界.

註：有界數列不一定收斂. 例如：振動數列 $\{1, -1, 1, -1, 1, \cdots\}$ 是有界，但不收斂.

定理 8-9

有界單調數列必定收斂.

數列 $\left\{\dfrac{1}{n}\right\}$ 是有界單調，因而收斂；數列 $\left\{\dfrac{n}{n+1}\right\}$ 是有界單調，因而收斂.

直覺上，圖 8-2 幫助我們瞭解定理 8-9 對上有界的遞增數列是成立的，因為該數列是遞增但無法越過 M，故往後的項被迫聚集在某數 L 的附近並接近 L.

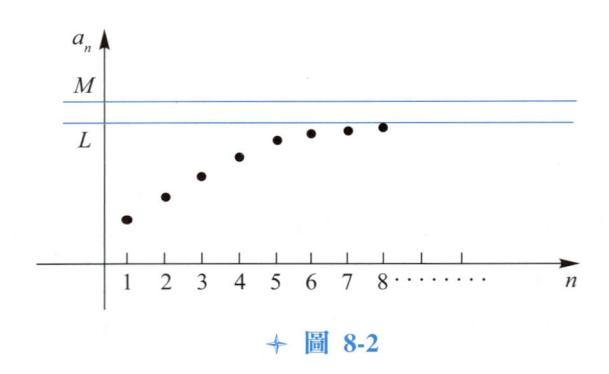

◆ 圖 8-2

同理，定理 8-9 對下有界的遞減數列也是成立的.

因數列 $\{a_n\}$ 的極限是在 n 變大時描述相當後面之項的情形，故可以改變或甚至刪掉數列中的有限項，而不影響斂散性或極限值.

例題 15 試證：數列 $\left\{3, \dfrac{3^2}{2!}, \dfrac{3^3}{3!}, \cdots, \dfrac{3^n}{n!}, \cdots\right\}$ 為收斂.

解 令 $a_n = \dfrac{3^n}{n!}$，則 $\dfrac{a_{n+1}}{a_n} = \dfrac{3^{n+1}}{(n+1)!} \cdot \dfrac{n!}{3^n} = \dfrac{3}{n+1}$

對 $n=1$ 而言，$\dfrac{a_2}{a_1} = \dfrac{3}{2} > 1$，故 $a_1 < a_2$.

對 $n=2$ 而言，$\dfrac{a_3}{a_2} = 1$，故 $a_2 = a_3$.

對 $n \geq 3$ 而言，$\dfrac{a_{n+1}}{a_n} < 1$，故 $a_3 > a_4 > a_5 > a_6 > \cdots$.

於是，若捨去所予數列的前二項 (不影響斂散性)，則所得新數列為遞減. 又新數列的每一項皆為正，0 為一個下界，故收斂到某極限值 (大於或等於 0). 所以，原數列為收斂.

習題 8-1

在 1～10 題中求各數列的極限.

1. $\left\{\dfrac{n^2(n+4)}{2n^3+n^2+n-3}\right\}$

2. $\left\{\dfrac{n^2}{2n-1} - \dfrac{n^2}{2n+1}\right\}$

3. $\left\{\dfrac{100n}{n^{3/2}+1}\right\}$

4. $\left\{\sqrt[n]{3^n+5^n}\right\}$

5. $\left\{e^{-n} \ln n\right\}$

6. $\left\{\sqrt{n^2+n} - n\right\}$

7. $\left\{n \sin \dfrac{\pi}{n}\right\}$

8. $\left\{\dfrac{n}{2^n}\right\}$

9. $\left\{n^{1/n}\right\}$

10. $\left\{\left(1-\dfrac{1}{n}\right)^n\right\}$

在 11～12 題中求每一數列的第 n 項. 數列是收斂抑或發散？若收斂，則求 $\lim\limits_{n\to\infty} a_n$.

11. $\left\{\dfrac{1}{2},\ \dfrac{2}{3},\ \dfrac{3}{4},\ \dfrac{4}{5},\ \cdots\right\}$

12. $\left\{1,\ \dfrac{2}{2^2-1^2},\ \dfrac{3}{3^2-2^2},\ \dfrac{4}{4^2-3^2},\ \cdots\right\}$

13. 利用"若 $\{a_n\}$ 為收斂數列，則 $\lim\limits_{n\to\infty} a_{n+1} = \lim\limits_{n\to\infty} a_n$"的事實，求下列各數列的極限.

(1) $\left\{\sqrt{2},\ \sqrt{2\sqrt{2}},\ \sqrt{2\sqrt{2\sqrt{2}}},\ \cdots\right\}$ (2) $\left\{\sqrt{2},\ \sqrt{2+\sqrt{2}},\ \sqrt{2+\sqrt{2+\sqrt{2}}},\ \cdots\right\}$

判斷 14～19 題中各數列的單調性.

14. $\left\{\dfrac{n}{2n+1}\right\}_{n=1}^{\infty}$ **15.** $\left\{\dfrac{2n}{4n-1}\right\}_{n=1}^{\infty}$ **16.** $\left\{\dfrac{3^n}{3^{2n}+1}\right\}_{n=1}^{\infty}$

17. $\left\{\dfrac{n^n}{n!}\right\}_{n=1}^{\infty}$ **18.** $\left\{\dfrac{\ln(n+3)}{n+3}\right\}_{n=1}^{\infty}$ **19.** $\left\{\tan^{-1}\dfrac{n}{2}\right\}_{n=1}^{\infty}$

20. (1) 試證：半徑為 r 的圓內接正 n 邊形的周長為 $P_n = 2rn\sin\dfrac{\pi}{n}$.

(2) 利用數列 $\{P_n\}$ 的極限求法，試證：當 n 增加時，其周長趨近圓周長.

8-2　無窮級數

若 $\{a_n\}$ 為無窮數列，則形如

$$a_1 + a_2 + a_3 + \cdots + a_n + \cdots$$

的式子稱為無窮級數，或簡稱為級數. 級數可用求和記號表之，寫成

$$\sum_{n=1}^{\infty} a_n \quad \text{或} \quad \sum a_n$$

而後一個和的求和變數為 n. 每一數 a_n，$n=1,\ 2,\ 3,\ \cdots$，稱為級數的項，a_n 稱為通項. 現在我們考慮一級數的前 n 項部分和 S_n：

$$S_n = a_1 + a_2 + a_3 + \cdots + a_n$$

故

$$S_1 = a_1$$
$$S_2 = a_1 + a_2$$
$$S_3 = a_1 + a_2 + a_3$$
$$S_4 = a_1 + a_2 + a_3 + a_4$$

等等，無窮數列

$$S_1, \ S_2, \ S_3, \ \cdots, \ S_n, \ \cdots$$

稱為無窮級數 $\sum_{n=1}^{\infty} a_n$ 的部分和數列.

定義 8-6

若存在一實數 S 使得無窮級數 $\sum_{n=1}^{\infty} a_n$ 的部分和數列 $\{S_n\}$ 收斂，即，

$$\lim_{n \to \infty} S_n = \lim_{n \to \infty} \sum_{i=1}^{n} a_i = S$$

則 S 稱為此級數的和. 若 $\lim_{n \to \infty} S_n$ 不存在，級數稱為發散，發散級數不能求和.

例題 1 證明級數 $\sum_{n=1}^{\infty} \frac{1}{n(n+1)}$ 收斂，並求其和.

解 因 $a_n = \frac{1}{n(n+1)} = \frac{1}{n} - \frac{1}{n+1}$，

故 $S_n = \left(1 - \frac{1}{2}\right) + \left(\frac{1}{2} - \frac{1}{3}\right) + \left(\frac{1}{3} - \frac{1}{4}\right) + \cdots + \left(\frac{1}{n} - \frac{1}{n+1}\right)$

$= 1 - \frac{1}{n+1} = \frac{n}{n+1}$

又 $\lim_{n \to \infty} S_n = \lim_{n \to \infty} \frac{n}{n+1} = 1$，所以，此級數收斂且其和為 1.

例題 2 判斷級數 $1-1+1-1+1-1+\cdots$ 的斂散性.

解 部分和為 $S_1=1$, $S_2=1-1=0$, $S_3=1-1+1=1$, $S_4=1-1+1-1=0$. 於是, 部分和數列為 $\{1, 0, 1, 0, 1, 0, 1, \cdots\}$. 因這是發散數列, 故所予級數發散.

定理 8-10

若 $\sum a_n$ 收斂, 則 $\lim_{n\to\infty} a_n = 0$.

讀者應注意 $\lim_{n\to\infty} a_n = 0$ 為級數收斂的必要條件, 但非充分條件. 也就是說, 即使若第 n 項趨近零, 級數也未必收斂. 例如,

調和級數為 $\sum_{n=1}^{\infty} \frac{1}{n} = 1 + \frac{1}{2} + \frac{1}{3} + \cdots + \frac{1}{n} + \cdots$, 雖然 $\lim_{n\to\infty} a_n = \lim_{n\to\infty} \frac{1}{n} = 0$,

但該級數為發散級數.

利用定理 8-10, 很容易得到下面的結果.

定理 8-11　發散檢驗法

若 $\lim_{n\to\infty} a_n \neq 0$, 則級數 $\sum a_n$ 發散.

例題 3 試證級數 $\sum_{n=1}^{\infty} \frac{n}{2n+1}$ 發散.

解 因 $\lim_{n\to\infty} a_n = \lim_{n\to\infty} \frac{n}{2n+1} = \frac{1}{2} \neq 0$, 故由定理 8-11 可知級數發散.

形如 $\sum_{n=1}^{\infty} ar^n = a + ar + ar^2 + ar^3 + \cdots$ (此處 $a \neq 0$) 的級數稱為 幾何級數, 而 r 稱為 公比.

定理 8-12

已知幾何級數 $\sum_{n=0}^{\infty} ar^n$，其中 $a \neq 0$。

(1) 若 $|r| < 1$，則級數收斂，其和為 $\dfrac{a}{1-r}$。

(2) 若 $|r| \geq 1$，則級數發散。

例題 4 試證幾何級數 $\sum_{n=1}^{\infty} \left(-\dfrac{1}{3}\right)^{n-1} = 1 - \dfrac{1}{3} + \dfrac{1}{9} - \dfrac{1}{27} + \cdots$ 收斂，並求其和。

解 因 $\left|-\dfrac{1}{3}\right| < 1$，故級數收斂，其和為 $S = \dfrac{1}{1-\left(-\dfrac{1}{3}\right)} = \dfrac{3}{4}$。

例題 5 化循環小數 $0.785785785\cdots$ 為有理數。

解 我們可以寫成 $0.785785785\cdots = 0.785 + 0.000785 + 0.000000785 + \cdots$

故所予小數為幾何級數（其中 $a = 0.785$，$r = 0.001$）的和。

於是，$0.785785785\cdots = \dfrac{a}{1-r} = \dfrac{0.785}{1-0.001} = \dfrac{0.785}{0.999} = \dfrac{785}{999}$。

定理 8-13

若 $\sum a_n$ 與 $\sum b_n$ 皆為收斂級數，其和分別為 A 與 B，則

(1) $\sum (a_n + b_n)$ 收斂且和為 $A+B$。

(2) 若 c 為常數，則 $\sum c a_n$ 收斂且和為 cA。

(3) $\sum (a_n - b_n)$ 收斂且和為 $A-B$。

定理 8-14

若 $\sum a_n$ 發散且 $c \neq 0$，則 $\sum c a_n$ 也發散。

定理 8-15

若 $\sum a_n$ 為收斂且 $\sum b_n$ 為發散，則 $\sum (a_n+b_n)$ 為發散。

例題 6 試證：$\sum_{n=1}^{\infty} \left[\dfrac{1}{n(n+1)} + \dfrac{1}{n} \right]$ 發散.

解 由例題 1 可知 $\sum_{n=1}^{\infty} \dfrac{1}{n(n+1)}$ 收斂，又，調和級數 $\sum_{n=1}^{\infty} \dfrac{1}{n}$ 發散，

故由定理 8-15 可知 $\sum_{n=1}^{\infty} \left[\dfrac{1}{n(n+1)} + \dfrac{1}{n} \right]$ 發散.

習題 8-2

判斷 1～11 題中各級數的斂散性. 若收斂，則求其和.

1. $\sum_{n=1}^{\infty} \left(\dfrac{5}{n+2} - \dfrac{5}{n+3} \right)$

2. $\sum_{n=1}^{\infty} \dfrac{2}{(3n+1)(3n-2)}$

3. $\sum_{n=1}^{\infty} \left[\left(\dfrac{3}{2} \right)^n + \left(\dfrac{2}{3} \right)^n \right]$

4. $\sum_{n=1}^{\infty} \dfrac{3^{n+1}}{5^{n-1}}$

5. $\sum_{n=0}^{\infty} \left[2 \left(\dfrac{1}{3} \right)^n + 3 \left(\dfrac{1}{6} \right)^n \right]$

6. $\sum_{n=3}^{\infty} \left(\dfrac{e}{\pi} \right)^{n-1}$

7. $\sum_{n=1}^{\infty} \left(\dfrac{2}{3} \right)^{n+2}$

8. $\sum_{n=1}^{\infty} (-1)^{n-1} \dfrac{6}{5^{n-1}}$

9. $\sum_{n=1}^{\infty} \dfrac{1}{9n^2+3n-2}$

10. $\sum_{n=2}^{\infty} \ln \left(1 - \dfrac{1}{n^2} \right)$

11. $\sum_{n=1}^{\infty} \dfrac{\sqrt{n+1} - \sqrt{n}}{\sqrt{n^2+n}}$

將 12～13 題中各循環小數化成有理數.

12. $0.782178217821\cdots$

13. $0.351141414\cdots$

14. 已知一級數的前 n 項和為 $S_n = \dfrac{2n}{n+2}$，則 (1) 此級數是否收斂？(2) 求此級數.

15. 利用幾何級數證明：

(1) $\displaystyle\sum_{n=0}^{\infty}(-1)^n x^n = \dfrac{1}{1+x}$ $(-1 < x < 1)$

(2) $\displaystyle\sum_{n=0}^{\infty}(-1)^n x^{2n} = \dfrac{1}{1+x^2}$ $(-1 < x < 1)$

(3) $\displaystyle\sum_{n=0}^{\infty}(x-3)^n = \dfrac{1}{4-x}$ $(2 < x < 4)$

16. 下列的計算哪裡有錯誤？

$$\begin{aligned}
0 &= 0+0+0+0+\cdots \\
&= (1-1)+(1-1)+(1-1)+(1-1)+\cdots \\
&= 1+(-1+1)+(-1+1)+(-1+1)+\cdots \\
&= 1+0+0+0+\cdots \\
&= 1
\end{aligned}$$

8-3　正項級數

各項皆為正的級數稱為<u>正項級數</u>. 我們可藉由下面的定理檢驗其斂散性.

定理 8-16　積分檢驗法

已知 $\displaystyle\sum_{n=N}^{\infty} a_n$ 為正項級數，令 $f(n) = a_n$, $n = N$, $N+1$, $N+2$, $\cdots$.

若 f 在區間 $[N, \infty)$ 為正值且連續的遞減函數，則 $\displaystyle\sum_{n=N}^{\infty} a_n$ 與 $\displaystyle\int_{N}^{\infty} f(x)\,dx$ 同時收斂抑或同時發散.

例題 1 判斷級數 $\sum_{n=1}^{\infty} \dfrac{1}{n}$ 的斂散性.

解 函數 $f(x)=\dfrac{1}{x}$ 在 $[1, \infty)$ 為正值且連續的遞減函數.

$$\int_1^\infty \frac{1}{x}\,dx = \lim_{t\to\infty}\int_1^t \frac{1}{x}\,dx = \lim_{t\to\infty}\Big[\ln x\Big]_1^t = \lim_{t\to\infty}(\ln t) = \infty$$

因積分發散, 故依積分檢驗法可知級數發散.

例題 2 判斷級數 $\sum_{n=1}^{\infty} \dfrac{1}{n^2}$ 的斂散性.

解 函數 $f(x)=\dfrac{1}{x^2}$ 在 $[1, \infty)$ 為正值且連續的遞減函數.

$$\int_1^\infty \frac{1}{x^2}\,dx = \lim_{t\to\infty}\int_1^t \frac{1}{x^2}\,dx = \lim_{t\to\infty}\left[-\frac{1}{x}\right]_1^t = \lim_{t\to\infty}\left(-\frac{1}{t}+1\right) = 1$$

因積分收斂, 故依積分檢驗法可知級數收斂.

註: 在例題 2 中, 不可從 $\int_1^\infty \dfrac{1}{x^2}\,dx = 1$ 錯誤地推斷 $\sum_{n=1}^\infty \dfrac{1}{n^2}=1$. (欲知這是錯誤的, 我們將級數寫成: $1+\dfrac{1}{2^2}+\dfrac{1}{3^2}+\cdots$; 它的和顯然超過 1.)

例題 3 判斷級數 $\sum_{n=3}^{\infty} \dfrac{\ln n}{n}$ 的斂散性.

解 函數 $f(x)=\dfrac{\ln x}{x}$ 在 $[3, \infty)$ 為正值且連續的遞減函數, 於是,

$$\int_3^\infty \frac{\ln x}{x}\,dx = \lim_{t\to\infty}\int_3^t \frac{\ln x}{x}\,dx = \lim_{t\to\infty}\left[\frac{1}{2}(\ln x)^2\right]_3^t$$

$$= \frac{1}{2}\lim_{t\to\infty}[(\ln t)^2-(\ln 3)^2] = \infty$$

故依積分檢驗法可知級數 $\sum_{n=3}^{\infty} \dfrac{\ln n}{n}$ 發散.

形如 $1+\dfrac{1}{2^p}+\dfrac{1}{3^p}+\dfrac{1}{4^p}+\cdots+\dfrac{1}{n^p}+\cdots$ （$p>0$）的級數稱為 *p*-級數. 當 $p=1$ 時，則為調和級數.

定理 8-17　*p*-級數檢驗法

(1) 若 $p>1$, 則 $\sum_{n=1}^{\infty}\dfrac{1}{n^p}$ 收斂.　　(2) 若 $p\leq 1$, 則 $\sum_{n=1}^{\infty}\dfrac{1}{n^p}$ 發散.

例題 4　判斷下列各級數的斂散性.

(1) $1+\dfrac{1}{2^2}+\dfrac{1}{3^2}+\cdots+\dfrac{1}{n^2}+\cdots$　　(2) $2+\dfrac{2}{\sqrt{2}}+\dfrac{2}{\sqrt{3}}+\cdots+\dfrac{2}{\sqrt{n}}+\cdots$

解　(1) 因級數 $\sum_{n=1}^{\infty}\dfrac{1}{n^2}$ 為 *p*-級數且 $p=2>1$，故收斂.

(2) 因級數 $\sum_{n=1}^{\infty}\dfrac{1}{\sqrt{n}}$ 為 *p*-級數且 $p=\dfrac{1}{2}<1$，故發散，因而 $\sum_{n=1}^{\infty}\dfrac{2}{\sqrt{n}}$ 也發散.

定理 8-18　比較檢驗法

假設 $\sum a_n$ 與 $\sum b_n$ 皆為正項級數.
(1) 若 $\sum b_n$ 收斂且對每一正整數 $n\geq n_0$（n_0 為某固定正整數）恆有 $a_n\leq b_n$，則 $\sum a_n$ 收斂.
(2) 若 $\sum b_n$ 發散且對每一正整數 $n\geq n_0$（n_0 為某固定正整數）恆有 $a_n\geq b_n$，則 $\sum a_n$ 發散.

例題 5　判斷下列各級數的斂散性.

(1) $\sum_{n=1}^{\infty}\dfrac{n}{n^3+2}$　　(2) $\sum_{n=1}^{\infty}\dfrac{\ln(n+2)}{n}$

解 (1) 對每一 $n \geq 1$,

$$\frac{n}{n^3+2} < \frac{n}{n^3} = \frac{1}{n^2}$$

因 $\sum_{n=1}^{\infty} \frac{1}{n^2}$ 為收斂的 p-級數，故級數 $\sum_{n=1}^{\infty} \frac{n}{n^3+2}$ 收斂.

(2) 對每一 $n \geq 1$，$\ln(n+2) > 1$，故

$$\frac{\ln(n+2)}{n} > \frac{1}{n}$$

因 $\sum_{n=1}^{\infty} \frac{1}{n}$ 為發散級數，故 $\sum_{n=1}^{\infty} \frac{\ln(n+2)}{n}$ 發散.

定理 8-19　比值檢驗法

設 $\sum a_n$ 為正項級數且令

$$\lim_{n \to \infty} \frac{a_{n+1}}{a_n} = L$$

(1) 若 $L < 1$，則級數收斂.

(2) 若 $L > 1$，或若 $\lim_{n \to \infty} \frac{a_{n+1}}{a_n} = \infty$，則級數發散.

(3) 若 $L = 1$，則無法判斷斂散性.

例題 6 判斷下列各級數的斂散性.

(1) $\sum_{n=1}^{\infty} \frac{n!}{n^n}$ 　　　　　　　(2) $\sum_{n=1}^{\infty} \frac{2^n}{n^2}$

解 (1) $L = \lim_{n \to \infty} \frac{a_{n+1}}{a_n} = \lim_{n \to \infty} \left[\frac{(n+1)!}{(n+1)^{n+1}} \cdot \frac{n^n}{n!} \right] = \lim_{n \to \infty} \left(\frac{n}{n+1} \right)^n$

$= \lim_{n \to \infty} \frac{1}{\left(\frac{n+1}{n} \right)^n} = \frac{1}{\lim_{n \to \infty} \left(1 + \frac{1}{n} \right)^n} = \frac{1}{e} < 1$ 　　(無理數 e 的定義)

故級數收斂.

(2) $L = \lim_{n \to \infty} \dfrac{a_{n+1}}{a_n} = \lim_{n \to \infty} \left[\dfrac{2^{n+1}}{(n+1)^2} \cdot \dfrac{n^2}{2^n} \right] = 2 \lim_{n \to \infty} \left(\dfrac{n}{n+1} \right)^2 = 2 > 1$

故級數發散.

習題 8-3

利用發散檢驗法證明 1～4 題中各級數發散.

1. $\displaystyle\sum_{n=1}^{\infty} \left(\dfrac{n}{n+1} \right)^n$

2. $\displaystyle\sum_{n=1}^{\infty} \dfrac{n^2 - n + 1}{2n^2 + 3}$

3. $\displaystyle\sum_{n=1}^{\infty} \cos n\pi$

4. $\displaystyle\sum_{n=1}^{\infty} \dfrac{e^n}{n}$

利用積分檢驗法判斷 5～11 題中各級數的斂散性.

5. $\displaystyle\sum_{n=1}^{\infty} \dfrac{1}{n(n+1)}$

6. $\displaystyle\sum_{n=2}^{\infty} \dfrac{1}{n \ln n}$

7. $\displaystyle\sum_{n=1}^{\infty} \dfrac{n}{e^n}$

8. $\displaystyle\sum_{n=1}^{\infty} \dfrac{n^2}{n^3 + 1}$

9. $\displaystyle\sum_{n=1}^{\infty} \dfrac{n}{n^2 + 1}$

10. $\displaystyle\sum_{n=2}^{\infty} \dfrac{\ln n}{n}$

11. $\displaystyle\sum_{n=1}^{\infty} n e^{-n^2}$

利用比較檢驗法判斷 12～18 題中各級數的斂散性.

12. $1 + \dfrac{1}{\sqrt{3}} + \dfrac{1}{\sqrt{8}} + \dfrac{1}{\sqrt{15}} + \cdots + \dfrac{1}{\sqrt{n^2 - 1}} + \cdots,\ n \geq 2$

13. $\dfrac{1}{1 \cdot 2} + \dfrac{1}{2 \cdot 3} + \dfrac{1}{3 \cdot 4} + \cdots + \dfrac{1}{n(n+1)} + \cdots$

14. $\sum_{n=1}^{\infty} \dfrac{n^2}{n^3+1}$

15. $\sum_{n=1}^{\infty} \dfrac{1+\cos n}{n^2}$

16. $\sum_{n=1}^{\infty} \dfrac{1}{\sqrt{n(n+1)(n+2)}}$

17. $\sum_{n=1}^{\infty} \dfrac{1}{5n^2-n}$

18. $\sum_{n=1}^{\infty} \dfrac{1}{n!}$

利用比值檢驗法判斷下列各級數的斂散性.

19. $\sum_{n=1}^{\infty} \dfrac{n^n}{n!}$

20. $\sum_{n=1}^{\infty} \dfrac{n^2}{3^n}$

21. $\sum_{n=1}^{\infty} \dfrac{4^n}{n!}$

22. $\sum_{n=1}^{\infty} \dfrac{2^n}{n^3+2}$

23. $\sum_{n=2}^{\infty} \dfrac{\ln n}{e^n}$

24. $\sum_{n=1}^{\infty} \dfrac{n!}{n^3}$

8-4　交錯級數

形如

$$a_1 - a_2 + a_3 - a_4 + \cdots + (-1)^{n-1} a_n + \cdots = \sum_{n=1}^{\infty} (-1)^{n-1} a_n$$

或

$$-a_1 + a_2 - a_3 + a_4 + \cdots + (-1)^n a_n + \cdots = \sum_{n=1}^{\infty} (-1)^n a_n$$

(此處 $a_n > 0$, $n = 1, 2, 3, \cdots$) 的級數稱為<u>交錯級數</u>.

定理 8-20　交錯級數檢驗法

若對每一正整數 $n \geq N$ (N 為某固定正整數) 恆有 $a_n \geq a_{n+1} > 0$,且 $\lim\limits_{n \to \infty} a_n = 0$, 則 $\sum\limits_{n=N}^{\infty} (-1)^{n-1} a_n$ (或 $\sum\limits_{n=N}^{\infty} (-1)^n a_n$) 收斂.

第八章　無窮級數

例題 1　試證交錯調和級數 $\sum_{n=1}^{\infty} (-1)^{n-1} \dfrac{1}{n}$ 是收斂.

解　若欲應用交錯級數檢驗法，則必須證明：

(1) 對每一正整數 n 皆有 $a_{n+1} \leq a_n$.

(2) $\lim\limits_{n \to \infty} a_n = 0$.

現在，$a_n = \dfrac{1}{n}$，$a_{n+1} = \dfrac{1}{n+1}$，可知 $\dfrac{1}{n+1} < \dfrac{1}{n}$ 對所有 $n \geq 1$ 成立.

又
$$\lim_{n \to \infty} a_n = \lim_{n \to \infty} \dfrac{1}{n} = 0,$$

故證得此交錯級數收斂.

例題 2　交錯級數 $\sum_{n=1}^{\infty} (-1)^{n-1} \dfrac{\sqrt{n}}{n+1}$ 是收斂抑或發散？

解　令 $f(x) = \dfrac{\sqrt{x}}{x+1}$，使得 $f(n) = a_n$，

則
$$f'(x) = -\dfrac{x-1}{2\sqrt{x}\,(x+1)^2} < 0, \quad x > 1$$

故函數 f 在 $[1, \infty)$ 為遞減函數. 因此，對所有 $n \geq 1$，$a_{n+1} \leq a_n$ 恆成立. 現在，利用羅必達法則可得

$$\lim_{x \to \infty} f(x) = \lim_{x \to \infty} \dfrac{\sqrt{x}}{x+1} = \lim_{x \to \infty} \dfrac{1}{2\sqrt{x}} = 0$$

所以，
$$\lim_{n \to \infty} f(n) = \lim_{n \to \infty} a_n = 0$$

因此，所予交錯級數收斂.

> **定義 8-7**
>
> 若 $\sum |a_n|$ 收斂，則 $\sum a_n$ 稱為 <u>絕對收斂</u>.

例題 3 交錯級數 $\sum_{n=1}^{\infty} \frac{(-1)^{n-1}}{n^2}$ 為絕對收斂，因

$$\sum_{n=1}^{\infty} \left| \frac{(-1)^{n-1}}{n^2} \right| = \sum_{n=1}^{\infty} \frac{1}{n^2}$$

為收斂的 p-級數 ($p=2>1$).

定義 8-8

若 $\sum |a_n|$ 發散且 $\sum a_n$ 收斂，則 $\sum a_n$ 稱為條件收斂.

例題 4 交錯調和級數 $1 - \frac{1}{2} + \frac{1}{3} - \frac{1}{4} + \frac{1}{5} - \frac{1}{6} + \cdots$ 為條件收斂.

例題 5 證明級數

$$1 - \frac{1}{\sqrt{2}} + \frac{1}{\sqrt{3}} - \frac{1}{\sqrt{4}} + \cdots + (-1)^{n+1} \frac{1}{\sqrt{n}} + \cdots$$

為條件收斂.

解 由交錯級數檢驗法可知，所予級數收斂；但是，對每項取絕對值所得級數為

$\sum_{n=1}^{\infty} \frac{1}{\sqrt{n}}$，其為發散的 p-級數 $\left(p=\frac{1}{2}<1\right)$，故所予級數為條件收斂.

定理 8-21

若 $\sum |a_n|$ 收斂，則 $\sum a_n$ 收斂. (即，絕對收斂一定收斂.)

定理 8-22　比值檢驗法

令 $\sum a_n$ 為各項皆不為零的級數且 $L = \lim_{n \to \infty} \left| \frac{a_{n+1}}{a_n} \right|$.

(1) 若 $L < 1$，則 $\sum a_n$ 絕對收斂.　　(2) 若 $L > 1$，則 $\sum a_n$ 發散.

(3) 若 $L = 1$，則無法判斷斂散性.

第八章　無窮級數

例題 6 若 $|r|<1$，則幾何級數 $a+ar+ar^2+\cdots+ar^n+\cdots$ 收斂. 事實上，若 $|r|<1$，則它是絕對收斂，因為

$$L=\lim_{n\to\infty}\left|\frac{a_{n+1}}{a_n}\right|=\lim_{n\to\infty}\left|\frac{ar^{n+1}}{ar^n}\right|=\lim_{n\to\infty}|r|<1.$$

例題 7 判斷下列級數何者絕對收斂？何者條件收斂？何者發散？

(1) $\sum_{n=1}^{\infty}(-1)^n\dfrac{3^n}{n!}$ 　　(2) $\sum_{n=1}^{\infty}(-1)^{n-1}\dfrac{\sqrt{n}}{n+1}$

解 (1) 因

$$\lim_{n\to\infty}\left|\frac{a_{n+1}}{a_n}\right|=\lim_{n\to\infty}\left|\frac{3^{n+1}}{(n+1)!}\cdot\frac{n!}{3^n}\right|=\lim_{n\to\infty}\frac{3}{n+1}=0<1$$

故由比值檢驗法可知此級數絕對收斂.

(2) 每項皆取絕對值，可得級數 $\sum_{n=1}^{\infty}\dfrac{\sqrt{n}}{n+1}$.

對於任一 $n\geq 1$，$\dfrac{\sqrt{n}}{n+1}>\dfrac{\sqrt{n}}{n+n}=\dfrac{1}{2\sqrt{n}}=\dfrac{1}{2n^{1/2}}$，

因 $\sum_{n=1}^{\infty}\dfrac{1}{n^{1/2}}$ 為發散的 p-級數 $(p=\dfrac{1}{2}<1)$，故 $\sum_{n=1}^{\infty}\dfrac{1}{2n^{1/2}}$ 也發散，

而由比較檢驗法可知 $\sum_{n=1}^{\infty}\dfrac{\sqrt{n}}{n+1}$ 發散.

若令 $f(x)=\dfrac{\sqrt{x}}{x+1}$，$x\geq 1$，則

$$f'(x)=\frac{1-x}{2\sqrt{x}\,(x+1)^2}<0\ (x>1),$$

故知 f 在 $[1,\infty)$ 為遞減函數. 因此，對所有 $n\geq 1$，

$$a_{n+1}=\frac{\sqrt{n+1}}{n+2}<\frac{\sqrt{n}}{n+1}=a_n$$

又 $$\lim_{n\to\infty} a_n = \lim_{n\to\infty} \frac{\sqrt{n}}{n+1} = \lim_{n\to\infty} \frac{\sqrt{\frac{1}{n}}}{1+\frac{1}{n}} = 0$$

依交錯級數檢驗法可知 $\sum_{n=1}^{\infty} (-1)^{n-1} \frac{\sqrt{n}}{n+1}$ 收斂.

綜合以上，得知 $\sum_{n=1}^{\infty} (-1)^{n-1} \frac{\sqrt{n}}{n+1}$ 條件收斂.

註：絕對收斂級數的和與其項的順序無關.

習題 8-4

判斷下列級數何者絕對收斂？何者條件收斂？何者發散？

1. $\sum_{n=1}^{\infty} (-1)^n \frac{n}{n^2+1}$

2. $\sum_{n=1}^{\infty} (-1)^n \frac{1}{n\sqrt{n}}$

3. $\sum_{n=1}^{\infty} (-1)^{n-1} \frac{n^2}{e^n}$

4. $\sum_{n=2}^{\infty} (-1)^n \frac{1}{n \ln n}$

5. $\sum_{n=1}^{\infty} \frac{(-100)^n}{n!}$

6. $\sum_{n=3}^{\infty} (-1)^n \frac{\ln n}{n}$

7. $\sum_{n=1}^{\infty} \frac{\sin n}{n\sqrt{n}}$

8. $\sum_{n=1}^{\infty} \frac{\cos n\pi}{n}$

9. $\sum_{n=1}^{\infty} \frac{(-3)^n}{n^2}$

8-5　冪級數

在前面幾節中，我們研究常數項級數．在本節中，我們將考慮含有變數項的級數，這種級數在許多數學分支與物理科學裡相當重要．

若 c_0, c_1, c_2, $\cdots$ 皆為常數且 x 為一變數，則形如

$$\sum_{n=0}^{\infty} c_n x^n = c_0 + c_1 x + c_2 x^2 + \cdots + c_n x^n + \cdots$$

的級數為冪級數．例如：

$$\sum_{n=0}^{\infty} x^n = 1 + x + x^2 + x^3 + \cdots$$

$$\sum_{n=0}^{\infty} \frac{x^n}{n!} = 1 + x + \frac{x^2}{2!} + \frac{x^3}{3!} + \cdots$$

$$\sum_{n=0}^{\infty} (-1)^n \frac{x^{n+1}}{n+1} = x - \frac{x^2}{2} + \frac{x^3}{3} - \frac{x^4}{4} + \cdots$$

若在冪級數 $\sum c_n x^n$ 中以數值代 x，則可得收斂抑或發散的常數項級數．由此，產生了一個基本的問題，即，所予冪級數對於何種 x 值收斂的問題．

本節的主要目的是在決定使冪級數收斂的所有 x 值．通常，我們利用比值檢驗法以求得 x 的值．

例題 1　冪級數 $\sum_{n=0}^{\infty} x^n = 1 + x + x^2 + \cdots + x^n + \cdots$ 為一幾何級數，其公比 $r = x$，因此，當 $|x| < 1$ 時，此冪級數收斂．

例題 2　求所有的 x 值使得冪級數 $\sum_{n=0}^{\infty} \frac{x^n}{n!}$ 絕對收斂．

解　令 $u_n = \dfrac{x^n}{n!}$，則

$$\lim_{n\to\infty}\left|\frac{u_{n+1}}{u_n}\right|=\lim_{n\to\infty}\left|\frac{x^{n+1}}{(n+1)!}\cdot\frac{n!}{x^n}\right|=\lim_{n\to\infty}\frac{|x|}{n+1}=0<1$$

對所有實數 x 皆成立，所以，由比值檢驗法知所予冪級數對所有實數絕對收斂．

例題 3 求所有的 x 值使得冪級數 $\sum_{n=0}^{\infty}n!\,x^n$ 收斂．

解 令 $u_n=n!\,x^n$，若 $x\neq 0$，則

$$\lim_{n\to\infty}\left|\frac{u_{n+1}}{u_n}\right|=\lim_{n\to\infty}\left|\frac{(n+1)!\,x^{n+1}}{n!\,x^n}\right|=\lim_{n\to\infty}|(n+1)x|=\infty$$

由比值檢驗法可知此級數發散，因此，只有 $x=0$ 才能使級數收斂．

由上面三個例子的結果，歸納出下面的定理．

定理 8-23

對冪級數 $\sum_{n=0}^{\infty}c_n x^n$ 而言，下列當中恰有一者成立：
(1) 級數僅對 $x=0$ 收斂．
(2) 級數對所有 x 絕對收斂．
(3) 存在一正數 r，使得級數在 $|x|<r$ 時絕對收斂，而在 $|x|>r$ 時發散．在 $x=r$ 與 $x=-r$，級數可能絕對收斂、或條件收斂、或發散．

在情形 (3) 中，我們稱 r 為**收斂半徑**；在情形 (1) 中，級數僅對 $x=0$ 收斂，我們定義收斂半徑為 $r=0$；在情形 (2) 中，級數對所有 x 絕對收斂，我們定義收斂半徑為 $r=\infty$．使得冪級數收斂的所有 x 值所構成的區間稱為**收斂區間**．

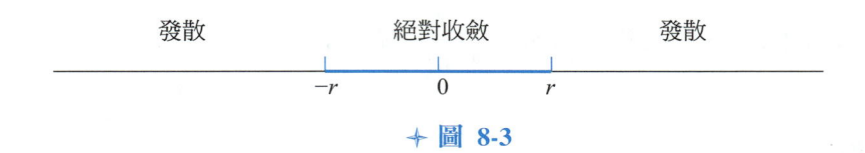

▲ 圖 8-3

例題 4 求冪級數 $\sum_{n=1}^{\infty} \dfrac{x^n}{\sqrt{n}}$ 的收斂區間.

解 令 $u_n = \dfrac{x^n}{\sqrt{n}}$，則

$$\lim_{n\to\infty} \left| \dfrac{u_{n+1}}{u_n} \right| = \lim_{n\to\infty} \left| \dfrac{x^{n+1}}{\sqrt{n+1}} \cdot \dfrac{\sqrt{n}}{x^n} \right|$$

$$= \lim_{n\to\infty} \left| \dfrac{\sqrt{n}}{\sqrt{n+1}} x \right| \qquad \left(\lim_{n\to\infty} \dfrac{\sqrt{n}}{\sqrt{n+1}} = \lim_{n\to\infty} \sqrt{\dfrac{n}{n+1}} = 1 \right)$$

$$= \lim_{n\to\infty} \dfrac{\sqrt{n}}{\sqrt{n+1}} |x| = |x|$$

由比值檢驗法可知級數在 $|x|<1$ 時絕對收斂. 今將 $x=\pm 1$ 直接代入原級數檢驗. 令 $x=1$，代入可得 $\sum_{n=1}^{\infty} \dfrac{1}{\sqrt{n}}$，此為發散的 p-級數. 令 $x=-1$，代入可得 $\sum_{n=1}^{\infty} (-1)^n \dfrac{1}{\sqrt{n}}$，此為收斂的交錯級數. 於是，所予級數的收斂區間為 $[-1, 1)$.

除了冪級數 $\sum_{n=0}^{\infty} c_n x^n$ 之外，我們可以討論下列冪級數：

$$\sum_{n=0}^{\infty} c_n (x-a)^n = c_0 + c_1(x-a) + c_2(x-a)^2 + \cdots + c_n(x-a)^n + \cdots$$

的收斂區間，其中 c_0, c_1, c_2, $\cdots$ 與 a 皆為常數. 將定理 8-17 中的 x 換成 $x-a$，可得下列的結果.

定理 8-24

對冪級數 $\sum_{n=0}^{\infty} c_n(x-a)^n$ 而言，下列當中恰有一者成立：

(1) 級數僅對 $x=a$ 收斂.
(2) 級數對所有 x 絕對收斂.

(3) 存在一正數 r，使得級數在 $|x-a|<r$ 時絕對收斂，而在 $|x-a|>r$ 時發散。在 $x=a-r$ 與 $x=a+r$，級數可能絕對收斂、或條件收斂、或發散。

在定理 8-24 (1)、(2) 與 (3) 的情形中，我們稱級數的收斂半徑分別為 0、∞ 與 r。使得冪級數收斂的所有 x 值所構成的區間稱為收斂區間。

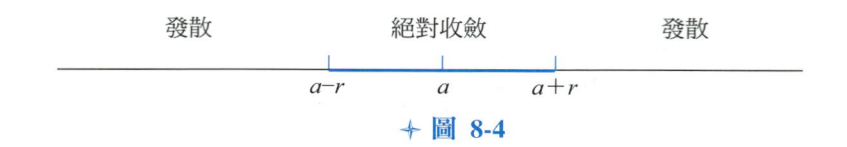

發散　　絕對收斂　　發散

$a-r \qquad a \qquad a+r$

◆ 圖 8-4

收斂半徑一般可用比值檢驗法求得。例如，假設

$$\lim_{n\to\infty}\left|\frac{c_{n+1}}{c_n}\right|=L$$

則

$$\lim_{n\to\infty}\frac{|c_{n+1}(x-a)^{n+1}|}{|c_n(x-a)^n|}=L|x-a|$$

對 $|x-a|<\dfrac{1}{L}$ 而言，$\sum\limits_{n=0}^{\infty}c_n(x-a)^n$ 絕對收斂。

對 $|x-a|>\dfrac{1}{L}$ 而言，$\sum\limits_{n=0}^{\infty}c_n(x-a)^n$ 發散。

收斂半徑 $r=\dfrac{1}{L}=\lim\limits_{n\to\infty}\left|\dfrac{c_n}{c_{n+1}}\right|$。

例題 5　求冪級數 $\sum\limits_{n=0}^{\infty}(-1)^n\dfrac{(x+1)^n}{2^n}$ 的收斂區間。

解　因 $\lim\limits_{n\to\infty}\left|\dfrac{c_{n+1}}{c_n}\right|=\lim\limits_{n\to\infty}\left|\dfrac{(-1)^{n+1}}{2^{n+1}}\cdot\dfrac{2^n}{(-1)^n}\right|=\lim\limits_{n\to\infty}\dfrac{2^n}{2^{n+1}}=\dfrac{1}{2}$

於是，收斂半徑為 $r=\dfrac{1}{L}=2$。所以，當 $|x-(-1)|<2$ 時，即 $-3<x<1$，此冪級數絕對收斂。

因此，在 $x<-3$ 或 $x>1$ 時，級數發散．但是，在 $x=-3$ 或 $x=1$，必須代入原級數檢驗之．令 $x=-3$，則

$$\sum_{n=0}^{\infty} \frac{(-1)^n(-2)^n}{2^n} = \sum_{n=0}^{\infty} \frac{2^n}{2^n} = \sum_{n=0}^{\infty} 1$$

此級數發散．

令 $x=1$，則

$$\sum_{n=0}^{\infty} \frac{(-1)^n(2)^n}{2^n} = \sum_{n=0}^{\infty} (-1)^n$$

此級數也發散．所以，所予冪級數的收斂區間為 $(-3, 1)$.

冪級數可以用來定義一函數，其定義域為該級數的收斂區間．明確地說，對收斂區間中每一 x，令

$$f(x) = \sum_{n=0}^{\infty} c_n(x-a)^n$$

若由此來定義函數 f，則稱 $\sum_{n=0}^{\infty} c_n(x-a)^n$ 為 $f(x)$ 的冪級數表示式．例如，$\dfrac{1}{1-x}$ 的冪級數表示式為幾何級數 $1+x+x^2+\cdots$ ($-1<x<1$)，即，

$$\frac{1}{1-x} = 1+x+x^2+\cdots, \quad |x|<1$$

函數 $f(x)$ 的冪級數表示式可以用來求得 $f'(x)$ 與 $\int f(x)\,dx$ 等的冪級數表示式．下面定理告訴我們，對 $f(x)$ 的冪級數表示式逐項微分或逐項積分可以求得 $f'(x)$ 或 $\int f(x)\,dx$ 等的冪級數表示式．

定理 8-25

若冪級數 $\sum_{n=0}^{\infty} c_n(x-a)^n$ 有非零的收斂半徑 r，又對區間 $(a-r, a+r)$ 中的每一 x 恆有 $f(x) = \sum_{n=0}^{\infty} c_n(x-a)^n$，則：

(1) 級數 $\sum_{n=0}^{\infty} \dfrac{d}{dx}[c_n(x-a)^n] = \sum_{n=1}^{\infty} nc_n(x-a)^{n-1}$ 的收斂半徑為 r，對區間 $(a-r, a+r)$ 中所有 x 恆有

$$f'(x) = \sum_{n=1}^{\infty} nc_n(x-a)^{n-1}.$$

(2) 級數 $\sum_{n=0}^{\infty} \left[\int c_n(x-a)^n\, dx\right] = \sum_{n=0}^{\infty} \dfrac{c_n}{n+1}(x-a)^{n+1}$ 的收斂半徑為 r，對區間 $(a-r, a+r)$ 中所有 x 恆有

$$\int f(x)\, dx = \sum_{n=0}^{\infty} \dfrac{c_n}{n+1}(x-a)^{n+1} + C.$$

(3) 對區間 $[a-r, a+r]$ 中所有 α 與 β，級數 $\sum_{n=0}^{\infty} \left[\int_{\alpha}^{\beta} c_n(x-a)^n\, dx\right]$ 絕對收斂且

$$\int_{\alpha}^{\beta} f(x)\, dx = \sum_{n=0}^{\infty} \left[\dfrac{c_n}{n+1}(x-a)^{n+1}\right]_{\alpha}^{\beta}.$$

例題 6 若 $f(x) = \sum_{n=0}^{\infty} \dfrac{x^n}{n}$，求 $f'(x)$ 的收斂區間.

解 由定理 8-25 知

$$f'(x) = \sum_{n=1}^{\infty} n \cdot \dfrac{x^{n-1}}{n} = \sum_{n=1}^{\infty} x^{n-1} = 1 + x + x^2 + x^3 + \cdots$$

$f'(x)$ 在 $x = \pm 1$ 發散，故其收斂區間為 $(-1, 1)$.

例題 7 求 $\ln(1+x)$ 在 $|x|<1$ 時的冪級數表示式.

解 若 $|x|<1$，則

$$\ln(1+x) = \int_0^x \frac{dt}{1+t} = \int_0^x [1-t+t^2-t^3+\cdots+(-1)^n t^n+\cdots]\, dt$$

將上式逐項積分可得

$$\ln(1+x) = \left[t\right]_0^x - \left[\frac{t^2}{2}\right]_0^x + \left[\frac{t^3}{3}\right]_0^x + \cdots + \left[(-1)^n \frac{t^{n+1}}{n+1}\right]_0^x + \cdots$$

所以，

$$\ln(1+x) = x - \frac{x^2}{2} + \frac{x^3}{3} - \frac{x^4}{4} + \cdots + (-1)^n \frac{x^{n+1}}{n+1} + \cdots,\quad |x|<1.$$

習題 8-5

求各冪級數的收斂區間.

1. $\displaystyle\sum_{n=1}^{\infty} nx^n$

2. $\displaystyle\sum_{n=2}^{\infty} \frac{x^n}{\ln n}$

3. $\displaystyle\sum_{n=1}^{\infty} (-1)^n \frac{x^n}{n(n+2)}$

4. $\displaystyle\sum_{n=0}^{\infty} (-1)^n \frac{x^n}{2^n}$

5. $\displaystyle\sum_{n=0}^{\infty} (-1)^n \frac{x^{2n}}{(2n)!}$

6. $\displaystyle\sum_{n=1}^{\infty} \frac{(x-1)^n}{n}$

7. $\displaystyle\sum_{n=0}^{\infty} \frac{(x+2)^n}{n!}$

8-6 泰勒級數與麥克勞林級數

若函數 $f(x)$ 是由冪級數 $\displaystyle\sum_{n=0}^{\infty} c_n(x-a)^n$ 所表示，即，

$$f(x)=\sum_{n=0}^{\infty} c_n(x-a)^n, \quad |x-a|<r, \quad r>0$$

則由定理 8-25(1) 知，f 的 n 階導函數在 $|x-a|<r$ 時存在．於是，由連續微分可得

$$f'(x)=\sum_{n=1}^{\infty} nc_n(x-a)^{n-1}=c_1+2c_2(x-a)+3c_3(x-a)^2+\cdots$$

$$f''(x)=\sum_{n=2}^{\infty} n(n-1)c_n(x-a)^{n-2}=2c_2+6c_3(x-a)+12c_4(x-a)^2+\cdots$$

$$f'''(x)=\sum_{n=3}^{\infty} n(n-1)(n-2)c_n(x-a)^{n-3}=6c_3+24c_4(x-a)+\cdots$$

$$\vdots$$

對任何正整數 n，

$$f^{(n)}(x)=\sum_{k=n}^{\infty} k(k-1)(k-2)\cdots(k-n+1)c_k(x-a)^{k-n}$$

$$=n!\,c_n+(n+1)!\,c_{n+1}(x-a)+\cdots$$

現在，我們以 $x=a$ 代入上式可得

$$c_n=\frac{f^{(n)}(a)}{n!}, \quad n\geq 0$$

此即 $f(x)$ 的冪級數表示式之 n 次項的係數，於是，我們有下面的定理．

定理 8-26

若
$$f(x)=\sum_{n=0}^{\infty} c_n(x-a)^n, \quad |x-a|<r$$

則其係數為
$$c_n=\frac{f^{(n)}(a)}{n!}$$

且
$$f(x)=\sum_{n=0}^{\infty} \frac{f^{(n)}(a)}{n!}(x-a)^n$$

$$=f(a)+f'(a)(x-a)+\frac{f''(a)}{2}(x-a)^2+\frac{f'''(a)}{3!}(x-a)^3+\cdots$$

此定理所得到的冪級數稱為 $f(x)$ 在 $x=a$ 處的泰勒級數. 若 $a=0$, 則變成

$$f(x)=\sum_{n=0}^{\infty}\frac{f^{(n)}(0)}{n!}x^n$$

上式右邊的級數稱為麥克勞林級數.

例題 1 求 $f(x)=\sin x$ 在 $x=\frac{\pi}{4}$ 處的泰勒級數.

解
$$f(x)=\sin x, \qquad f\left(\frac{\pi}{4}\right)=\frac{\sqrt{2}}{2}$$

$$f'(x)=\cos x, \qquad f'\left(\frac{\pi}{4}\right)=\frac{\sqrt{2}}{2}$$

$$f''(x)=-\sin x, \qquad f''\left(\frac{\pi}{4}\right)=-\frac{\sqrt{2}}{2}$$

$$f'''(x)=-\cos x, \qquad f'''\left(\frac{\pi}{4}\right)=-\frac{\sqrt{2}}{2}$$

$$f^{(4)}(x)=\sin x, \qquad f^{(4)}\left(\frac{\pi}{4}\right)=\frac{\sqrt{2}}{2}$$

$$\vdots \qquad\qquad \vdots$$

故泰勒級數為

$$\frac{\sqrt{2}}{2}+\frac{\sqrt{2}}{2}\left(x-\frac{\pi}{4}\right)-\frac{\sqrt{2}}{2\cdot 2!}\left(x-\frac{\pi}{4}\right)^2-\frac{\sqrt{2}}{2\cdot 3!}\left(x-\frac{\pi}{4}\right)^3$$

$$+\frac{\sqrt{2}}{2\cdot 4!}\left(x-\frac{\pi}{4}\right)^4+\cdots.$$

例題 2 求 $f(x)=\ln x$ 在 $x=1$ 處的泰勒級數.

解 對 $f(x)=\ln x$ 連續微分, 可得

$$f(x)=\ln x, \qquad\qquad f(1)=0$$

$$f'(x)=\frac{1}{x}, \qquad\qquad f'(1)=1$$

$$f''(x) = -\frac{1}{x^2}, \qquad f''(1) = -1$$

$$f'''(x) = \frac{1 \cdot 2}{x^3}, \qquad f'''(1) = 2!$$

$$\vdots$$

$$f^{(n)}(x) = (-1)^{n-1} \frac{(n-1)!}{x^n}, \qquad f^{(n)}(1) = (-1)^{n-1}(n-1)!$$

於是，泰勒級數為

$$(x-1) - \frac{1}{2}(x-1)^2 + \frac{1}{3}(x-1)^3 - \cdots + \frac{(-1)^{n-1}}{n}(x-1)^n + \cdots$$

$$= \sum_{n=1}^{\infty} \frac{(-1)^{n-1}}{n}(x-1)^n$$

由比值檢驗法可得知此級數的收斂區間為 (0, 2]. 但讀者應注意 $f(x) = \ln x$ 的麥克勞林級數的表示式並不存在. (何故？)

為了參考方便，我們在表 8-5 中列出一些重要函數的麥克勞林級數，並指出使級數收斂到該函數的區間.

表 8-5

麥克勞林級數	收斂區間
$\dfrac{1}{1-x} = \sum_{n=0}^{\infty} x^n = 1 + x + x^2 + x^3 + \cdots$	$(-1, 1)$
$e^x = \sum_{n=0}^{\infty} \dfrac{x^n}{n!} = 1 + x + \dfrac{x^2}{2!} + \dfrac{x^3}{3!} + \cdots$	$(-\infty, \infty)$
$\sin x = \sum_{n=0}^{\infty} (-1)^n \dfrac{x^{2n+1}}{(2n+1)!} = x - \dfrac{x^3}{3!} + \dfrac{x^5}{5!} - \dfrac{x^7}{7!} + \cdots$	$(-\infty, \infty)$
$\cos x = \sum_{n=0}^{\infty} (-1)^n \dfrac{x^{2n}}{(2n)!} = 1 - \dfrac{x^2}{2!} + \dfrac{x^4}{4!} - \dfrac{x^6}{6!} + \cdots$	$(-\infty, \infty)$
$\ln(1+x) = \sum_{n=0}^{\infty} (-1)^n \dfrac{x^{n+1}}{n+1} = x - \dfrac{x^2}{2} + \dfrac{x^3}{3} - \dfrac{x^4}{4} + \cdots$	$(-1, 1]$
$\tan^{-1} x = \sum_{n=0}^{\infty} (-1)^n \dfrac{x^{2n+1}}{2n+1} = x - \dfrac{x^3}{3} + \dfrac{x^5}{5} - \dfrac{x^7}{7} + \cdots$	$[-1, 1]$

第八章　無窮級數　385

例題 3　利用 $\dfrac{1}{1-x}$ 的麥克勞林級數求 $f(x)=\dfrac{x}{1-x^2}$ 的麥克勞林級數.

解　$\dfrac{1}{1-x}=1+x+x^2+x^3+x^4+\cdots,\ -1<x<1$

以 x^2 代 x, 可得

$$\dfrac{1}{1-x^2}=1+x^2+(x^2)^2+(x^2)^3+(x^2)^4+\cdots$$
$$=1+x^2+x^4+x^6+x^8+\cdots,\ -1<x<1$$

故　$\dfrac{x}{1-x^2}=x+x^3+x^5+x^7+x^9+\cdots,\ -1<x<1.$

例題 4　利用

$$e^x=1+x+\dfrac{x^2}{2!}+\dfrac{x^3}{3!}+\dfrac{x^4}{4!}+\dfrac{x^5}{5!}+\cdots,\ -\infty<x<\infty$$

以 $-x$ 代 x 可得

$$e^{-x}=1+(-x)+\dfrac{(-x)^2}{2!}+\dfrac{(-x)^3}{3!}+\dfrac{(-x)^4}{4!}+\dfrac{(-x)^5}{5!}+\cdots$$
$$=1-x+\dfrac{x^2}{2!}-\dfrac{x^3}{3!}+\dfrac{x^4}{4!}-\dfrac{x^5}{5!}+\cdots,\ -\infty<x<\infty.$$

例題 5　求 $\sin^2 x$ 的麥克勞林級數.

解　$\sin^2 x = \dfrac{1}{2}(1-\cos 2x)$

$$=\dfrac{1}{2}\left[1-\left(1-\dfrac{2^2}{2!}x^2+\dfrac{2^4}{4!}x^4-\dfrac{2^6}{6!}x^6+\dfrac{2^8}{8!}x^8-\cdots\right)\right]$$

$$=\dfrac{1}{2}\left(\dfrac{2^2}{2!}x^2-\dfrac{2^4}{4!}x^4+\dfrac{2^6}{6!}x^6-\dfrac{2^8}{8!}x^8+\cdots\right)$$

$$=\dfrac{2}{2!}x^2-\dfrac{2^3}{4!}x^4+\dfrac{2^5}{6!}x^6-\dfrac{2^7}{8!}x^8+\cdots,\ -\infty<x<\infty.$$

例題 6 利用 $\sin x = x - \dfrac{x^3}{3!} + \dfrac{x^5}{5!} - \dfrac{x^7}{7!} + \dfrac{x^9}{9!} - \cdots$,

可得 $\dfrac{\sin x}{x} = 1 - \dfrac{x^2}{3!} + \dfrac{x^4}{5!} - \dfrac{x^6}{7!} + \dfrac{x^8}{9!} - \cdots$

故 $\lim\limits_{x \to 0} \dfrac{\sin x}{x} = \lim\limits_{x \to 0} \left(1 - \dfrac{x^2}{3!} + \dfrac{x^4}{5!} - \dfrac{x^6}{7!} + \dfrac{x^8}{9!} - \cdots \right) = 1.$

例題 7 $\displaystyle\int_0^{0.1} \dfrac{\sin x}{x} dx = \int_0^{0.1} \left(1 - \dfrac{x^2}{3!} + \dfrac{x^4}{5!} - \dfrac{x^6}{7!} + \dfrac{x^8}{9!} - \cdots \right) dx$

$$= \left[x - \dfrac{x^3}{3 \cdot 3!} + \dfrac{x^5}{5 \cdot 5!} - \dfrac{x^7}{7 \cdot 7!} + \dfrac{x^9}{9 \cdot 9!} - \cdots \right]_0^{0.1}$$

$$= 0.1 - \dfrac{(0.1)^3}{3 \cdot 3!} + \dfrac{(0.1)^5}{5 \cdot 5!} - \dfrac{(0.1)^7}{7 \cdot 7!} + \dfrac{(0.1)^9}{9 \cdot 9!} - \cdots$$

取此級數的前三項可得

$$\int_0^{0.1} \dfrac{\sin x}{x} dx \approx 0.1 - \dfrac{0.001}{18} + \dfrac{0.00001}{600} \approx 0.1.$$

例題 8 我們無法直接計算積分

$$\int_0^1 e^{-x^2} dx$$

因為 e^{-x^2} 的反導函數不存在. 然而, 我們可用 e^{-x^2} 的麥克勞林級數, 再逐項積分即可求得積分值. 欲求 e^{-x^2} 的麥克勞林級數的最簡單方法是將

$$e^x = 1 + x + \dfrac{x^2}{2!} + \dfrac{x^3}{3!} + \dfrac{x^4}{4!} + \cdots$$

中的 x 換成 $-x^2$, 而得

$$e^{-x^2} = 1 - x^2 + \dfrac{x^4}{2!} - \dfrac{x^6}{3!} + \dfrac{x^8}{4!} - \cdots$$

所以，
$$\int_0^1 e^{-x^2}\,dx = \int_0^1 \left(1 - x^2 + \frac{x^4}{2!} - \frac{x^6}{3!} + \frac{x^8}{4!} - \cdots\right)dx$$
$$= \left[x - \frac{x^3}{3} + \frac{x^5}{5\cdot 2!} - \frac{x^7}{7\cdot 3!} + \frac{x^9}{9\cdot 4!} - \cdots\right]_0^1$$
$$= 1 - \frac{1}{3} + \frac{1}{5\cdot 2!} - \frac{1}{7\cdot 3!} + \frac{1}{9\cdot 4!} - \cdots$$

取此級數的前三項可得

$$\int_0^1 e^{-x^2}\,dx = 1 - \frac{1}{3} + \frac{1}{5\cdot 2!} = 1 - \frac{1}{3} + \frac{1}{10} = \frac{23}{30} \approx 0.767.$$

例題 9 (1) $e = 1 + 1 + \dfrac{1}{2!} + \dfrac{1}{3!} + \dfrac{1}{4!} + \cdots + \dfrac{1}{n!} + \cdots \approx 2.71828$

(2) $\ln 2 = \ln(1+1) = 1 - \dfrac{1}{2} + \dfrac{1}{3} - \dfrac{1}{4} + \dfrac{1}{5} - \cdots$

(3) $\dfrac{\pi}{4} = \tan^{-1} 1 = 1 - \dfrac{1}{3} + \dfrac{1}{5} - \dfrac{1}{7} + \dfrac{1}{9} - \cdots$

或 $\pi = 4\left(1 - \dfrac{1}{3} + \dfrac{1}{5} - \dfrac{1}{7} + \dfrac{1}{9} - \cdots\right).$

習題 8-6

求 1～3 題中各函數的泰勒級數 (以 a 為中心).

1. $f(x) = \dfrac{1}{x+2}$；$a = 3$.

2. $f(x) = \sin x$；$a = \dfrac{\pi}{3}$.

3. $f(x) = e^{2x}$；$a = -1$.

4. 利用恆等式 $x = a + (x-a)$ 與 e^x 的麥克勞林級數求 e^x 在 $x = a$ 的泰勒級數.

求 5～8 題中各函數的麥克勞林級數.

5. $f(x) = \dfrac{1}{3+x}$ $\left(\text{提示：} \dfrac{1}{3+x} = \dfrac{1}{3} \cdot \dfrac{1}{1-(-x/3)}\right)$

6. $f(x) = \sin x \cos x$ $\left(\text{提示：} \sin x \cos x = \dfrac{1}{2} \sin 2x\right)$

7. $f(x) = \cos^2 x$ $\left(\text{提示：} \cos^2 x = \dfrac{1}{2}(1+\cos 2x)\right)$

8. $f(x) = xe^{-2x}$

利用麥克勞林級數 (取前三項) 求下列積分的近似值到小數第三位.

9. $\displaystyle\int_0^1 \sin x^2 \, dx$

10. $\displaystyle\int_0^{0.1} e^{-x^3} \, dx$

11. $\displaystyle\int_0^1 \cos\sqrt{x} \, dx$

12. $\displaystyle\int_0^1 \dfrac{\sin x}{\sqrt{x}} \, dx$

本章摘要

1. **無窮數列的極限定理：**

   若 $\lim\limits_{n\to\infty} a_n = A$ 且 $\lim\limits_{n\to\infty} b_n = B$，其中 A、B 皆為實數，則

   $$\lim_{n\to\infty} ca_n = c \lim_{n\to\infty} a_n = cA, \ c \text{ 為常數}$$

   $$\lim_{n\to\infty} (a_n + b_n) = A + B$$

   $$\lim_{n\to\infty} (a_n - b_n) = A - B$$

   $$\lim_{n\to\infty} (a_n b_n) = AB$$

   $$\lim_{n\to\infty} \frac{a_n}{b_n} = \frac{A}{B} \ (B \neq 0).$$

2. 已知 $\sum\limits_{n=1}^{\infty} a_n$，若其部分和所成的數列 $\{S_n\}$ 收斂到 S，即，

   $$\lim_{n\to\infty} S_n = \lim_{n\to\infty} \sum_{i=1}^{\infty} a_i = S$$

   則稱 $\sum\limits_{n=1}^{\infty} a_n$ 收斂且其和為 S. 若 $\{S_n\}$ 發散，則級數發散，發散的級數沒有和.

3. 若 $\sum a_n$ 收斂，則必 $\lim\limits_{n\to\infty} a_n = 0$.

4. **發散檢驗法：** 若 $\lim\limits_{n\to\infty} a_n \neq 0$，則 $\sum a_n$ 發散.

5. **積分檢驗法：** 已知 $\sum\limits_{n=N}^{\infty} a_n$ 為正項級數，令 $f(n) = a_n$，$n = N, N+1, N+2, \cdots$. 若 f 為定義在 $[N, \infty)$ 上之連續且正值的遞減函數，則 $\sum\limits_{n=N}^{\infty} a_n$ 收斂，若且唯若瑕積分 $\int_{N}^{\infty} f(x)\, dx$ 收斂.

6. **p-級數檢驗法：** 若 $p > 1$，則 $\sum\limits_{n=1}^{\infty} \frac{1}{n^p}$ 收斂；若 $p \leq 1$，則 $\sum\limits_{n=1}^{\infty} \frac{1}{n^p}$ 發散.

7. **比值檢驗法：** 設 $\sum a_n$ 為正項級數且令

$$\lim_{n\to\infty}\frac{a_{n+1}}{a_n}=L$$

(1) 若 $L<1$，則級數收斂.

(2) 若 $L>1$，或若 $\lim_{n\to\infty}\frac{a_{n+1}}{a_n}=\infty$，則級數發散.

(3) 若 $L=1$，則無法判斷斂散性.

8. 交錯級數檢驗法：

若對每一正整數 $n \geq N$（N 為某固定正整數），$a_n \geq a_{n+1} > 0$，且 $\lim_{n\to\infty} a_n = 0$，則

$$\sum_{n=N}^{\infty}(-1)^{n+1}a_n \text{（或 } \sum_{n=N}^{\infty}(-1)^n a_n\text{）收斂.}$$

9. (1) 若 $\sum |a_n|$ 收斂，則 $\sum a_n$ 稱為**絕對收斂**.

(2) 若 $\sum |a_n|$ 發散且 $\sum a_n$ 收斂，則 $\sum a_n$ 稱為**條件收斂**.

10. 比值檢驗法： 設 $\sum a_n$ 為各項均不為零的級數.

(1) 當 $\lim_{n\to\infty}\left|\frac{a_{n+1}}{a_n}\right|=L<1$ 時，$\sum a_n$ 絕對收斂.

(2) 當 $\lim_{n\to\infty}\left|\frac{a_{n+1}}{a_n}\right|=L>1$，或 $\lim_{n\to\infty}\left|\frac{a_{n+1}}{a_n}\right|=\infty$ 時，$\sum a_n$ 發散.

(3) 當 $\lim_{n\to\infty}\left|\frac{a_{n+1}}{a_n}\right|=1$ 時，無法判斷斂散性.

11. 若函數 f 可寫為 $f(x)=\sum_{n=0}^{\infty}c_n(x-a)^n$，$x\in(a-r, a+r)$（$r$ 為收斂半徑），則其係數為

$$c_n=\frac{f^{(n)}(a)}{n!}$$

且 $f(x)=\sum_{n=0}^{\infty}\frac{f^{(n)}(a)}{n!}(x-a)^n$

$$=f(a)+f'(a)(x-a)+\frac{f''(a)}{2!}(x-a)^2+\frac{f'''(a)}{2!}(x-a)^3+\cdots$$

上式右邊級數稱為 $f(x)$ 在 $x=a$ 處的泰勒級數.

12. 若

$$f(x) = \sum_{n=0}^{\infty} \frac{f^{(n)}(0)}{n!} x^n = f(0) + f'(0)x + \frac{f''(0)}{2!} x^2 + \frac{f'''(0)}{3!} x^3 + \cdots,$$

上式右邊級數稱為 $f(x)$ 的麥克勞林級數.

9 偏導函數

9-1 三維直角坐標系

我們知道，在平面上，任何一點可用實數序對 (a, b) 表示，此處 a 為 x-坐標，b 為 y-坐標．在三維空間中，我們將用有序三元組表出任意點．

首先，我們選取一個定點 O (稱為原點) 與三條互相垂直且通過 O 的有向直線 (稱為坐標軸)，標為 x-軸、y-軸與 z-軸，此三個坐標軸決定一個右手坐標系 (此為我們所使用者)，如圖 9-1 所示；它們也決定三個坐標平面，如圖 9-2 所示．xy-平面包含 x-軸與 y-軸，yz-平面包含 y-軸與 z-軸，而 xz-平面包含 x-軸與 z-軸；這三個平面將空間分成八個部分，每一個部分稱為卦限．

若 P 為三維空間中任一點，令 a 為自 P 至 yz-平面的 (有向) 距離，b 為自 P 至 xz-平面的距離，c 為自 P 至 xy-平面的距離．我們用有序實數三元組表示點 P，稱 a、b 與 c 為 P 的坐標；a 為 x-坐標、b 為 y-坐標、c 為 z-坐標．因此，欲找出點 (a, b, c) 的位置，首先自原點 O 出發，沿 x-軸移動 a 單位，然後平行 y-軸移動 b 單位，再平行 z-軸移動 c 單位，如圖 9-3 所示．點 $P(a, b, c)$ 決定了一個矩形體框架，如圖 9-4 所示．若自 P 對 xy-平面作垂足，則得到 $Q(a, b, 0)$，稱為 P 在 xy-

微積分

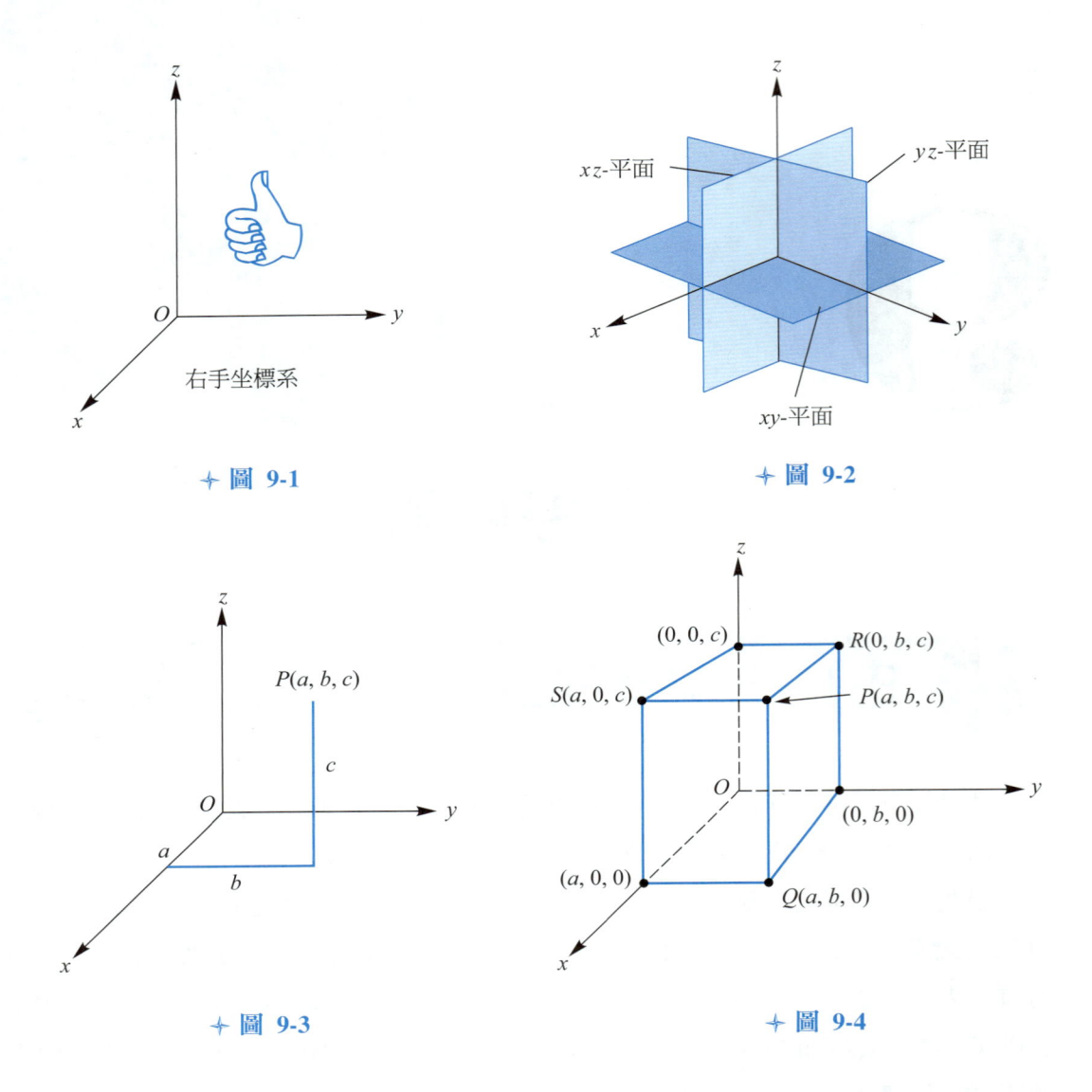

✦ 圖 9-1　右手坐標系

✦ 圖 9-2

✦ 圖 9-3

✦ 圖 9-4

平面上的投影；同理，$R(0, b, c)$ 與 $S(a, 0, c)$ 分別為 P 在 yz-平面與 xz-平面上的投影。

　　所有有序實數三元組構成的集合是笛卡兒積 $IR \times IR \times IR = \{(x, y, z) \mid x, y, z \in IR\}$，記為 IR^3，稱為三維直角坐標系。在三維空間中的點與有序實數三元組作一一對應。

第九章　偏導函數

定理 9-1

兩點 $P_1(x_1,\ y_1,\ z_1)$ 與 $P_2(x_2,\ y_2,\ z_2)$ 之間的距離為

$$d(P_1,\ P_2)=\overline{P_1P_2}=\sqrt{(x_2-x_1)^2+(y_2-y_1)^2+(z_2-z_1)^2}.$$

證明　如圖 9-5 所示.

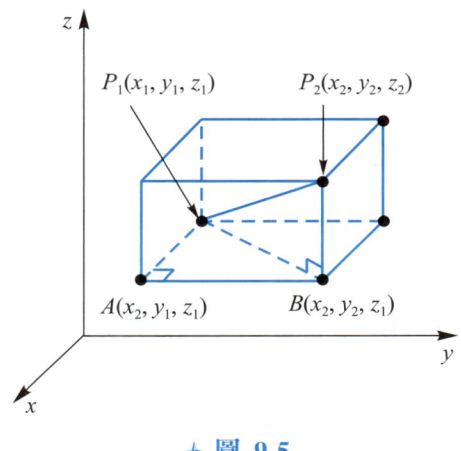

✦ 圖 9-5

由於 $\overline{P_1A}=|x_2-x_1|$，$\overline{AB}=|y_2-y_1|$，$\overline{BP_2}=|z_2-z_1|$，且三角形 P_1BP_2 與三角形 P_1AB 皆為直角三角形，故利用畢氏定理可得

$$\overline{P_1P_2}^2=\overline{P_1B}^2+\overline{BP_2}^2,\ \overline{P_1B}^2=\overline{P_1A}^2+\overline{AB}^2$$

於是，

$$\begin{aligned}\overline{P_1P_2}^2&=\overline{P_1A}^2+\overline{AB}^2+\overline{BP_2}^2\\&=|x_2-x_1|^2+|y_2-y_1|^2+|z_2-z_1|^2\\&=(x_2-x_1)^2+(y_2-y_1)^2+(z_2-z_1)^2\end{aligned}$$

故　　$\overline{P_1P_2}=\sqrt{(x_2-x_1)^2+(y_2-y_1)^2+(z_2-z_1)^2}.$

例題 1　求空間中點 $P(2,\ -1,\ 7)$ 與點 $Q(1,\ -3,\ 5)$ 之間的距離.

解 $\overline{PQ} = \sqrt{(1-2)^2 + (-3+1)^2 + (5-7)^2}$
$= \sqrt{1+4+4} = 3.$

例題 2 若 $\triangle ABC$ 的頂點坐標分別為 $A(2, 1, 3)$、$B(0, 1, 2)$ 與 $C(1, 3, 0)$，則此三角形是何種三角形？

解 $\overline{AB}^2 = (2-0)^2 + (1-1)^2 + (3-2)^2 = 5$
$\overline{BC}^2 = (0-1)^2 + (1-3)^2 + (2-0)^2 = 9$
$\overline{AC}^2 = (2-1)^2 + (1-3)^2 + (3-0)^2 = 14$
因 $\overline{AB}^2 + \overline{BC}^2 = \overline{AC}^2$

故此三角形為直角三角形.

在平面上，利用描點可獲得曲線大致的形狀；然而，對三維空間中的曲面，一般言之，描點並非有幫助，因為需要太多的點以獲得曲面的概略圖形．如果利用曲面與一些選取好的平面所相交的曲線去建構該曲面的形狀會更好．一平面與一曲面所相交的曲線稱為該曲面在平面上的軌跡.

在三維空間 IR^3 中，含 x、y 與 z 的二次方程式

$$Ax^2 + By^2 + Cz^2 + Dxy + Exz + Fyz + Gx + Hy + Iz + J = 0 \qquad (9\text{-}1)$$

(其中 A、B 及 C 不全為零) 所表示的曲面稱為二次曲面．我們僅給出幾種二次曲面的標準式如下：

一、橢球面

$$\frac{x^2}{a^2} + \frac{y^2}{b^2} + \frac{z^2}{c^2} = 1 \quad (a > 0,\ b > 0,\ c > 0) \qquad (9\text{-}2)$$

此曲面在三坐標平面上的軌跡皆為橢圓．例如，我們在 (9-2) 式中令 $z=0$，可得在 xy-平面上的軌跡為橢圓 $\frac{x^2}{a^2} + \frac{y^2}{b^2} = 1$．同理，可得在 xz-平面與 yz-平面上的軌跡也為橢圓．(9-2) 式的圖形如圖 9-6 所示．

若 $a=b=c$，則 (9-2) 式表示的橢球面化成半徑為 a 且球心在原點的球面.

第九章　偏導函數

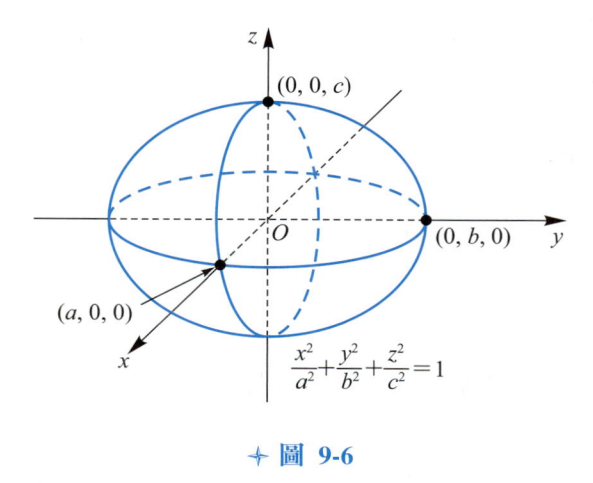

◆ 圖 9-6

二、橢圓錐面

$$z^2 = \frac{x^2}{a^2} + \frac{y^2}{b^2} \quad (a>0,\ b>0) \tag{9-3}$$

此曲面在 xy-平面上的軌跡為原點，在 yz-平面上的軌跡為一對相交直線 $z = \pm \dfrac{y}{b}$，在 xz-平面上的軌跡為一對相交直線 $z = \pm \dfrac{x}{a}$，在平行於 xy-平面之平面上的軌跡皆為橢圓．(何故？) (9-3) 式的圖形如圖 9-7 所示．

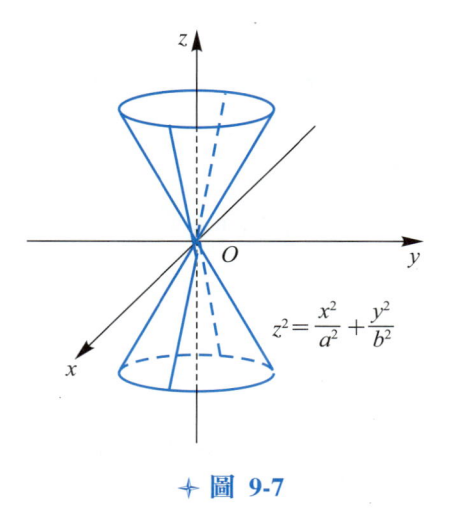

◆ 圖 9-7

若 $a=b$，則橢圓錐面在平行於 xy-平面的平面上的所有軌跡皆為圓，故曲面為圓錐面.

三、橢圓拋物面

$$z=\frac{x^2}{a^2}+\frac{y^2}{b^2} \quad (a>0,\ b>0) \tag{9-4}$$

此曲面在 xy-平面上的軌跡為原點，在 yz-平面上的軌跡為拋物線 $z=\frac{y^2}{b^2}$，在 xz-平面上的軌跡為拋物線 $z=\frac{x^2}{a^2}$，在平行於 xy-平面之平面上的軌跡皆為橢圓，在平行於其它坐標平面之平面上的軌跡皆為拋物線. 又因 $z \geq 0$，故曲面位於 xy-平面的上方. 圖形如圖 9-8 所示.

若 $a=b$，則在平行於 xy-平面的平面上的所有軌跡皆為圓，故曲面為圓拋物面.

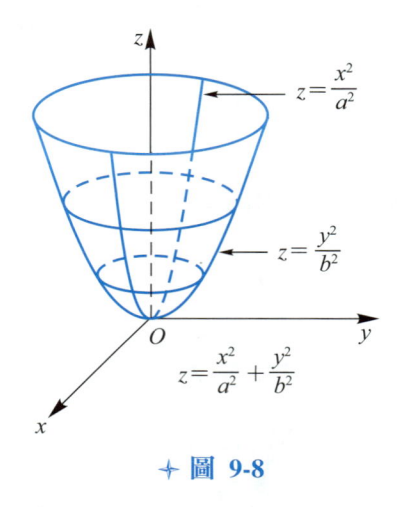

↙ 圖 9-8

四、雙曲拋物面

$$z=\frac{y^2}{b^2}-\frac{x^2}{a^2} \quad (a>0,\ b>0) \tag{9-5}$$

此曲面在 xy-平面上的軌跡為一對交於原點的直線 $\dfrac{y}{b} = \pm \dfrac{x}{a}$，在 yz-平面上的軌跡為拋物線 $z = \dfrac{y^2}{b^2}$，在 xz-平面上的軌跡為開口向下的拋物線 $z = -\dfrac{x^2}{a^2}$，在平行於 xy-平面之平面上的軌跡為雙曲線，在平行於其它坐標平面之平面上的軌跡為拋物線．讀者應注意，原點為此曲面在 yz-平面上之軌跡的最低點且為在 xz-平面上之軌跡的最高點，此點稱為曲面的鞍點．圖形如圖 9-9 所示．

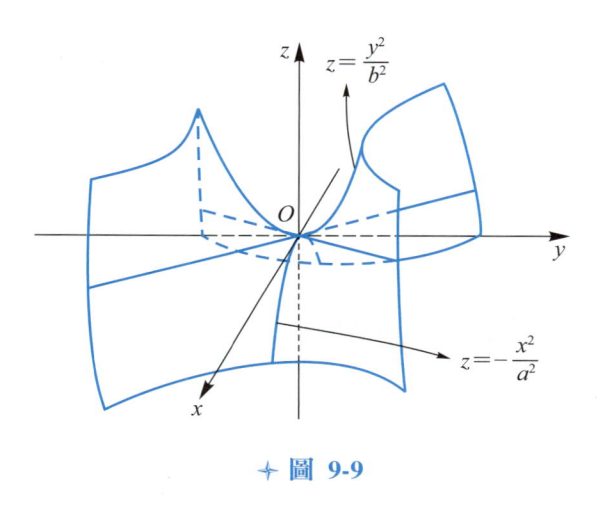

✦ 圖 9-9

另外尚有三種二次曲面，稱為柱面．

定義 9-1

若 C 為平面上的曲線且 L 為不在此平面上的直線，則所有交於 C 且平行於 L 之直線上的點之集合稱為柱面．

於上述定義中，曲線 C 稱為柱面的準線，每一通過 C 且平行於 L 的直線為柱面的母線．例如，正圓柱面如圖 9-10 所示．

◆ 圖 9-10

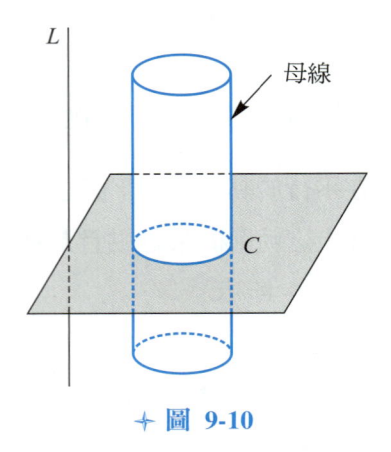

五、拋物柱面

$$x^2 = 4ay \tag{9-6}$$

此曲面是由平行於 z-軸的直線 L 且沿著拋物線 $x^2 = 4ay$ 移動所形成者，如圖 9-11 所示.

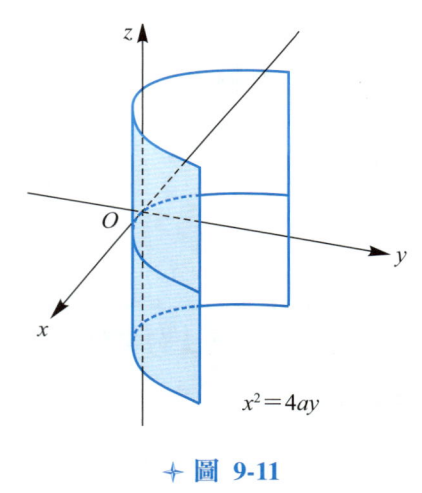

◆ 圖 9-11

六、橢圓柱面

$$\frac{x^2}{a^2} + \frac{y^2}{b^2} = 1 \quad (a > 0, \ b > 0) \tag{9-7}$$

此曲面是由平行於 z-軸的直線 L 且沿著橢圓 $\dfrac{x^2}{a^2}+\dfrac{y^2}{b^2}=1$ 移動所形成者，如圖 9-12 所示．

若 $a=b$，則在平行於 xy-平面的平面上的所有軌跡皆為圓，故曲面為<u>正圓柱面</u>．

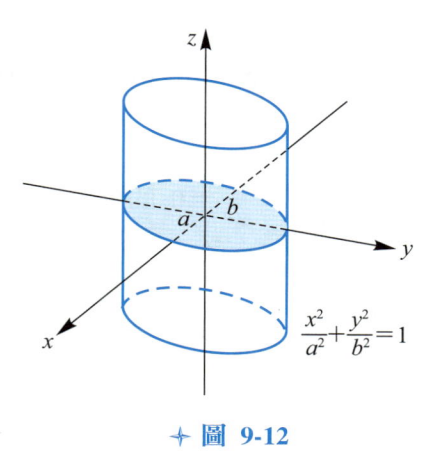

✦ 圖 9-12

七、雙曲柱面

$$\dfrac{x^2}{a^2}-\dfrac{y^2}{b^2}=1 \tag{9-8}$$

此曲面是由平行於 z-軸的直線 L 且沿著雙曲線 $\dfrac{x^2}{a^2}-\dfrac{y^2}{b^2}=1$ 移動所形成者，如圖 9-13 所示．

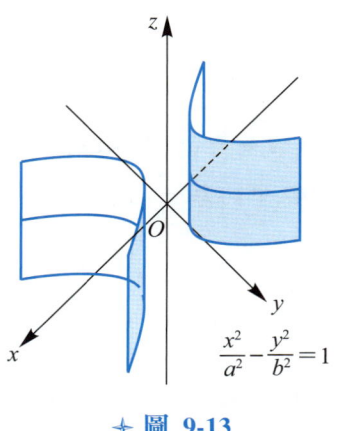

✦ 圖 9-13

習題 9-1

1. 試證三點 $A(-4, 3, 2)$、$B(0, 1, 4)$ 與 $C(-6, 4, 1)$ 在一直線上.

2. 設 $P(2, 4, -1)$、$Q(3, 2, 4)$ 與 $R(5, 13, 8)$ 為空間中三點，試證 $\triangle PQR$ 為直角三角形.

3. 討論方程式 $x^2+y^2+z^2-6x+2y-z-\dfrac{23}{4}=0$ 的圖形.

繪出下列各方程式的圖形並確定曲面的類型.

4. $4x^2+9y^2=36z$

5. $x^2-z^2+y=0$

9-2　多變數函數的極限與連續

地球表面上某點處的溫度 T 與該點的經度 x 以及緯度 y 有關，我們可視 T 為二變數 x 與 y 的函數，寫成 $T=f(x, y)$.

正圓柱的體積 V 與它的底半徑 r 以及高度 h 有關．事實上，我們知道 $V=\pi r^2 h$，我們稱 V 為 r 與 h 的函數，寫成 $V(r, h)=\pi r^2 h$.

定義 9-2

二變數函數是由二維空間 $\mathbb{R}^2$ 的某集合 A 映到 $\mathbb{R}$ (可視為 z-軸) 中的某集合 B 的一種對應關係，其中對 A 中的每一元素 (x, y)，在 B 中僅有唯一的實數 z 與其對應，以符號

$$z=f(x, y)$$

表示之．集合 A 稱為函數 f 的定義域，$f(A)$ 稱為 f 的值域．

第九章　偏導函數

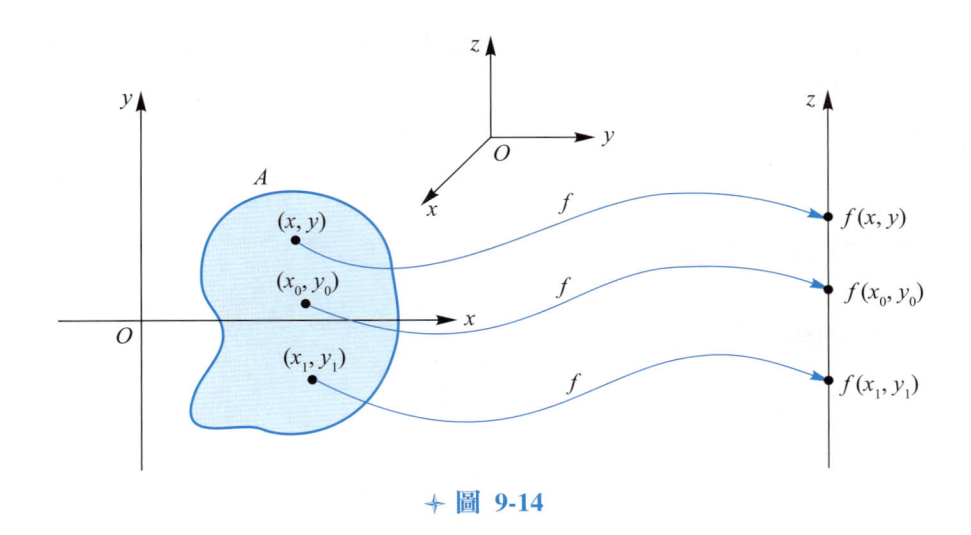

◆ 圖 9-14

圖 9-14 為二變數函數 $z=f(x, y)$ 的圖示.

同理，三變數函數可表成 $w=f(x, y, z)$. 多變數函數的定義域是使該函數有意義的所有點的集合. 若多變數函數是用式子表出且其定義域沒有特別指明，則其定義域是由會使該式子產生實數的所有點的集合.

例題 1 若一平面方程式為 $ax+by+cz=d$, $c \neq 0$, 則

$$z = -\frac{a}{c}x - \frac{b}{c}y + \frac{d}{c} \quad \text{或} \quad f(x, y) = -\frac{a}{c}x - \frac{b}{c}y + \frac{d}{c}$$

為一函數，其定義域為 $I\!R^2$.

例題 2 確定函數 $f(x, y) = \sqrt{9-x^2-y^2}$ 的定義域與值域，並計算 $f(2, 2)$.

解 欲使 $\sqrt{9-x^2-y^2}$ 的值有意義，必須是

$$9 - x^2 - y^2 \geq 0 \quad \text{或} \quad x^2 + y^2 \leq 9$$

故 f 的定義域為 $\{(x, y) \mid x^2 + y^2 \leq 9\}$, 值域為 $[0, 3]$.

$$f(2, 2) = \sqrt{9 - 2^2 - 2^2} = 1.$$

404　微積分

對於單變數函數 f 而言，$f(x)$ 的圖形定義為方程式 $y=f(x)$ 的圖形．同理，若 f 為二變數函數，則我們定義 $f(x, y)$ 的圖形為 $z=f(x, y)$ 的圖形，它是三維空間中的曲面 (包括平面)．

例題 3　作函數 $f(x, y)=1-x-\dfrac{1}{2}y$ 的圖形．

解　所予函數的圖形為方程式

$$z=1-x-\dfrac{1}{2}y$$

或

$$x+\dfrac{1}{2}y+z=1$$

的圖形，其為一平面．描出該平面與各坐標軸的交點，並用線段將它們連接起來，可作出該平面的三角形部分的圖形，如圖 9-15 所示．

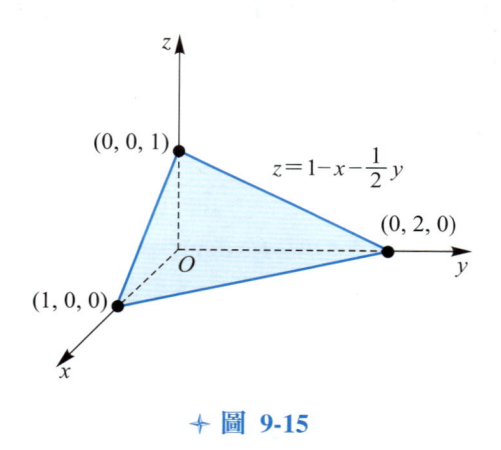

◆ 圖 9-15

例題 4　作函數 $f(x, y)=\sqrt{9-x^2-y^2}$ 的圖形．

解　所予函數的圖形為方程式

$$z=\sqrt{9-x^2-y^2}$$

的圖形，其為半徑 3 且球心在原點的上半球面，如圖 9-16 所示．

第九章　偏導函數　405

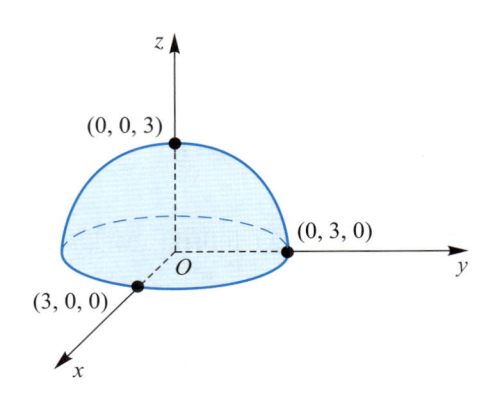

▲ 圖 9-16

多變數函數四則運算的定義，比照單變數函數四則運算的定義．例如，若 f 與 g 均為二變數 x 與 y 的函數，則 $f+g$、$f-g$ 與 fg 定義為：

1. $(f+g)(x, y) = f(x, y) + g(x, y)$

2. $(f-g)(x, y) = f(x, y) - g(x, y)$

3. $(fg)(x, y) = f(x, y)g(x, y)$

4. $(cf)(x, y) = cf(x, y)$，c 為常數．

$f+g$、$f-g$ 與 fg 等函數的定義域為 f 與 g 的交集，cf 的定義域為 f 的定義域．

5. $\left(\dfrac{f}{g}\right)(x, y) = \dfrac{f(x, y)}{g(x, y)}$

此商的定義域是由同時在 f 與 g 的定義域內使 $g(x, y) \neq 0$ 的有序數對所組成．

我們也可定義二變數函數的合成．若 h 為二變數 x 與 y 的函數，g 為單變數函數，則合成函數 $(g \circ h)(x, y)$ 如下：

$$(g \circ h)(x, y) = g(h(x, y))$$

此合成函數的定義域是由在 h 的定義域內並可使得 $h(x, y)$ 在 g 的定義域內的所有 (x, y) 組成．

例題 5　設 $g(x, y) = x + 2y$ 且 $f(x) = \sqrt{x}$，求 $(f \circ g)(x, y)$．

解　$(f \circ g)(x, y) = f(g(x, y)) = f(x+2y) = \sqrt{x+2y}$．

多變數函數的極限與連續，可由單變數函數的極限與連續觀念推廣而得．對單變數函數 f 而言，敘述

$$\lim_{x \to a} f(x) = L$$

意指"當 x 充分靠近 (但異於) a 時，$f(x)$ 的值任意地靠近 L."同理，對二變數函數 f 而言，敘述

$$\lim_{(x, y) \to (a, b)} f(x, y) = L$$

意指"當點 (x, y) 充分靠近 (但異於) 點 (a, b) 時，$f(x, y)$ 的值任意地靠近 L."下面的定義使這個觀念更加嚴密．

定義 9-3

設二變數函數 f 定義在以點 (a, b) 為圓心之圓的內部，可能在點 (a, b) 除外，L 為一實數．當點 (x, y) 趨近點 (a, b) 時，$f(x, y)$ 的極限為 L，記為：

$$\lim_{(x, y) \to (a, b)} f(x, y) = L$$

其意義為：若對每一 $\varepsilon > 0$，存在一 $\delta > 0$ 使得當 $0 < \sqrt{(x-a)^2 + (y-b)^2} < \delta$ 時，$|f(x, y) - L| < \varepsilon$ 恆成立．

定義 9-3 的說明如圖 9-17 所示．

定理 9-2　唯一性

若 $\lim_{(x, y) \to (a, b)} f(x, y) = L_1$ 且 $\lim_{(x, y) \to (a, b)} f(x, y) = L_2$，則 $L_1 = L_2$．

有關單變數函數的一些極限性質可推廣到二變數函數，極限定理如下：

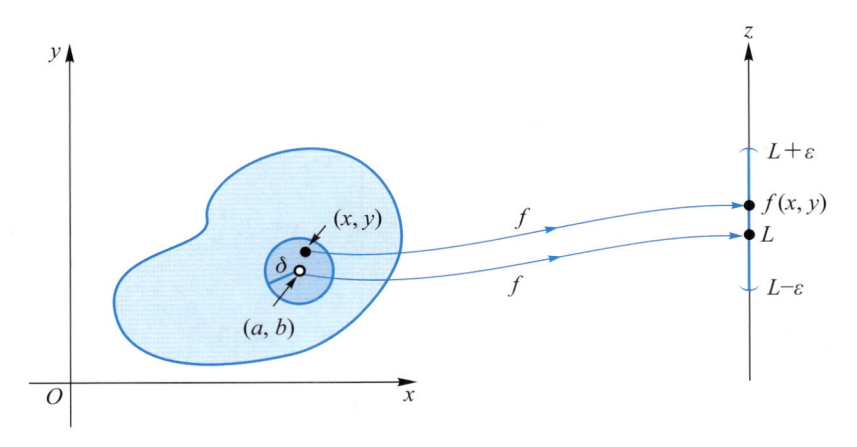

$$\lim_{(x,\,y)\to(a,\,b)} f(x,\,y) = L$$

▲ 圖 9-17

定理 9-3

若 $\lim\limits_{(x,\,y)\to(a,\,b)} f(x,\,y) = L$, $\lim\limits_{(x,\,y)\to(a,\,b)} g(x,\,y) = M$, 此處 L 與 M 均為實數, 則

(1) $\lim\limits_{(x,\,y)\to(a,\,b)} [c f(x,\,y)] = c \lim\limits_{(x,\,y)\to(a,\,b)} f(x,\,y) = cL$ (c 為常數)

(2) $\lim\limits_{(x,\,y)\to(a,\,b)} [f(x,\,y) \pm g(x,\,y)] = \lim\limits_{(x,\,y)\to(a,\,b)} f(x,\,y) \pm \lim\limits_{(x,\,y)\to(a,\,b)} g(x,\,y) = L \pm M$

(3) $\lim\limits_{(x,\,y)\to(a,\,b)} [f(x,\,y) g(x,\,y)] = [\lim\limits_{(x,\,y)\to(a,\,b)} f(x,\,y)] [\lim\limits_{(x,\,y)\to(a,\,b)} g(x,\,y)] = LM$

(4) $\lim\limits_{(x,\,y)\to(a,\,b)} \dfrac{f(x,\,y)}{g(x,\,y)} = \dfrac{\lim\limits_{(x,\,y)\to(a,\,b)} f(x,\,y)}{\lim\limits_{(x,\,y)\to(a,\,b)} g(x,\,y)} = \dfrac{L}{M}$, $M \neq 0$

(5) $\lim\limits_{(x,\,y)\to(a,\,b)} [f(x,\,y)]^{m/n} = [\lim\limits_{(x,\,y)\to(a,\,b)} f(x,\,y)]^{m/n} = L^{m/n}$ (m 與 n 皆為整數), 倘若 $L^{m/n}$ 為實數.

如同單變數函數, 定理 9-3 的 (2) 與 (3) 可推廣到有限個函數.

例題 6 像單變數一樣, 我們可得到

$$\lim_{(x,\,y)\to(a,\,b)} c = c \ (c \text{ 為常數})$$

$$\lim_{(x, y)\to(a, b)} x = a$$

$$\lim_{(x, y)\to(a, b)} y = b$$

於是，$\lim\limits_{(x, y)\to(0, 0)} 6 = 6$，$\lim\limits_{(x, y)\to(2, 3)} x = 2$，$\lim\limits_{(x, y)\to(2, 3)} y = 3$.

例題 7

$$\lim_{(x, y)\to(1, 3)} (5x^3y^2 - 2) = \lim_{(x, y)\to(1, 3)} 5x^3y^2 - \lim_{(x, y)\to(1, 3)} 2$$

$$= 5(\lim_{(x, y)\to(1, 3)} x)^3 (\lim_{(x, y)\to(1, 3)} y)^2 - 2$$

$$= 5(1^3)(3^2) - 2 = 43.$$

讀者可以回憶，在單變數函數的情形，$f(x)$ 在 $x = a$ 處的極限存在，若且唯若 $\lim\limits_{x \to a^-} f(x) = \lim\limits_{x \to a^+} f(x) = L$. 但有關二變數函數的極限情況，就比較複雜，因為點 (x, y) "趨近"點 (a, b) 就不像單一變數 x "趨近" a 那麼單純. 事實上，在 xy-平面上，點 (x, y) "趨近"點 (a, b) 之方式有很多種，如圖 9-18 所示.

如果在 xy-平面上，點 (x, y) 沿著任何一條曲線（稱為路徑）"趨近"點 (a, b) 時，所得極限值皆為 L，我們稱極限存在且

$$\lim_{(x, y)\to(a, b)} f(x, y) = L$$

反之，若點 (x, y) 沿著某兩條不同的路徑"趨近"點 (a, b)，所得極限值不同，則 $\lim\limits_{(x, y)\to(a, b)} f(x, y)$ 不存在.

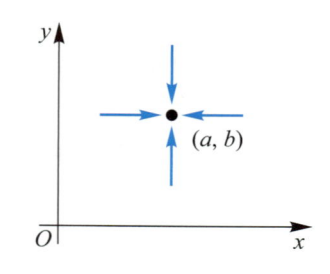

(i) 沿著通過點 (a, b) 的水平與垂直線

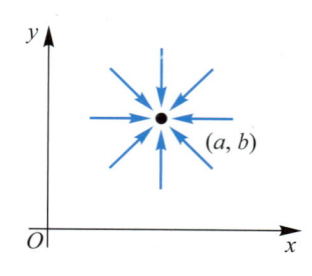

(ii) 沿著通過點 (a, b) 的每條直線

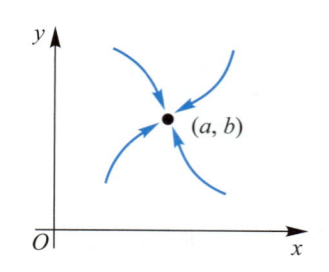

(iii) 沿著通過點 (a, b) 的每條曲線

圖 9-18

第九章　偏導函數

例題 8　試證：$\lim_{(x,y)\to(0,0)} \dfrac{x-y}{x+y}$ 不存在.

解　若點 (x, y) 沿著 x-軸趨近點 $(0, 0)$，則

$$\lim_{(x,y)\to(0,0)} \frac{x-y}{x+y} = \lim_{x\to 0} \frac{x-0}{x+0} = 1$$

若點 (x, y) 沿著 y-軸趨近點 $(0, 0)$，則

$$\lim_{(x,y)\to(0,0)} \frac{x-y}{x+y} = \lim_{y\to 0} \frac{0-y}{0+y} = -1 \neq 1$$

故 $\lim_{(x,y)\to(0,0)} \dfrac{x-y}{x+y}$ 不存在.

例題 9　若 $f(x, y) = \dfrac{xy}{x^2+y^2}$，則 $\lim_{(x,y)\to(0,0)} f(x, y)$ 是否存在？

解　若點 (x, y) 沿著直線 $y=x$ 趨近點 $(0, 0)$，則

$$\lim_{(x,y)\to(0,0)} \frac{xy}{x^2+y^2} = \lim_{x\to 0} \frac{x^2}{x^2+x^2} = \frac{1}{2}$$

若點 (x, y) 沿著直線 $y=-x$ 趨近點 $(0, 0)$，則

$$\lim_{(x,y)\to(0,0)} \frac{xy}{x^2+y^2} = \lim_{x\to 0} \frac{-x^2}{x^2+x^2} = -\frac{1}{2}$$

故 $\lim_{(x,y)\to(0,0)} f(x, y)$ 不存在.

二變數函數的連續性定義與單變數函數的連續性定義是類似的.

定義 9-4

若二變數函數 f 滿足下列條件：

(1) $f(a, b)$ 有定義，

(2) $\lim\limits_{(x, y) \to (a, b)} f(x, y)$ 存在，

(3) $\lim\limits_{(x, y) \to (a, b)} f(x, y) = f(a, b)$，

則稱 f 在點 (a, b) 為連續。

若二變數函數在區域 R 的每一點為連續，則稱該函數在區域 R 為連續。

正如單變數函數一樣，連續的二變數函數的和、差與積也是連續，而連續函數的商是連續，其中分母為零除外。

若 $z = f(x, y)$ 為 x 與 y 的連續函數且 $w = g(z)$ 為 z 的連續函數，則合成函數 $w = g(f(x, y)) = h(x, y)(h = g \circ f)$ 為連續。

例題 10 討論 $f(x, y) = \ln(x - y - 3)$ 的連續性。

解 由自然對數函數的定義域得知，必須 $x - y - 3 > 0$，即，$x - y > 3$，因自然對數函數在其定義域內處處皆為連續，故知 f 在 $\{(x, y) | x - y > 3\}$ 為連續。

例題 11 因 $f(x, y) = xy^2$ 為連續的二變數函數且 $g(x) = \sin x$ 為連續的單變數函數，故 $g(f(x, y)) = g(xy^2) = \sin(xy^2)$ 為 x 與 y 的連續函數。

二變數的多項式函數是由形如 $cx^m y^n$ (c 為常數，m 與 n 皆為非負整數) 的項相加而得，二變數的有理函數是兩個二變數的多項式函數之商。例如，

$$f(x, y) = x^3 + 2x^2 y - xy^2 + y + 6$$

為多項式函數，而

$$g(x, y) = \frac{3xy + 2}{x^2 + y^2}$$

為有理函數。又，所有二變數的多項式函數在 $\mathbb{R}^2$ 為連續，二變數的有理函數在其定義域為連續。

第九章　偏導函數　411

例題 12 計算 $\lim_{(x,y)\to(1,2)} (x^2y^2+xy^2+3x-y)$.

解 因 $f(x, y)=x^2y^2+xy^2+3x-y$ 為處處連續，故直接代換可求得極限：

$$\lim_{(x,y)\to(1,2)} (x^2y^2+xy^2+3x-y)=(1^2)(2^2)+(1)(2^2)+(3)(1)-2=9.$$

例題 13 函數 $f(x, y)=\dfrac{x^2-y^2}{x^2+y^2}$ 在何處連續？

解 因 f 為有理函數，故它在定義域 $\{(x, y)\mid(x, y)\neq(0, 0)\}$ 為連續.

例題 14 計算 $\lim_{(x,y)\to(-1,2)} \dfrac{xy}{x^2+y^2}$.

解 因 $f(x, y)=\dfrac{xy}{x^2+y^2}$ 在點 $(-1, 2)$ 為連續（何故？），故

$$\lim_{(x,y)\to(-1,2)} \dfrac{xy}{x^2+y^2}=\dfrac{(-1)(2)}{(-1)^2+2^2}=-\dfrac{2}{5}.$$

例題 15 求 $\lim_{(x,y)\to(0,0)} \dfrac{\sin(x^2+y^2)}{x^2+y^2}$.

解 令 $z=x^2+y^2$，則

$$\lim_{(x,y)\to(0,0)} \dfrac{\sin(x^2+y^2)}{x^2+y^2}=\lim_{z\to 0^+} \dfrac{\sin z}{z}=1.$$

習題 9-2

在 1～6 題中，確定各函數 f 的定義域，並計算 $f\left(0, \dfrac{1}{2}\right)$.

1. $f(x, y)=\sqrt{x+y}$　　　　**2.** $f(x, y)=\sqrt{x}+\sqrt{y}$

3. $f(x, y) = \dfrac{xy}{2x-y}$

4. $f(x, y) = \sqrt{1+x} - e^{x/y}$

5. $f(x, y) = \ln(1-x^2-y^2)$

6. $f(x, y) = \dfrac{\sqrt{1-x^2-y^2}}{y}$

7. 設 $g(x, y) = \sqrt{x^2+2y^2}$ 且 $f(x) = x^2$, 求 $(f \circ g)(x, y)$.

在 8～15 題中的極限是否存在？若存在，則求其極限值.

8. $\lim\limits_{(x, y) \to (1, 1)} \dfrac{x^3-y^3}{x^2-y^2}$

9. $\lim\limits_{(x, y) \to (-1, 2)} \dfrac{x+y^3}{(x-y+1)^2}$

10. $\lim\limits_{(x, y) \to (4, -2)} x\sqrt[3]{2x+y^3}$

11. $\lim\limits_{(x, y) \to (0, 0)} \dfrac{\tan(x^2+y^2)}{x^2+y^2}$

12. $\lim\limits_{(x, y) \to (0, 0)} \dfrac{x-y}{x^2+y^2}$

13. $\lim\limits_{(x, y) \to (1, 2)} e^{2x-y^2}$

14. $\lim\limits_{(x, y) \to (-1, 0)} (2-x^2 y^3)$

15. $\lim\limits_{(x, y) \to (0, 0)} \tan^{-1}\left(\dfrac{x^2+1}{x^2+y^2}\right)$

討論各函數 f 的連續性.

16. $f(x, y) = \ln(x+y-1)$

17. $f(x, y) = \dfrac{1}{\sqrt{2-x^2-y^2}}$

9-3　偏導函數

單變數函數 $y = f(x)$ 的導函數定義為

$$\dfrac{dy}{dx} = f'(x) = \lim_{h \to 0} \dfrac{f(x+h) - f(x)}{h}$$

可解釋為 y 對 x 的瞬時變化率.

在本節中，我們首先研究二變數函數的偏導函數.

定義 9-5

若 $f(x, y)$ 為二變數函數，則 f 對 x 的偏導函數 f_x 與 f 對 y 的偏導函數 f_y，分別定義如下：

$$f_x(x, y) = \lim_{h \to 0} \frac{f(x+h, y) - f(x, y)}{h} \qquad (y \text{ 保持固定})$$

$$f_y(x, y) = \lim_{h \to 0} \frac{f(x, y+h) - f(x, y)}{h} \qquad (x \text{ 保持固定})$$

倘若極限存在.

欲求 $f_x(x, y)$，我們視 y 為常數而依一般的方法，將 $f(x, y)$ 對 x 微分；同理，欲求 $f_y(x, y)$，可視 x 為常數而將 $f(x, y)$ 對 y 微分。例如，若 $f(x, y) = 3xy^2$，則 $f_x(x, y) = 3y^2$，$f_y(x, y) = 6xy$。求偏導函數的過程稱為 偏微分.

其它偏導函數的記號為：

$$f_x = \frac{\partial f}{\partial x},$$

$$f_y = \frac{\partial f}{\partial y}$$

若 $z = f(x, y)$，則寫成：

$$f_x(x, y) = \frac{\partial}{\partial x} f(x, y) = \frac{\partial z}{\partial x} = z_x$$

$$f_y(x, y) = \frac{\partial}{\partial y} f(x, y) = \frac{\partial z}{\partial y} = z_y$$

而偏導數 $f_x(a, b)$ 可記為 $\left.\dfrac{\partial f}{\partial x}\right|_{x=a, y=b}$ 或 $\left.\dfrac{\partial f}{\partial x}\right|_{(a, b)}$.

定理 9-4

若 $u = u(x, y)$、$v = v(x, y)$，且 u 與 v 的偏導函數均存在，r 為實數，則

(1) $\dfrac{\partial}{\partial x}(u \pm v) = \dfrac{\partial u}{\partial x} \pm \dfrac{\partial v}{\partial x}$ $\qquad$ $\dfrac{\partial}{\partial y}(u \pm v) = \dfrac{\partial u}{\partial y} \pm \dfrac{\partial v}{\partial y}$ $\qquad$ 偏導函數的和(差)法則

(2) $\dfrac{\partial}{\partial x}(cu) = c\dfrac{\partial u}{\partial x}$ $\qquad$ $\dfrac{\partial}{\partial y}(cu) = c\dfrac{\partial u}{\partial y}$ (c 為常數) $\qquad$ 偏導函數的常數倍法則

(3) $\dfrac{\partial}{\partial x}(uv) = u\dfrac{\partial v}{\partial x} + v\dfrac{\partial u}{\partial x}$ $\qquad$ $\dfrac{\partial}{\partial y}(uv) = u\dfrac{\partial v}{\partial y} + v\dfrac{\partial u}{\partial y}$ $\qquad$ 偏導函數的乘積法則

(4) $\dfrac{\partial}{\partial x}\left(\dfrac{u}{v}\right) = \dfrac{v\dfrac{\partial u}{\partial x} - u\dfrac{\partial v}{\partial x}}{v^2}$ $\qquad$ $\dfrac{\partial}{\partial y}\left(\dfrac{u}{v}\right) = \dfrac{v\dfrac{\partial u}{\partial y} - u\dfrac{\partial v}{\partial y}}{v^2}$ $\qquad$ 偏導函數的商法則

(5) $\dfrac{\partial}{\partial x}(u^r) = ru^{r-1}\dfrac{\partial u}{\partial x}$ $\qquad$ $\dfrac{\partial}{\partial y}(u^r) = ru^{r-1}\dfrac{\partial u}{\partial y}$ $\qquad$ 偏導函數的冪法則

例題 1 已知函數 $f(x, y) = x^2 - xy^2 + y^3$，求 $f_x(1, 3)$ 與 $f_y(1, 3)$。

解 $f_x(x, y) = \dfrac{\partial}{\partial x}(x^2 - xy^2 + y^3) = 2x - y^2$ $\qquad$ (視 y 為常數，對 x 微分)

$f_y(x, y) = \dfrac{\partial}{\partial y}(x^2 - xy^2 + y^3) = -2xy + 3y^2$ $\qquad$ (視 x 為常數，對 y 微分)

$$f_x(1, 3) = \dfrac{\partial f}{\partial x}\bigg|_{(1, 3)} = 2 - 9 = -7$$

$$f_y(1, 3) = \dfrac{\partial f}{\partial y}\bigg|_{(1, 3)} = -6 + 27 = 21.$$

例題 2 若 $f(x, y) = xe^{x^2 y}$，求 $f_x(x, y)$ 與 $f_y(x, y)$。

解 $f_x(x, y) = \dfrac{\partial}{\partial x}(xe^{x^2 y}) = x\dfrac{\partial}{\partial x}(e^{x^2 y}) + e^{x^2 y}\dfrac{\partial}{\partial x}(x)$ $\qquad$ (偏導函數的乘積法則)

$$= xe^{x^2y}(2xy) + e^{x^2y}$$ (視 y 為常數，對 x 微分)
$$= e^{x^2y}(2x^2y + 1)$$

$$f_y(x, y) = \frac{\partial}{\partial y}(xe^{x^2y}) = x\frac{\partial}{\partial y}(e^{x^2y}) + e^{x^2y}\frac{\partial}{\partial y}(x)$$ (偏導函數的乘積法則)

$$= xe^{x^2y}\frac{\partial}{\partial y}(x^2y)$$ (視 x 為常數，對 y 微分)

$$= xe^{x^2y} x^2 = x^3 e^{x^2y}.$$

例題 3 若 $z = x^2 \sin(xy^2)$，求 $\dfrac{\partial z}{\partial x}$ 與 $\dfrac{\partial z}{\partial y}$.

解
$$\frac{\partial z}{\partial x} = \frac{\partial}{\partial x}[x^2 \sin(xy^2)] = x^2 \frac{\partial}{\partial x}\sin(xy^2) + \sin(xy^2)\frac{\partial}{\partial x}(x^2)$$

$$= x^2 \cos(xy^2)y^2 + \sin(xy^2)(2x)$$

$$= x^2 y^2 \cos(xy^2) + 2x \sin(xy^2)$$

$$\frac{\partial z}{\partial y} = \frac{\partial}{\partial y}[x^2 \sin(xy^2)] = x^2 \frac{\partial}{\partial y}\sin(xy^2) + \sin(xy^2)\frac{\partial}{\partial y}(x^2)$$

$$= x^2 \cos(xy^2)(2xy)$$

$$= 2x^3 y \cos(xy^2).$$

例題 4 根據理想氣體定律，氣體的壓力 P、絕對溫度 T 與體積 V 的關係為 $P = \dfrac{kT}{V}$. 假設對於某氣體，$k = 10$.

(1) 若溫度為 80°K 且體積保持固定在 50 立方吋，求壓力（磅／平方吋）對溫度的變化率.

(2) 若體積為 50 立方吋且溫度保持固定在 80°K，求體積對壓力的變化率.

解 (1) 依題意，$P = \dfrac{10T}{V}$，可得 $\dfrac{\partial P}{\partial T} = \dfrac{10}{V}$，

故 $\left.\dfrac{\partial P}{\partial T}\right|_{T=80, V=50} = \dfrac{10}{50} = \dfrac{1}{5}.$

(2) 依題意，$V=\dfrac{10T}{P}$，可得 $\dfrac{\partial V}{\partial P}=-\dfrac{10T}{P^2}$.

當 $V=50$ 且 $T=80$ 時，$P=\dfrac{800}{50}=16$，

因此，$\left.\dfrac{\partial V}{\partial P}\right|_{T=80,\ P=16}=-\dfrac{800}{256}=-\dfrac{25}{8}$.

就單變數函數 $y=f(x)$ 而言，在幾何上，$f'(a)$ 意指曲線 $y=f(x)$ 在點 $(a,\ f(a))$ 之切線的斜率．今討論二變數函數 $z=f(x,\ y)$ 之偏導數的幾何意義.

已知曲面 $z=f(x,\ y)$，若平面 $y=b$ 與曲面相交所成的曲線 C_1 通過 P 點，如圖 9-19 所示，則

$$f_x(a,\ b)=\lim_{h\to 0}\dfrac{f(a+h,\ b)-f(a,\ b)}{h}$$

代表曲線 C_1 在 $P(a,\ b,\ f(a,\ b))$ 沿著 x-方向之切線的斜率．又 C_1 通過 P 點，且在平面 $y=b$ 上，故它在 P 點之切線的方程式為

$$\begin{cases} y=b \\ z-f(a,\ b)=f_x(a,\ b)(x-a). \end{cases} \tag{9-9}$$

同理，若平面 $x=a$ 與曲面相交所成的曲線 C_2 通過 P 點，如圖 9-20 所示，則

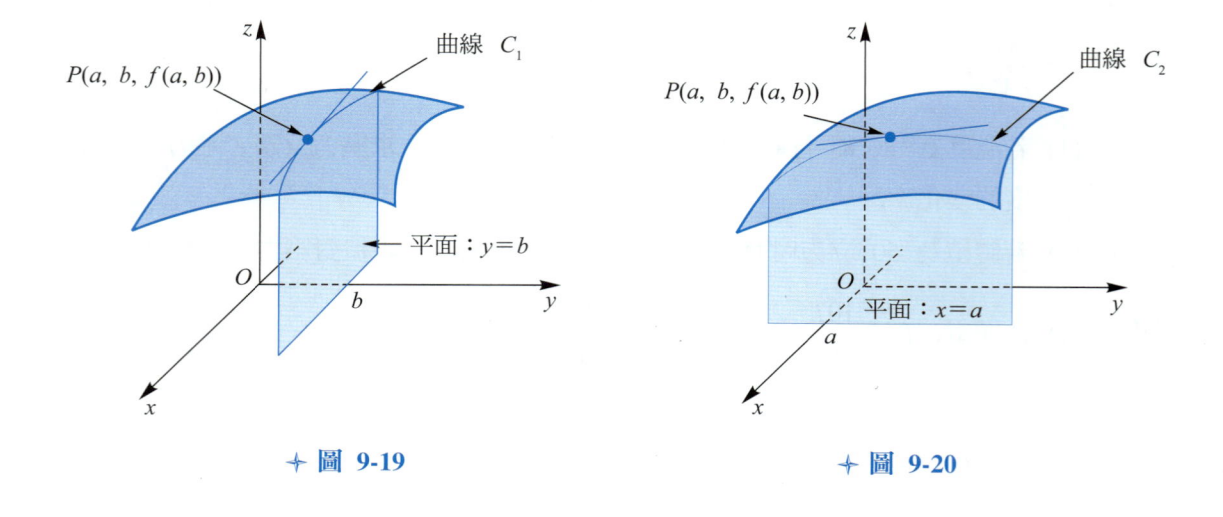

▲ 圖 9-19　　　　　　　　　　▲ 圖 9-20

第九章　偏導函數

$$f_y(a, b) = \lim_{h \to 0} \frac{f(a, b+h) - f(a, b)}{h}$$

代表曲線 C_2 在 $P(a, b, f(a, b))$ 沿著 y-方向之切線的斜率. 又 C_2 通過 P 點且在平面 $x=a$ 上，故它在 P 點之切線的方程式為

$$\begin{cases} x = a \\ z - f(a, b) = f_y(a, b)(y - b). \end{cases} \tag{9-10}$$

例題 5　求曲面 $z = f(x, y) = x^2 - 9y^2$ 與 (1) 平面 $x=3$，(2) 平面 $y=1$，相交的曲線在點 $(3, 1, 0)$ 之切線的方程式.

解　(1) 因 $f_y(x, y) = -18y$，可知切線在點 $(3, 1, 0)$ 沿著 y-方向的斜率為 $f_y(3, 1) = -18$，故切線方程式為

$$\begin{cases} x = 3 \\ z - 0 = -18(y - 1) \end{cases}$$

即，

$$\begin{cases} x = 3 \\ 18y + z = 18 \end{cases}$$

(2) 因 $f_x(x, y) = 2x$，可知切線在點 $(3, 1, 0)$ 沿著 x-方向的斜率為 $f_x(3, 1) = 6$，故切線方程式為

$$\begin{cases} y = 1 \\ z - 0 = 6(x - 3) \end{cases}$$

即，

$$\begin{cases} y = 1 \\ 6x - z = 18. \end{cases}$$

由於一階偏導函數 f_x 與 f_y 皆為 x 與 y 的函數，所以，可以再對 x 或 y 微分. f_x 與 f_y 的偏導函數稱為 f 的<u>二階偏導函數</u>，如下所示：

$$(f_x)_x = f_{xx} = \frac{\partial f_x}{\partial x} = \frac{\partial}{\partial x}\left(\frac{\partial f}{\partial x}\right) = \frac{\partial^2 f}{\partial x^2}$$

$$(f_x)_y = f_{xy} = \frac{\partial f_x}{\partial y} = \frac{\partial}{\partial y}\left(\frac{\partial f}{\partial x}\right) = \frac{\partial^2 f}{\partial y\, \partial x}$$

$$(f_y)_x = f_{yx} = \frac{\partial f_y}{\partial x} = \frac{\partial}{\partial x}\left(\frac{\partial f}{\partial y}\right) = \frac{\partial^2 f}{\partial x\, \partial y}$$

$$(f_y)_y = f_{yy} = \frac{\partial f_y}{\partial y} = \frac{\partial}{\partial y}\left(\frac{\partial f}{\partial y}\right) = \frac{\partial^2 f}{\partial y^2}$$

讀者應注意，在 f_{xy} 中的 x 與 y 的順序是先對 x 作偏微分，再對 y 作偏微分. 但在 $\dfrac{\partial^2 f}{\partial x\, \partial y}$ 中，是先對 y 作偏微分，再對 x 作偏微分.

例題 6 求 $f(x, y) = xy^2 + x^3 y$ 的二階偏導函數.

解
$$\frac{\partial f}{\partial x} = y^2 + 3x^2 y, \quad \frac{\partial f}{\partial y} = 2xy + x^3$$

$$\frac{\partial^2 f}{\partial x^2} = \frac{\partial}{\partial x}\left(\frac{\partial f}{\partial x}\right) = \frac{\partial}{\partial x}(y^2 + 3x^2 y) = 6xy$$

$$\frac{\partial^2 f}{\partial y^2} = \frac{\partial}{\partial y}\left(\frac{\partial f}{\partial y}\right) = \frac{\partial}{\partial y}(2xy + x^3) = 2x$$

$$\frac{\partial^2 f}{\partial x\, \partial y} = \frac{\partial}{\partial x}\left(\frac{\partial f}{\partial y}\right) = \frac{\partial}{\partial x}(2xy + x^3) = 2y + 3x^2$$

$$\frac{\partial^2 f}{\partial y\, \partial x} = \frac{\partial}{\partial y}\left(\frac{\partial f}{\partial x}\right) = \frac{\partial}{\partial y}(y^2 + 3x^2 y) = 2y + 3x^2.$$

例題 7 若 $w = e^x + x \ln y + y \ln x$，試證 $w_{xy} = w_{yx}$.

解
$$w_x = \frac{\partial}{\partial x}(e^x + x \ln y + y \ln x) = e^x + \ln y + \frac{y}{x}$$

$$w_{xy} = \frac{\partial}{\partial y}\left(e^x + \ln y + \frac{y}{x}\right) = \frac{1}{y} + \frac{1}{x}$$

$$w_y = \frac{\partial}{\partial y}(e^x + x \ln y + y \ln x) = \frac{x}{y} + \ln x$$

$$w_{yx} = \frac{\partial}{\partial x}\left(\frac{x}{y} + \ln x\right) = \frac{1}{y} + \frac{1}{x}$$

故 $w_{xy} = w_{yx}$.

下面定理給出函數的混合二階偏導函數相等的充分條件，其證明省略.

定理 9-5

設 f 為二變數 x 與 y 的函數，若 f、f_x、f_y、f_{xy} 與 f_{yx} 在開區域 R 皆為連續，則對 R 中每一點 (x, y)，$f_{xy}(x, y) = f_{yx}(x, y)$.

有關三階或更高階的偏導函數可仿照二階的情形，依此類推. 例如：

$$f_{xxx} = \frac{\partial}{\partial x}\left(\frac{\partial^2 f}{\partial x^2}\right) = \frac{\partial^3 f}{\partial x^3}, \qquad f_{xxy} = \frac{\partial}{\partial y}\left(\frac{\partial^2 f}{\partial x^2}\right) = \frac{\partial^3 f}{\partial y\, \partial x^2},$$

$$f_{xyy} = \frac{\partial}{\partial y}\left(\frac{\partial^2 f}{\partial y\, \partial x}\right) = \frac{\partial^3 f}{\partial y^2\, \partial x}, \qquad f_{yyy} = \frac{\partial}{\partial y}\left(\frac{\partial^2 f}{\partial y^2}\right) = \frac{\partial^3 f}{\partial y^3}.$$

例題 8 若 $f(x, y) = x \ln y + ye^x$，求 f_{xxy} 與 f_{yyx}.

解
$$f_x = \frac{\partial}{\partial x}(x \ln y + ye^x) = \ln y + ye^x \qquad f_{xx} = \frac{\partial}{\partial x}(\ln y + ye^x) = ye^x$$

$$f_{xxy} = \frac{\partial}{\partial y}(ye^x) = e^x$$

$$f_y = \frac{\partial}{\partial y}(x \ln y + ye^x) = \frac{x}{y} + e^x \qquad f_{yy} = \frac{\partial}{\partial y}\left(\frac{x}{y} + e^x\right) = -\frac{x}{y^2}$$

$$f_{yyx} = \frac{\partial}{\partial x}\left(-\frac{x}{y^2}\right) = -\frac{1}{y^2}.$$

對三變數函數 $f(x, y, z)$ 而言，欲求 $f_x(x, y, z)$，我們視 y 與 z 為常數而將 $f(x, y, z)$ 對 x 微分；欲求 $f_y(x, y, z)$，可視 x 與 z 為常數而將 $f(x, y, z)$ 對 y 微

分；欲求 $f_z(x, y, z)$，可視 x 與 y 為常數而將 $f(x, y, z)$ 對 z 微分．

例題 9 若 $f(x, y, z) = x^3yz^2 + 2xy + z$，則

解 $f_x(x, y, z) = 3x^2yz^2 + 2y$

$f_y(x, y, z) = x^3z^2 + 2x$

$f_z(x, y, z) = 2x^3yz + 1$

$f_z(-1, 1, 2) = 2(-1)^3(1)(2) + 1 = -3$．

習題 9-3

在 1～4 題中求 $f_x(1, -1)$ 與 $f_y(-1, 1)$．

1. $f(x, y) = \sqrt{3x^2 + y^2}$
2. $f(x, y) = \dfrac{x+y}{x-y}$
3. $f(x, y) = \sin(\pi x^5 y^4)$
4. $f(x, y) = x^2 y\, e^{xy}$

在 5～8 題中求 f_{xx}、f_{xy}、f_{yx} 與 f_{yy}．

5. $f(x, y) = 3x^2 - 6y^4 + y^5 + 2$
6. $f(x, y) = \sqrt{x^2 + y^2}$
7. $f(x, y) = e^y \cos x$
8. $f(x, y) = \ln(5x - 4y)$
9. 若 $f(x, y) = \sin(xy) + xe^y$，求 $f_{xy}(0, 3)$ 與 $f_{yy}(2, 0)$．
10. 已知 $z = (2x - 3y)^5$，求 $\dfrac{\partial^3 z}{\partial y\, \partial x\, \partial y}$、$\dfrac{\partial^3 z}{\partial y^2\, \partial x}$ 與 $\dfrac{\partial^3 z}{\partial x^2\, \partial y}$．
11. 已知 $f(x, y) = y^3 e^{-3x}$，求 $f_{xyy}(0, 1)$、$f_{yyx}(0, 1)$ 與 $f_{yyy}(0, 1)$．
12. 已知 $f(x, y, z) = xe^z - ye^x + ze^{-y}$，求 $f_{xy}(1, -1, 0)$、$f_{yz}(0, 1, 0)$ 與 $f_{zx}(0, 0, 1)$．
13. 求曲面 $z = x^2 + 4y^2$ 與

    (1) 平面 $x = -1$ 　　　　　　　　(2) 平面 $y = 1$

    相交的曲線在點 $(-1, 1, 5)$ 之切線的方程式．

14. 求上半球面 $z=\sqrt{9-x^2-y^2}$ 與平面 $x=1$ 相交的曲線在點 $(1, 2, 2)$ 之切線的方程式.

15. 某質點沿著曲面 $z=x^2+3y^2$ 與平面 $x=2$ 相交的曲線移動，當該質點在點 $(2, 1, 7)$ 時，z 對 y 的變化率為何？

16. 電阻分別為 R_1 (以歐姆計) 與 R_2 (以歐姆計) 的兩個電阻器並聯後的總電阻為 R (以歐姆計)，其關係如下：

$$\frac{1}{R}=\frac{1}{R_1}+\frac{1}{R_2}$$

若 $R_1=10$ 歐姆、$R_2=15$ 歐姆時，求 R 對 R_2 的變化率.

17. 在絕對溫度 T、壓力 P 與體積 V 的情況下，理想氣體定律為：$PV=nRT$，此處 n 是氣體的莫耳數，R 是氣體常數，試證：$\dfrac{\partial P}{\partial V}\dfrac{\partial V}{\partial T}\dfrac{\partial T}{\partial P}=-1$.

18. 電阻分別為 R_1 與 R_2 的兩個電阻器並聯後的總電阻 R (以歐姆計) 為 $R=\dfrac{R_1R_2}{R_1+R_2}$，試證：$\left(\dfrac{\partial^2 R}{\partial R_1^2}\right)\left(\dfrac{\partial^2 R}{\partial R_2^2}\right)=\dfrac{4R^2}{(R_1+R_2)^4}$.

19. 令 $f(x, y)=\begin{cases}\dfrac{xy}{x^2+y^2}, & 若 (x, y)\neq(0, 0) \\ 0, & 若 (x, y)=(0, 0)\end{cases}$，試證：$f_x(0, 0)$ 與 $f_y(0, 0)$ 皆存在，但 f 在點 $(0, 0)$ 為不連續.

20. 試證下列函數滿足 $\dfrac{\partial^2 f}{\partial x^2}+\dfrac{\partial^2 f}{\partial y^2}=0$ (此方程式稱為拉普拉斯方程式)

(1) $f(x, y)=e^x\sin y+e^y\cos x$ (2) $f(x, y)=\tan^{-1}\dfrac{y}{x}$

(3) $f(x, y)=\ln(x^2+y^2)$

9-4　全微分

考慮二變數函數 $z = f(x, y)$，若 x 與 y 分別具有增量 Δx 與 Δy，則 z 的增量為：

$$\Delta z = f(x + \Delta x, y + \Delta y) - f(x, y). \tag{9-11}$$

例題 1　已知 $z = f(x, y) = x^2 - xy$，若 (x, y) 自 $(1, 1)$ 變化至 $(1.5, 0.6)$，求 Δz.

解　由 (9-11) 式知

$$\begin{aligned}
\Delta z &= f(x + \Delta x, y + \Delta y) - f(x, y) \\
&= (x + \Delta x)^2 - (x + \Delta x)(y + \Delta y) - x^2 + xy \\
&= (2x - y)\Delta x - x(\Delta y) + (\Delta x)^2 - (\Delta x)(\Delta y)
\end{aligned}$$

以 $x = 1$、$y = 1$、$\Delta x = 0.5$、$\Delta y = -0.4$ 代入上式可得：

$$\begin{aligned}
\Delta z &= (2-1)(0.5) - (1)(-0.4) + (0.5)^2 - (0.5)(-0.4) \\
&= 1.35.
\end{aligned}$$

對單變數函數而言，"可微分"一詞的意義為導數存在. 至於二變數函數，我們使用下面定義中所述的較強條件.

定義 9-6

令 $z = f(x, y)$. 若 Δz 可以表成：

$$\Delta z = f_x(a, b)\, \Delta x + f_y(a, b)\, \Delta y + \varepsilon_1 \Delta x + \varepsilon_2 \Delta y,$$

則 f 在點 (a, b) 為可微分，此處 ε_1 與 ε_2 皆為 Δx 與 Δy 的函數，當 $(\Delta x, \Delta y) \to (0, 0)$ 時，$\varepsilon_1 \to 0$，$\varepsilon_2 \to 0$.

若二變數函數 f 在區域 R 的每一點皆為可微分，則稱 f 在區域 R 為可微分.

定理 9-6

若二變數函數 f 在點 (a, b) 為可微分，則 f 在點 (a, b) 為連續.

證明 我們首先將定義 9-6 中的 Δz 寫成如下：

$$\Delta z = [f_x(a, b) + \varepsilon_1] \Delta x + [f_y(a, b) + \varepsilon_2] \Delta y$$

令 $x = a + \Delta x$, $y = b + \Delta y$，則

$$\Delta z = f(x, y) - f(a, b)$$
$$= [f_x(a, b) + \varepsilon_1](x - a) + [f_y(a, b) + \varepsilon_2](y - b)$$

所以，

$$\lim_{(x, y) \to (a, b)} [f(x, y) - f(a, b)] = 0$$

或

$$\lim_{(x, y) \to (a, b)} f(x, y) = f(a, b)$$

因此，f 在點 (a, b) 為連續.

定理 9-7

若二變數函數 f 的偏導函數 f_x 與 f_y 在區域 R 皆為連續，則 f 在 R 為可微分.

例題 2 試證：$f(x, y) = x^2 y^3$ 為可微分函數.

解 偏導函數 $f_x = 2xy^3$ 與 $f_y = 3x^2 y^2$ 在 xy-平面有定義且處處連續，故 $f(x, y) = x^2 y^3$ 為處處可微分.

定義 9-7

已知 $z=f(x, y)$ 且 $f_x(x, y)$ 與 $f_y(x, y)$ 皆存在，則

(1) 自變數 x 的*微分* dx 與自變數 y 的*微分* dy 分別定義為

$$dx = \Delta x, \quad dy = \Delta y$$

(2) 因變數 z 的*全微分*為

$$dz = \frac{\partial z}{\partial x} dx + \frac{\partial z}{\partial y} dy = f_x(x, y)\, dx + f_y(x, y)\, dy.$$

有時，記號 df 用來代替 dz.

若 $z=f(x, y)$ 在點 (a, b) 為可微分，則依定義 9-6，

$$\Delta z = f_x(a, b)\, \Delta x + f_y(a, b)\, \Delta y + \varepsilon_1\, \Delta x + \varepsilon_2\, \Delta y$$

此處當 $(\Delta x, \Delta y) \to (0, 0)$ 時，$\varepsilon_1 \to 0$，$\varepsilon_2 \to 0$. 因此，在 $dx = \Delta x$ 與 $dy = \Delta y$ 的情形下，可得

$$\Delta z = dz + \varepsilon_1\, \Delta x + \varepsilon_2\, \Delta y$$

於是，當 $\Delta x = dx \approx 0$ 與 $\Delta y = dy \approx 0$ 時，$dz \approx \Delta z$，即，

$$f(a+dx, b+dy) \approx f(a, b) + dz.$$

例題 3 已知 $z=f(x, y)=x^3+xy-y^2$，若 x 由 2 變到 2.05，且 y 由 3 變到 2.96，計算 Δz 與 dz 的值.

解 應用定義 9-7，

$$dz = \frac{\partial z}{\partial x} dx + \frac{\partial z}{\partial y} dy = (3x^2+y)\, dx + (x-2y)\, dy$$

取 $x=2$，$y=3$，$dx=\Delta x=0.05$，$dy=\Delta y=-0.04$，可得

$$\begin{aligned}\Delta z &= f(2.05, 2.96) - f(2, 3) \\ &= [(2.05)^3 + (2.05)(2.96) - (2.96)^2] - (8+6-9) \\ &= 0.921525\end{aligned}$$

$$dz = f_x(2, 3)(0.05) + f_y(2, 3)(-0.04)$$
$$= [3(2^2)+3](0.05)+[2-2(3)](-0.04)$$
$$= 0.91.$$

例題 4 利用全微分求 $\sqrt{(2.95)^2+(4.03)^2}$ 的近似值.

解 令 $f(x, y)=\sqrt{x^2+y^2}$，則 $f_x(x, y)=\dfrac{x}{\sqrt{x^2+y^2}}$，$f_y(x, y)=\dfrac{y}{\sqrt{x^2+y^2}}$.

取 $x=3$，$y=4$，$dx=\Delta x=-0.05$，$dy=\Delta y=0.03$，可得

$$\sqrt{(2.95)^2+(4.03)^2} = f(2.95, 4.03) \approx f(3, 4) + dz$$
$$= f(3, 4) + f_x(3, 4)\,dx + f_y(3, 4)\,dy$$
$$= 5 + \frac{3}{5}(-0.05) + \frac{4}{5}(0.03) = 4.994.$$

例題 5 已知一正圓柱體的底半徑與高分別測得 10 厘米與 15 厘米，可能的測量誤差皆為 ± 0.05 厘米，利用全微分求該圓柱體體積之最大誤差的近似值.

解 底半徑為 r 且高為 h 的正圓柱體體積為

$$V = \pi r^2 h$$

因而，

$$dV = \frac{\partial V}{\partial r}\,dr + \frac{\partial V}{\partial h}\,dh = 2\pi rh\,dr + \pi r^2\,dh$$

現在，取 $r=10$，$h=15$，$dr=dh=\pm 0.05$，圓柱體體積的誤差 ΔV 近似於 dV.

所以，
$$|\Delta V| \approx |dV| = |300\pi(\pm 0.05) + 100\pi(\pm 0.05)|$$
$$\leq |300\pi(\pm 0.05)| + |100\pi(\pm 0.05)|$$
$$= 20\pi$$

於是，最大誤差約為 20π 立方厘米.

例題 6 若測得某正圓柱體之半徑的誤差至多為 2%，高的誤差至多為 4%，則利用全微分估計所計算體積的最大百分誤差.

解 令 r、h 與 V 分別為正圓柱體的真正半徑、高度與體積，又令 Δr、Δh 與 ΔV 分別為這些量的誤差. 已知 $\left|\dfrac{\Delta r}{r}\right| \leq 0.02$ 與 $\left|\dfrac{\Delta h}{h}\right| \leq 0.04$，我們要求 $\left|\dfrac{\Delta V}{V}\right|$ 的最大值. 因圓柱體體積為 $V = \pi r^2 h$，故

$$dV = \frac{\partial V}{\partial r}\, dr + \frac{\partial V}{\partial h}\, dh = 2\pi r h\, dr + \pi r^2\, dh$$

若取 $dr = \Delta r$ 與 $dh = \Delta h$，則

$$\frac{\Delta V}{V} \approx \frac{dV}{V}$$

但

$$\frac{dV}{V} = \frac{2\pi r h\, dr + \pi r^2\, dh}{\pi r^2 h} = \frac{2\, dr}{r} + \frac{dh}{h}$$

利用三角不等式可得

$$\left|\frac{dV}{V}\right| = \left|\frac{2\,dr}{r} + \frac{dh}{h}\right| \leq 2\left|\frac{dr}{r}\right| + \left|\frac{dh}{h}\right|$$
$$\leq 2(0.02) + 0.04 = 0.08$$

於是，體積的最大百分誤差為 8%.

全微分可用類似的方法，推廣到多於二個變數的函數. 例如，已知 $w = f(x, y, z)$，則 w 的**增量**為

$$\Delta w = f(x + \Delta x, y + \Delta y, z + \Delta z) - f(x, y, z)$$

全微分 dw 定義為

$$dw = \frac{\partial w}{\partial x}\, dx + \frac{\partial w}{\partial y}\, dy + \frac{\partial w}{\partial z}\, dz$$

設 $dx = \Delta x \approx 0$，$dy = \Delta y \approx 0$，$dz = \Delta z \approx 0$，且 f 有連續的偏導函數，則 dw 可以用來近似 Δw.

例題 7 若 $w = xy + yz + xz$，求 dw.

解 $dw = \dfrac{\partial w}{\partial x}dx + \dfrac{\partial w}{\partial y}dy + \dfrac{\partial w}{\partial z}dz = (y+z)\,dx + (x+z)\,dy + (y+x)\,dz.$

習題 9-4

在 1～2 題中求 dz.

1. $z = x\,\sin y + \dfrac{y}{x}$
2. $z = \tan^{-1}\dfrac{x}{y}$

在 3～4 題中求 dw.

3. $w = \sqrt{x} + \sqrt{y} + \sqrt{z}$
4. $w = x^2 e^{yz} + y\,\ln z$

5. 已知 $z = x^2 y + xy^2 - 2xy + 3$，若 (x, y) 由 $(0, 1)$ 變到 $(-0.1, 1.1)$，求 Δz 與 dz.

6. 已知 $w = x^2 - 3xy^2 - 2y^3$，若 (x, y) 由 $(-2, 3)$ 變到 $(-2.02, 3.01)$，求 Δw 與 dw.

7. 利用全微分求 $\sqrt{5(0.98)^2 + (2.01)^2}$ 的近似值.

8. 兩電阻 R_1 與 R_2 並聯後的總電阻為

$$R = \dfrac{R_1 R_2}{R_1 + R_2}$$

假設測得 R_1 與 R_2 分別為 200 歐姆與 400 歐姆，每一個測量的最大誤差為 2%，利用全微分估計所計算 R 值的最大百分誤差.

9. 測得某矩形的長與寬的誤差至多為 $r\%$，利用全微分估計所計算對角線長的最大百分誤差.

10. 根據理想氣體定律，密閉氣體的壓力 P、溫度 T 與體積 V 的關係為 $P = \dfrac{kT}{V}$，此處 k 為常數. 若某氣體的溫度增加 3%，體積增加 5%，利用全微分估計該氣體壓力的百分變化.

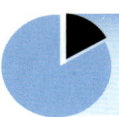

9-5　連鎖法則

在單變數函數中，我們曾藉 f 與 g 之導函數以表示合成函數 $f(g(t))$ 的導函數如下：

$$\frac{d}{dt}f(g(t))=f'(g(t))\,g'(t)$$

若令 $y=f(x)$ 且 $x=g(t)$，則依連鎖法則，

$$\frac{dy}{dt}=\frac{dy}{dx}\,\frac{dx}{dt}.$$

同理，多變數函數的合成函數也可利用連鎖法則求出偏導函數．

定理 9-8　連鎖法則

若 z 為 x 與 y 的可微分函數且 x 與 y 皆為 t 的可微分函數，則 z 為 t 的可微分函數，且

$$\frac{dz}{dt}=\frac{\partial z}{\partial x}\,\frac{dx}{dt}+\frac{\partial z}{\partial y}\,\frac{dy}{dt}.$$

定理 9-8 中的公式可用下面"樹形圖"（圖 9-21）來幫助記憶．

同理，若 w 為三個自變數 x、y 與 z 的可微分函數且 x、y 與 z 又皆為 t 的可微分函數，則 w 為 t 的可微分函數，且

$$\frac{dw}{dt}=\frac{\partial w}{\partial x}\,\frac{dx}{dt}+\frac{\partial w}{\partial y}\,\frac{dy}{dt}+\frac{\partial w}{\partial z}\,\frac{dz}{dt} \tag{9-12}$$

(9-12) 式的"樹形圖"（圖 9-22）如下．

第九章　偏導函數

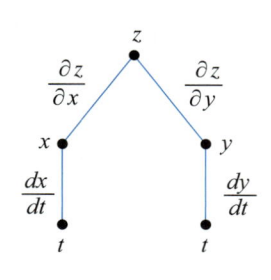

$$\frac{dz}{dt} = \frac{\partial z}{\partial x}\frac{dx}{dt} + \frac{\partial z}{\partial y}\frac{dy}{dt}$$

★ 圖 9-21

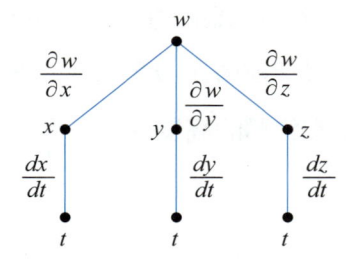

$$\frac{dw}{dt} = \frac{\partial w}{\partial x}\frac{dx}{dt} + \frac{\partial w}{\partial y}\frac{dy}{dt} + \frac{\partial w}{\partial z}\frac{dz}{dt}$$

★ 圖 9-22

例題 1　若 $z = xy$、$x = (t+1)^2$、$y = (t+2)^3$，求 $\dfrac{dz}{dt}$。

解　因 $z = xy$，可得 $\dfrac{\partial z}{\partial x} = y$、$\dfrac{\partial z}{\partial y} = x$，又 $\dfrac{dx}{dt} = 2(t+1)$，$\dfrac{dy}{dt} = 3(t+2)^2$，

故
$$\frac{dz}{dt} = \frac{\partial z}{\partial x}\frac{dx}{dt} + \frac{\partial z}{\partial y}\frac{dy}{dt}$$
$$= 2y(t+1) + 3x(t+2)^2$$
$$= 2(t+2)^3(t+1) + 3(t+1)^2(t+2)^2$$
$$= (t+1)(t+2)^2(5t+7).$$

例題 2　已知 $z = \sqrt{xy+y}$、$x = \cos\theta$、$y = \sin\theta$，求 $\left.\dfrac{dz}{d\theta}\right|_{\theta = \pi/2}$。

解
$$\frac{dz}{d\theta} = \frac{\partial z}{\partial x}\frac{dx}{d\theta} + \frac{\partial z}{\partial y}\frac{dy}{d\theta}$$
$$= \frac{y}{2\sqrt{xy+y}}(-\sin\theta) + \frac{x+1}{2\sqrt{xy+y}}(\cos\theta)$$

當 $\theta = \dfrac{\pi}{2}$ 時，$x = 0$，$y = 1$，所以，

$$\left.\frac{dz}{d\theta}\right|_{\theta = \pi/2} = \frac{1}{2}(-1) = -\frac{1}{2}.$$

例題 3 設一正圓錐體的高為 100 厘米，每秒鐘縮減 1 厘米，其底半徑為 50 厘米，每秒鐘增加 0.5 厘米，求其體積的變化率．

解 設正圓錐體的高為 y，底半徑為 x，體積為 V，則

$$V = \frac{1}{3}\pi x^2 y$$

可得 $\dfrac{\partial V}{\partial x} = \dfrac{2}{3}\pi xy$、$\dfrac{\partial V}{\partial y} = \dfrac{1}{3}\pi x^2$．由連鎖法則可得

$$\frac{dV}{dt} = \frac{\partial V}{\partial x}\frac{dx}{dt} + \frac{\partial V}{\partial y}\frac{dy}{dt}$$

$$= \left(\frac{2}{3}\pi xy\right)\left(\frac{dx}{dt}\right) + \left(\frac{1}{3}\pi x^2\right)\left(\frac{dy}{dt}\right)$$

依題意，$x = 50$、$y = 100$、$\dfrac{dx}{dt} = 0.5$、$\dfrac{dy}{dt} = -1$，代入上式可得

$$\frac{dV}{dt} = \frac{2}{3}\pi(50)(100)(0.5) + \frac{1}{3}\pi(50)^2(-1) = \frac{2500\pi}{3}$$

即，體積每秒鐘增加 $\dfrac{2500\pi}{3}$ 立方厘米．

定理 9-9

若 z 為 x 與 y 的可微分函數且 x 與 y 皆為 u 與 v 的可微分函數，則 z 為 u 與 v 的可微分函數，且

$$\frac{\partial z}{\partial u} = \frac{\partial z}{\partial x}\frac{\partial x}{\partial u} + \frac{\partial z}{\partial y}\frac{\partial y}{\partial u}$$

$$\frac{\partial z}{\partial v} = \frac{\partial z}{\partial x}\frac{\partial x}{\partial v} + \frac{\partial z}{\partial y}\frac{\partial y}{\partial v}$$

定理 9-9 中的公式可用"樹形圖"（圖 9-23）來幫助記憶．

第九章　偏導函數

$$\frac{\partial z}{\partial u} = \frac{\partial z}{\partial x}\frac{\partial x}{\partial u} + \frac{\partial z}{\partial y}\frac{\partial y}{\partial u}$$

$$\frac{\partial z}{\partial v} = \frac{\partial z}{\partial x}\frac{\partial x}{\partial v} + \frac{\partial z}{\partial y}\frac{\partial y}{\partial v}$$

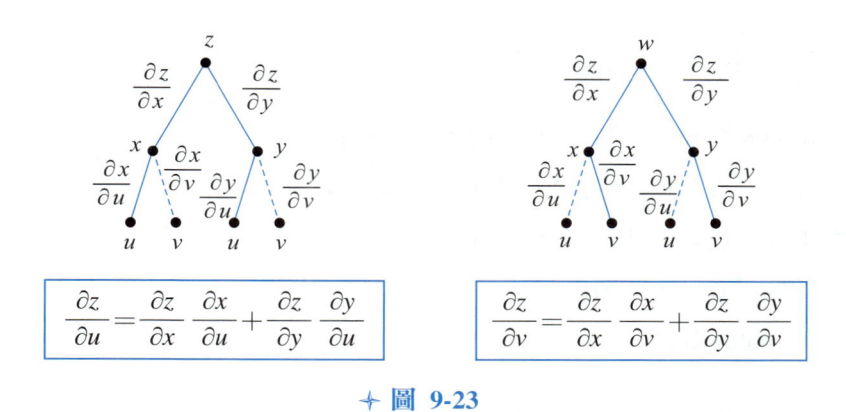

↱ 圖 9-23

同理，若 w 為自變數 $x_1, x_2, \cdots, x_n$ 的可微分函數且每一個 x_i 為 m 個變數 $t_1, t_2, \cdots, t_m$ 的可微分函數，則 w 為 $t_1, t_2, \cdots, t_m$ 的可微分函數，且

$$\frac{\partial w}{\partial t_i} = \frac{\partial w}{\partial x_1}\frac{\partial x_1}{\partial t_i} + \frac{\partial w}{\partial x_2}\frac{\partial x_2}{\partial x_i} + \cdots + \frac{\partial w}{\partial x_n}\frac{\partial x_n}{\partial t_i}, \quad 1 \le i \le m.$$

例題 4　若 $z = xy + y^2$、$x = u \sin v$、$y = v \sin u$，求 $\dfrac{\partial z}{\partial u}$ 與 $\dfrac{\partial z}{\partial v}$。

解　依連鎖法則，可得

$$\begin{aligned}\frac{\partial z}{\partial u} &= \frac{\partial z}{\partial x}\frac{\partial x}{\partial u} + \frac{\partial z}{\partial y}\frac{\partial y}{\partial u}\\ &= y \sin v + (x + 2y) v \cos u \\ &= v \sin u \sin v + v(u \sin v + 2v \sin u) \cos u\end{aligned}$$

$$\begin{aligned}\frac{\partial z}{\partial v} &= \frac{\partial z}{\partial x}\frac{\partial x}{\partial v} + \frac{\partial z}{\partial y}\frac{\partial y}{\partial v}\\ &= yu \cos v + (x + 2y) \sin u \\ &= uv \sin u \cos v + (u \sin v + 2v \sin u) \sin u.\end{aligned}$$

例題 5　若 $w = x^2 + y^2 - z^2$，$x = \rho \cos \theta \sin \phi$，$y = \rho \sin \theta \sin \phi$，$z = \rho \cos \phi$，求 $\dfrac{\partial w}{\partial \rho}$ 與 $\dfrac{\partial w}{\partial \theta}$。

解 $\dfrac{\partial w}{\partial \rho} = \dfrac{\partial w}{\partial x}\dfrac{\partial x}{\partial \rho} + \dfrac{\partial w}{\partial y}\dfrac{\partial y}{\partial \rho} + \dfrac{\partial w}{\partial z}\dfrac{\partial z}{\partial \rho}$

$= 2x\cos\theta\sin\phi + 2y\sin\theta\sin\phi - 2z\cos\phi$
$= 2\rho\cos^2\theta\sin^2\phi + 2\rho\sin^2\theta\sin^2\phi - 2\rho\cos^2\phi$
$= 2\rho\sin^2\phi(\cos^2\theta + \sin^2\theta) - 2\rho\cos^2\phi$
$= 2\rho(\sin^2\phi - \cos^2\phi)$
$= -2\rho\cos 2\phi$

$\dfrac{\partial w}{\partial \theta} = \dfrac{\partial w}{\partial x}\dfrac{\partial x}{\partial \theta} + \dfrac{\partial w}{\partial y}\dfrac{\partial y}{\partial \theta} + \dfrac{\partial w}{\partial z}\dfrac{\partial z}{\partial \theta}$

$= 2x(-\rho\sin\theta\sin\phi) + 2y\rho\cos\theta\sin\phi$
$= -2\rho^2\sin\theta\cos\theta\sin^2\phi + 2\rho^2\sin\theta\cos\theta\sin^2\phi$
$= 0.$

例題 6 若 $u = f(s-t, t-s)$ 且 f 為可微分，試證：

$$\dfrac{\partial u}{\partial s} + \dfrac{\partial u}{\partial t} = 0$$

解 令 $x = s-t$, $y = t-s$, 則 $u = f(x, y)$. 依連鎖法則，

$$\dfrac{\partial u}{\partial s} = \dfrac{\partial u}{\partial x}\dfrac{\partial x}{\partial s} + \dfrac{\partial u}{\partial y}\dfrac{\partial y}{\partial s} = \dfrac{\partial u}{\partial x} - \dfrac{\partial u}{\partial y}$$

$$\dfrac{\partial u}{\partial t} = \dfrac{\partial u}{\partial x}\dfrac{\partial x}{\partial t} + \dfrac{\partial u}{\partial y}\dfrac{\partial y}{\partial t} = -\dfrac{\partial u}{\partial x} + \dfrac{\partial u}{\partial y}$$

所以， $\dfrac{\partial u}{\partial s} + \dfrac{\partial u}{\partial t} = \left(\dfrac{\partial u}{\partial x} - \dfrac{\partial u}{\partial y}\right) + \left(-\dfrac{\partial u}{\partial x} + \dfrac{\partial u}{\partial y}\right) = 0.$

定理 9-10

若方程式 $F(x, y) = 0$ 定義 y 為 x 的可微分函數，則

第九章　偏導函數

$$\frac{dy}{dx} = -\frac{\dfrac{\partial F}{\partial x}}{\dfrac{\partial F}{\partial y}} \quad \left(\text{其中 } \frac{\partial F}{\partial y} \neq 0\right).$$

證明　因方程式 $F(x, y) = 0$ 定義 y 為 x 的可微分函數，故將其等號兩邊對 x 微分，可得

$$\frac{\partial F}{\partial x} \frac{dx}{dx} + \frac{\partial F}{\partial y} \frac{dy}{dx} = 0$$

即，

$$\frac{\partial F}{\partial x} + \frac{\partial F}{\partial y} \frac{dy}{dx} = 0$$

若 $\dfrac{\partial F}{\partial y} \neq 0$，則

$$\frac{dy}{dx} = -\frac{\dfrac{\partial F}{\partial x}}{\dfrac{\partial F}{\partial y}}.$$

例題 7　若 $y = f(x)$ 為滿足方程式 $2x^3 + xy + y^3 = 1$ 的可微分函數，求 $\dfrac{dy}{dx}$.

解　令 $F(x, y) = 2x^3 + xy + y^3 - 1$，則 $F(x, y) = 0$.

又 $\dfrac{\partial F}{\partial x} = 6x^2 + y$，$\dfrac{\partial F}{\partial y} = x + 3y^2$，故

$$\frac{dy}{dx} = -\frac{\dfrac{\partial F}{\partial x}}{\dfrac{\partial F}{\partial y}} = -\frac{6x^2 + y}{x + 3y^2}.$$

定理 9-11

若方程式 $F(x, y, z) = 0$ 定義 z 為二變數 x 與 y 的可微分函數，則

$$\frac{\partial z}{\partial x} = -\frac{\dfrac{\partial F}{\partial x}}{\dfrac{\partial F}{\partial z}}, \quad \frac{\partial z}{\partial y} = -\frac{\dfrac{\partial F}{\partial y}}{\dfrac{\partial F}{\partial z}} \quad \left(\text{其中 } \frac{\partial F}{\partial z} \neq 0\right).$$

證明 因方程式 $F(x, y, z) = 0$ 定義 z 為二變數 x 與 y 的可微分函數，故將其等號兩邊對 x 偏微分，可得

$$\frac{\partial F}{\partial x}\frac{\partial x}{\partial x} + \frac{\partial F}{\partial y}\frac{\partial y}{\partial x} + \frac{\partial F}{\partial z}\frac{\partial z}{\partial x} = 0$$

但

$$\frac{\partial x}{\partial x} = 1, \quad \frac{\partial y}{\partial x} = 0,$$

於是，

$$\frac{\partial F}{\partial x} + \frac{\partial F}{\partial z}\frac{\partial z}{\partial x} = 0$$

若 $\dfrac{\partial F}{\partial z} \neq 0$，則

$$\frac{\partial z}{\partial x} = -\frac{\dfrac{\partial F}{\partial x}}{\dfrac{\partial F}{\partial z}}, \quad \text{同理}, \quad \frac{\partial z}{\partial y} = -\frac{\dfrac{\partial F}{\partial y}}{\dfrac{\partial F}{\partial z}}.$$

例題 8 若 $z = f(x, y)$ 為滿足方程式 $ye^{xz} + xe^{yz} - y^2 + 3x = 5$ 的可微分函數，求 $\dfrac{\partial z}{\partial x}$ 與 $\dfrac{\partial z}{\partial y}$。

解 令 $F(x, y, z) = ye^{xz} + xe^{yz} - y^2 + 3x - 5$，則 $F(x, y, z) = 0$.

又

$$\frac{\partial F}{\partial x} = yze^{xz} + e^{yz} + 3$$

$$\frac{\partial F}{\partial y} = e^{xz} + xze^{yz} - 2y$$

$$\frac{\partial F}{\partial z} = xye^{xz} + xye^{yz}$$

依定理 9-11，可得

$$\frac{\partial z}{\partial x} = -\frac{\dfrac{\partial F}{\partial x}}{\dfrac{\partial F}{\partial z}} = -\frac{yze^{xz} + e^{yz} + 3}{xy(e^{xz} + e^{yz})}$$

$$\frac{\partial z}{\partial y} = -\frac{\dfrac{\partial F}{\partial y}}{\dfrac{\partial F}{\partial z}} = -\frac{e^{xz} + xze^{yz} - 2y}{xy(e^{xz} + e^{yz})}.$$

習題 9-5

1. 設 $z = \sqrt{x^2 + y^2}$，$x = e^{2t}$，$y = e^{-2t}$，求 $\left.\dfrac{dz}{dt}\right|_{t=0}$．

2. 設 $z = \ln(2x^2 + y)$，$x = \sqrt{t}$，$y = t^{2/3}$，求 $\left.\dfrac{dz}{dt}\right|_{t=1}$．

3. 設 $z = \dfrac{x}{y}$，$x = 2\cos u$，$y = 3\sin v$，求 $\dfrac{\partial z}{\partial u}$ 與 $\dfrac{\partial z}{\partial v}$．

4. 設 $z = x\cos y + y\sin x$，$x = uv^2$，$y = u+v$，求 $\dfrac{\partial z}{\partial u}$ 與 $\dfrac{\partial z}{\partial v}$．

5. 設 $w = \dfrac{u}{v}$，$u = x^2 - y^2$，$v = 4xy^3$，求 $\dfrac{\partial w}{\partial x}$ 與 $\dfrac{\partial w}{\partial y}$．

6. 設 $z = 3x - 2y$，$x = s + t\ln s$，$y = s^2 - t\ln t$，求 $\dfrac{\partial z}{\partial s}$ 與 $\dfrac{\partial z}{\partial t}$．

7. 設 $z=\dfrac{xy}{x^2+y^2}$, $x=uv$, $y=u-2v$, 求 $\left.\dfrac{\partial z}{\partial u}\right|_{u=1,\,v=1}$ 與 $\left.\dfrac{\partial z}{\partial v}\right|_{u=1,\,v=1}$.

8. 設 $z=\ln(x^2+y^2)$, $x=re^\theta$, $y=\tan(r\theta)$, 求 $\left.\dfrac{\partial z}{\partial \theta}\right|_{r=1,\,\theta=0}$.

9. 設 $z=\tan^{-1}(x^2+y^2)$, $x=e^r\sin\theta$, $y=e^r\cos\theta$, 求 $\dfrac{\partial z}{\partial r}$ 與 $\dfrac{\partial z}{\partial \theta}$.

10. 設 $w=x\sin(yz^2)$, $x=\cos t$, $y=t^2$, $z=e^t$, 求 $\left.\dfrac{dw}{dt}\right|_{t=0}$.

11. 設 $w=xy+yz+zx$, $x=st$, $y=e^{st}$, $z=t^2$, 求 $\left.\dfrac{\partial w}{\partial s}\right|_{s=0,\,t=1}$ 與 $\left.\dfrac{\partial w}{\partial t}\right|_{s=0,\,t=1}$.

在 12～14 題中，若 $y=f(x)$ 為滿足所予方程式的可微分函數，求 $\dfrac{dy}{dx}$.

12. $x\sin y+y\cos x=1$

13. $xy+e^{xy}=3$

14. $x\ln y+\sin(x-y)=6$

在下列各題中，若 $z=f(x,y)$ 為滿足所予方程式的可微分函數，求 $\dfrac{\partial z}{\partial x}$ 與 $\dfrac{\partial z}{\partial y}$.

15. $x^2y+z^2+\cos(xyz)=0$

16. $\sin(x+y)+\sin(y+z)+\sin(x+z)=2$

9-6 極大值與極小值

在第 4 章中，我們已學會了如何求解單變數函數的極值問題，在本節中，我們將討論二變數函數的極值問題．

定義 9-8

設 f 為二變數 x 與 y 的函數.

(1) 若存在以 (a, b) 為圓心的一圓使得

$$f(a, b) \geq f(x, y)$$

對該圓內部所有點 (x, y) 皆成立, 則稱 f 在點 (a, b) 有相對極大值 (或局部極大值).

(2) 若存在以 (a, b) 為圓心的一圓使得

$$f(a, b) \leq f(x, y)$$

對該圓內部所有點 (x, y) 皆成立, 則稱 f 在點 (a, b) 有相對極小值 (或局部極小值).

仿照二變數函數相對極值的定義, 我們可定義二變數函數的絕對極大值與絕對極小值.

定義 9-9

令 f 為二變數函且點 (a, b) 在 f 的定義域內.

若 $f(a, b) \geq f(x, y)$ 對 f 的定義域內所有點 (x, y) 皆成立, 則稱 $f(a, b)$ 為 f 的絕對極大值.

若 $f(a, b) \leq f(x, y)$ 對 f 的定義域內所有點 (x, y) 皆成立, 則稱 $f(a, b)$ 為 f 的絕對極小值.

在第 4 章裡, 我們曾經討論過單變數函數 f 在可微分之處 c 有相對極值的必要條件為 $f'(c)=0$. 對二變數函數 $f(x, y)$ 而言, 也有這樣的類似結果. 假設 $f(x, y)$ 在點 (a, b) 有相對極大值, 且 $f_x(a, b)$ 與 $f_y(a, b)$ 皆存在, 則 $f_x(a, b)=0$, $f_y(a, b)=0$. 在幾何上, 曲面 $z=f(x, y)$ 與平面 $x=a$ 的交線 C_1 在點 (a, b) 有水平切線; 曲面 $z=f(x, y)$ 與平面 $y=b$ 的交線 C_2 在點 (a, b) 有水平切線 (見圖 9-24).

圖 9-24

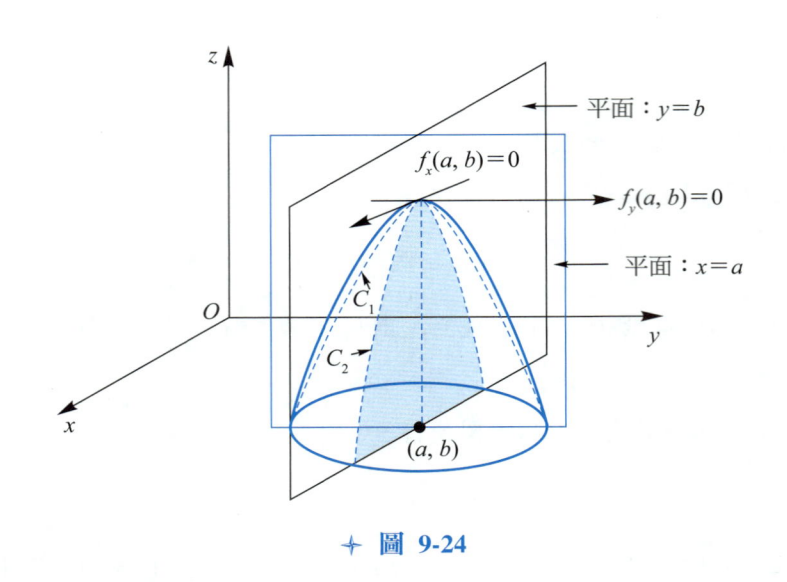

定理 9-12

設函數 $f(x, y)$ 在點 (a, b) 具有相對極大值或相對極小值且 $f_x(a, b)$ 與 $f_y(a, b)$ 皆存在，則

$$f_x(a, b) = f_y(a, b) = 0.$$

若函數 f 在點 (a, b) 恆有 $f_x(a, b) = f_y(a, b) = 0$，或 $f_x(a, b)$ 與 $f_y(a, b)$ 之中有一者不存在，則稱 (a, b) 為函數 f 的臨界點。但在臨界點處並不一定有極值發生。使函數 f 沒有相對極值的臨界點稱為 f 的鞍點。

例題 1 已知 $f(x, y) = 4 - x^2 - y^2$，求 f 的相對極值。

解 $f_x(x, y) = -2x$，$f_y(x, y) = -2y$。

令 $f_x(x, y) = 0$ 且 $f_y(x, y) = 0$，可得 $x = 0$，$y = 0$。因此，$f(0, 0) = 4$。若 $(x, y) \neq (0, 0)$，則 $f(x, y) = 4 - (x^2 + y^2) < 4$，故 f 在點 $(0, 0)$ 有相對極大值 4，但 4 也是絕對極大值。圖形如圖 9-25 所示。

(圖 9-25)

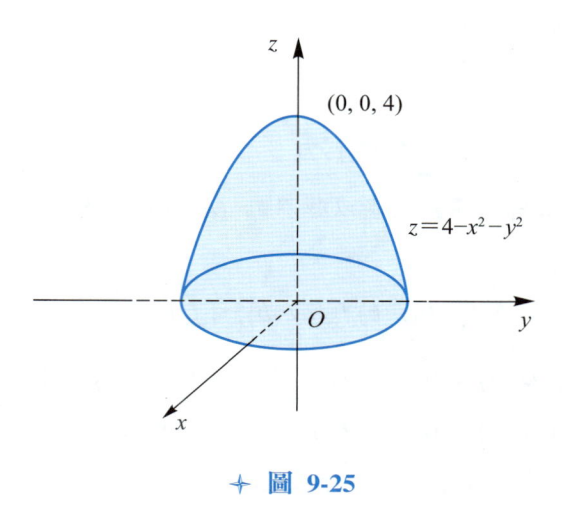

例題 2 已知 $f(x, y) = y^2 - x^2$，求 f 的相對極值.

解 由 $f_x(x, y) = -2x = 0$ 與 $f_y(x, y) = 2y = 0$，可得 $x = 0$，$y = 0$. 然而，f 在 $(0, 0)$ 無相對極值. 若 $y \neq 0$，則 $f(0, y) = y^2 > 0$；並且，若 $x \neq 0$，則 $f(x, 0) = -x^2 < 0$. 因此，在 xy-平面上圓心為 $(0, 0)$ 的任一圓內，存在一些點 (在 y-軸上) 使 f 的值為正，且存在一些點 (在 x-軸上) 使 f 的值為負. 因此，$f(0, 0) = 0$ 不是 $f(x, y)$ 在圓內的最大值也不是最小值，其圖形為雙曲拋物面，如圖 9-26 所示.

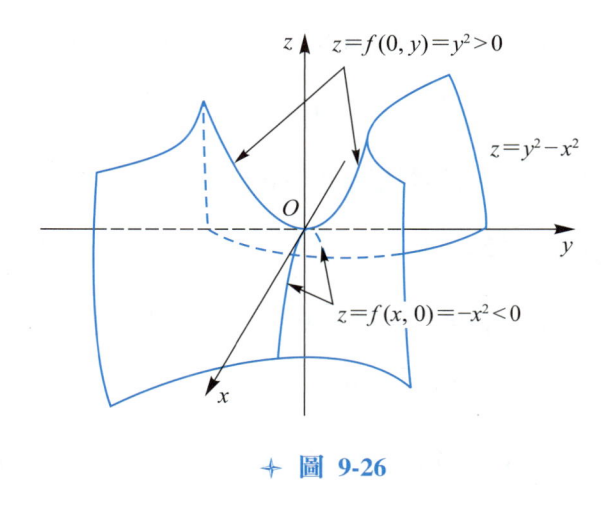

(圖 9-26)

在定理 9-12 中，$f_x(a, b) = f_y(a, b) = 0$ 係 f 在點 (a, b) 有相對極值的*必要條件*.

至於**充分條件**可由下述定理得知.

定理 9-13　二階偏導數檢驗法

設二變數函數 f 的二階偏導函數在以臨界點 (a, b) 為圓心的某圓內皆為連續，又令

$$\Delta = f_{xx}(a, b) f_{yy}(a, b) - [f_{xy}(a, b)]^2$$

(1) 若 $\Delta > 0$ 且 $f_{xx}(a, b) > 0$，則 $f(a, b)$ 為 f 的相對極小值.
(2) 若 $\Delta > 0$ 且 $f_{xx}(a, b) < 0$，則 $f(a, b)$ 為 f 的相對極大值.
(3) 若 $\Delta < 0$，則 f 在 (a, b) 無相對極值，(a, b) 為 f 的鞍點.
(4) 若 $\Delta = 0$，則無法確定 $f(a, b)$ 是否為 f 的相對極值.

例題 3　求 $f(x, y) = x^2 + y^3 - 6y$ 的相對極值.

解　$f_x(x, y) = 2x$，$f_{xx}(x, y) = 2$，$f_{xy}(x, y) = 0$，
$f_y(x, y) = 3y^2 - 6$，$f_{yy}(x, y) = 6y$.
令 $f_x(x, y) = 0$ 且 $f_y(x, y) = 0$，可得 $x = 0$，$y = \pm\sqrt{2}$.
(i) 若 $x = 0$，$y = \sqrt{2}$，則

$$\Delta = f_{xx}(0, \sqrt{2}) f_{yy}(0, \sqrt{2}) - [f_{xy}(0, \sqrt{2})]^2$$
$$= 12\sqrt{2} > 0,\ f_{xx}(0, \sqrt{2}) = 2 > 0$$

故 f 在點 $(0, \sqrt{2})$ 有相對極小值 $f(0, \sqrt{2}) = -4\sqrt{2}$.
(ii) 若 $x = 0$，$y = -\sqrt{2}$，則

$$\Delta = f_{xx}(0, -\sqrt{2}) f_{yy}(0, -\sqrt{2}) - [f_{xy}(0, -\sqrt{2})]^2$$
$$= -12\sqrt{2} < 0$$

故 f 在點 $(0, -\sqrt{2})$ 無相對極值，$(0, -\sqrt{2})$ 為 f 的鞍點.

例題 4　求 $f(x, y) = x^3 - 4xy + 2y^2$ 的相對極值.

解 $f_x(x, y) = 3x^2 - 4y$, $f_y(x, y) = -4x + 4y$.

令 $f_x(x, y) = 0$, $f_y(x, y) = 0$,
解方程組
$$\begin{cases} 3x^2 - 4y = 0 \\ -4x + 4y = 0 \end{cases}$$

可得 $x = 0$ 或 $x = \dfrac{4}{3}$. 所以, 臨界點為 $(0, 0)$ 與 $\left(\dfrac{4}{3}, \dfrac{4}{3}\right)$.

$$f_{xx}(x, y) = 6x, \ f_{yy}(x, y) = 4, \ f_{xy}(x, y) = -4$$

(i) 若 $x = 0$, $y = 0$, 則 $\Delta = 24(0) - 16 = -16 < 0$,
所以, 點 $(0, 0)$ 為 f 之鞍點.

(ii) 若 $x = \dfrac{4}{3}$, $y = \dfrac{4}{3}$, 則 $\Delta = 24\left(\dfrac{4}{3}\right) - 16 = 32 - 16 = 16 > 0$

且 $f_{xx}\left(\dfrac{4}{3}, \dfrac{4}{3}\right) = 6\left(\dfrac{4}{3}\right) = 8 > 0$

於是, $f\left(\dfrac{4}{3}, \dfrac{4}{3}\right) = -\dfrac{32}{27}$ 為 f 之相對極小值.

例題 5 求三正數使它們的和為 48 且它們的乘積為最大.

解 設三正數 x、y、z, 則 $x + y + z = 48$, 即, $z = 48 - x - y$.

令 $f(x, y) = xy(48 - x - y) = 48xy - x^2y - xy^2$

則 $f_x(x, y) = 48y - 2xy - y^2$,

$f_{xx}(x, y) = -2y$, $f_{xy}(x, y) = 48 - 2x - 2y$,
$f_y(x, y) = 48x - x^2 - 2xy$, $f_{yy}(x, y) = -2x$.

解方程組
$$\begin{cases} 48y - 2xy - y^2 = 0 \\ 48x - x^2 - 2xy = 0 \end{cases}$$

可得 $x = 16$, $y = 16$. ($x = 0$ 與 $y = 0$ 不合)

若 $x=16$, $y=16$, 則

$$\Delta = f_{xx}(16, 16)f_{yy}(16, 16) - [f_{xy}(16, 16)]^2$$
$$= (-32)(-32) - (16)^2 = 768 > 0$$

$f_{xx}(16, 16) = -32 < 0$, 故 $x=y=z=16$ 時, 乘積為最大.

例題 6 求原點至曲面 $z^2 = x^2y + 4$ 的最短距離.

解 設 $P(x, y, z)$ 為曲面上任一點, 則原點至 P 的距離平方為 $d^2 = x^2 + y^2 + z^2$, 我們欲求 P 點的坐標使得 d^2 (d 亦是) 為最小值.

因 P 點在曲面上, 故其坐標滿足曲面方程式. 將 $z^2 = x^2y + 4$ 代入 $d^2 = x^2 + y^2 + z^2$ 中, 並令

$$d^2 = f(x, y) = x^2 + y^2 + x^2y + 4$$

則
$$f_x(x, y) = 2x + 2xy, \quad f_y(x, y) = 2y + x^2$$

$$f_{xx}(x, y) = 2 + 2y, \quad f_{yy}(x, y) = 2, \quad f_{xy}(x, y) = 2x$$

欲求臨界點, 我們可令 $f_x(x, y) = 0$, $f_y(x, y) = 0$, 得到

$$\begin{cases} 2x + 2xy = 0 \\ 2y + x^2 = 0 \end{cases}$$

解得：$\begin{cases} x=0 \\ y=0 \end{cases}$, $\begin{cases} x=\sqrt{2} \\ y=-1 \end{cases}$, $\begin{cases} x=-\sqrt{2} \\ y=-1 \end{cases}$

(1) $\Delta = f_{xx}(0, 0)f_{yy}(0, 0) - [f_{xy}(0, 0)]^2 = 4 > 0$ 且 $f_{xx}(0, 0) = 2 > 0$, 所以 $f(0, 0)$ 會產生最小距離, 以 $(0, 0)$ 代入而求出 $d^2 = 4$. 故原點與已知曲面之間的最短距離為 2.

(2) $\Delta = f_{xx}(\pm\sqrt{2}, -1)f_{yy}(\pm\sqrt{2}, -1) - [f_{xy}(\pm\sqrt{2}, -1)]^2 = -8 < 0$, 所以 f 在 $(\sqrt{2}, -1)$ 與 $(-\sqrt{2}, -1)$ 無相對極值, 而 $(\sqrt{2}, -1)$ 與 $(-\sqrt{2}, -1)$ 為 f 的鞍點.

設 R 為 xy-平面上的平面區域, 若圓心在點 (a, b) 的每一個圓區域包含 R 中的

點與不在 R 中的點，則 (a, b) 稱為 R 的邊界點，R 的所有邊界點的集合稱為 R 的邊界. 同樣地，設 G 為三維空間 $\mathbb{R}^3$ 中的立體區域，若球心在點 (a, b, c) 的每一個球體包含 G 中的點與不在 G 中的點，則 (a, b, c) 稱為 G 的邊界點，G 的所有邊界點的集合稱為 G 的邊界. 包含邊界的區域稱為封閉區域. 在 xy-平面上，位於某有限半徑的圓內的區域稱為有界區域；在三維空間 $\mathbb{R}^3$ 中，位於某有限半徑的球內的區域稱為有界區域.

我們曾在第 4 章裡談到單變數函數的極值定理；相對地，二變數函數的極值定理如下所述.

定理 9-14　極值定理

若二變數函數 f 在封閉且有界的區域 R 為連續，則 f 在 R 不但有絕對極大值 (即，最大值) 而且有絕對極小值 (即，最小值).

若二變數函數 f 在封閉且有界的區域 R 為連續，則求其絕對極值的步驟如下：

步驟 1：在 R 的內部找出 f 的所有臨界點，並計算 f 在這些點的值.
步驟 2：在 R 的邊界找出可能會產生極值的所有點，並計算 f 在這些點的值.
步驟 3：在步驟 1 與 2 中所計算的最大值即為絕對極大值，最小值即為絕對極小值.

例題 7　已知 $f(x, y) = 3xy - 6x - 3y + 5$ 且 R 為具有三頂點 $O(0, 0)$、$A(0, 3)$ 與 $B(5, 0)$ 的封閉三角形區域，求 f 在 R 的絕對極大值與絕對極小值.

解　$f_x(x, y) = 3y - 6, f_y(x, y) = 3x - 3.$

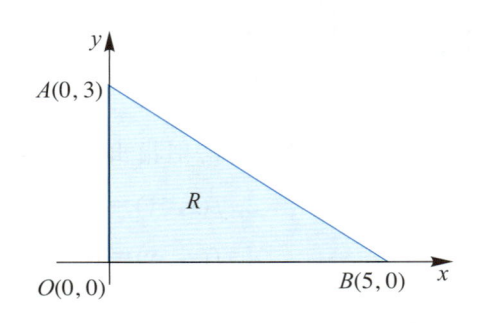

解方程組 $\begin{cases} 3y-6=0 \\ 3x-3=0 \end{cases}$，可得 $x=1$，$y=2$.

點 $(1, 2)$ 是 R 之內部的唯一臨界點，$f(1, 2) = -1$.

(i) 在邊界 $\overline{OB}$ 上，$u(x) = f(x, 0) = -6x + 5$ $(0 \le x \le 5)$. $u(x)$ 的極值發生於 $x = 0$ 與 $x = 5$，它們分別對應到 $O(0, 0)$ 與 $B(5, 0)$.
$f(0, 0) = 5$，$f(5, 0) = -25$.

(ii) 在邊界 $\overline{OA}$ 上，$v(x) = f(0, y) = -3y + 5$ $(0 \le y \le 3)$. $v(x)$ 的極值發生於 $y = 0$ 與 $y = 3$，它們分別對應到 $O(0, 0)$ 與 $A(0, 3)$.
$f(0, 0) = 5$，$f(0, 3) = -4$.

(iii) $\overline{AB}$ 的方程式為 $y = -\dfrac{3}{5}x + 3$ $(0 \le x \le 5)$. 在邊界 $\overline{AB}$ 上，

$w(x) = f\left(x, -\dfrac{3}{5}x + 3\right) = -\dfrac{9}{5}x^2 + \dfrac{24}{5}x - 4$. 因 $w'(x) = -\dfrac{18}{5}x + \dfrac{24}{5}$，

可知在 $(0, 5)$ 中，w 的臨界數為 $\dfrac{4}{3}$. 於是，$w(x)$ 的極值發生於 $x = \dfrac{4}{3}$、

$x = 0$ 與 $x = 5$，它們分別對應到點 $\left(\dfrac{4}{3}, \dfrac{11}{5}\right)$、$O(0, 0)$ 與 $B(5, 0)$.

$f\left(\dfrac{4}{3}, \dfrac{11}{5}\right) = -\dfrac{4}{5}$，$f(0, 0) = 5$，$f(5, 0) = -25$.

綜合上面的討論，可得絕對極大值 5，絕對極小值 -25.

習題 9-6

在 1~9 題中，求函數 f 的相對極值. 若沒有，則指出何點為鞍點.

1. $f(x, y) = x^2 + 4y^2 - 2x + 8y - 5$
2. $f(x, y) = xy$
3. $f(x, y) = x^3 + y^3 - 6xy + 1$
4. $f(x, y) = x^3 - 3xy - y^3$
5. $f(x, y) = x^3 + y^3 - 3x - 3y + 2$
6. $f(x, y) = xy + \dfrac{1}{x} + \dfrac{2}{y}$

7. $f(x, y) = x^2 + y - e^y - 5$ 　　　　8. $f(x, y) = 2x^2 - 4xy + y^4 + 1$

9. $f(x, y) = \sin x + \sin y$ $(0 < x < \pi, 0 < y < \pi)$

10. 求點 $(2, 1, -1)$ 到平面 $4x - 3y + z = 5$ 的最短距離.

11. 求三正數 x、y 與 z 使其和為 32 且使 $P = xy^2z$ 的值為最大.

12. 求三正數使它們的和為 27 且它們的平方和為最小.

13. 已知 $f(x, y) = x^2 + xy + y^2$ 且 R 為具有三頂點 $(1, 2)$、$(1, -2)$ 與 $(-1, -2)$ 的封閉三角形區域，求 f 在 R 的絕對極大值與絕對極小值.

14. 求函數 $f(x, y) = x^2 + y^2 - 2x - 2y - 2$ 在 x-軸、y-軸與直線 $x + y = 9$ 所圍成封閉三角形區域的絕對極值.

本章摘要

1. 二變數函數的極限定理：

   令 f 與 g 皆為二變數函數，$\lim_{(x,y)\to(a,b)} f(x, y) = L$，$\lim_{(x,y)\to(a,b)} g(x, y) = M$，此處 L 與 M 均為實數，則

   (1) $\lim_{(x,y)\to(a,b)} [f(x, y) \pm g(x, y)] = \lim_{(x,y)\to(a,b)} f(x, y) \pm \lim_{(x,y)\to(a,b)} g(x, y) = L \pm M$

   (2) $\lim_{(x,y)\to(a,b)} [cf(x, y)] = c \lim_{(x,y)\to(a,b)} f(x, y) = cL$ （c 為常數）

   (3) $\lim_{(x,y)\to(a,b)} [f(x, y) g(x, y)] = [\lim_{(x,y)\to(a,b)} f(x, y)] [\lim_{(x,y)\to(a,b)} g(x, y)] = LM$

   (4) $\lim_{(x,y)\to(a,b)} \dfrac{f(x, y)}{g(x, y)} = \dfrac{\lim_{(x,y)\to(a,b)} f(x, y)}{\lim_{(x,y)\to(a,b)} g(x, y)} = \dfrac{L}{M}$，$M \neq 0$

   (5) $\lim_{(x,y)\to(a,b)} [f(x, y)]^{m/n} = [\lim_{(x,y)\to(a,b)} f(x, y)]^{m/n} = L^{m/n}$ （m 與 n 皆為整數），倘若 $L^{m/n}$ 為實數．

2. 二變數函數連續的意義：

   若 $\lim_{(x,y)\to(a,b)} f(x, y) = f(a, b)$，則稱函數在點 (a, b) 為連續．

3. 偏導函數的定義：

   函數 $f(x, y)$ 的一階偏導函數 f_x 與 f_y 定義如下：

   $$f_x(x, y) = \lim_{h\to 0} \dfrac{f(x+h, y) - f(x, y)}{h}$$

   $$f_y(x, y) = \lim_{h\to 0} \dfrac{f(x, y+h) - f(x, y)}{h}.$$

4. 高階偏導函數：

   函數 $f(x, y)$ 的偏導函數 f_x 與 f_y 的偏導函數 $(f_x)_x$、$(f_x)_y$、$(f_y)_x$、$(f_y)_y$，稱為

f 的**二階偏導函數**，以下列符號表示之．

$$(f_x)_x = f_{xx} = \frac{\partial f_x}{\partial x} = \frac{\partial}{\partial x}\left(\frac{\partial f}{\partial x}\right) = \frac{\partial^2 f}{\partial x^2}$$

$$(f_x)_y = f_{xy} = \frac{\partial f_x}{\partial y} = \frac{\partial}{\partial y}\left(\frac{\partial f}{\partial x}\right) = \frac{\partial^2 f}{\partial y\, \partial x}$$

$$(f_y)_x = f_{yx} = \frac{\partial f_y}{\partial x} = \frac{\partial}{\partial x}\left(\frac{\partial f}{\partial y}\right) = \frac{\partial^2 f}{\partial x\, \partial y}$$

$$(f_y)_y = f_{yy} = \frac{\partial f_y}{\partial y} = \frac{\partial}{\partial y}\left(\frac{\partial f}{\partial y}\right) = \frac{\partial^2 f}{\partial y^2}$$

5. 全微分：

設 $z = f(x, y)$，則 $dz = df = f_x(x, y)\,dx + f_y(x, y)\,dy$ 稱為 z 的**全微分**．

6. 連鎖法則：

(1) 若 $z = f(x, y)$ 為 x 與 y 的可微分函數且 x 與 y 皆為 t 的可微分函數，則

$$\frac{dz}{dt} = \frac{df}{dt} = \frac{\partial f}{\partial x}\frac{dx}{dt} + \frac{\partial f}{\partial y}\frac{dy}{dt}.$$

(2) 若 $z = f(x, y)$ 為 x 與 y 的可微分函數且 x 與 y 皆為 u 與 v 的可微分函數，則

$$\frac{\partial z}{\partial u} = \frac{\partial f}{\partial u} = \frac{\partial f}{\partial x}\frac{\partial x}{\partial u} + \frac{\partial f}{\partial y}\frac{\partial y}{\partial u}$$

$$\frac{\partial z}{\partial v} = \frac{\partial f}{\partial v} = \frac{\partial f}{\partial x}\frac{\partial x}{\partial v} + \frac{\partial f}{\partial y}\frac{\partial y}{\partial v}.$$

7. 隱函數微分法：

(1) 若方程式 $F(x, y) = 0$ 定義 y 為 x 的可微分函數，則

$$\frac{dy}{dx} = -\frac{\dfrac{\partial F}{\partial x}}{\dfrac{\partial F}{\partial y}} \quad \left(\text{其中 } \frac{\partial F}{\partial y} \neq 0\right).$$

(2) 若方程式 $F(x, y, z)=0$ 定義 z 為二變數 x 與 y 的可微分函數，則

$$\frac{\partial z}{\partial x}=-\frac{\frac{\partial F}{\partial x}}{\frac{\partial F}{\partial z}}, \quad \frac{\partial z}{\partial y}=-\frac{\frac{\partial F}{\partial y}}{\frac{\partial F}{\partial z}} \left(\text{其中 } \frac{\partial F}{\partial z} \neq 0\right).$$

8. 函數 $z=f(x, y)$ 的極值存在的必要條件：
   假設函數 $f(x, y)$ 在點 (a, b) 具有相對極值且偏導數 $f_x(a, b)$ 與 $f_y(a, b)$ 皆存在，則 $f_x(a, b)=f_y(a, b)=0$。

9. 函數 $z=f(x, y)$ 的極值存在的充分條件：
   設 $f(x, y)$ 的二階偏導函數在以點 (a, b) 為圓心的某圓區域皆為連續，
   令 $\Delta=f_{xx}(a, b) f_{yy}(a, b)-[f_{xy}(a, b)]^2$

   (1) 若 $\Delta>0$ 且 $f_{xx}(a, b)>0$，則 $f(a, b)$ 為 f 的相對極小值。

   (2) 若 $\Delta>0$ 且 $f_{xx}(a, b)<0$，則 $f(a, b)$ 為 f 的相對極大值。

   (3) 若 $\Delta<0$，則 f 在 (a, b) 無相對極值，(a, b) 為 f 的鞍點。

   (4) 若 $\Delta=0$，則無法確定 $f(a, b)$ 是否為 f 的相對極值。

10. 求二變數函數 f 在封閉且有界的區域 R 的絕對極值的步驟如下：

    (1) 在 R 的內部找出 f 的所有臨界點，並計算 f 在這些點的值。

    (2) 在 R 的邊界找出可能會產生極值的所有點，並計算 f 在這些點的值。

    (3) 在步驟 (1) 與 (2) 中所計算的最大值即為絕對極大值，最小值即為絕對極小值。

10 二重積分

10-1 二重積分

在本章裡，我們將單變數函數的積分推廣到二變數函數的積分，這樣的積分稱為二重積分. 往後，我們假設所涉及到的平面區域為包含整個邊界 (此為封閉曲線) 的有界區域.

今考慮用許許多多的水平線與垂直線，將 xy-平面上的一區域 R 任意地分割成許多小區域，如圖 10-1 所示，並令那些完完全全落在 R 內部的小矩形區域為 R_1, R_2, R_3, $\cdots$, R_n, 如圖 10-1 所示的陰影部分，而符號 ΔA_i 用來表示 R_i 的面積.

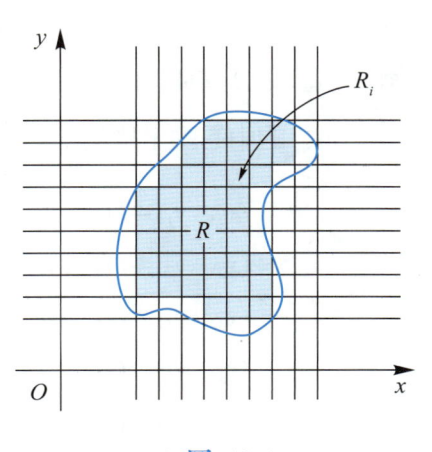

↢ 圖 10-1

定義 10-1

令 f 為定義在區域 R 的二變數函數，對 R_i 中任一點 (x_i, y_i) 作**黎曼和** $\sum_{i=1}^{n} f(x_i, y_i) \Delta A_i$，若 $\lim_{\max \Delta A_i \to 0} \sum_{i=1}^{n} f(x_i, y_i) \Delta A_i$ 存在，則 f 在 R 的**二重積分**

$$\iint_R f(x, y) \, dA$$

定義為

$$\iint_R f(x, y) \, dA = \lim_{\max \Delta A_i \to 0} \sum_{i=1}^{n} f(x_i, y_i) \Delta A_i.$$

若定義 10-1 的極限存在，則稱 f 在區域 R 為**可積分**. 此外，若 f 在 R 為連續，則 f 在 R 為可積分.

例題 1 令 R 是由頂點為 $(0, 0)$、$(4, 0)$、$(0, 8)$ 與 $(4, 8)$ 之矩形所圍成的區域，且 P 為 R 的內分割，其由具有 x-截距為 $0, 2, 4$ 的垂直線與具有 y-截距為 $0, 2, 4, 6, 8$ 的水平線所決定. 若取 (x_i, y_i) 為 R_i 的中心點，求 $f(x, y) = x^2 - 3y$ 在區域 R 之二重積分的近似值.

解 區域 R 如圖 10-2 所示.

R_i 的中心點坐標與函數在中心點的函數值分別為：

$(x_1, y_1) = (1, 1)$,　　$f(x_1, y_1) = -2$

$(x_2, y_2) = (1, 3)$,　　$f(x_2, y_2) = -8$

$(x_3, y_3) = (1, 5)$,　　$f(x_3, y_3) = -14$

$(x_4, y_4) = (1, 7)$,　　$f(x_4, y_4) = -20$

$(x_5, y_5) = (3, 1)$,　　$f(x_5, y_5) = 6$

$(x_6, y_6) = (3, 3)$,　　$f(x_6, y_6) = 0$

$(x_7, y_7) = (3, 5)$,　　$f(x_7, y_7) = -6$

$(x_8, y_8) = (3, 7)$,　　$f(x_8, y_8) = -12$

則 $\iint_R f(x, y) \, dA \approx \sum_{i=1}^{8} f(x_i, y_i) \Delta A_i$

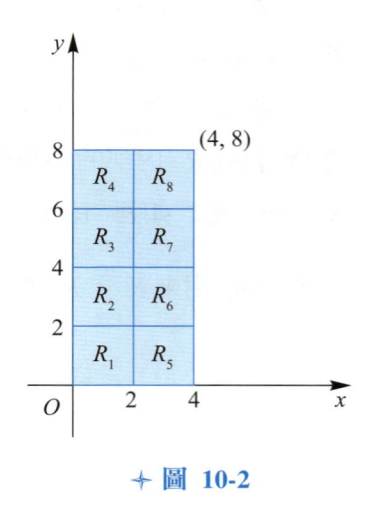

↑ 圖 10-2

因每一個小正方形的面積為 $\Delta A_i = 4$, $i = 1, 2, 3, \cdots, 8$, 故

$$\sum_{i=1}^{8} f(x_i, y_i) \Delta A_i = 4 \sum_{i=1}^{8} f(x_i, y_i)$$
$$= -2 - 8 - 14 - 20 + 6 + 0 - 6 - 12$$
$$= -224$$

所以,
$$\iint_R f(x, y) \, dA \approx -224.$$

定理 10-1

若二變數函數 f 與 g 在區域 R 均為連續, 則

(1) $\iint_R c f(x, y) \, dA = c \iint_R f(x, y) \, dA$, 此處 c 為常數.

(2) $\iint_R [f(x, y) \pm g(x, y)] \, dA = \iint_R f(x, y) \, dA \pm \iint_R g(x, y) \, dA$.

(3) 若對整個 R 皆有 $f(x, y) \geq 0$, 則 $\iint_R f(x, y) \, dA \geq 0$.

(4) 若對整個 R 皆有 $f(x, y) \geq g(x, y)$, 則

$$\iint_R f(x, y) \, dA \geq \iint_R g(x, y) \, dA.$$

(5) $\iint_R f(x, y) \, dA = \iint_{R_1} f(x, y) \, dA + \iint_{R_2} f(x, y) \, dA.$

此處 R 為二個不重疊區域 R_1 與 R_2 的聯集.

例題 2 設 $R = \{(x, y) \mid 1 \leq x \leq 4, 0 \leq y \leq 2\}$ 且

452 微積分

$$f(x, y) = \begin{cases} -1, & 1 \leq x \leq 4,\ 0 \leq y < 1 \\ 2, & 1 \leq x \leq 4,\ 1 \leq y \leq 2 \end{cases}$$

計算 $\iint_R f(x, y)\, dA$.

解 R 如圖 10-3 所示.

$$\iint_R f(x, y)\, dA = \iint_{R_1} f(x, y)\, dA + \iint_{R_2} f(x, y)\, dA$$

$$= \iint_{R_1} (-1)\, dA + \iint_{R_2} 2\, dA$$

$$= (-1)(3) + (2)(3) = 3$$

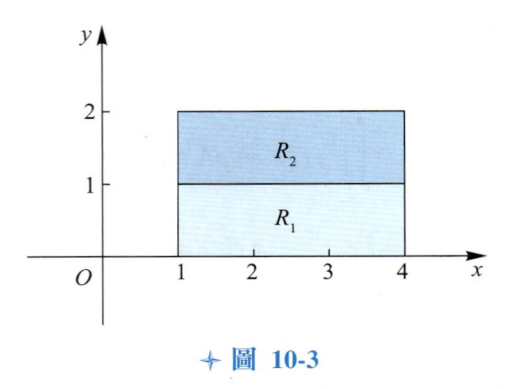

◆ 圖 10-3

在整個區域 R 中，若 $f(x, y) \geq 0$，如圖 10-4 所示，則直立矩形柱體的體積 ΔV_i 為 $f(x_i, y_i)\Delta A_i$，故所有直立矩形柱體體積的和 $\sum_{i=1}^{n} f(x_i, y_i)\Delta A_i$ 為介於平面區域 R 與曲面 $z = f(x, y)$ 之間的立體體積 V 的近似值. 當 $\max \Delta A_i \to 0$ 時，若黎曼和的極限存在，則其代表立體的體積，即，

$$V = \iint_R f(x, y)\, dA.$$

在整個區域 R 中，若 $f(x, y) = 1$，則

➡ 圖 10-4

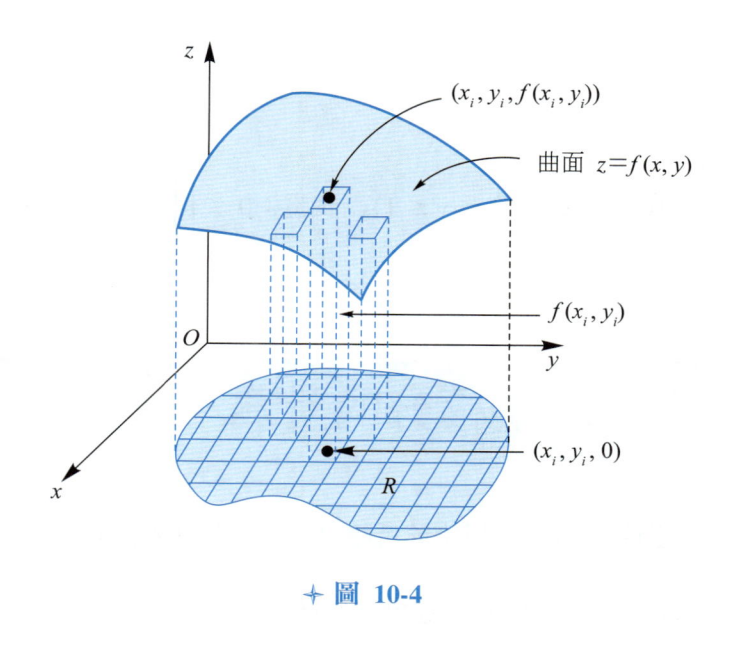

$$\iint_R 1\, dA = \iint_R dA$$

代表在區域 R 上方且具有一定高度 1 之立體的體積. 在數值上, 此與區域 R 的面積相同. 於是, R 的面積 $= \iint_R dA$.

習題 10-1

1. 令 R 是由頂點為 $(0, 0)$、$(4, 4)$、$(8, 4)$ 與 $(12, 0)$ 之梯形所圍成的區域, R_i 是由具有 x-截距為 $0, 2, 4, 6, 8, 10, 12$ 的垂直線與具有 y-截距為 $0, 2, 4$ 的水平線所決定. 若 $f(x, y) = xy$, 取 (x_i, y_i) 為 R_i 的中心點, 求黎曼和.

2. 設 $R = \{(x, y) \mid 1 \leq x \leq 4,\ 0 \leq y \leq 2\}$ 且
$$f(x, y) = \begin{cases} 2, & 1 \leq x < 3,\ 0 \leq y < 1 \\ 1, & 1 \leq x < 3,\ 1 \leq y \leq 2 \\ 3, & 3 \leq x \leq 4,\ 0 \leq y \leq 2 \end{cases}$$

計算 $\iint_R f(x, y)\, dA$.

3. 已知 $R = \{(x, y) \mid 0 \leq x \leq 1,\ 0 \leq y \leq 1\}$，試證：$0 \leq \iint_R \sin(x+y)\, dA \leq 1$.

10-2 二重積分的計算

針對偏微分的逆過程，我們可以定義**偏積分**. 假設二變數函數 $f(x, y)$ 在矩形區域 $R = \{(x, y) \mid a \leq x \leq b,\ c \leq y \leq d\}$ 為連續. 符號 $\int_a^b f(x, y)\, dx$ 是 **$f(x, y)$ 對 x 的偏積分**，它是依據使 y 保持固定並對 x 積分的方式去計算，同理，**$f(x, y)$ 對 y 的偏積分** $\int_c^d f(x, y)\, dy$ 是依據使 x 保持固定並對 y 積分的方式去計算. 形如 $\int_a^b f(x, y)\, dx$ 的積分必產生 y 的函數作為結果，而形如 $\int_c^d f(x, y)\, dy$ 的積分必產生 x 的函數作為結果. 基於這種情形，我們可以考慮下列的計算類型：

$$\int_c^d \left[\int_a^b f(x, y)\, dx \right] dy \tag{10-1}$$

$$\int_a^b \left[\int_c^d f(x, y)\, dy \right] dx \tag{10-2}$$

在 (10-1) 式中，內積分 $\int_a^b f(x, y)\, dx$ 產生 y 的函數，然後在區間 $[c, d]$ 被積分；
在 (10-2) 式中，內積分 $\int_c^d f(x, y)\, dy$ 產生 x 的函數，然後在區間 $[a, b]$ 被積分.

(10-1) 式與 (10-2) 式皆稱為**疊積分** (或**累積分**)，通常省略方括號而寫成：

$$\int_c^d \int_a^b f(x,\ y)\ dx\ dy = \int_c^d \left[\int_a^b f(x,\ y)\ dx \right] dy$$

$$\int_a^b \int_c^d f(x,\ y)\ dy\ dx = \int_a^b \left[\int_c^d f(x,\ y)\ dy \right] dx$$

例題 1 計算 (1) $\int_0^3 \int_1^2 xy^2\ dy\ dx$ (2) $\int_1^2 \int_0^3 xy^2\ dx\ dy$

解 (1) $\int_0^3 \int_1^2 xy^2\ dy\ dx = \int_0^3 \left[\frac{1}{3} xy^3 \right]_1^2 dx = \int_0^3 \frac{7}{3} x\ dx = \left[\frac{7}{6} x^2 \right]_0^3 = \frac{21}{2}$.

(2) $\int_1^2 \int_0^3 xy^2\ dx\ dy = \int_1^2 \left[\frac{1}{2} x^2 y^2 \right]_0^3 dy = \int_1^2 \frac{9}{2} y^2\ dy = \left[\frac{3}{2} y^3 \right]_1^2 = \frac{21}{2}$.

例題 2 計算 $\int_1^2 \int_0^1 \frac{1}{(x+y)^2}\ dx\ dy$.

解 $\int_1^2 \int_0^1 \frac{1}{(x+y)^2}\ dx\ dy = \int_1^2 \left[-\frac{1}{x+y} \right]_0^1 dy = \int_1^2 \left(\frac{1}{y} - \frac{1}{1+y} \right) dy$

$= \left[\ln|y| - \ln|1+y| \right]_1^2 = \ln 2 - \ln 3 + \ln 2 = \ln \frac{4}{3}$.

例題 3 試證：若 $f(x,\ y) = g(x)h(y)$ 且 g 與 h 皆為連續函數，則

$$\int_a^b \int_c^d f(x,\ y)\ dy\ dx = \left(\int_a^b g(x)\ dx \right) \left(\int_c^d h(y)\ dy \right).$$

解 $\int_a^b \int_c^d f(x,\ y)\ dy\ dx = \int_a^b \int_c^d g(x) h(y)\ dy\ dx$

$= \int_a^b g(x) \left[\int_c^d h(y)\ dy \right] dx$ (視 $g(x)$ 為常數)

$$=\left(\int_c^d h(y)\,dy\right)\left(\int_a^b g(x)\,dx\right)=\left(\int_a^b g(x)\,dx\right)\left(\int_c^d h(y)\,dy\right).$$

例題 4 利用上題計算 $\displaystyle\int_0^1\int_0^1 xye^{x^2+y^2}\,dy\,dx$.

解
$$\int_0^1\int_0^1 xye^{x^2+y^2}\,dy\,dx=\int_0^1\int_0^1 xe^{x^2}\cdot ye^{y^2}\,dy\,dx=\left(\int_0^1 xe^{x^2}\,dx\right)\left(\int_0^1 ye^{y^2}\,dy\right)$$

$$=\left(\int_0^1 xe^{x^2}\,dx\right)^2 \qquad (x\text{ 與 }y\text{ 為虛變數})$$

$$=\left(\left[\frac{1}{2}e^{x^2}\right]_0^1\right)^2=\frac{1}{4}(e-1)^2.$$

定理 10-2　富比尼定理

若函數 f 在矩形區域 $R=\{(x,\ y)\,|\,a\leq x\leq b,\ c\leq y\leq d\}$ 為連續，則

$$\iint_R f(x,\ y)\,dA=\int_a^b\int_c^d f(x,\ y)\,dy\,dx=\int_c^d\int_a^b f(x,\ y)\,dx\,dy.$$

例題 5 計算 $\displaystyle\iint_R xy^2\,dA$，此處 $R=\{(x,\ y)\,|-3\leq x\leq 2,\ 0\leq y\leq 1\}$.

解 方法 1：
$$\iint_R xy^2\,dA=\int_{-3}^2\int_0^1 xy^2\,dy\,dx=\int_{-3}^2\left[\frac{1}{3}xy^3\right]_0^1 dx$$

$$=\int_{-3}^2 \frac{x}{3}\,dx=\left[\frac{x^2}{6}\right]_{-3}^2=-\frac{5}{6}.$$

方法 2：
$$\iint_R xy^2\,dA=\int_0^1\int_{-3}^2 xy^2\,dx\,dy=\int_0^1\left[\frac{1}{2}x^2y^2\right]_{-3}^2 dy$$

$$= \int_0^1 \left(-\frac{5}{2}y^2\right) dy = \left[-\frac{5}{6}y^3\right]_0^1 = -\frac{5}{6}.$$

例題 6 利用二重積分求在平面 $z=4-x-y$ 下方且在矩形區域 $R=\{(x, y) | 0 \le x \le 1, 0 \le y \le 2\}$ 上方之立體的體積.

解 方法 1：體積 $V = \iint_R z\, dA = \int_0^2 \int_0^1 (4-x-y)\, dx\, dy = \int_0^2 \left[4x - \frac{x^2}{2} - xy\right]_0^1 dy$

$$= \int_0^2 \left(\frac{7}{2} - y\right) dy = \left[\frac{7}{2}y - \frac{y^2}{2}\right]_0^2 = 5.$$

方法 2：體積 $V = \iint_R z\, dA = \int_0^1 \int_0^2 (4-x-y)\, dy\, dx = \int_0^1 \left[4y - xy - \frac{y^2}{2}\right]_0^2 dx$

$$= \int_0^1 (8-2x-2)\, dx = \int_0^1 (6-2x)\, dx = \left[6x - x^2\right]_0^1 = 5.$$

到目前為止，我們僅說明如何計算在矩形區域上的疊積分. 現在，我們將計算在非矩形區域上的疊積分：

$$\int_a^b \int_{g_1(x)}^{g_2(x)} f(x, y)\, dy\, dx = \int_a^b \left[\int_{g_1(x)}^{g_2(x)} f(x, y)\, dy\right] dx$$

$$\int_c^d \int_{h_1(y)}^{h_2(y)} f(x, y)\, dx\, dy = \int_c^d \left[\int_{h_1(y)}^{h_2(y)} f(x, y)\, dx\right] dy$$

例題 7 計算 $\int_0^2 \int_x^{x^2} xy^2\, dy\, dx$.

解 $\int_0^2 \int_x^{x^2} xy^2\, dy\, dx = \int_0^2 \left(\int_x^{x^2} xy^2\, dy\right) dx = \int_0^2 \left[\frac{1}{3}xy^3\right]_x^{x^2} dx = \int_0^2 \left(\frac{x^7}{3} - \frac{x^4}{3}\right) dx$

$$= \left[\frac{x^8}{24} - \frac{x^5}{15}\right]_0^2 = \frac{32}{3} - \frac{32}{15} = \frac{128}{15}.$$

例題 8 計算 $\int_0^\pi \int_0^{\cos y} x \sin y \, dx \, dy$.

解
$$\int_0^\pi \int_0^{\cos y} x \sin y \, dx \, dy = \int_0^\pi \left(\int_0^{\cos y} x \sin y \, dx \right) dy = \int_0^\pi \left[\frac{1}{2} x^2 \sin y \right]_0^{\cos y} dy$$

$$= \frac{1}{2} \int_0^\pi \cos^2 y \sin y \, dy = -\frac{1}{2} \int_0^\pi \cos^2 y \, d(\cos y)$$

$$= \left[-\frac{1}{6} \cos^3 y \right]_0^\pi = \frac{1}{3}.$$

例題 9 計算 $\int_0^2 \int_{x^2}^{2x} (2y-x) \, dy \, dx$ 的值，並描繪疊積分的積分區域.

解
$$\int_0^2 \int_{x^2}^{2x} (2y-x) \, dy \, dx = \int_0^2 \left[y^2 - xy \right]_{x^2}^{2x} dx = \int_0^2 (2x^2 - x^4 + x^3) \, dx$$

$$= \left[\frac{2}{3} x^3 - \frac{1}{5} x^5 + \frac{1}{4} x^4 \right]_0^2 = \frac{44}{15}.$$

疊積分的積分區域為

$$R = \{(x, y) \mid 0 \leq x \leq 2, \ x^2 \leq y \leq 2x\}$$

如圖 10-5 所示.

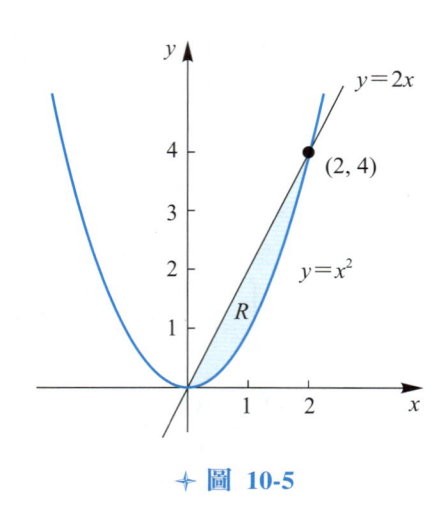

▲ 圖 10-5

(i) 第 I 型區域

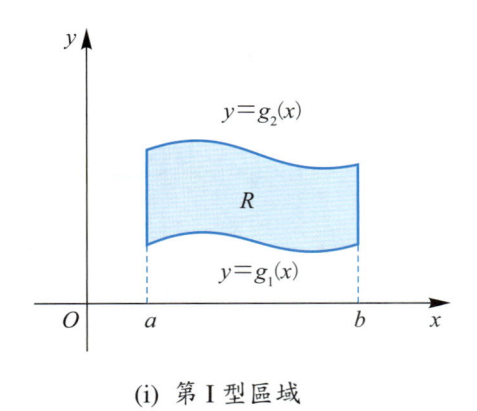

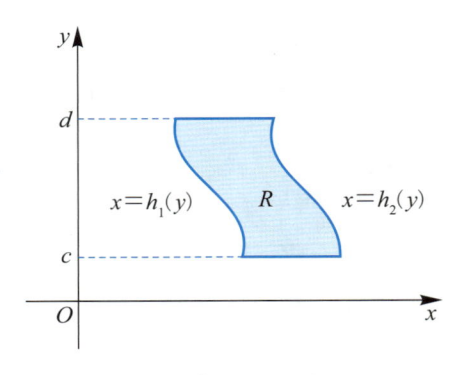

(ii) 第 II 型區域

↑ 圖 10-6

如果我們想直接由定義 10-1 計算二重積分的值，並非一件容易的事．現在，我們將討論如何利用疊積分計算二重積分的值．在討論疊積分與二重積分之關係前，我們先討論如圖 10-6 所示 xy-平面上的各型區域．若區域 R 為

$$R = \{(x, y) \mid a \leq x \leq b, \; g_1(x) \leq y \leq g_2(x)\}$$

其中函數 $g_1(x)$ 與 $g_2(x)$ 皆為連續函數，則我們稱它為第 I 型區域．又若 $R = \{(x, y) \mid h_1(y) \leq x \leq h_2(y), \; c \leq y \leq d\}$，其中 $h_1(y)$ 與 $h_2(y)$ 皆為連續函數，則稱它為第 II 型區域．

下面定理使我們能夠利用疊積分計算在第 I 型與第 II 型區域上的二重積分．

定理 10-3

假設 f 在區域 R 為連續，若 R 為第 I 型區域，則

$$\iint_R f(x, y) \, dA = \int_a^b \int_{g_1(x)}^{g_2(x)} f(x, y) \, dy \, dx$$

若 R 為第 II 型區域，則

$$\iint_R f(x, y) \, dA = \int_c^d \int_{h_1(y)}^{h_2(y)} f(x, y) \, dx \, dy.$$

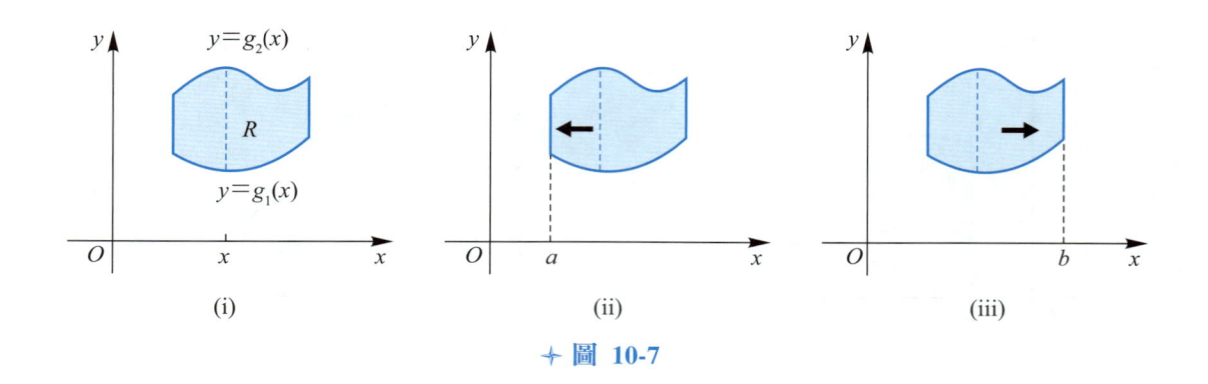

圖 10-7

欲應用定理 10-2，通常從區域 R 的二維圖形開始 (不需要作 $f(x, y)$ 的圖形). 對第 I 型區域，我們可以求得公式：

$$\iint_R f(x, y)\, dA = \int_a^b \int_{g_1(x)}^{g_2(x)} dy\, dx$$

中的積分界限如下：

步驟 1：我們在任一點 x 畫出穿過區域 R 的一條垂直線 (圖 10-7(i))，此直線交 R 的邊界兩次，最低交點在曲線 $y = g_1(x)$ 上，而最高交點在曲線 $y = g_2(x)$ 上，這些交點決定了公式中 y 的積分界限。

步驟 2：將在步驟 1 所畫出的直線先向左移動 (圖 10-7(ii))，然後向右移動 (圖 10-7(iii))，直線與區域 R 相交的最左邊位置為 $x = a$，而相交的最右邊位置為 $x = b$，由此可得 x 的積分界限。

例題 10 求 $\iint_R xy\, dA$，其中 R 是由曲線 $y = \sqrt{x}$ 與直線 $y = \dfrac{x}{2}$、$x = 1$、$x = 4$ 所圍成的區域.

解 如圖 10-8 所示，R 為第 I 型區域. 於是，

$$\iint_R xy\, dA = \int_1^4 \int_{x/2}^{\sqrt{x}} xy\, dy\, dx = \int_1^4 \left[\frac{1}{2} xy^2\right]_{x/2}^{\sqrt{x}} dx$$

→ 圖 10-8

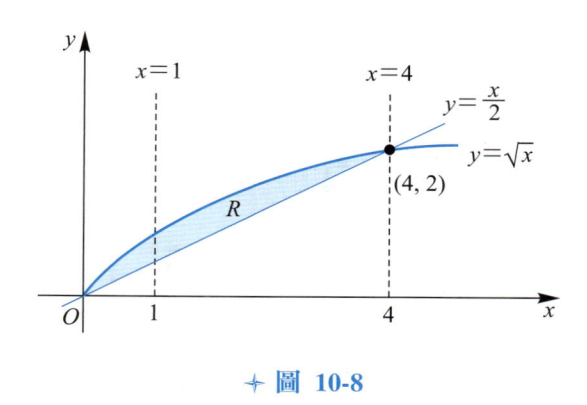

$$= \int_1^4 \left(\frac{x^2}{2} - \frac{x^3}{8}\right) dx = \left[\frac{x^3}{6} - \frac{x^4}{32}\right]_1^4$$

$$= \frac{32}{3} - 8 - \left(\frac{1}{6} - \frac{1}{32}\right) = \frac{81}{32}.$$

若 R 為第 II 型區域，則求得公式：

$$\iint_R f(x, y)\, dA = \int_c^d \int_{h_1(y)}^{h_2(y)} f(x, y)\, dx\, dy$$

中的積分界限如下：

步驟 1：我們在任一點 y 畫出穿過區域 R 的一條水平線（圖 10-9(i)），此直線交 R 的邊界兩次，最左邊的交點在曲線 $x = h_1(y)$ 上，而最右邊的交點在曲線 $x = h_2(y)$ 上，這些交點決定了公式中 x 的積分界限.

步驟 2：將在步驟 1 所畫出的直線先向下移動（圖 10-9(ii)），然後向上移動（圖 10-9(iii)），直線與區域 R 相交的最低位置為 $y = c$，而相交的最高位置為 $y = d$，由此可得公式中 y 的積分界限.

例題 11 求 $\iint_R (4x - y^2)\, dA$，其中 R 是由直線 $y = -x + 1$、$y = x + 1$ 與 $y = 3$ 所圍成的三角形區域.

(i)　　　　　　　　　　(ii)　　　　　　　　　(iii)

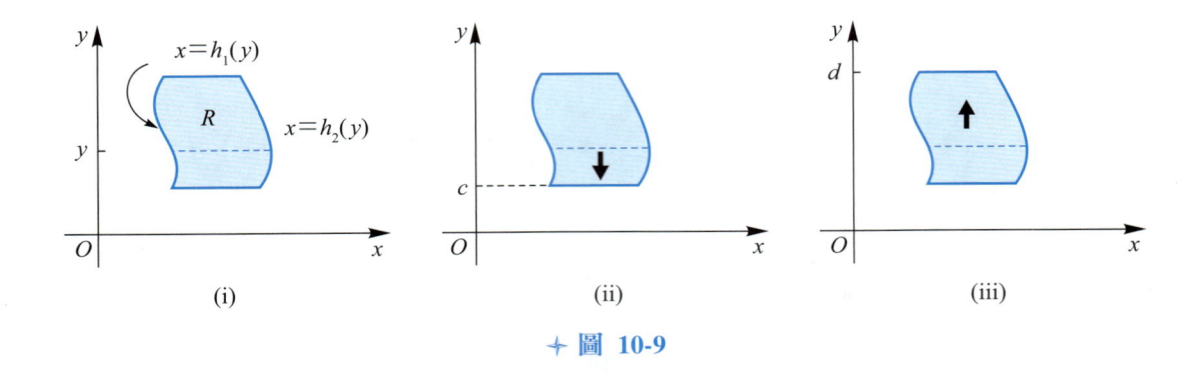

◆ 圖 10-9

解　區域 R 如圖 10-10 所示，我們視 R 為第 II 型區域. 於是，

$$\iint_R (4x-y^2)\, dA = \int_1^3 \int_{1-y}^{y-1} (4x-y^2)\, dx\, dy = \int_1^3 \left[2x^2 - xy^2\right]_{1-y}^{y-1} dy$$

$$= \int_1^3 \left[(2-4y+3y^2-y^3) - (2-4y+y^2+y^3)\right] dy$$

$$= \int_1^3 (2y^2 - 2y^3)\, dy = \left[\frac{2}{3}y^3 - \frac{1}{2}y^4\right]_1^3$$

$$= 18 - \frac{81}{2} - \frac{2}{3} + \frac{1}{2} = -\frac{68}{3}.$$

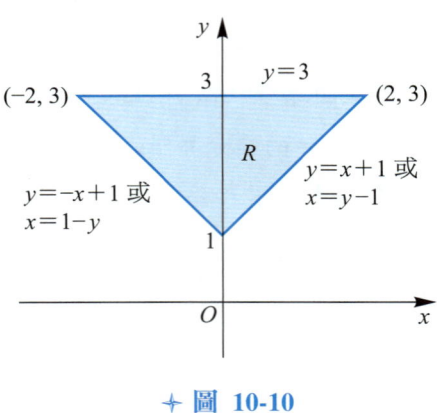

◆ 圖 10-10

註：欲在第 II 型區域上積分，左邊界與右邊界必須分別表為 $x = h_1(y)$ 與 $x = h_2(y)$，這就是我們在上面例題中分別改寫邊界方程式 $y = -x+1$ 與 $y = x+1$ 為 $x = 1-y$

第十章　二重積分

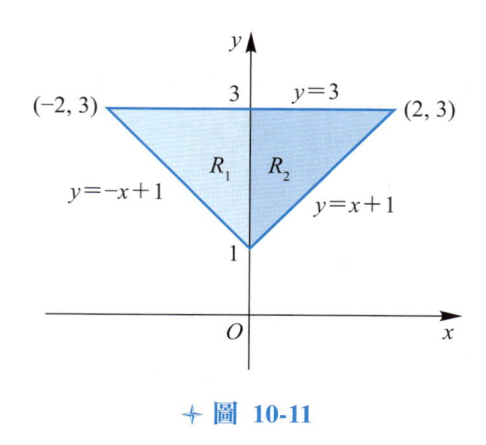

→ 圖 10-11

與 $x=y-1$ 的理由.

在例題 11 中，若我們視 R 為第 I 型區域，則 R 的上邊界是直線 $y=3$ 而下邊界是由在原點左邊的直線 $y=-x+1$ 與在原點右邊的直線 $y=x+1$ 等兩部分所組成. 欲完成積分，我們需要將 R 分成兩部分，如圖 10-11 所示，而寫成：

$$\iint_R (4x-y^2)\,dA = \iint_{R_1}(4x-y^2)\,dA + \iint_{R_2}(4x-y^2)\,dA$$
$$= \int_{-2}^{0}\int_{-x+1}^{3}(4x-y^2)\,dy\,dx + \int_{0}^{2}\int_{x+1}^{3}(4x-y^2)\,dy\,dx$$

由此可得例題 11 中所得的同樣結果.

雖然二重積分可利用定理 10-2 來計算. 一般而言，選擇 $dy\,dx$ 或 $dx\,dy$ 的積分順序往往與 $f(x, y)$ 的形式及區域 R 有關，有時，所予二重積分的計算非常地困難，或甚至不可能；然而，若變換 $dy\,dx$ 或 $dx\,dy$ 的積分順序，或許可能求得易於計算之等值的二重積分.

例題 12 試變換積分的順序計算 $\displaystyle\int_{0}^{1}\int_{2x}^{2} e^{y^2}\,dy\,dx$.

解 因所予的積分順序為 $dy\,dx$，故區域 R 為第 I 型區域：$y=2x$ 至 $y=2$；$x=0$

至 $x=1$. 今變換積分順序為 $dx\,dy$，則 x 自 0 至 $\dfrac{y}{2}$；y 自 0 至 2，如圖 10-12 所示. 所以，

$$\int_0^1 \int_{2x}^2 e^{y^2}\,dy\,dx = \int_0^2 \int_0^{y/2} e^{y^2}\,dx\,dy$$

$$= \int_0^2 \left[xe^{y^2}\right]_0^{y/2} dy = \int_0^2 \frac{1}{2} y e^{y^2}\,dy$$

$$= \frac{1}{4}\int_0^2 e^{y^2}\,d(y^2) = \frac{1}{4}\left[e^{y^2}\right]_0^2$$

$$= \frac{1}{4}(e^4 - 1).$$

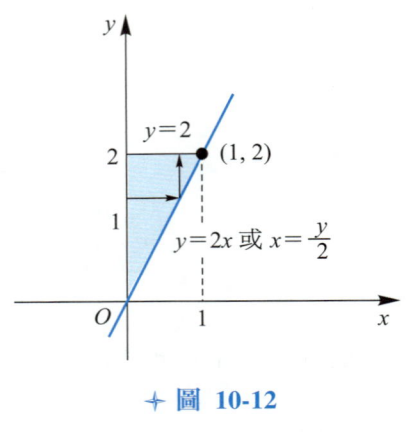

◆ 圖 10-12

例題 13 利用二重積分求由拋物線 $y=x^2$ 與直線 $y=2x$ 所圍成區域的面積.

解 我們同樣可以視區域 R 為第 I 型 (圖 10-13(i)) 或第 II 型 (圖 10-13(ii)). 視 R 為第 I 型，可得

$$R \text{ 的面積} = \iint_R dA = \int_0^2 \int_{x^2}^{2x} dy\,dx = \int_0^2 \left[y\right]_{x^2}^{2x} dx$$

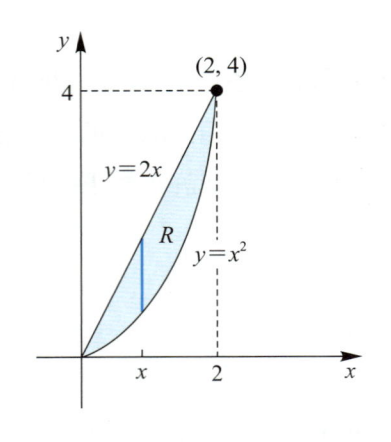

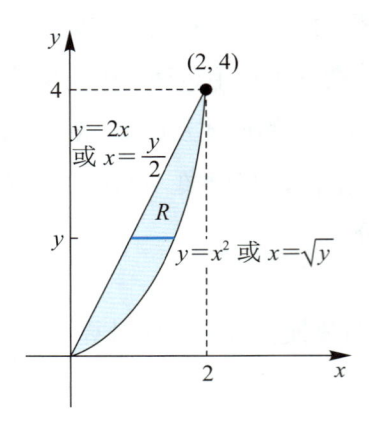

(i)   (ii)

◆ 圖 10-13

$$= \int_0^2 (2x - x^2)\, dx = \left[x^2 - \frac{x^3}{3} \right]_0^2 = \frac{4}{3}$$

視 R 為第 II 型，可得

$$R \text{ 的面積} = \iint_R dA = \int_0^4 \int_{y/2}^{\sqrt{y}} dx\, dy = \int_0^4 \left[x \right]_{y/2}^{\sqrt{y}} dy$$

$$= \int_0^4 \left(\sqrt{y} - \frac{y}{2} \right) dy = \left[\frac{2}{3} y^{3/2} - \frac{y^2}{4} \right]_0^4 = \frac{4}{3}.$$

例題 14 利用二重積分求由各坐標平面與平面 $4x + 2y + z = 4$ 所圍成四面體的體積．

解 四面體的上界為平面 $z = 4 - 4x - 2y$，而下界為圖 10-14 所示的三角形區域 R，它是由 x-軸、y-軸與直線 $y = 2 - 2x$（在 $z = 4 - 4x - 2y$ 中令 $z = 0$）所圍成，故視 R 為第 I 型區域，可得體積為

$$V = \iint_R (4 - 4x - 2y)\, dA$$

$$= \int_0^1 \int_0^{2-2x} (4 - 4x - 2y)\, dy\, dx$$

$$= \int_0^1 \left[4y - 4xy - y^2 \right]_0^{2-2x} dx$$

$$= \int_0^1 (4 - 8x + 4x^2)\, dx$$

$$= \left[4x - 4x^2 + \frac{4}{3} x^3 \right]_0^1 = \frac{4}{3}.$$

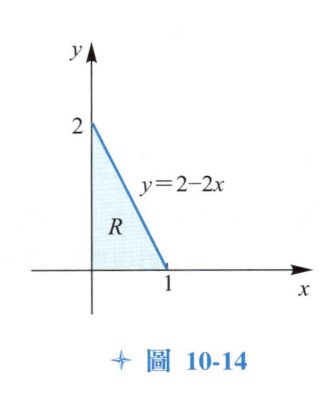

✦ 圖 10-14

例題 15 求由圓柱面 $x^2 + y^2 = 4$ 與兩平面 $y + z = 5$、$z = 0$ 所圍成立體的體積．

解 如圖 10-15 所示，該立體的上界為平面 $z = 5 - y$，而下界為位於圓 $x^2 + y^2 = 4$ 內部的區域 R，視 R 為第 I 型區域，可得體積為

◆ 圖 10-15

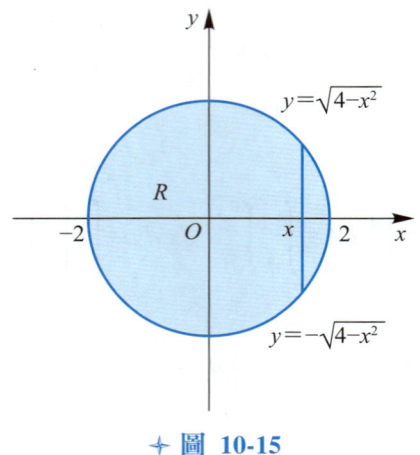

$$V = \iint_R z\, dA = \int_{-2}^{2} \int_{-\sqrt{4-x^2}}^{\sqrt{4-x^2}} (5-y)\, dy\, dx = \int_{-2}^{2} \left[5y - \frac{y^2}{2}\right]_{-\sqrt{4-x^2}}^{\sqrt{4-x^2}} dx$$

$$= \int_{-2}^{2} 10\sqrt{4-x^2}\, dx$$

$$= (10)(2\pi) = 20\pi.$$

$\left(\int_{-2}^{2} \sqrt{4-x^2}\, dx = \text{半徑為 2 的半圓區域面積} \right)$

例題 16 求兩圓柱體 $x^2+y^2 \leq 1$ 與 $x^2+z^2 \leq 1$ 所共有的體積.

解 兩圓柱體所共有的立體，僅繪出第一卦限的部分，如圖 10-16(i) 所示. 依對稱性，我們只要求出此部分的體積，然後將結果再乘以 8，即，

$$V = 8\iint_R z\, dA = 8\iint_R \sqrt{1-x^2}\, dA$$

此處 R 是位於第一象限在圓 $x^2+y^2=1$ 內部的區域，如圖 10-16(ii) 所示. 所以，體積為：

$$V = 8\int_0^1 \int_0^{\sqrt{1-x^2}} \sqrt{1-x^2}\, dy\, dx = 8\int_0^1 \left[y\sqrt{1-x^2}\right]_0^{\sqrt{1-x^2}} dx$$

$$= 8 \int_0^1 (1-x^2)\, dx = 8 \left[x - \frac{x^3}{3} \right]_0^1 = \frac{16}{3}.$$

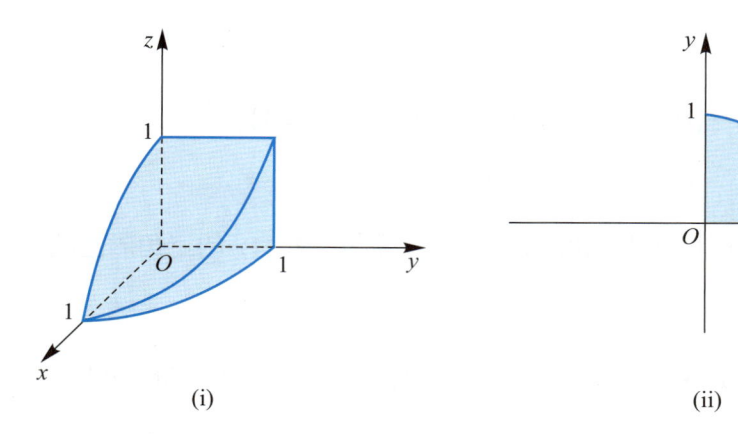

(i)　　　　　　　　　　　　　　　(ii)

◆ 圖 10-16

習題 10-2

計算 1～9 題中的疊積分．

1. $\displaystyle\int_{-1}^{2} \int_{1}^{4} (x+3x^2 y)\, dx\, dy$

2. $\displaystyle\int_{0}^{1} \int_{0}^{\pi/2} (\sin x + e^y)\, dx\, dy$

3. $\displaystyle\int_{1}^{2} \int_{0}^{x} e^{y/x}\, dy\, dx$

4. $\displaystyle\int_{0}^{\pi/2} \int_{0}^{\sin y} e^x \cos y\, dx\, dy$

5. $\displaystyle\int_{1}^{e} \int_{0}^{x} \ln x\, dy\, dx$

6. $\displaystyle\int_{0}^{1} \int_{y}^{1} \frac{1}{1+y^2}\, dx\, dy$

7. $\displaystyle\int_{0}^{3} \int_{0}^{\sqrt{9-y^2}} \frac{3}{\sqrt{9-y^2}}\, dx\, dy$

8. $\displaystyle\int_{0}^{\pi/2} \int_{0}^{\pi/2} \sin(x+y)\, dy\, dx$

9. $\displaystyle\int_{0}^{\ln 3} \int_{0}^{\ln 2} e^{x+y}\, dy\, dx$

在 10～14 題中，求二重積分的值．

10. $\iint_R (2x+y)\,dA$；$R=\{(x,\ y)\mid -1\leq x\leq 2,\ -1\leq y\leq 4\}$

11. $\iint_R (y-xy^2)\,dA$；$R=\{(x,\ y)\mid -y\leq x\leq y+1,\ 0\leq y\leq 1\}$

12. $\iint_R xy^2\,dA$；R 為具有三頂點 $(0,\ 0)$、$(3,\ 1)$ 與 $(-2,\ 1)$ 的三角形區域．

13. $\iint_R \dfrac{y}{1+x^2}\,dA$；$R$ 是由曲線 $y=\sqrt{x}$、x-軸與直線 $x=4$ 所圍成的區域．

14. $\iint_R x\cos y\,dA$；R 是由拋物線 $y=x^2$、x-軸與直線 $x=1$ 所圍成的區域．

在 15～16 題中，顛倒積分的順序計算疊積分．

15. $\displaystyle\int_0^1\int_{3y}^3 e^{x^2}\,dx\,dy$

16. $\displaystyle\int_0^2\int_{y^2}^4 y\cos x^2\,dx\,dy$

在 17～19 題中，利用二重積分求各方程式的圖形所圍成區域的面積．

17. $y=x$，$y=3x$，$x+y=4$

18. $y=\ln|x|$，$y=0$，$y=1$

19. $y=x^2$，$y=8-x^2$

20. 求由各坐標平面與平面 $x=5$，$y+2z-4=0$ 所圍成立體的體積．

21. 求由各坐標平面與平面 $z=6-2x-3y$ 所圍成四面體的體積．

22. 求圓柱面 $x^2+y^2=9$、xy-平面與平面 $z=3-x$ 所圍成立體的體積．

23. 求上界為平面 $z=x+2y+2$ 且下界為 xy-平面以及側邊界為平面 $y=0$、拋物面 $y=1-x^2$ 的立體的體積．

24. 求拋物面 $y^2=x$、xy-平面與平面 $x+z=1$ 所圍成立體的體積．

25. 求在第一卦限中由各坐標平面、平面 $x+2y-4=0$ 與平面 $x+8y-4z=0$ 所圍成立體的體積．

26. 求兩圓柱體 $x^2+y^2\leq r^2$ 與 $y^2+z^2\leq r^2$ 所共有立體的體積 $(r>0)$．

10-3　二重積分的應用

若我們考慮一均勻 (即，密度為常數) 薄片，則其質量 m 為 ρA，此處 A 為該薄片的面積且 ρ 為其面積密度 (即，每單位面積的質量)．一般，由於物質並非均勻，故面積密度是可變的．假設一薄片可用 xy-平面上某一區域 R 來表示，且其面積密度函數 $\rho = \rho(x, y)$ 在 R 為連續．欲求該薄片的總質量 m，我們可使用二重積分．

首先，令 R 內部的小矩形區域為 $R_1, R_2, \cdots, R_i, \cdots, R_n$，若在面積為 ΔA_i 的矩形區域 R_i 內任選取一點 (x_i, y_i)，則對應於 R_i 的小薄片之質量的近似值為：

$$(\text{面積密度}) \cdot (\text{面積}) = \rho(x_i, y_i) \, \Delta A_i$$

將所有質量相加，薄片的總質量近似於

$$\sum_{i=1}^{n} \rho(x_i, y_i) \, \Delta A_i$$

若 $\max \Delta A_i \to 0$，則薄片的總質量 m 為

$$m = \lim_{\max \Delta A_i \to 0} \sum_{i=1}^{n} \rho(x_i, y_i) \, \Delta A = \iint_R \rho(x, y) \, dA \quad \text{(10-3)}$$

由 (10-3) 式可知，若面積密度 ρ 為常數，則

$$m = \iint_R \rho \, dA = \rho \iint_R dA = \rho A$$

若一質量 m 的質點置於距定軸 L 的距離為 d，則對該軸的**力矩 M_L** 為

$$M_L = md$$

令一非均勻密度的薄片具有平面區域 R 的形狀且在點 (x, y) 的面積密度 $\rho(x, y)$ 在 R 為連續．若令 R 內部的小矩形區域為 $R_1, R_2, \cdots, R_i, \cdots, R_n$，面積分別為 $A_1, A_2, \cdots, A_i, \cdots, A_n$，並在 R_i 內選取一點 (x_i, y_i)，如圖 10-17 所示．若假設對應於 R_i 的小薄片的質量集中在點 (x_i, y_i)，則其對 x-軸的力矩為乘積 $y_i \rho(x_i, y_i) \, \Delta A_i$．若

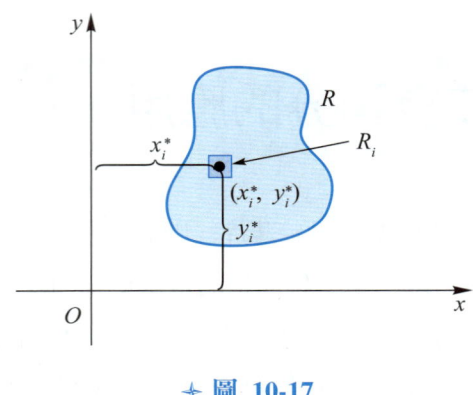

→ 圖 10-17

將這些力矩相加且取 $\max \Delta A_i \to 0$ 時的極限，則整個薄片對 x-軸的力矩 M_x 為

$$M_x = \lim_{\max \Delta A_i \to 0} \sum_{i=1}^{n} y_i \rho(x_i, y_i) \Delta A_i = \iint_R y\rho(x, y)\, dA \tag{10-4}$$

同理，整個薄片對 y-軸的力矩（或稱第一力矩）M_y 為

$$M_y = \lim_{\max \Delta A_i \to 0} \sum_{i=1}^{n} x_i \rho(x_i, y_i) \Delta A_i = \iint_R x\rho(x, y)\, dA \tag{10-5}$$

若我們定義薄片的質心的坐標為

$$\bar{x} = \frac{M_y}{m}, \quad \bar{y} = \frac{M_x}{m} \tag{10-6}$$

則

$$\bar{x} = \frac{\iint_R x\rho(x, y)\, dA}{\iint_R \rho(x, y)\, dA}, \quad \bar{y} = \frac{\iint_R y\rho(x, y)\, dA}{\iint_R \rho(x, y)\, dA} \tag{10-7}$$

讀者應注意，若 $\rho(x, y)$ 為常數，則薄片的質心稱為形心。

例題 1　求具有三頂點 $(0, 0)$、$(0, 1)$ 與 $(1, 0)$ 且密度函數為 $\rho(x, y) = xy$ 的三角

形薄片的質心.

解 參考圖 10-18，薄片的質量為：

$$m = \iint_R \rho(x, y)\, dA = \iint_R xy\, dA$$

$$= \int_0^1 \int_0^{-x+1} xy\, dy\, dx$$

$$= \int_0^1 \left[\frac{1}{2} xy^2\right]_0^{-x+1} dx$$

$$= \int_0^1 \left(\frac{x^3}{2} - x^2 + \frac{x}{2}\right) dx$$

$$= \left[\frac{x^4}{8} - \frac{x^3}{3} + \frac{x^2}{4}\right]_0^1 = \frac{1}{24}$$

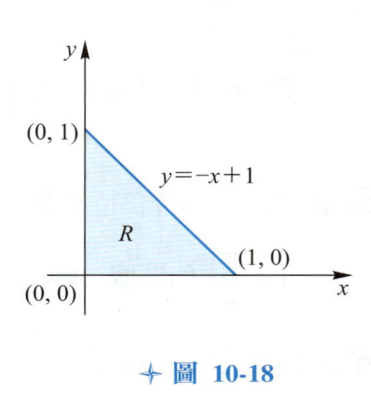

$$M_y = \iint_R x\rho(x, y)\, dA = \iint_R x^2 y\, dA = \int_0^1 \int_0^{-x+1} x^2 y\, dy\, dx$$

$$= \int_0^1 \left[\frac{1}{2} x^2 y^2\right]_0^{-x+1} dx = \int_0^1 \left(\frac{x^4}{2} - x^3 + \frac{x^2}{2}\right) dx$$

$$= \left[\frac{x^5}{10} - \frac{x^4}{4} + \frac{x^3}{6}\right]_0^1 = \frac{1}{60}$$

$$M_x = \iint_R y\rho(x, y)\, dA = \iint_R xy^2\, dA = \int_0^1 \int_0^{-x+1} xy^2\, dy\, dx$$

$$= \int_0^1 \left[\frac{1}{3} xy^3\right]_0^{-x+1} dx = \int_0^1 \left(-\frac{x^4}{3} + x^3 - x^2 + \frac{x}{3}\right) dx$$

$$= \left[-\frac{x^5}{15} + \frac{x^4}{4} - \frac{x^3}{3} + \frac{x^2}{6}\right]_0^1 = \frac{1}{60}$$

◆ 圖 10-18

因此，由 (10-6) 式可得

$$\bar{x} = \frac{M_y}{m} = \frac{\frac{1}{60}}{\frac{1}{24}} = \frac{2}{5}, \quad \bar{y} = \frac{M_x}{m} = \frac{\frac{1}{60}}{\frac{1}{24}} = \frac{2}{5}$$

於是，薄片的質心為 $\left(\dfrac{2}{5}, \dfrac{2}{5}\right)$。

例題 2 一薄片係位於第一象限內在 $y = \sin x$ 與 $y = \cos x$ 等圖形之間由 $x = 0$ 到 $x = \dfrac{\pi}{4}$ 的區域，密度為 $\rho(x, y) = y$，求此薄片的質心。

解 由圖 10-19 可知

$$m = \iint_R y\, dA = \int_0^{\pi/4} \int_{\sin x}^{\cos x} y\, dy\, dx$$

$$= \int_0^{\pi/4} \left[\frac{y^2}{2}\right]_{\sin x}^{\cos x} dx = \frac{1}{2}\int_0^{\pi/4} (\cos^2 x - \sin^2 x)\, dx$$

$$= \frac{1}{2}\int_0^{\pi/4} \cos 2x\, dx = \left[\frac{1}{4}\sin 2x\right]_0^{\pi/4} = \frac{1}{4}$$

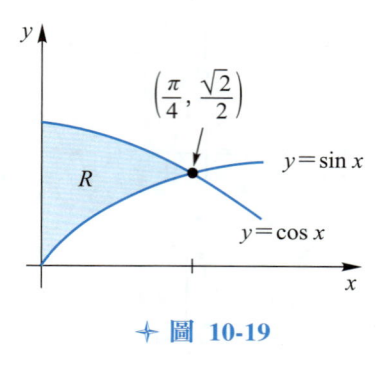

↳ 圖 10-19

現在，

$$M_y = \iint_R xy\, dA = \int_0^{\pi/4}\int_{\sin x}^{\cos x} xy\, dy\, dx = \int_0^{\pi/4}\left[\frac{1}{2}xy^2\right]_{\sin x}^{\cos x} dx$$

$$= \frac{1}{2}\int_0^{\pi/4} x\cos 2x\, dx = \left[\frac{1}{4}x\sin 2x + \frac{1}{8}\cos 2x\right]_0^{\pi/4} = \frac{\pi - 2}{16}$$

同理，

$$M_x = \iint_R y^2\, dA = \int_0^{\pi/4}\int_{\sin x}^{\cos x} y^2\, dy\, dx = \frac{1}{3}\int_0^{\pi/4}(\cos^3 x - \sin^3 x)\, dx$$

$$= \frac{1}{3} \int_0^{\pi/4} [\cos x\,(1-\sin^2 x) - \sin x\,(1-\cos^2 x)]\,dx$$

$$= \frac{1}{3} \left[\sin x - \frac{1}{3} \sin^3 x + \cos x - \frac{1}{3} \cos^3 x \right]_0^{\pi/4} = \frac{5\sqrt{2}-4}{18}$$

因此，由 (10-6) 式可得

$$\bar{x} = \frac{M_y}{m} = \frac{\dfrac{\pi-2}{16}}{\dfrac{1}{4}} = \frac{\pi-2}{4} \qquad \bar{y} = \frac{M_x}{m} = \frac{\dfrac{5\sqrt{2}-4}{18}}{\dfrac{1}{4}} = \frac{10\sqrt{2}-8}{9}$$

於是，薄片的質心為 $\left(\dfrac{\pi-2}{4},\ \dfrac{10\sqrt{2}-8}{9} \right)$.

若一質量 m 的質點置於距定軸 L 的距離為 d，則其對該軸的**轉動慣量** (或稱**第二力矩**) I_L 定義為 $I_L = md^2$，若一可變面積密度 $\rho(x,\ y)$ 的薄片可藉 xy-平面上一區域 R 表示，則其對 x-軸的轉動慣量為

$$I_x = \lim_{\max \Delta A_i \to 0} \sum_{i=1}^n \underbrace{[\rho(x_i,\ y_i)\,\Delta A_i]}_{\text{質量}}\underbrace{(y_i^2)}_{\substack{\text{距離的}\\\text{平方}}} = \iint_R y^2 \rho(x,\ y)\,dA \qquad (10\text{-}8)$$

同理，對 y-軸的轉動慣量 I_y 定義為

$$I_y = \lim_{\max \Delta A_i \to 0} \sum_{i=1}^n \underbrace{[\rho(x_i,\ y_i)\,\Delta A_i]}_{\text{質量}}\underbrace{(x_i^2)}_{\substack{\text{距離的}\\\text{平方}}} = \iint_R x^2 \rho(x,\ y)\,dA \qquad (10\text{-}9)$$

若我們將 $\rho(x_i,\ y_i)\,\Delta A_i$ 乘以自原點至點 $(x_i,\ y_i)$ 之距離的平方和 $x_i^2 + y_i^2$，且將這種項的和取極限，則可得薄片對原點的轉動慣量 I_O．因此，

$$I_O = \lim_{\max \Delta A_i \to 0} \sum_{i=1}^n \underbrace{[\rho(x_i,\ y_i)\,\Delta A_i]}_{\text{質量}}\underbrace{(x_i^2 + y_i^2)}_{\substack{\text{距離的}\\\text{平方和}}} = \iint_R (x^2+y^2)\,\rho(x,\ y)\,dA \qquad (10\text{-}10)$$

注意，$I_O = I_x + I_y$.

例題 3 半徑為 a 的半圓形薄片的圓心位在原點，A 點的坐標為 $(-a, 0)$，B 點的坐標為 $(a, 0)$. 若在薄片上一點的密度與由該點到 $\overline{AB}$ 的距離成比例，求此薄片對通過 A 與 B 之直線的轉動慣量.

解 如圖 10-20 所示，在點 (x, y) 的密度為 $\rho(x, y) = ky$ $(k > 0)$.

利用 (10-8) 式，所欲求轉動慣量為

$$I_x = \int_{-a}^{a} \int_0^{\sqrt{a^2-x^2}} y^2 (ky) \, dy \, dx$$

$$= k \int_{-a}^{a} \left[\frac{y^4}{4} \right]_0^{\sqrt{a^2-x^2}} dx$$

$$= \frac{k}{4} \int_{-a}^{a} (a^4 - 2a^2 x^2 + x^4) \, dx = \frac{4ka^5}{15}.$$

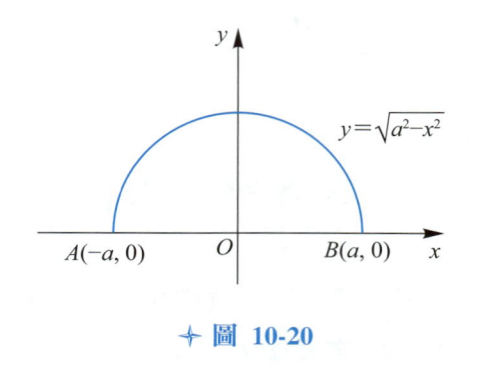

▲ 圖 10-20

習題 10-3

在 1～4 題中，求薄片的質量 m 與質心 $(\bar{x}, \bar{y})$，其中該薄片具有所予方程式的圖形所圍成區域的形狀與所指定的密度．

1. $x = 0$, $x = 4$, $y = 0$, $y = 3$；$\rho(x, y) = y + 1$.
2. $y = \sqrt{x}$, $x = 1$, $y = 0$；$\rho(x, y) = x + y$.
3. $y = 0$, $y = \sin x$, $0 \le x \le \pi$；$\rho(x, y) = y$.
4. $y = x^2$, $y = 4$；在點 $P(x, y)$ 的密度與由 P 到 y-軸的距離成比例.
5. 一薄片係由 $\dfrac{x^2}{4} + \dfrac{y^2}{16} = 1$，$0 \le y \le 4$ 與 $y = 0$ 等圖形所圍成區域 R 的形狀．若密度為 $\rho(x, y) = |x| y$，求其質心．
6. 若一薄片係由方程式 $y = \sqrt[3]{x}$、$x = 8$ 與 $y = 0$ 等圖形所圍成的區域且密度為 $\rho(x, y) = y^2$，求此薄片的 I_x、I_y 與 I_O.

本章摘要

1. 二重積分的定義：

令 f 為定義在區域 R 的二變數函數，若 $\displaystyle\lim_{\max \Delta A_i \to 0} \sum_{i=1}^{n} f(x_i, y_i) \Delta A_i$ 存在，則 f 在 R 的<u>二重積分</u>

$$\iint_R f(x, y)\, dA$$

定義為 $\displaystyle\iint_R f(x, y)\, dA = \lim_{\max \Delta A_i \to 0} \sum_{i=1}^{n} f(x_i, y_i) \Delta A_i.$

2. 二重積分的性質：若二變數函數 f 與 g 在區域 R 皆為連續，則

(1) $\displaystyle\iint_R c\, f(x, y)\, dA = c \iint_R f(x, y)\, dA,\ c$ 為任意常數.

(2) $\displaystyle\iint_R [f(x, y) \pm g(x, y)]\, dA = \iint_R f(x, y)\, dA \pm \iint_R g(x, y)\, dA$

(3) $\displaystyle\iint_R f(x, y)\, dA = \iint_{R_1} f(x, y)\, dA + \iint_{R_2} f(x, y)\, dA,\ R = R_1 \cup R_2,$

R_1 與 R_2 不重疊.

3. 富比尼定理：

若函數 f 在矩形區域 $R = \{(x, y) \mid a \leq x \leq b,\ c \leq y \leq d\}$ 為連續，則

$$\iint_R f(x, y)\, dA = \int_a^b \left[\int_c^d f(x, y)\, dy \right] dx = \int_c^d \left[\int_a^b f(x, y)\, dx \right] dy.$$

4. 二重積分的計算：

(1) 設 $R = \{(x, y) \mid a \leq x \leq b,\ g_1(x) \leq y \leq g_2(x)\}$ 為連續，其中 g_1 及 g_2 在 $[a, b]$

皆為連續，則

$$\iint_R f(x, y)\, dA = \int_a^b \int_{g_1(x)}^{g_2(x)} f(x, y)\, dy\, dx.$$

(2) 設 $R = \{(x, y) \mid h_1(y) \leq x \leq h_2(y),\ c \leq y \leq d\}$ 為連續，其中 h_1 及 h_2 在 $[c, d]$ 皆為連續，則

$$\iint_R f(x, y)\, dA = \int_c^d \int_{h_1(y)}^{h_2(y)} f(x, y)\, dx\, dy.$$

5. (1) 設一薄片 T 的形狀為 xy-平面上一區域 R，則

T 的質量：$m = \iint_R \rho(x, y)\, dA$，$\rho(x, y)$ 為在點 (x, y) 的密度

T 對 x-軸的力矩：$M_x = \iint_R y\rho(x, y)\, dA$

T 對 y-軸的力矩：$M_y = \iint_R x\rho(x, y)\, dA$

T 的質心在點 $(\bar{x}, \bar{y})$，其中 $\bar{x} = \dfrac{M_y}{m}$，$\bar{y} = \dfrac{M_x}{m}$。

(2) 設一薄片 T 如上，則

T 對 x-軸的轉動慣量：$I_x = \iint_R y^2 \rho(x, y)\, dA$

T 對 y-軸的轉動慣量：$I_y = \iint_R x^2 \rho(x, y)\, dA$

T 對原點的轉動慣量：$I_O = \iint_R (x^2 + y^2)\rho(x, y)\, dA$

$I_O = I_x + I_y$。

公 式 表

一、基本微分公式

1. $dk=0$
2. $d(cf)=cdf$
3. $d(f\pm g)=df\pm dg$
4. $d(fg)=fdg+gdf$
5. $d\left(\dfrac{f}{g}\right)=\dfrac{gdf-fdg}{g^2}$
6. $d(f^n)=nf^{n-1}df$

二、連鎖律

若 $y=f(u)$ 與 $u=g(x)$，則 $\dfrac{d}{dx}f(g(x))=f'(g(x))\,g'(x)$ 或 $\dfrac{dy}{dx}=\dfrac{dy}{du}\dfrac{du}{dx}$．

三、偏導數公式

若 $u=u(x,y)$，$v=v(x,y)$，則

1. $\dfrac{\partial}{\partial x}(u\pm v)=\dfrac{\partial u}{\partial x}\pm\dfrac{\partial v}{\partial x}$

   $\dfrac{\partial}{\partial y}(u\pm v)=\dfrac{\partial u}{\partial y}\pm\dfrac{\partial v}{\partial y}$

2. $\dfrac{\partial}{\partial x}(cu)=c\dfrac{\partial u}{\partial x}$

   $\dfrac{\partial}{\partial y}(cu)=u\dfrac{\partial u}{\partial y}$

3. $\dfrac{\partial}{\partial x}(uv)=u\dfrac{\partial v}{\partial x}+v\dfrac{\partial u}{\partial x}$

   $\dfrac{\partial}{\partial y}(uv)=u\dfrac{\partial v}{\partial y}+v\dfrac{\partial u}{\partial y}$

4. $\dfrac{\partial}{\partial x}\left(\dfrac{u}{v}\right)=\dfrac{v\dfrac{\partial u}{\partial x}-u\dfrac{\partial v}{\partial x}}{v^2}$

   $\dfrac{\partial}{\partial y}\left(\dfrac{u}{v}\right)=\dfrac{v\dfrac{\partial u}{\partial y}-u\dfrac{\partial v}{\partial y}}{v^2}$

5. $\dfrac{\partial}{\partial x}(u^r)=ru^{r-1}\dfrac{\partial u}{\partial x}$

   $\dfrac{\partial}{\partial y}(u^r)=ru^{r-1}\dfrac{\partial u}{\partial y}$

四、基本積分公式

1. $\int du=u+C$
2. $\int k\,du=ku+C$
3. $\int[f(u)\pm g(u)]\,du=\int f(u)\,du\pm\int g(u)\,du$
4. $\int u^n\,du=\dfrac{u^{n+1}}{n+1}+C,\ n\neq -1$
5. $\int\dfrac{du}{u}=\ln|u|+C$

含 $a+bu$ 的積分

6. $\int\dfrac{u\,du}{a+bu}=\dfrac{1}{b^2}[a+bu-a\ln|a+bu|]+C$
7. $\int\dfrac{du}{u(a+bu)}=\dfrac{1}{a}\ln\left|\dfrac{u}{a+bu}\right|+C$

令 $a^2\pm u^2$ 的積分

8. $\int\dfrac{du}{a^2+u^2}=\dfrac{1}{a}\tan^{-1}\dfrac{u}{a}+C$

9. $\int \dfrac{du}{a^2-u^2} = \dfrac{1}{2a} \ln \left| \dfrac{u+a}{u-a} \right| + C = \begin{cases} \dfrac{1}{a} \tanh^{-1} \dfrac{u}{a} + C, & \text{若 } |u| < a \\ \dfrac{1}{a} \coth^{-1} \dfrac{u}{a} + C, & \text{若 } |u| > a \end{cases}$

10. $\int \dfrac{du}{u^2-a^2} = \dfrac{1}{2a} \ln \left| \dfrac{u-a}{u+a} \right| + C = \begin{cases} -\dfrac{1}{a} \tanh^{-1} \dfrac{u}{a} + C, & \text{若 } |u| < a \\ -\dfrac{1}{a} \coth^{-1} \dfrac{u}{a} + C, & \text{若 } |u| > a \end{cases}$

令 $\sqrt{u^2 \pm a^2}$ 的積分

11. $\int \dfrac{du}{\sqrt{u^2 \pm a^2}} = \ln |u + \sqrt{u^2 \pm a^2}| + C$

12. $\int \dfrac{du}{u\sqrt{u^2+a^2}} = -\dfrac{1}{a} \ln \left| \dfrac{a+\sqrt{u^2+a^2}}{u} \right| + C$

13. $\int \dfrac{du}{u\sqrt{u^2-a^2}} = \dfrac{1}{a} \sec^{-1} \left| \dfrac{u}{a} \right| + C$

14. $\int \dfrac{\sqrt{u^2+a^2}}{u} du = \sqrt{u^2+a^2} - a \ln \left| \dfrac{a+\sqrt{u^2+a^2}}{u} \right| + C$

15. $\int \dfrac{\sqrt{u^2-a^2}}{u} du = \sqrt{u^2-a^2} - a \sec^{-1} \left| \dfrac{u}{a} \right| + C$

令 $\sqrt{a^2-u^2}$ 的積分

16. $\int \dfrac{du}{\sqrt{a^2-u^2}} = \sin^{-1} \dfrac{u}{a} + C$

17. $\int \sqrt{a^2-u^2}\, du = \dfrac{u}{2}\sqrt{a^2-u^2} + \dfrac{a^2}{2} \sin^{-1} \dfrac{u}{a} + C$

18. $\int \dfrac{du}{u\sqrt{a^2-u^2}} = -\dfrac{1}{a} \ln \left| \dfrac{a+\sqrt{a^2-u^2}}{u} \right| + C = -\dfrac{1}{a} \cosh^{-1} \dfrac{a}{u} + C$

19. $\int \dfrac{\sqrt{a^2-u^2}}{u} du = \sqrt{a^2-u^2} - a \ln \left| \dfrac{a+\sqrt{a^2-u^2}}{u} \right| + C$

$\qquad = \sqrt{a^2-u^2} - a \cosh^{-1} \dfrac{a}{u} + C$

含三角函數的積分

20. $\int \sin u\, du = -\cos u + C$ 　　　21. $\int \cos u\, du = \sin u + C$

22. $\int \tan u\, du = \ln |\sec u| + C$ 　　　23. $\int \cot u\, du = \ln |\sin u| + C$

24. $\int \sec u\, du = \ln |\sec u + \tan u| + C = \ln \left| \tan \left(\dfrac{1}{4}\pi + \dfrac{1}{2}u \right) \right| + C$

25. $\int \csc u\, du = \ln |\csc u - \cot u| + C = \ln \left| \tan \dfrac{1}{2}u \right| + C$

26. $\int \sec^2 u\, du = \tan u + C$ 27. $\int \csc^2 u\, du = -\cot u + C$

28. $\int \sec u \tan u\, du = \sec u + C$ 29. $\int \csc u \cot u\, du = -\csc u + C$

30. $\int \sin^2 u\, du = \frac{1}{2} u - \frac{1}{4} \sin 2u + C$ 31. $\int \cos^2 u\, du = \frac{1}{2} u + \frac{1}{4} \sin 2u + C$

32. $\int \tan^2 u\, du = \tan u - u + C$ 33. $\int \cot^2 u\, du = -\cot u - u + C$

34. $\int \sin^n u\, du = -\frac{1}{n} \sin^{n-1} u \cos u + \frac{n-1}{n} \int \sin^{n-2} u\, du$

35. $\int \cos^n u\, du = \frac{1}{n} \cos^{n-1} u \sin u + \frac{n-1}{n} \int \cos^{n-2} u\, du$

36. $\int \tan^n u\, du = \frac{1}{n-1} \tan^{n-1} u - \int \tan^{n-2} u\, du$

37. $\int \cot^n u\, du = -\frac{1}{n-1} \cot^{n-1} u - \int \cot^{n-2} u\, du$

38. $\int \sec^n u\, du = \frac{1}{n-1} \sec^{n-2} u \tan u + \frac{n-2}{n-1} \int \sec^{n-2} u\, du$

39. $\int \csc^n u\, du = -\frac{1}{n-1} \csc^{n-2} u \cot u + \frac{n-2}{n-1} \int \csc^{n-2} u\, du$

40. $\int \sin mu \sin nu\, du = -\frac{\sin(m+n)u}{2(m+n)} + \frac{\sin(m-n)u}{2(m-n)} + C$

41. $\int \cos mu \cos nu\, du = \frac{\sin(m+n)u}{2(m+n)} + \frac{\sin(m-n)u}{2(m-n)} + C$

42. $\int \sin mu \cos nu\, du = -\frac{\cos(m+n)u}{2(m+n)} - \frac{\cos(m-n)u}{2(m-n)} + C$

43. $\int u \sin u\, du = \sin u - u \cos u + C$ 44. $\int u \cos u\, du = \cos u + u \sin u + C$

45. $\int \sin^m u \cos^n u\, du$

$= -\frac{\sin^{m-1} n \cos^{n+1} u}{m+n} + \frac{m-1}{m+n} \int \sin^{m-2} u \cos^n u\, du$

$= \frac{\sin^{m+1} u \cos^{n-1} u}{m+n} + \frac{n-1}{m+n} \int \sin^m u \cos^{n-2} u\, du$

含反三角函數的積分

46. $\int \sin^{-1} u\, du = u \sin^{-1} u + \sqrt{1-u^2} + C$ 47. $\int \cos^{-1} u\, du = u \cos^{-1} u - \sqrt{1-u^2} + C$

48. $\int \tan^{-1} u\, du = u \tan^{-1} u - \ln\sqrt{1+u^2} + C$

49. $\displaystyle\int \cot^{-1} u \, du = u \cot^{-1} u + \ln\sqrt{1+u^2} + C$

50. $\displaystyle\int \sec^{-1} u \, du = u \sec^{-1} u - \ln|u+\sqrt{u^2-1}| + C = u \sec^{-1} u - \cosh^{-1} u + C$

51. $\displaystyle\int \csc^{-1} u \, du = u \csc^{-1} u + \ln|u+\sqrt{u^2-1}| + C = u \csc^{-1} u + \cosh^{-1} u + C$

含指數函數與對數函數的積分

52. $\displaystyle\int e^u \, du = e^u + C$

53. $\displaystyle\int a^u \, du = \frac{a^u}{\ln a} + C$

54. $\displaystyle\int u e^u \, du = e^u(u-1) + C$

55. $\displaystyle\int \ln u \, du = u \ln u - u + C$

56. $\displaystyle\int \frac{du}{u \ln u} = \ln|\ln u| + C$

57. $\displaystyle\int e^{au} \sin nu \, du = \frac{e^{au}}{a^2+n^2}(a \sin nu - n \cos nu) + C$

58. $\displaystyle\int e^{au} \cos nu \, du = \frac{e^{au}}{a^2+n^2}(a \cos nu + n \sin nu) + C$

含雙曲線函數的積分

59. $\displaystyle\int \sinh u \, du = \cosh u + C$

60. $\displaystyle\int \cosh u \, du = \sinh u + C$

61. $\displaystyle\int \tanh u \, du = \ln|\cosh u| + C$

62. $\displaystyle\int \coth u \, du = \ln|\sinh u| + C$

63. $\displaystyle\int \text{sech } u \, du = \tan^{-1}(\sinh u) + C$

64. $\displaystyle\int \text{csch } u \, du = \ln\left|\tanh \frac{1}{2} u\right| + C$

65. $\displaystyle\int \text{sech}^2 u \, du = \tanh u + C$

66. $\displaystyle\int \text{csch}^2 u \, du = -\coth u + C$

67. $\displaystyle\int \text{sech } u \tanh u \, du = -\text{sech } u + C$

68. $\displaystyle\int \text{csch } u \coth u \, du = -\text{csch } u + C$

69. $\displaystyle\int \sinh^2 u \, du = \frac{1}{4} \sinh 2u - \frac{1}{2} u + C$

70. $\displaystyle\int \cosh^2 u \, du = \frac{1}{4} \sinh 2u + \frac{1}{2} u + C$

71. $\displaystyle\int \tanh^2 u \, du = u - \tanh u + C$

72. $\displaystyle\int \coth^2 u \, du = u - \coth u + C$

73. $\displaystyle\int u \sinh u \, du = u \cosh u - \sinh u + C$

74. $\displaystyle\int u \cosh u \, du = u \sinh u - \cosh u + C$

75. $\displaystyle\int e^{au} \sinh nu \, du = \frac{e^{au}}{a^2-n^2}(a \sinh nu - n \cosh nu) + C$

76. $\displaystyle\int e^{au} \cosh nu \, du = \frac{e^{au}}{a^2-n^2}(a \cosh nu - n \sinh nu) + C$